"十二五"职业教育国家规划教材
经全国职业教育教材审定委员会审定

网页动画制作

董新春　沈大林　王浩轩　主　编

蕾　鸣　万　忠　王爱赪　曾　昊　副主编

電子工業出版社

Publishing House of Electronics Industry

北京·BEIJING

内 容 简 介

本书根据教育部颁发的《中等职业学校专业教学标准（试行）信息技术类（第一辑）》中的相关教学内容和要求编写。

网页设计者使用 Flash 既可以制作出漂亮、奇特的效果，又可以改变尺寸的导航界面，大大增加了网络功能。在现阶段，Falsh 应用的领域主要有娱乐短片、片头、广告、MTV、导航条、小游戏、产品展示、网络开发应用等。本书围绕网页动画的制作，共分 11 章，提供了 50 多个网页动画的制作方法。

本书可作为网站建设与管理专业的核心教材，也可以作为网页动画制作爱好者的自学用书。

本书配有教学指南、电子教案和案例素材，详见前言。

未经许可，不得以任何方式复制或抄袭本书之部分或全部内容。

版权所有，侵权必究。

图书在版编目（CIP）数据

网页动画制作 / 董新春，沈大林，王浩轩主编. —北京：电子工业出版社，2016.6

ISBN 978-7-121-24903-7

Ⅰ. ①网… Ⅱ. ①董… ②沈… ③王… Ⅲ. ①网页—动画制作软件—中等专业学校—教材 Ⅳ. ①TP391.41

中国版本图书馆 CIP 数据核字（2014）第 274976 号

策划编辑：肖博爱
责任编辑：郝黎明
印　　刷：北京京师印务有限公司
装　　订：北京京师印务有限公司
出版发行：电子工业出版社
　　　　　北京市海淀区万寿路 173 信箱　邮编　100036
开　　本：787×1 092　1/16　印张：21.75　字数：556.8 千字
版　　次：2016 年 6 月第 1 版
印　　次：2016 年 6 月第 1 次印刷
印　　数：3 000 册　定价：39.80 元

凡所购买电子工业出版社图书有缺损问题，请向购买书店调换。若书店售缺，请与本社发行部联系，联系及邮购电话：（010）88254888，88258888。

质量投诉请发邮件至 zlts@phei.com.cn，盗版侵权举报请发邮件至 dbqq@phei.com.cn。

本书咨询联系方式：（010）88254617，Luomn@phei.com.cn。

编审委员会名单

主任委员：

武马群

副主任委员：

王 健　韩立凡　何文生

委　　员：

丁文慧	丁爱萍	于志博	马广月	马永芳	马玥桓	王 帅	王 苒	王 彬
王晓姝	王家青	王皓轩	王新萍	方 伟	方松林	孔祥华	龙天才	龙凯明
卢华东	由相宁	史宪美	史晓云	冯理明	冯雪燕	毕建伟	朱文娟	朱海波
向 华	刘 凌	刘 猛	刘小华	刘天真	关 莹	江永春	许昭霞	孙宏仪
杜 珺	杜宏志	杜秋磊	李 飞	李 娜	李华平	李宇鹏	杨 杰	杨 怡
杨春红	吴 伦	何 琳	佘运祥	邹贵财	沈大林	宋 薇	张 平	张 侨
张 玲	张士忠	张文库	张东义	张兴华	张呈江	张建文	张凌杰	张媛媛
陆 沁	陈 玲	陈 颜	陈丁君	陈天翔	陈观诚	陈佳玉	陈泓吉	陈学平
陈道斌	范铭慧	罗 丹	周 鹤	周海峰	庞 震	赵艳莉	赵晨阳	赵增敏
郝俊华	胡 尹	钟 勤	段 欣	段 标	姜全生	钱 峰	徐 宁	徐 兵
高 强	高 静	郭 荔	郭立红	郭朝勇	黄 彦	黄汉军	黄洪杰	崔长华
崔建成	梁 姗	彭仲昆	葛艳玲	董新春	韩雪涛	韩新洲	曾平驿	曾祥民
温 晞	谢世森	赖福生	谭建伟	戴建耘	魏茂林			

序 | PROLOGUE

当今是一个信息技术主宰的时代，以计算机应用为核心的信息技术已经渗透到人类活动的各个领域，彻底改变着人类传统的生产、工作、学习、交往、生活和思维方式。和语言和数学等能力一样，信息技术应用能力也已成为人们必须掌握的、最为重要的基本能力。可以说，信息技术应用能力和计算机相关专业，始终是职业教育培养多样化人才，传承技术技能，促进就业创业的重要载体和主要内容。

信息技术的发展，特别是数字媒体、互联网、移动通信等技术的普及应用，使信息技术的应用形态和领域都发生了重大的变化。第一，计算机技术的使用扩展至前所未有的程度，桌面电脑和移动终端（智能手机、平板电脑等）的普及，网络和移动通信技术的发展，使信息的获取、呈现与处理无处不在，人类社会生产、生活的诸多领域已无法脱离信息技术的支持而独立进行。第二，信息媒体处理的数字化衍生出新的信息技术应用领域，如数字影像、计算机平面设计、计算机动漫游戏和虚拟现实等。第三，信息技术与其他业务的应用有机地结合，如商业、金融、交通、物流、加工制造、工业设计、广告传媒和影视娱乐等，使之各自形成了独有的生态体系，综合信息处理、数据分析、智能控制、媒体创意和网络传播等日益成为当前信息技术的主要应用领域，并诞生了云计算、物联网、大数据和3D打印等指引未来信息技术应用的发展方向。

信息技术的不断推陈出新及应用领域的综合化和普及化，直接影响着技术、技能型人才的信息技术能力的培养定位，并引领着职业教育领域信息技术或计算机相关专业与课程改革、配套教材的建设，使之不断推陈出新、与时俱进。

2009年，教育部颁布了《中等职业学校计算机应用基础大纲》。2014年，教育部在2010年新修订的专业目录基础上，相继颁布了"计算机应用、数字媒体技术应用、计算机平面设计、计算机动漫与游戏制作、计算机网络技术、网站建设与管理、软件与信息服务、客户信息服务、计算机速录"等9个信息技术类相关专业的教学标准，确定了教学实施及核心课程内容的指导意见。本套教材就是以以上大纲和标准为依据，结合当前最新的信息技术发展趋势和企业应用案例组织开发和编写的。

本书的主要特色

● **对计算机专业类相关课程的教学内容进行重新整合**

本套教材本套教材面向学生的基础应用能力，设定了系统操作、文档编辑、网络使用、数据分析、媒体处理、信息交互、外设与移动设备应用、系统维护维修、综合业务运用等内容；针对专业应用能力，根据专业和职业能力方向的不同，结合企业的具体应用业务规划了教材内容。

● **以岗位工作过程来确定学习任务和目标，综合提升学生的专业能力、过程能力和职位差异能力**

本套教材通过以工作过程为导向的教学模式和模块化的知识能力整合结构，力求实现产业需求与专业设置、职业标准与课程内容、生产过程与教学过程、职业资格证书与学历证书、终身学习与职业教育的"五对接"。从学习目标到内容的设计上，本套教材不再仅仅是专业理论内容的复制，而是经由职业岗位实践—工作过程与岗位能力分析—技能知识学习应用内化的学习实训导引和案例。借助知识的重组与技能的强化，达到企业岗位情境和教学内容要求相贯通的课程融合目标。

● **以项目教学和任务案例实训为主线**

本套教材通过项目教学，构建了工作业务的完整流程和岗位能力需求体系。项目的确定应遵循三个基本目标：核心能力的熟练程度，技术更新与延伸的再学习能力，不同业务情境应用的适应性。教材借助以校企合作为基础的实训任务，以应用能力为核心、案例为线索，通过设立情境、任务解析、引导示范、基础练习、难点解析与知识延伸、能力提升训练和总结评价等环节，引领学生在完成任务的过程中积累技能、学习知识，并迁移到不同业务情境的任务解决过程中，使学生在未来可以从容面对不同应用场景的工作岗位。

当前，全国职业教育领域都在深入贯彻全国职教工作会议精神，学习、领会中央领导对职业教育的重要批示，全力加快推进现代职业教育。国务院出台的《加快发展现代职业教育的决定》明确提出要"形成适应发展需求、产教深度融合、中职高职衔接、职业教育与普通教育相互沟通，体现终身教育理念，具有中国特色、世界水平的现代职业教育体系"。现代职业教育体系的建立将带来人才培养模式、教育教学方式和办学体制机制的巨大变革，这无疑给职业院校信息技术应用人才培养提出了新的目标。计算机类相关专业的教学必须要紧跟时代步伐积极进行改革，始终把握技术发展和技术技能人才培养的最新动向，坚持产教融合、校企合作、工学结合、知行合一，为培养出更多适应产业升级转型和经济发展的高素质职业人才做出更大贡献！

前言 | PREFACE

为建立、健全教育质量保障体系，提高职业教育质量，教育部于 2014 年颁布了《中等职业学校专业教学标准》（以下简称《专业教学标准》）。《专业教学标准》是指导和管理中等职业学校教学工作的主要依据，是保证教育教学质量和人才培养规格的纲领性教学文件。在"教育部办公厅关于公布首批《中等职业学校专业教学标准（试行）》目录的通知"（教职成厅 [2014]11 号文）中，强调"专业教学标准是开展专业教学的基本文件，是明确培养目标和规格、组织实施教学、规范教学管理、加强专业建设、开发教材和学习资源的基本依据，是评估教育教学质量的主要标尺，同时也是社会用人单位选用中等职业学校毕业生的重要参考。"

1．本书特色

本书根据教育部颁发的《中等职业学校专业教学标准（试行）信息技术类（第一辑）》中的相关教学内容和要求编写。

本书共分 11 章，第 1 章通过 1 个动画介绍了 Flash 动画制作的基本操作和动画的播放与导出等；第 2 章配合 3 个动画介绍了对象和帧的基本操作；第 3 章配合 4 个动画介绍了文本编辑和导入外部各种素材的方法；第 4 章配合 5 个动画介绍了基本绘制图形方法，制作网页标识与 Banner 的方法等；第 5 章配合 4 个动画介绍了矢量绘图和其他绘图，包括使用 Deco 工具和 3D 制作网页标识与 Banner 的方法等；第 6 章配合 7 个动画介绍了 Flash 动画的特点，创建和编辑了各种补间动画，包括引导动画的方法等；第 7 章配合 6 个动画介绍了创建和应用遮罩层的方法，以及制作骨架运动的方法等；第 8 章配合 3 个动画介绍了初步程序设计和特效鼠标指针设计等；第 9 章配合 2 个动画进一步介绍了程序设计方法，以及制作图像浏览与 Loading 动画的方法；第 10 章配合 3 个动画（包括 15 个菜单）介绍了制作网页动感导航菜单的方法和技巧；第 11 章配合 6 个动画介绍了几个对象的基本应用和网络组件制作方法等。本书共提供了 40 多个动画的制作方法。

本书采用案例带动知识点学习的方法进行讲解。除了第 1 章外，每节均由"动画效果"、"制作方法"、"知识链接"和"思考练习"4 个部分组成。"动画效果"介绍了动画运行的特点和效果图；"制作方法"介绍了制作动画的操作步骤和技巧；"知识链接"介绍了相关的知识，有总结和提高的作用；"思考练习"提供了课外练习题，主要是操作题。

2．教学资源

为了提高学习效率和教学效果，方便教师教学，编者为本书配备包括电子教案、教学指南、素材文件、微课，以及习题参考答案等配套的教学资源。请有此需要的读者登录华信教育资源网（http://www.hxedu.com.cn）免费注册后进行下载，有问题时请在网站留言板留言或与电子工业出版社联系（E-mail：hxedu@phei.com.cn）。

3．本书作者

本书由董新春、沈大林、王浩轩主编，蕾鸣、万忠、王爱赪、曾昊副主编，赵玺、沈昕、张伦、张秋、陶宁、许崇、肖柠朴、王威、于建海、郑鹤、郑原、郑淑辉、丰金兰、郝侠、郭海、郭政等参编，由于编者水平有限，加之时间仓促，书中难免有错误和不妥之处，恳请广大师生和读者批评指正。

编　者

CONTENTS | 目录

中文 Flash CS 5.5 入门

本章介绍了中文 Flash CS 5.5 的工作区特点，Flash 文档的基本操作方法，Flash 动画的播放、导出和发布的方法等。此外，还介绍了一个简单的 Flash 动画的制作过程，从而了解制作一个完整 Flash 动画的过程，为全书的学习奠定良好的基础。

1.1　中文 Flash CS 5.5 工作区

1.1.1　中文 Flash CS 5.5 工作区概述

1．欢迎屏幕

在刚启动中文 Flash CS 5.5 或关闭所有 Flash 文档时，会弹出中文 Flash CS 5.5 的欢迎屏幕，如图 1-1-1 所示。它由 5 个区域和 1 个"不再显示"复选框组成，简介如下。

（1）"从模板创建"区域：其内列出了 Flash 提供的一些模板类型，选择其中一个模板类型（如"动画"），可以弹出"从模板新建"对话框中的"模板"选项卡，如图 1-1-2 所示。可以看到，其内"类别"列表框中列出了几种模板的分类名称，选择其中一个类别名称，"模板"列表框中会列出相应的模板名称；选择"模板"列表框中的一个模板名称后，"预览"中会显示相应动画的一帧画面，"描述"列表框中会显示相应的说明文字。双击一个模板名称，即可利用模板创建相应的 Flash 文档，进入它的编辑状态。

图 1-1-1　中文 Flash CS 5.5 的欢迎屏幕　　　　　图 1-1-2　"从模板新建"对话框

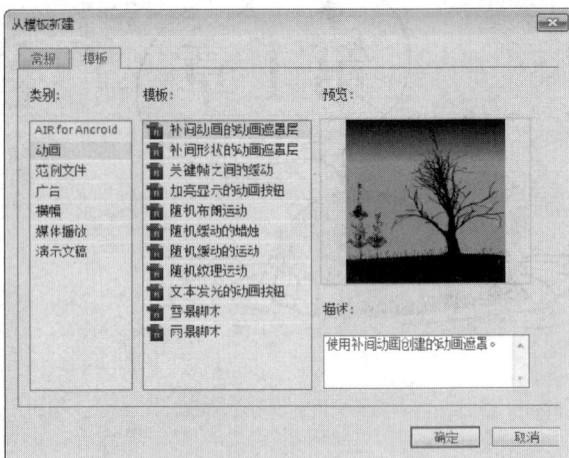

（2）"打开最近的项目"区域：其内列出了最近打开过的 Flash 文件名称，选择其中一个文件，即可调用相应的 Flash 文档。单击"打开"按钮，可以弹出"打开"对话框，利用该对话框可以打开一个或多个 Flash 文档。

（3）"新建"区域：其中列出了可以创建的 Flash 文件类型。选择"ActionScript 3.0"选项，可以新建一个版本为 ActionScript 3.0 的普通 Flash 文档；选择"ActionScript 2.0"选项，可以新建一个版本为 ActionScript 2.0 的普通 Flash 文档。选择"Flash 项目"选项，可以打开"项目"面板，用来新建一个项目。

（4）"学习"区域：其内提供了学习 Flash CS 5.5 有关知识的 11 个选项，选择其中一个选项，可链接到 Adobe 公司的教学帮助网站，同时打开相应的教学网页。利用该网站内的教学资料可以初步了解 Flash CS 5.5 的有关知识。

（5）"帮助"区域：它在欢迎屏幕的最下面，其内有"快速入门"等 4 个选项、图标 **Fl** 和 **Tell us what you think** 按钮等，选择 **Fl** 按钮，可以打开 Adobe 公司的相应网页，获取学习资料，了解 Flash CS 5.5 的新增功能、有关文档资源和查找 Adobe 授权培训机构等。

（6）"不再显示"复选框：选中该复选框，则会弹出"Adobe Flash CS 5.5"提示对话框，如图 1-1-3 所示。单击其内的"确定"按钮，关闭该提示对话框（提示要显示"欢迎屏幕"的方法），以后再启动 Flash CS 5.5 或关闭所有 Flash 文档时，不会再出现欢迎屏幕。

若要显示欢迎屏幕，则可以选择"编辑"→"首选参数"选项，弹出"首选参数"对话框，在该对话框内的"类别"选项组中选择"常规"选项，在"启动时"下拉列表中选择"欢迎屏幕"选项，单击"确定"按钮，关闭"首选参数"对话框。在"启动时"下拉列表中还可以选择其他选项，用来决定启动 Flash CS 5.5 或关闭所有 Flash 文档时弹出"新建文档"对话框、打开上次最后使用的文档或不打开任何文档。

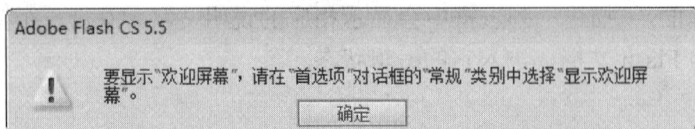

图 1-1-3　"Adobe Flash CS 5.5"提示对话框

2．中文 Flash CS 5.5 工作区简介

启动中文 Flash CS 5.5，打开一个 Flash 文档，它的工作区如图 1-1-4 所示。它由标题栏、菜单栏、时间轴、舞台、舞台工作区、工具箱、"属性"面板和其他面板等组成。

图 1-1-4　中文 Flash CS 5.5 的工作区

选择"窗口"→"××"选项，可以打开或关闭时间轴、工具箱，以及"属性"、"库"、"对齐"、"颜色"、"信息"、"样本"、"变形"等面板。选择"工具栏"→"××"选项，可以打开或关闭主工具栏、控制器（用于播放影片）和编辑器。选择"窗口"→"其他面板"→"×××"选项，可以打开或关闭"历史记录"、"场景"和"字符串"等面板。选择"窗口"→"隐藏面板"选项，可以隐藏所有面板。选择"窗口"→"显示面板"选项，可显示所有隐藏的面板。

标题栏中的工作区切换按钮右侧是搜索文本框，输入要搜索的名称后，按 Enter 键，即可打开提供相应帮助信息的网页。

3．主工具栏

主工具栏如图 1-1-5 所示。主工具栏中有 16 个按钮，将鼠标指针移动到各按钮之上，会显示该按钮的中文名称，各按钮的名称和其作用见表 1-1-1。

图 1-1-5　主工具栏

表 1-1-1　主工具栏按钮的名称与作用

序号	图标	名称	作用
1		新建	新建一个 Flash 文档
2		打开	打开一个已存在的 Flash 文档
3		转到 Bridge	单击该按钮，可打开"Bridge"，它是一个文件浏览器
4		保存	将当前 Flash 文件保存为扩展名是".fla"的文档
5		打印	将当前编辑的 Flash 图像打印输出
6		剪切	将选中的对象剪切到剪贴板中
7		复制	将选中的对象复制到剪贴板中
8		粘贴	将剪贴板中的内容粘贴到光标所在的位置
9		撤销	撤销刚刚完成的操作
10		重做	重新进行刚刚被撤销的操作
11		贴紧至对象	可以进入"贴紧"状态。此时，绘图、移动对象都可自动贴紧到对象、网格或辅助线，不适用于微调
12		平滑	可使选中的曲线或图形外形更加平滑，有累积效果
13		伸直	使选中的曲线或图形外形更加平直，有累积效果
14		旋转与倾斜	可以改变舞台中对象的旋转角度和倾斜角度
15		缩放	可以改变舞台中对象的大小
16		对齐	单击它可打开"对齐"面板，用来将舞台中选中的多个对象按照设定的方式排列和等间距调整

4．工具箱

工具箱就是"工具"面板，它提供了用于选择对象、绘制和编辑图形、图形着色、修改对象和改变舞台工作区视图等工具。工具箱内从上到下分为"工具"栏、"查看"栏、"颜色"栏和"选项"栏。单击某个工具按钮，可以激活相应的操作功能，以后把这一操作称为使用某个工具。将鼠标指针移到各按钮之上，会显示该按钮的中文名称。

（1）"查看"栏：该栏内的工具用来调整舞台编辑画面的观察位置和显示比例。其中工具按钮的名称与作用见表 1-1-2。

表 1-1-2　"查看"栏中工具按钮的名称与作用

序号	图标	名称	快捷键	作用
1		手形工具	H	拖动移动舞台工作区画面的观察位置
2		缩放工具	M，Z	改变舞台工作区和其内对象的显示比例

（2）"颜色"栏：该栏的工具用来确定绘制图形的线条和填充的颜色。其中各工具按钮的名称与作用如下。

① （笔触颜色）按钮：用于给线着色。

② （填充颜色）按钮：用于给填充着色。

③ [图标] 按钮：单击"黑白"按钮 [图标]，可使笔触颜色和填充色恢复到默认状态（笔触颜色为黑色，填充色为白色）；单击"交换颜色"按钮 [图标]，可以使笔触颜色与填充色互换。

（3）"工具"栏：该栏内的工具用于绘制图形、输入文字、编辑图形和选择对象。其中各工具按钮的名称与作用见表 1-1-3。

表 1-1-3　"工具"栏中各按钮的名称与作用

序号	图标	中文名	热键	作用
1		选择工具	V	选择对象，移动、改变对象的大小和形状
2		部分选取工具	A	选择和调整矢量图形的形状等
3-1		任意变形工具	Q	改变对象的大小、旋转角度和倾斜角度等
3-2		渐变变形工具	F	改变填充的位置、大小、旋转和倾斜角度
4-1		3D 旋转工具	W	在 3D 空间中旋转对象
4-2		3D 平移工具	G	在 3D 空间中移动对象
5		套索工具	L	在图形中选择不规则区域内的部分图形
6-1		钢笔工具	P	采用贝塞尔绘图方式绘制矢量曲线图形
6-2		添加锚点工具	=	单击矢量图形线条上一点，可添加锚点
6-3		删除锚点工具	-	单击矢量图形线条的锚点，可删除该锚点
6-4		转换锚点工具	C	将直线锚点和曲线锚点相互转换
7		文本工具	T	输入、编辑字符和文字对象
8		线条工具	N	绘制各种粗细、长度、颜色和角度的直线
9-1		矩形工具	R	绘制矩形的轮廓线或有填充的矩形图形
9-2		椭圆工具	O	绘制椭圆形轮廓线或有填充的圆形图形
9-3		基本矩形工具	R	绘制基本矩形
9-4		基本椭圆工具	O	绘制基本椭圆或基本圆形
9-5		多角星形工具		绘制多边形和多角星形图形
10		铅笔工具	Y	绘制任意形状的曲线矢量图形
11-1		刷子工具	B	可像画笔一样绘制任意形状和粗细的曲线
11-2		喷涂刷	B	在定义区域随机喷涂元件
12		Deco 工具	U	快速创建类似于万花筒的效果并应用填充
13-1		骨骼工具	X	扭曲单个形状
13-2		绑定工具	Z	用一系列链接对象创建类似于链的动画效果
14-1		颜料桶工具	K	给填充对象填充彩色或图像内容
14-2		墨水瓶工具	S	用于改变线条的颜色、形状和粗细等属性
15		滴管工具	I	用于将选中对象的一些属性赋予相应面板
16		橡皮擦工具	E	擦除图形和打碎后的图像与文字等对象

（4）"选项"栏：该栏中放置了用于对当前激活的工具进行设置的一些参数设置按钮等，它们是随着选用工具的改变而变化的，大多数工具都有相应的"选项"栏。

5．面板和面板组

几个面板可以组合成一个面板组，单击面板组内的面板标签可以切换面板。

（1）"停靠"区域：打开的面板通常会放置在 Flash 工作区的最右侧。停放了面板和面板组的 Flash 工作区最右边的区域可简称为"停靠"区域，也称"停放"区域，如图 1-1-4 所示。单击"停靠"区域内右上角的"折叠为图标"按钮 ▶▶ 或其左边标签栏的空白部分，可以收缩所有"停靠"区域内的面板和面板组，形成由这些面板的图标和名称组成的列表，如图 1-1-6 所示。将鼠标指针移到列表的左或右边框处，当鼠标指针呈双箭头状时，水平拖动，可以调整列表的宽度，当宽度足够时会显示面板的名称。

单击"停靠"区域内右上角的"展开面板"按钮 ◀◀，可以将面板和面板组展开。单击"停放"区域内的图标或面板的名称，可以快速打开相应的面板。例如，单击"信息"按钮，即可打开"信息"面板，如图 1-1-7 所示。

（2）面板和面板组操作：拖动面板或面板组顶部的水平虚线条，可以将面板或面板组移出"停放"区域的任何位置。拖动面板组标签栏右边的空白处，可以将面板或面板组从"停放"区域内拖动到其他位置。图 1-1-8 所示为移出"颜色和样本"面板组。

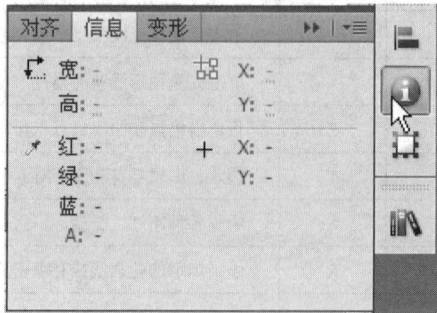

图 1-1-6　面板收缩　　　　　图 1-1-7　"信息"面板　　　图 1-1-8　移出"颜色和样本"面板组

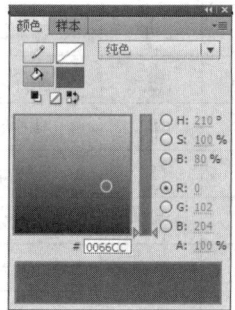

拖动面板标签（如"样本"标签）到面板组外边，可以使该面板独立，如图 1-1-9 所示。拖动面板的标签（如"对齐"标签）到其他面板（如"样本"面板）的标签处，可以将该面板与其他面板或面板组组合在一起，如图 1-1-10 所示。在图 1-1-11（a）所示面板组内，上下拖动面板图标，也可以改变面板图标的相对位置，如图 1-1-11（b）所示。

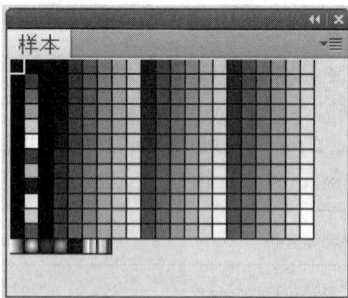

　　　　　　　　　　　　　　　　　　　　　　　　　　　　　　　　（a）　　　　（b）

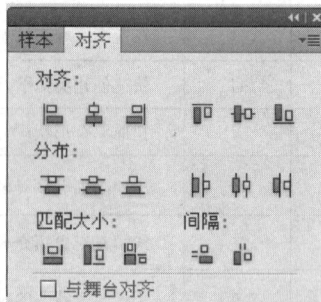

图 1-1-9　"样本"面板　　　图 1-1-10　面板重新组合　　　图 1-1-11　改变面板图标的相对位置

（3）"属性"面板：该面板是一个特殊面板，选中不同的对象或工具时，会自动打开相应的"属性"面板，其中集中了相应的参数设置选项。例如，单击工具箱中的"选择工具"按钮 ▶，单击舞台工作区内空白处，此时的"属性"面板是文档的"属性"面板，如图 1-1-12 所示，提供了设置文档的许多选项。

单击 ▽ 发布 ，可以收缩发布的选项；单击 ▷ 发布 ，可以展开发布的选项。单击 ▽ 属性 ，可以收缩属性的选项；单击 ▷ 属性 ，可以展开属性的选项。同样，单击 ▷ SWF 历史记录 ，可以收缩 SWF 历史记录的选项；单击 ▽ SWF 历史记录 ，可以展开 SWF 历史记录的选项。拖动"属性"面板的下边缘和右边缘，可调整"属性"面板的大小。

（4）面板菜单：单击面板组标题栏右上角的按钮 ▤ ，可以调出该面板的面板菜单，该菜单中有"帮助"、"关闭"和"关闭组"选项。

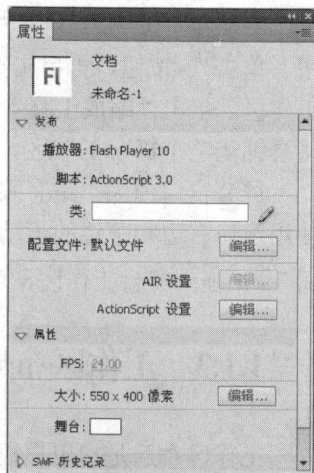

图 1-1-12　文档的"属性"面板

1.1.2　舞台工作区

1．舞台和舞台工作区

在创建或编辑 Flash 影片时离不开舞台，像导演指挥演员演戏一样，要给演员一个排练的场所，这在 Flash 中称为舞台。它是在创建 Flash 文档时放置对象的矩形区域。

舞台工作区是舞台中的一个白色或其他颜色的矩形区域，只有舞台工作区内的对象才能够作为影片输出和打印。通常，在运行 Flash 后，它会自动创建一个新影片的舞台。舞台工作区是绘制图形和输入文字，编辑图形、文字和图像等对象的矩形区域，也是创建影片的区域。图形、文字、图像和影片等对象的展示也可以在舞台工作区中进行。可以使用舞台周围的区域存储图形和其他对象，而在播放 SWF 文件时不在舞台上显示它们。

2．调整舞台工作区的显示比例

方法一：选择"视图"→"缩放比率"选项，弹出其子菜单，如图 1-1-13 所示。利用其内的选项可以选择百分比来改变显示比例。其他选项的作用如下。

① "符合窗口大小"选项：可以按窗口大小显示舞台工作区。

② "显示帧"选项：可以自动调整舞台工作区的显示比例，使舞台工作区完全显示。

③ "显示全部"选项：可自动调整舞台工作区的显示比例，将其内所有对象完全显示。

方法二：在舞台工作区的上方是编辑栏，编辑栏内的右边有一个可改变舞台工作区显示比例的下拉列表，如图 1-1-14 所示。

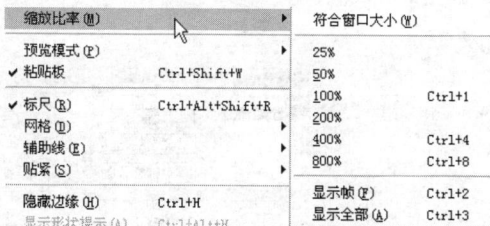

图 1-1-13　"缩放比率"菜单

图 1-1-14　调整舞台工作区的大小

方法三：单击工具箱中的"缩放工具"按钮🔍，则工具箱选项栏内会出现🔍和🔍两个按钮。单击🔍按钮，再单击舞台可以放大舞台工作区；单击🔍按钮，再单击舞台可以缩小舞台工作区。单击"缩放工具"按钮后，在舞台工作区内拖动出一个矩形，这个矩形区域中的内容将会铺满整个舞台工作区。

屏幕窗口的大小是有限的，有时画面中的内容会超出屏幕窗口可以显示的面积，这时可以使用窗口右边和下边的滚动条，把需要的部分移动到窗口中。单击工具箱内的"手形工具"按钮✋，拖动舞台工作区，可以看到整个舞台工作区可以随着鼠标的拖动而移动。

1.1.3　工作区布局

工作区布局是指用户根据自己的喜好或工作的需要，重新调整 Flash CS 5.5 工作区内各面板的位置，确定打开和关闭哪些面板，调整工作区的大小。

1．新建工作区布局

调整工作区后，选择"窗口"→"工作区"→"新建工作区"选项，弹出"新建工作区"对话框，如图 1-1-15 所示。在该对话框内的"名称"文本框中输入工作区布局的名称（如"第1 个工作区"），再单击"确定"按钮，即可在"窗口"→"工作区"菜单中添加一个"第 1 个工作区"选项。

单击中文 Flash CS 5.5 工作区内最上边的"工作区切换"按钮，弹出其子菜单，选择该菜单内的"新建工作区"选项，也可以弹出"新建工作区"对话框。

2．切换工作区布局

单击中文 Flash CS 5.5 工作区内最上边的"工作区切换"按钮，弹出其子菜单，选择该菜单内的工作区布局的名称（可以是用户创建的工作区布局，如"沈大林工作区 1"，也可以是系统提供的一种工作区布局，如"传统"、"动画"等），即可切换到相应的工作区布局。选择"窗口"→"工作区"→"××××"选项（"××××"是工作区布局的名称，如"沈大林工作区 1"），也可以切换到相应的工作区布局。

选择"窗口"→"工作区"选项，或单击标题栏中的工作区切换按钮，可以弹出"工作区切换"菜单，选择该菜单内的选项，可以选择不同类型的工作区；选择"窗口"→"工作区"→"传统"选项，可以使工作区回到传统工作区状态，如图 1-1-4 所示。

3．管理工作区布局

选择"窗口"→"工作区"→"管理工作区"选项，可弹出"管理工作区"对话框，如图 1-1-16 所示。选择该对话框内的一个工作区布局名称，单击"重命名"按钮，可以弹出"重命名工作区"对话框，利用该对话框可以给定义的工作区布局重新命名；单击"删除"按钮，可以将选中的工作区布局删除。

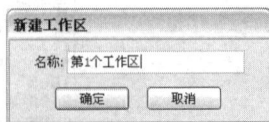

图 1-1-15　"新建工作区"对话框　　　　图 1-1-16　"管理工作区"对话框

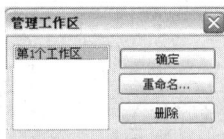

思考练习 1-1

1．通过操作了解中文 Flash CS 5.5 工作区的特点、主工具栏和工具箱内所有工具的名称。

2．新建一个 Flash 文档，参照表 1-1-2 和表 1-1-3，练习使用工具箱内的工具。

3．调整一种工作区布局，将这种工作区布局以名称"GZQ1"保存。将工作区布局还原为默认状态，再将工作区布局改为名称为"第 1 工作区"的工作区的布局状态。

4．打开"对齐"、"信息"和"颜色"面板，将它们组成一个面板组，将该面板组和"库"面板置于"停放"区域内；再将"颜色"面板移出面板组，与"样本"面板组成面板组。

1.2　时间轴

1.2.1　时间轴的组成和特点

1．时间轴组成

每一个动画都有它的时间轴。图 1-2-1 给出了一个 Flash 动画的时间轴。Flash 把动画按时间顺序分解成帧，在舞台中直接绘制的图形或从外部导入的图像，均可以形成单独的帧，再把各个单独的帧画面连接在一起，合成动画。时间轴就像导演的剧本，决定了各个场景的切换及演员出场、表演的时间顺序，它是创作和编辑的主要工具。

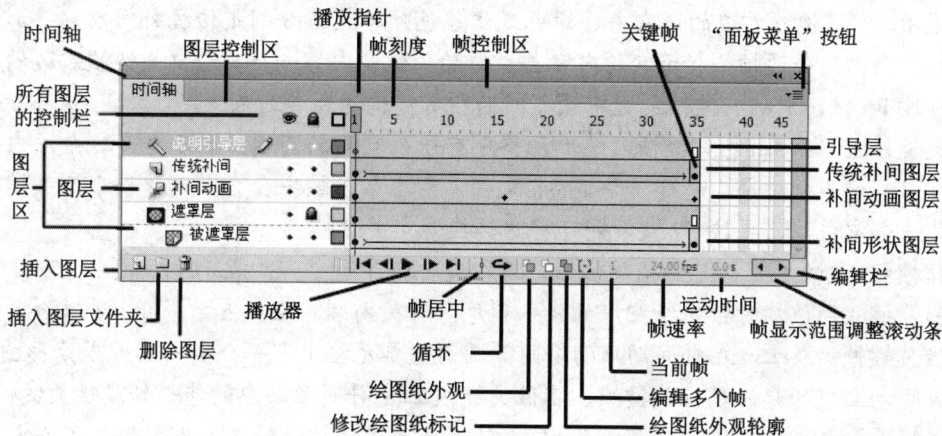

图 1-2-1　时间轴

由图 1-2-1 可以看出，时间轴窗口可以分为左右两个区域。左边区域是图层控制区，主要用来进行各图层的操作；右边区域是帧控制区，主要用来进行各帧的操作。拖动它们之间的分隔条，可以调整图层控制区和帧控制区的大小和比例，还可以将它们隐藏起来。

2．时间轴帧控制区

帧控制区第 1 行是时间轴帧刻度区，用来标注随时间变化对应的帧号码，下边有许多图层行，在一个图层中，水平方向上划分为许多帧单元格，每个帧单元格表示一帧画面。单击一个单元格，即可在舞台工作区中将相应的对象显示出来。有一个小黑点的单元格表示关键帧（即动画中起点、终点或转折点的帧）。在时间轴帧控制区中有一条红色的竖线，它指示的是当前帧，称为播放指针，它指示了舞台工作区内显示的是哪一帧画面。可以通过拖动来改变舞台显示的画面。

右击帧控制区的帧，弹出帧快捷菜单，利用该菜单可以完成对帧的大部分操作。

时间轴帧控制区内编辑栏中的按钮和滚动条的名称、作用见表 1-2-1。

表 1-2-1　时间轴图层控制区内按钮和滚动条的名称、作用

序号	按钮	名称	作用
1		帧居中	单击此按钮，可将当前帧（播放指针所在帧）显示在帧控制区
2		绘图纸外观	单击此按钮，可同时显示多帧选择区域内所有帧的对象
3		绘图纸外观轮廓	单击此按钮，可在时间轴上显示多帧选择区域，除关键帧外，其余帧的对象仅显示对象的轮廓线
4		编辑多个帧	单击此按钮，可以在时间轴上制作多帧选择区域，该区域内关键帧内的对象均显示在舞台工作区中，可以同时编辑它们
5		修改绘图纸标记	单击此按钮，可弹出"多帧显示"菜单，用来定义多帧选择区域的范围，可以定义显示 2 帧、5 帧或全部帧的内容
6		滚动条	用来调整可以显示的帧范围

帧主要有以下几种，不同种类的帧表示了不同的含义，简介如下。

空白帧：也称帧。该帧内是空的，没有任何对象，也不可以在其内创建对象。

关键帧：在创建补间动画的时间轴内，帧单元格中有一个实心的圆圈，表示该帧内有对象，可以进行编辑。选中一个帧，再按 F6 键，即可创建一个关键帧。

普通帧：关键帧右边的浅灰色、绿色或浅蓝色帧单元格分别是传统补间动画、形状补间动画和补间动画的普通帧，表示它的内容与左边的关键帧内容一样。选中关键帧右边的一个空白帧，再按 F5 键，则从关键帧到选中帧之间的所有帧均变为普通帧。

空关键帧：也称白色关键帧，帧单元格中有一个空心的圆圈，表示它是一个没内容的关键帧，可以创建各种对象。新建一个 Flash 文件，则在第 1 帧中会自动创建一个空关键帧，或者选中某一个空白帧，再按 F7 键，即可将它转换为空关键帧。

动作帧：该帧本身也是一个关键帧，其中有一个字母 "a"，表示这一帧中分配了动作脚本。当影片播放到该帧时会执行相应的脚本程序。有关内容将在第 5 章中介绍。

属性关键帧或：在补间动画的补间范围内帧单元格中有一个实心圆圈或菱形图标，表示它是补间动画中的起始属性关键帧，属性关键帧是补间动画中的非起始属性关键帧。

过渡帧：它是创建补间动画后由 Flash 计算生成的帧，它的底色为灰蓝色（传统补间）、浅蓝色（补间）或浅绿色（形状补间）。不可以对过渡帧进行编辑。

创建不同帧还可以选中某一帧，选择"插入"→"时间轴"→"××××"选项，或右击关键帧，弹出帧快捷菜单，再选择该帧快捷菜单中相应的选项。

3．时间轴图层控制区

图层控制区内第 1 行有 3 个按钮，用来对所有图层的属性进行控制。从第 2 行开始到倒数第 2 行结束是图层区，其内有许多图层行。在图层控制区内，从左到右按列分为"图层类别图

标"、"图层名称"、"当前图层图标"、"显示/隐藏图层"、"锁定/解除锁定"和"轮廓"6 列。双击图层名称进入图层名称编辑状态,用来更改图层名称。"当前图层图标"列的图标为 ✐ ,表示该图层是当前图层。右击图层控制区的图层,可弹出图层快捷菜单,利用它可以完成对图层的一些操作。图层控制区内按钮的名称和作用见表 1-2-2。

表 1-2-2　图层控制区内按钮的名称和作用

序号	按钮	名称	作用
1	👁	显示/隐藏所有图层	使所有图层的内容显示或隐藏
2	🔒	锁定/解除锁定所有图层	使所有图层的内容锁定或解锁,图层锁定后,其内的所有对象不可以被操作
3	▢	显示所有图层的轮廓	使所有图层中的图形只显示轮廓
4	🔳	插入图层	在选中图层的上面再增加一个新的普通图层
5	🗀	插入图层文件夹	在选中图层之上新增一个图层文件夹,拖动图层到图层文件夹处,可将图层放入该图层文件夹中
6	🗑	删除图层	删除选定的图层

1.2.2　编辑图层

图层相当于舞台中演员所处的前后位置。可以在制作一个 Flash 影片时建立多个图层,图层的多少,不会影响输出文件的大小。图层之间是完全独立的,不会相互影响。图层靠上,相当于该图层的对象在舞台的前面。在同一个纵深位置处,前面的对象会挡住后面的对象。在不同纵深位置处,可以透过前面图层看到后面图层中的对象。

1. 图层基本操作

(1)改变图层的顺序:图层的顺序决定了工作区各图层的前后关系。拖动图层控制区内的图层,即可将图层上下移动,以改变图层的顺序。

(2)选择图层:选中的图层,其图层控制区的图层行呈灰底色,还会出现一个图标 ✐ ,同时也选中了该图层中的所有帧。

选中一个图层:单击图层控制区的相应图层行。另外,选中一个对象,该对象所在的图层会同时被选中。

选中连续多个图层:按住 Shift 键的同时单击控制区内起始图层和终止图层。

选中多个不连续图层的所有帧:按住 Ctrl 键的同时单击控制区域内的各个图层。

选择所有图层和所有帧:选择选中帧快捷菜单中的"选择所有帧"选项。

(3)命名图层:双击图层控制区内图层的名称,使黑底色变为白底色,然后输入新的图层名称即可。

(4)删除图层:选中一个或多个图层,单击"删除图层"图标🗑或者拖动选中的图层到"删除图层"图标🗑之上。

(5)复制和移动图层:右击要复制的图层,弹出帧快捷菜单,选择该菜单中的"复制帧"选项,将选中的帧复制到剪贴板中。选中要粘贴的所有帧,右击选中的帧,弹出帧快捷菜单,选择该菜单中的"粘贴帧"选项,将剪贴板中的内容粘贴到选中的各帧。

2. 显示/隐藏图层

(1)显示/隐藏所有图层:单击图层控制区第一行的图标 👁 ,可隐藏所有图层的对象,所有图层的图层控制区会出现图标✗，表示图层隐藏。再次单击图标👁，所有图层的图层控制区内的图标✗都会取消，表示图层显示。隐藏图层中的对象不会显示出来，但可以正常输出。

（2）显示/隐藏一个图层：单击图层控制区某一图层内"显示/隐藏图层"列的图标•，使该图标变为图标✗，该图层隐藏；再次单击图标✗，该图标变为图标•，使该图层显示。

（3）显示/隐藏连续的几个图层：单击起始图层控制区的"显示/隐藏图层"列（图标👁列），按住鼠标左键垂直拖动，使鼠标指针移到终止图层，即可使这些图层显示/隐藏。

（4）显示/隐藏未选中的所有图层：按住 Alt 键，单击图层控制区内某一个图层的"显示"列，即可显示/隐藏其他所有图层。

3．锁定/解锁图层

所有图形与动画制作都是在选中的当前图层中进行的，任何时刻只能有一个当前图层。在任何可见的并且没有被锁定的图层中，可以进行对象的编辑。

（1）锁定/解锁所有图层：它的操作方法与显示/隐藏所有图层的方法相似，只是操作的不是"显示/隐藏图层"列，而是"锁定/解除锁定"列，不是图标👁，而是图标🔒。

（2）锁定/解锁一个图层：单击该列图层行内的图标•，使该图标变为图标🔒，使该图层的内容锁定；单击该列图层行内的图标🔒，使该图标变为图标•，使该图层的内容解锁。

4．显示/取消显示对象轮廓

（1）显示所有图层内对象轮廓：单击图层控制区第一行的图标▢，可以使所有图层内对象只显示轮廓线；再次单击该图标，可以使所有图层内的对象正常显示。

（2）显示一个图层内对象轮廓：单击图层控制区内"轮廓"列图层行中的图标▪，使它变为▢，该图层对象只显示其轮廓；单击图标▢，使该图标变为▪，该图层对象会正常显示。

思考练习 1-2

1．将"图层1"的名称改为"红圆形"，在该图层之上添加3个图层，将这两个图层的名称分别改为"绿圆形"和"蓝矩形"。

2．选中"红圆形"图层的第1帧，在舞台工作区内绘制一幅红色矩形；选中"绿圆形"图层的第1帧，在舞台工作区内绘制一幅绿色圆形。选中"蓝矩形"图层的第1帧，在舞台工作区内绘制一幅蓝色矩形。然后，依次将各个图层隐藏，观察舞台工作区内画面的变化。只显示"红圆形"图层内的图形，再将"红圆形"图层锁定。

1.3 Flash 文档基本操作和场景

1.3.1 场景

1．"场景"面板

选择"窗口"→"其他面板"→"场景"选项，打开"场景"面板，如图1-3-1所示。利用该面板，可显示、新建、复制、删除场景，以及给场景重命名和改变场景顺序等。

（1）新建场景：单击"场景"面板右下角的"添加场景"按钮 **+** ，可以新建场景。

（2）场景更名：双击"场景"面板内的一个场景名称，即可进入场景名称的编辑状态。

（3）改变场景的播放顺序：上下拖动"场景"面板内的场景图标，可以改变场景的前后次序，也就改变了场景的播放顺序，如图 1-3-2 所示。播放多个场景的动画时，首先播放"场景"面板内最上边的场景内的动画；播放完该场景的动画后会自动跳转到"场景"面板内下一个场景，播放该场景内的动画；一直到播放完"场景"面板内最下边场景内的动画后，返回"场景"面板内最上边的场景，循环播放该场景内的动画。

（4）复制场景：单击"场景"面板左下角的"直接复制场景"按钮 ，可复制场景。例如，选中"场景 2"后，单击"场景"面板左下角的"直接复制场景"按钮 ，可复制"场景 2"场景，产生名称为"场景 2 复制"的场景，如图 1-3-3 所示。

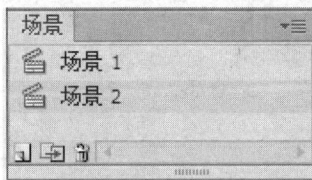

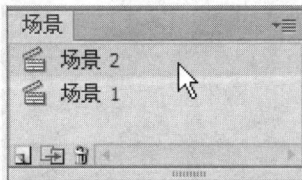

图 1-3-1　"场景"面板　　　图 1-3-2　调整场景的播放顺序　　　图 1-3-3　复制场景

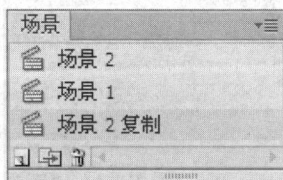

（5）删除场景：单击"场景"面板内的"删除场景"按钮 ，可将选中的场景删除。

（6）切换场景：单击"场景"面板内的场景名称，即可快速切换场景。

2．场景其他操作方法

在 Flash 动画中，演出的舞台只有一个，但在演出过程中，可以更换不同的场景。

（1）增加场景：选择"插入"→"场景"选项，即可增加一个场景，并打开该场景的编辑窗口。在舞台工作区编辑栏内的左边会显示当前场景的名称 场景2 。

（2）切换场景：单击编辑栏右边的"编辑场景"按钮 ，可弹出它的快捷菜单，选择该菜单中的"场景名称"选项，可以切换到相应的场景。另外，选择"视图"→"转到"选项，可弹出其下一级子菜单。利用该子菜单，可以完成场景的切换。

1.3.2　建立 Flash 文档和文档属性设置

1．新建 Flash 文档

（1）方法一：选择"文件"→"新建"选项，弹出"新建文档"对话框，如图 1-3-4 所示。在"类型"列表框内选中一种类型，在右边可设置动画画面的宽度、高度，设置帧频、背景色等，再单击该对话框内的"确定"按钮，即可创建一个新的 Flash 文档。

（2）方法二：单击主工具栏内的"新建"按钮 ，直接创建一个新的 Flash 文档。

（3）方法三：弹出 Flash CS 5.5 的欢迎屏幕，如图 1-1-1 所示。选择"新建"区域内的"ActionScript 3.0"选项，或选择其他项目名称，也可以创建相应的 Flash 文档。

2．设置文档属性

在建立了 Flash 文档后，选择"修改"→"文档"选项，弹出"新建文档"对话框，如

图 1-3-5 所示。单击工具箱中的"选择工具"按钮 ，再单击舞台，打开文档的"属性"面板，单击该面板内的"编辑文档属性"按钮 ，弹出"文档设置"对话框，各选项的作用和设置如下。

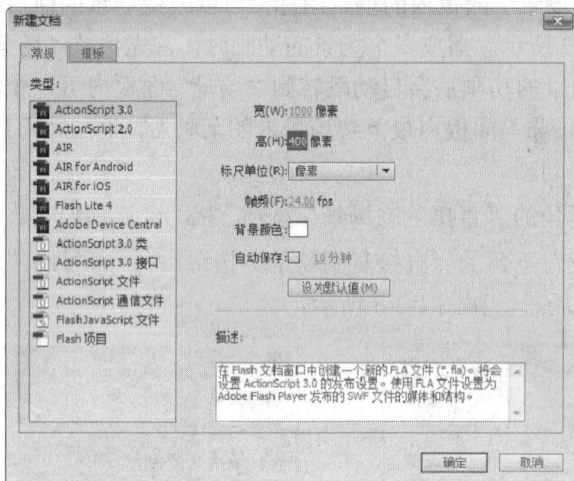

图 1-3-4 "新建文档"对话框 图 1-3-5 "文档设置"对话框

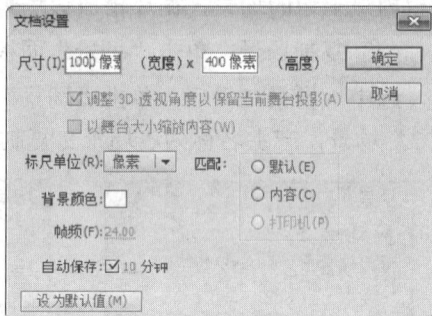

（1）"尺寸"区域：它的两个文本框可以设置舞台工作区的大小。在"宽"文本框内输入舞台工作区的宽度，在"高"文本框内输入舞台工作区的高度，默认单位为 px（像素）。舞台工作区最大可设置为 2880 像素×2880 像素，最小可设置为 1 像素×1 像素。

（2）"标尺单位"下拉列表：用来选择舞台上边与左边标尺的单位，可选择英寸、点、像素、厘米和毫米等。

（3）"匹配"区域：单击"默认"单选按钮，可以按照默认值设置文档属性；单击"打印机"单选按钮，可以使舞台工作区与打印机相匹配；单击"内容"单选按钮，可以使舞台工作区与影片内容相匹配，并使舞台工作区四周具有相同的距离。要使影片尺寸最小，可以把场景内容尽量向左上角移动，然后单击该按钮。

（4）"背景颜色"按钮：单击此按钮，会打开颜色面板，如图 1-3-6 所示。单击颜色面板中的一种色块，即可设置舞台工作区的背景颜色。

图 1-3-6 颜色面板

（5）"帧频"文本框：用来输入影片的播放速度，影片的播放速度默认为 12fps，即每秒播放 12 帧画面。

（6）"描述"文本框：用来显示文档特点的文字。

（7）"设为默认值"按钮：单击该选项，可使文档属性的设置状态成为默认状态。

完成 Flash 文档属性的设置后，单击"确定"按钮，即可完成设置，退出该对话框。

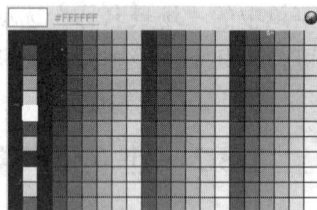

1.3.3 Flash 文档的打开、保存和关闭

1. 打开和保存 Flash 文档

（1）打开 Flash 文档：选择"文件"→"打开"选项，弹出"打开"对话框。利用该对话

框，选择扩展名为".fla"的 Flash CS 5.5 或 Flash CS 5 文件和其他文档，再单击该对话框内的"打开"按钮，即可打开选定的 Flash 文档。

（2）保存 Flash 文档：如果是第一次存储 Flash 影片，可选择"文件"→"保存"或"文件"→"另存为"选项，弹出"保存为"对话框。利用该对话框，将影片存储为扩展名为".fla"的 Flash CS 5.5 文档（在"保存类型"下拉列表中选择"Flash CS 5.5 文档"选项）、Flash CS 5.5 未压缩文档、Flash CS 5 文档或 Flash CS 5 未压缩文档等。如果要再次保存修改后的 Flash 文档，可选择"文件"→"保存"选项；如果要以其他名称保存，可选择"文件"→"另存为"选项，弹出"另存为"对话框。

2．关闭 Flash 文档和退出 Flash CS 5.5

（1）关闭 Flash 文档窗口：选择"文件"→"关闭"选项或单击 Flash 舞台窗口右上角的"关闭"按钮❌。如果在此之前没有保存影片文件，则会弹出一个提示框，提示是否保存文档。单击"是"按钮，即可保存文档，然后关闭 Flash CS 5.5 文档窗口。

选择"文件"→"全部关闭"选项，可以关闭所有打开的 Flash 文档。

（2）退出 Flash CS 5.5：选择"文件"→"退出"选项或单击窗口右上角的"关闭"按钮。如果在此之前还有没关闭的修改过的 Flash 文档，则会弹出提示框，提示是否保存文档。单击"是"按钮，即可保存文档，关闭 Flash 文档窗口并退出 Flash CS 5.5。

思考练习 1–3

1．新建一个 Flash 文档，设置舞台工作区的宽为 600 像素，高为 400 像素，帧速为 12fps，背景为黄色，以名称"Flash1.fla"保存。将舞台工作区的宽更改为 40 厘米，高更改为 30 厘米。

2．新建一个 Flash 文档，设置舞台工作区的宽为 1000 像素，高为 500 像素，帧速为 20fps，背景为蓝色，以名称"海中游鱼 1.fla"保存，将舞台工作区的背景色改为白色。

3．新建一个宽 400 像素、高 200 像素的舞台工作区，创建 3 个场景，将它们分别命名为"红色圆"、"绿色圆"和"蓝色圆"，按照这个次序播放 3 个场景。

1.4 "库"面板、元件和实例

1.4.1 "库"面板和元件分类

1．"库"面板

库有两种，一种是用户库，即"库"面板，用来存放用户创建的动画中的元件，如图 1-4-1 所示；另一种是 Flash 系统提供的"公用库"，用来存放系统提供的元件。选择"窗口"→"公用库"→"××"选项，可弹出相应的一种公用库的"库"面板。例如，选择"窗口"→"公用库"→"按钮"选项，可弹出按钮"库-Buttons.fla"面板，如图 1-4-2 所示。

"库"面板内的按钮和元素预览窗口的作用如下。

（1）"新建元件"按钮 ：单击此按钮可以弹出"创建新元件"对话框，如图1-4-3所示。

（2）"属性"按钮 ：选中"库"面板中的一个元件，再单击此按钮，可以弹出"元件属性"对话框或"位图属性"对话框。利用该对话框可以更改选中元件的类别属性。

（3）"删除"按钮 ：单击此按钮，可以删除"库"面板中选中的元素。

（4）"新建文件夹"按钮 ：单击此按钮可以在"库"面板中创建一个新文件夹。按住Ctrl键，选中要放入图层文件夹的各个图层，拖动选中的所有图层移动到图层文件夹之上，选中的所有图层会自动向右缩进，表示被拖动的图层已经被放置到该图层文件夹中。

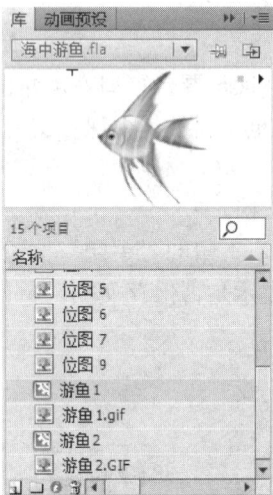

图 1-4-1 　"库"面板　　图 1-4-2 　"库-Buttons．fla"面板　　图 1-4-3 　"创建新元件"对话框

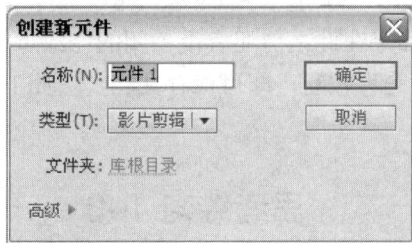

（5）单击图层文件夹左边的箭头按钮 ，可将图层文件夹收缩，不显示该图层文件夹内的图层。单击图层文件夹左边的箭头按钮 ，可将图层文件夹展开。

（6）元素预览窗口的显示方式：右击"库"面板内的显示窗口，弹出它的快捷菜单。利用该菜单中的命令可以改变素材面板预览窗口的显示方式。

选中库内一个元件，即可在"库"面板上边的元件预览窗口内看到元件的形状。不同的图标表示不同的元件类型。要了解元件的动画效果和声音效果，可单击"库"面板右上角的 按钮；要暂停播放，可单击 按钮。

2．元件类型

（1）图形元件 ：可以是矢量图形、图像、声音或动画等，用来制作电影中的静态图形，不具有交互性。声音元件是图形元件中的一种特殊元件，它的图标是 。

（2）影片剪辑元件 ：主影片中一段影片剪辑，用来制作独立于主影片时间轴的动画。它可以包括交互性控制、声音甚至其他影片剪辑的实例。

（3）按钮元件 ：可以在动画中创建按钮元件的实例。在Flash中，首先要为按钮设计不同状态的外观，也可以把影片剪辑的实例放在按钮的时间轴中，从而实现动画按钮，然后为按钮的实例分配事件（如鼠标单击等）和触发的动作。

另外，在导入位图图像后，会在"库"面板内产生相应的位图元件。

1.4.2 创建元件和实例

1．创建元件

（1）选择"插入"→"新建元件"选项或单击"库"面板内的"新建元件"按钮 ，弹出"创建新元件"对话框，如图 1-4-3 所示。在"名称"文本框内输入元件的名称，在"类型"下拉列表内选择元件类型（有"影片剪辑"、"图形"和"按钮" 3 种），单击"确定"按钮，打开元件的编辑窗口。该窗口内有一个十字标记，表示元件的中心。同时，在"库"面板中会出现一个新的元件。以后将这一操作称为创建并进入"××"元件的编辑状态，如创建并进入"元件 1"影片剪辑元件的编辑状态。

（2）在该窗口内创建或导入对象（图像、图形、文字、元件实例等）或制作动画后，单击"库"面板中的新元件，可在"库"面板上边预览窗口内显示该元件内的第 1 帧画面。

（3）单击元件编辑窗口中的"场景名称"按钮 场景 1 或按钮 ，回到主场景。

2．创建实例

在需要元件对象上场时，只需将"库"面板中的元件拖动到舞台中即可，此时舞台中的该对象称为"实例"，即元件复制的样品。舞台中可以放置多个相同元件复制的实例对象，但在"库"面板中与之对应的元件只有一个。影片剪辑实例与图形实例不同，前者只需要一个关键帧来播放动画，而后者必须出现在足够的帧中。

当元件的属性（如元件的大小、颜色等）改变时，由它生成的实例也会随之改变。当实例的属性改变时，与它相应的元件和由该元件生成的其他实例不会随之改变。

在编辑时，必须选择"控制"→"测试影片"选项或选择"控制"→"测试场景"选项，才能在播放器窗口内演示按钮的动作和交互效果。

1.4.3 复制元件和编辑元件

1．复制元件

在"库"面板中将一个元件复制一份，再双击该复制的元件，进入它的编辑状态，修改该元件后可以获得一个新元件。复制元件的方法有以下两种。

（1）元件复制元件：右击"库"面板内的元件（如"水泡"元件），弹出快捷菜单。选择该快捷菜单中的"直接复制"选项，弹出"直接复制元件"对话框，选择元件类型和输入名称，如图 1-4-4 所示，再单击"确定"按钮，即可在"库"面板内复制一个新元件。

（2）实例复制元件：选中一个元件实例，选择"修改"→"元件"→"直接复制元件"选项，弹出"直接复制元件"对话框，如图 1-4-5 所示。输入名称，再单击"确定"按钮，即可在"库"面板内复制一个新元件。

（3）对象转换元件：选中一个对象，选择"修改"→"转换为元件"选项，弹出"转换为元件"对话框，如图 1-4-6 所示。输入名称，选择元件类型，再单击"确定"按钮，即可在"库"面板内创建一个新元件，原来的对象成为该元件的实例。

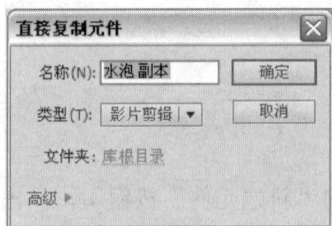

图 1-4-4 "直接复制元件"
对话框（元件复制元件）

图 1-4-5 "直接复制元件"
对话框（实例复制元件）

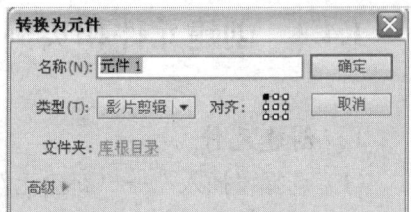

图 1-4-6 "转换为元件"
对话框（对象转换元件）

2．编辑元件

在创建了若干元件实例后，可能需要编辑修改元件。编辑元件可以采用许多方法。元件经过编辑后，Flash 会自动更新它在影片中所有由该元件生成的实例。编辑元件需要进入元件编辑窗口，编辑完成后，单击元件编辑窗口中的按钮 场景 1，或双击舞台工作区的空白处，都可以回到主场景。打开元件编辑窗口的方法如下。

（1）双击"库"面板中的一个元件图标，即可打开元件编辑窗口。

（2）双击舞台工作区内的元件实例，也可以打开元件编辑窗口。

（3）右击舞台工作区内的元件实例，弹出实例快捷菜单，选择其内的"编辑"选项。

（4）选择实例快捷菜单内的"在当前位置编辑"选项，也可以打开元件编辑窗口，只是保留原舞台工作区的其他对象（不可编辑，只供参考）。

（5）选择实例快捷菜单中的"在新窗口中编辑"选项，打开一个新的舞台工作区窗口，可以在该窗口内编辑元件。元件编辑完成后，单击"关闭"按钮，可以回到主场景。

思考练习 1-4

1．创建一个名称为"圆形"的影片剪辑元件，在其内绘制一幅红色圆形图形，将"库"面板内的"圆形"影片剪辑元件拖动到舞台工作区内（拖动两个），形成两个实例。

2．修改"库"面板内的"圆形"影片剪辑元件，将它的颜色改为绿色，改变它的大小，观察舞台工作区的两个相应的实例是否随之改变。调整一个"圆形"影片剪辑元件实例的大小，观察另一个实例是否随之改变。将"圆形"影片剪辑元件复制一次，名称更改为"圆形 2"。

1.5 制作"海中游鱼"Flash 动画和播放与导出动画

本节将带领读者制作一个简单的"海中游鱼"Flash 动画，该动画运行后，在海中，一条摆动的小鱼沿直线从右向左移动，另一条摆动的小鱼沿曲线从左向右移动，其中的一幅画面如图 1-5-1 所示。该动画是"海洋世界"网站网页的标题动画。通过制作该动画，进一步了解本章前 4 节介绍的内容，初步了解导入图像和 GIF 动画的基本方法，了解制作补间动画和传统补间动画的基本方法，初步掌握 Flash 动画的播放和导出方法，对中文 Flash CS 5.5 制作动画有一个较全面的了解，为全书学习奠定基础。

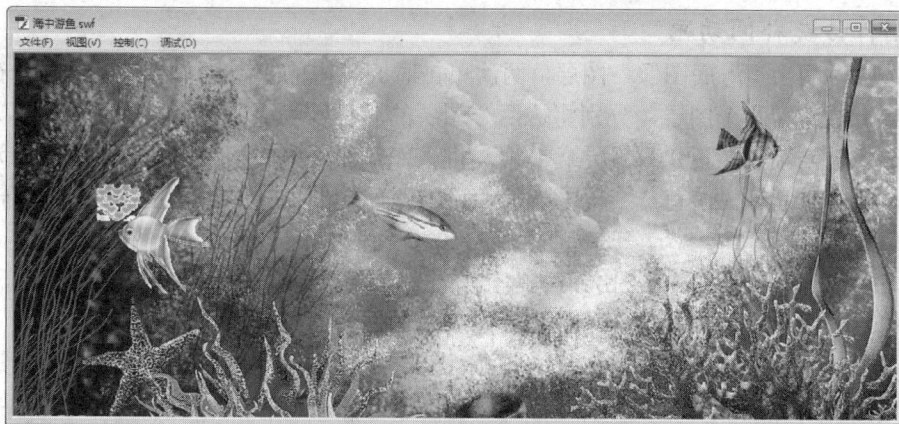

图 1-5-1 "海中游鱼"动画画面

1.5.1 制作"海中游鱼"Flash 动画

1. 新建 Flash 文档和导入素材

（1）选择"文件"→"新建"选项，弹出"新建文档"对话框，选择该对话框中"类型"区域内的"ActionScript 3.0"选项，按照图 1-3-4 进行设置，单击"确定"按钮，创建一个新的 Flash 文档。

（2）选择"文件"→"导入"→"导入到库"选项，弹出"导入到库"对话框，利用该对话框导入"海底.jpg"图像和"游鱼 1.gif"、"游鱼 1.gif"两个 GIF 格式动画，在"库"面板内会添加"海底.jpg"图像元件、"游鱼 1.gif"与"游鱼 2.gif"元件，GIF 格式动画各帧图像元件还会生成"元件 1"和"元件 2"两个影片剪辑元件，它们其内分别是"游鱼 1.gif"和"游鱼 2.gif"动画的各帧图像。"库"面板如图 1-4-1 所示。

（3）打开"库"面板，单击其中的"选择工具"按钮 ![icon]，双击"库"面板内的"元件 1"影片剪辑元件名称，进入它的编辑状态，将"元件 1"元件的名称改为"游鱼 1"、"元件 2"元件的名称改为"游鱼 2"。

（4）双击时间轴"图层 1"图层的名称，进入它的编辑状态，将名称改为"海底图像"，选中该图层第 1 帧，将"库"面板内的"海底.jpg"元件拖动到舞台工作区内。

（5）使用"选择工具" ![icon]，选中舞台工作区内的图像，在"属性"面板内的"宽"文本框内输入"1000"，

图 1-5-2 "属性"面板

在"高"文本框内输入"400"，在"X"和"Y"文本框内均输入"0"，如图 1-5-2 所示。此时，图像刚好将整个舞台工作区完全覆盖，如图 1-5-1 所示（没有其内的 2 条鱼）。

（6）单击"海底图像"图层内"显示/隐藏"列 ![icon] 中的图标 ![icon]，此时该图标变为 ![icon]，使"海底图像"图层隐藏，即使其内的"海底.jpg"图像消失。

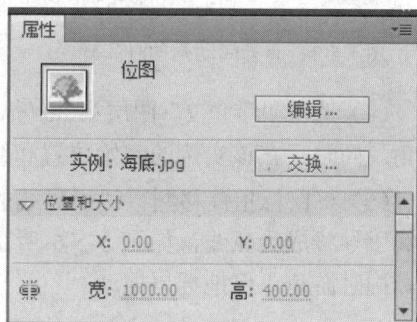

2．制作传统补间动画

（1）选中时间轴"海底图像"图层，两次单击时间轴内的"新建图层"按钮 ，在"海底图像"图层上边新增两个图层，分别将这两个图层的名称改为"游鱼1"和"游鱼2"。

（2）选中时间轴"游鱼1"图层第1帧，将"库"面板内的"游鱼1"影片剪辑元件拖动到右下角。选中时间轴"游鱼1"图层第1帧，将"库"面板内的"游鱼1"影片剪辑元件拖动到右下角。

（3）右击时间轴"游鱼1"图层第1帧，弹出帧快捷菜单，选择该快捷菜单中的"创建传统补间"选项，此时，该帧就具有了传统补间动画的属性。

（4）选中"游鱼1"图层第100帧，按F6键，此时，"游鱼1"图层出现一条从第1帧指向第100帧的有箭头的水平直线，表示创建了第1帧～第100帧的传统补间动画。

（5）选中"游鱼1"图层第80帧，水平向左拖动该帧内"游鱼1"影片剪辑实例到舞台工作区内的左下边。

3．制作补间动画

（1）选中时间轴"游鱼2"图层第1帧，将"库"面板内的"游鱼2"影片剪辑元件拖动到左下角。选中"海底图像"图层第80帧，按F5键，使该图层第1帧～第80帧内容一样。

（2）右击"游鱼2"图层第1帧，弹出帧快捷菜单，选择该快捷菜单中的"创建补间动画"选项，使"游鱼2"图层第1帧具有补间动画的属性，成为补间动画的关键帧。同时，"游鱼2"图层第1帧～第24帧成为补间动画，如图1-5-3所示。

（3）将鼠标指针移到"游鱼2"图层第24帧处，当鼠标指针呈 状时，水平向右拖动到第80帧。按住Ctrl键，选中"游鱼2"图层第80帧，按F6键，创建一个关键帧，如图1-5-4所示。

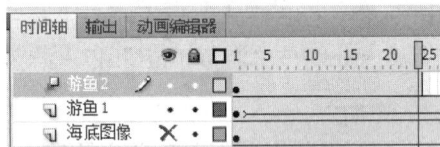

图 1-5-3　有补间动画的时间轴　　　　　　　　　图 1-5-4　时间轴

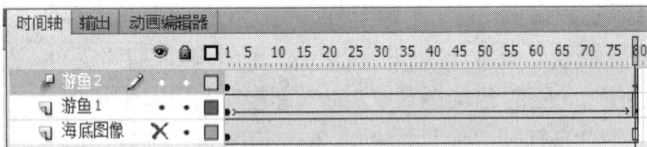

（4）选中"游鱼2"图层第80帧，水平向右拖动"游鱼2"影片剪辑实例到舞台工作区右下角。同时，在该实例的起始位置和终止位置之间产生一条直线引导线，如图1-5-5所示。

（5）将鼠标指针移到直线引导线的中间位置，当鼠标指针呈 状时，垂直向下方拖动，使直线引导线成为弧线，如图1-5-6所示，确定"游鱼2"影片剪辑实例沿着这条曲线引导线移动，同时游鱼不停地摇尾摆动。

图 1-5-5　第80帧画面和补间动画的直线引导线　　　图 1-5-6　使直线引导线成为弧线

（6）单击"海底图像"图层内"显示/隐藏"列 内的图标 ，此时该图标变为 ，将"海底图像"图层显示出来。

（7）选择"文件"→"另存为"选项，弹出"保存为"对话框。在"保存类型"下拉列表中选择"Flash CS 5.5 文档"选项，在"保存在"下拉列表内选择"第 1 个动画"文件夹，在"文件名"文本框内输入 Flash 文档的名称"海中游鱼"，单击"确定"按钮，即可将制作好的 Flash 动画以名称"海中游鱼.fla"保存在"第 1 个动画"文件夹内。

1.5.2　播放 Flash 动画的方法

1．设置预览模式和播放方式

（1）设置预览模式：选择"视图"→"预览模式"选项，会弹出"预览模式"菜单，其内有"轮廓"、"高速显示"、"消除锯齿"、"消除文字锯齿"和"整个"选项。选择不同的选项，图形质量和播放速度会不一样，图形质量越好，显示的速度会越慢；显示速度越快，则显示质量会越差。选择"视图"→"预览模式"→"整个"选项，可以完全呈现舞台上的所有内容。此设置可能会降低显示速度。

（2）设置播放方式：可以采用以下几种设置播放方式的方法。

① 在舞台工作区循环播放：选择"控制"→"循环播放"选项，使该菜单选项被选中（即左侧出现对勾）。以后，可选择"控制"→"播放"选项（或按 Enter 键）或使用"控制器"面板的动画播放键（均为舞台工作区内的动画播放）实现循环播放。

② 在舞台工作区播放所有场景的动画：选择"控制"→"播放所有场景"选项，以后可以选择"控制"→"播放"选项（或按 Enter 键）或使用"控制器"面板进行影片所有场景的播放（均为舞台工作区内的动画播放）。

（3）反向播放：动画反向播放就是使起始帧变为终止帧，终止帧变为起始帧。选中一段动画，可以包括多个图层，然后将鼠标指针移到动画的某一帧上右击，弹出它的帧快捷菜单，选择该快捷菜单中的"翻转帧"选项。

2．几种播放方法

（1）使用"控制器"面板播放：选择"窗口"→"工具栏"→"控制器"选项，可打开"控制器"面板，如图 1-5-7 所示。单击"播放"按钮 ，即可在舞台工作区内播放影片；单击"停止"按钮 ，可以使正在播放的影片停止播放；单击"转到第一帧"按钮 ，可使播放头回到第 1 帧；单击"转到最后一帧"按钮 ，可使播放头回到最后一帧；单击"后退一帧"按钮 ，可使播放头后退一帧；单击"前进一帧"按钮 ，可使播放头前进一帧。

图 1-5-7　"控制器"面板

（2）选择"控制"→"播放"选项或按 Enter 键，可在舞台工作区内播放该影片。采用这种播放方式不能播放影片剪辑实例。

选择"控制"→"停止"选项或按 Enter 键，即可使舞台工作区内播放的影片暂停播放。

（3）选择"控制"→"测试影片"→"测试"选项或按 Ctrl+Enter 组合键，可在播放工作区内播放影片。单击播放窗口右上角的"关闭"按钮，可关闭播放窗口。可循环依次播放各场景。

（4）选择"控制"→"测试场景"选项或按 Ctrl+Alt+Enter 组合键，可以循环播放当前场景的影片。

1.5.3 动画的导出和发布

1．动画的导出

（1）导出影片：选择"文件"→"导出"→"导出影片"选项，弹出"导出影片"对话框，如图 1-5-8 所示。选择文件类型，输入文件名，单击"保存"按钮，可将动画保存为选定名称的视频或图像序列文件，还可以导出其中的声音。

声音的导出要考虑声音的质量与输出文件的大小。声音的采样频率和位数越高，声音的质量就越好，但输出的文件也就越大。压缩比越大，输出的文件越小，但声音的音质越差。

（2）导出图像：选择"文件"→"导出图像"选项，弹出"导出图像"对话框，它与图 1-5-8 的"导出影片"对话框相似，只是"保存类型"下拉列表中的文件类型只有图像文件类型。利用它可以将动画当前帧保存为扩展名为".swf"、".jpg"、".gif"、".bmp"等格式的图像文

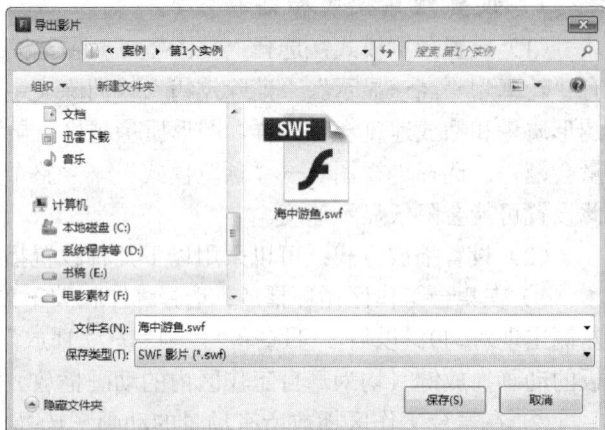

图 1-5-8　"导出影片"对话框

件。选择文件的类型不一样，单击"保存"按钮后的效果也会不一样。

（3）导出所选内容：选中动画中的一个对象、对象所在的帧或动画所有帧，选择"文件"→"导出所选内容"选项，弹出"导出图像"对话框，它与图 1-5-8 的"导出影片"对话框相似，只是"保存类型"下拉列表中的文件类型是"Adobe FXG"。利用该对话框，可将所选内容（动画对象）保存为扩展名为".fxg"的文件。以后可以通过选择"文件"→"导入"→"××××"选项，将保存的对象导入到舞台和"库"面板内。

2．动画的发布设置

选择"文件"→"发布设置"选项，弹出"发布设置"对话框，如图 1-5-9 所示。利用该对话框，可以设置发布文件的格式、播放器的目标和脚本的版本等。本书中的案例，通常都在"目标"下拉列表中设置了"Flash Player 10.2"选项，设置播放器版本为"Flash Player 10.2"；在"脚本"下拉列表内选择"ActionScript 2.0"选项。

在左侧栏内，选中相关复选框，即可确定一种发布文件的格式，选择一个选项，即可进行针对该格式文件的设置。设置完成后，单击"发布"按钮，即可发布选定格式的文件。单击"确定"按钮，即可退出该对话框，完成发布设置，但不进行发布。

3．动画发布预览和动画发布

（1）发布预览：进行发布设置后，选择"文件"→"发布预览"选项，弹出它的子菜单，如图 1-5-10 所示。可以看出，子菜单的选项正是前面设置时选择的文件格式。

（2）发布：选择"文件"→"发布"选项，可按照选定的格式发布文件，并存放在相同的文件夹中。它与"发布设置"对话框中的"发布"按钮的作用一样。

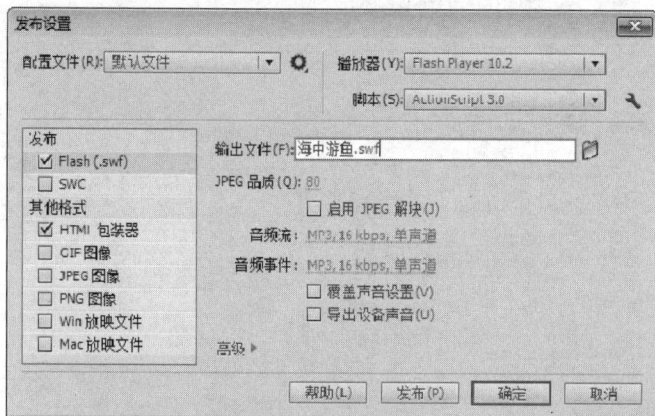

图 1-5-9　"发布设置"对话框

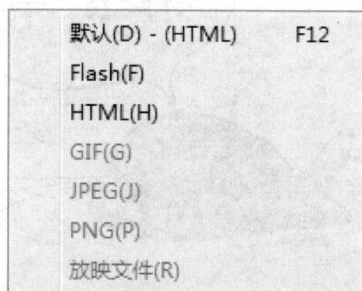

图 1-5-10　"发布预览"子菜单

（3）在选中文件格式的复选框后，会随之增加相应的标签和相应的设置选项。进行设置后，单击"发布"按钮，即可发布选定格式的文件。单击"确定"按钮，即可退出该对话框，完成发布设置，但不进行发布。

（4）单击"发布设置"对话框中的 HTML 标签，切换到 HTML 选项卡。利用该对话框，可以设置输出的 HTML 文件的一些参数。

思考练习 1-5

1. 修改"海底游鱼"Flash 动画，该动画运行后，增加 3 条在海底来回游动的小鱼。

2. 制作"花中飞蝶"Flash 动画，该动画运行后，几只彩蝶在花丛中沿着直线或弧线来回飞舞。

第 2 章

对象和帧的基本操作

本章介绍了舞台工作区中网格、标尺和辅助线的应用，对象的基本操作、帧的基本操作、精确调整对象大小与位置，以及对象形状的调整等。

2.1 【动画 1】海底图像切换

2.1.1 动画效果

"海底图像切换"动画是"海洋世界"网站网页内的一个以多种方式展示多幅海底美景图像的动画。该动画播放后，在蓝色立体框架内显示第 1 幅美景图像，第 2 幅图像在框架内从右向左水平移动，逐渐将第 1 幅图像完全覆盖；第 3 幅图像从左向右水平移动，逐渐将第 2 幅图像完全覆盖；第 4 幅图像逐渐由透明变为不透明逐渐显示出来直至将第 3 幅图像完全覆盖；第 5 幅图像逐渐由小变大，逐渐将第 4 幅图像完全覆盖。动画播放后的 3 幅画面如图 2-1-1 所示。该动画采用了 4 个场景，一个场景完成一幅图像的切换。

(a)　　　　　　　　　　　(b)　　　　　　　　　　　(c)

图 2-1-1　"海底图像切换"动画播放后的 3 幅画面

2.1.2　制作方法

1．绘制金黄色立体框架

（1）新建一个 Flash 文档，设置舞台工作区的宽为 330 像素、高为 390 像素。

（2）选择"视图"→"辅助线"→"编辑辅助线"选项，弹出"辅助线"对话框，如图 2-1-2 所示。单击"颜色"色块，打开"辅助线颜色"面板，如图 2-1-3 所示。单击其内的红色色块，设置参考线为红色，其他设置如图 2-1-2 所示，单击"确定"按钮。

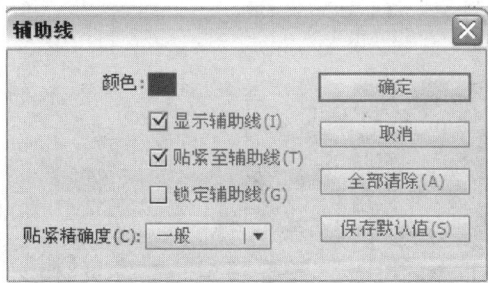

图 2-1-2　"辅助线"对话框　　　　　　　图 2-1-3　"辅助线颜色"面板

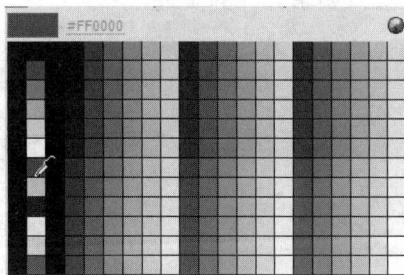

（3）选择"视图"→"标尺"选项，使该选项选中，在舞台工作区上边和左边添加标尺。使用"选择工具" ，从左边的标尺栏向舞台工作区内拖动（拖动两次），产生两条垂直的辅助线，再从上边的标尺栏向舞台工作区内拖动（拖动两次），产生两条水平的辅助线，围成宽 300 像素、高 360 像素的矩形，如图 2-1-4 所示，用来给矩形图形定位。

（4）单击"矩形工具"按钮 ，单击工具箱"颜色"栏内的"笔触颜色"按钮 ，打开"笔触颜色"面板，如图 2-1-5 所示，单击其内的按钮 ，使绘制的图形无轮廓线。

（5）单击工具箱"颜色"栏内的"填充颜色"按钮 ，打开"填充颜色"面板，它与图 2-1-5 一样。单击颜色面板内的蓝色图标，设置填充色为蓝色。

（6）如果工具箱内"选项"栏中的"对象绘制"按钮 处于按下状态，则单击该按钮，使它弹起，然后沿舞台工作区边缘拖动，绘制一个蓝色矩形，如图 2-1-6 所示。

（7）使用"矩形工具" ，单击"笔触颜色"按钮 ，打开"笔触颜色"面板，如图 2-1-5 所示，单击其内的蓝色图标，设置矩形轮廓线颜色为蓝色。在其"属性"面板内的"笔触"数字框中输入"2"，设置轮廓线粗为"2pts"。沿着 4 条辅助线拖动，绘制一个蓝色矩形。

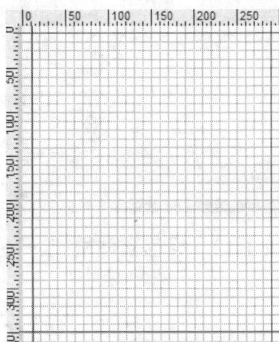

图 2-1-4　4 条辅助线　　　　　图 2-1-5　笔触颜色面板　　　　　图 2-1-6　蓝色矩形

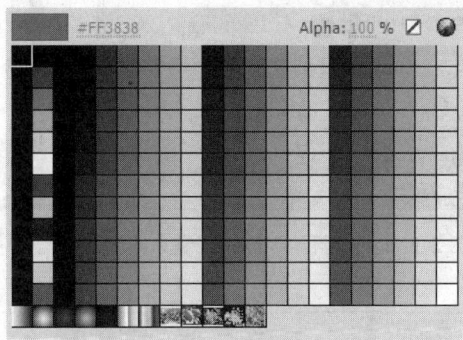

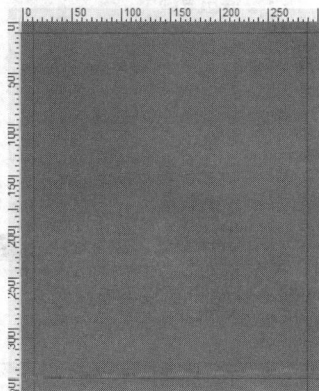

（8）使用"选择工具" ，单击刚绘制的蓝色矩形图形，选中该矩形图形，选中图形上侧会有一层小白点。按 Delete 键，将选中图形删除，形成矩形框架，如图 2-1-7 所示。

（9）单击舞台工作区，打开文档的"属性"面板，在其内"播放器"下拉列表中选择"Flash Player 9"以上选项，如图 2-1-8 所示。这是为了使用 Flash 的滤镜功能。

（10）选中整个蓝色矩形框架图形，选择"修改"→"转换为元件"选项，弹出"转换为元件"对话框，在"名称"文本框内输入元件的名称"框架"，在"类型"下拉列表中选择"影片剪辑"选项，如图 2-1-9 所示。单击"确定"按钮，关闭该对话框，将选中的矩形框架图形转换为影片剪辑元件的实例。

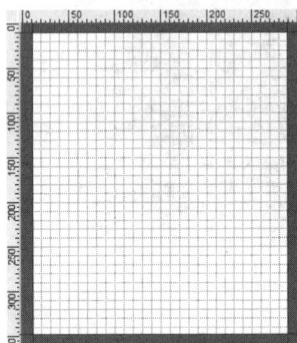

图 2-1-7　矩形框架　　　图 2-1-8　"属性"面板"发布"区域　　　图 2-1-9　"转换为元件"对话框

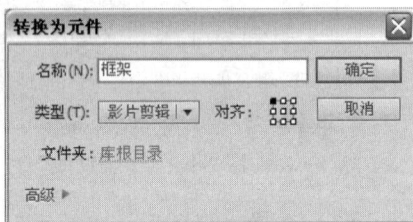

注意

这一步骤的目的：只有影片剪辑元件的实例才可以用滤镜对其进行立体化加工。

选中刚刚创建的"框架"影片剪辑元件的实例，展开"属性"面板内的"滤镜"区域，单击"添加滤镜"按钮 ，弹出滤镜菜单，如图 2-1-10 所示。选择该滤镜菜单中的"斜角"选项，此时的"属性"面板的"滤镜"设置如图 2-1-11 所示。同时，选中的影片剪辑实例（绿色矩形框架）也变为立体状，如图 2-1-12 所示。

图 2-1-10　滤镜菜单　　　图 2-1-11　"斜角"滤镜设置　　　图 2-1-12　绿色立体框架

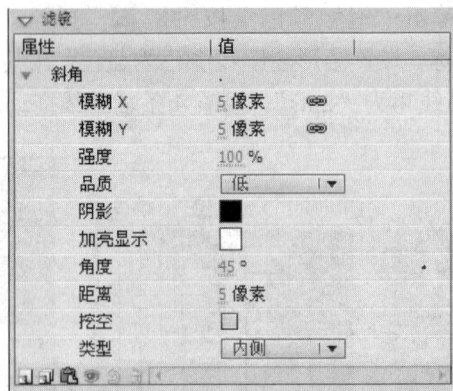

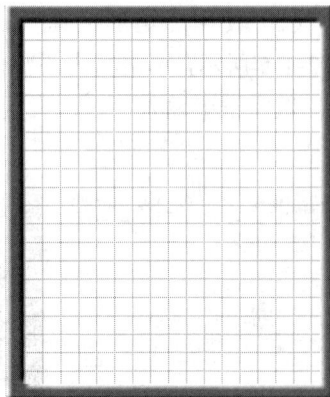

2．导入图像

（1）选择"文件"→"导入"→"导入到库"选项，弹出"导入到库"对话框，如图 2-1-13 所示。选中"海底 1.jpg"～"海底 5.jpg" 5 幅图像文件，单击"打开"按钮，将选中的 5 幅图像导入到"库"面板内。

（2）使用"选择工具" ，选中"图层 1"图层，单击 3 次时间轴内的"插入图层"按钮 ，在"图层 1"的上边创建"图层 2"～"图层 4" 3 个新图层。

（3）将"图层 1"～"图层 4"图层的名称分别更改为"框架"、"图像 1"、"图像 2"和"遮罩"。选中"图像 1"图层第 1 帧，将"库"面板内的"海底 1.jpg"图像元件拖动到框架内。

（4）选中"图像 1"图层第 1 帧内的图像，使用工具箱中的"任意变形工具" ，单击工具箱中"选项"栏内的"缩放"按钮 。拖动图像四周的控制柄，将图像调整的与框架内部大小一样。拖动图像，使图像刚好将框架内部完全覆盖。

图 2-1-13　"导入到库"对话框

在其"属性"面板内的"X"和"Y"数字框中分别输入"160"和"200"，修改"宽"和"高"数字框中的数据分别为 300 像素和 360 像素，使图像刚好将框架内部完全覆盖。

（5）选中"图像 2"图层第 1 帧，将"库"面板内的"海底 2.jpg"图像元件拖动到框架内。在它的"属性"面板"X"和"Y"数字框中均输入"160"和"200"，在"宽"和"高"数字框中分别输入 300 像素和 360 像素，使该图像与第 1 幅图像的大小和位置一样。

3．制作图像从右向左水平移动切换

（1）右击"图像 2"图层的第 1 帧，弹出帧快捷菜单，选择该快捷菜单中的"创建传统补间"选项。此时，该帧具有了传统补间动画的属性。

（2）选中"图像 2"图层的第 100 帧，按 F6 键，创建一个关键帧，第 1 帧～第 100 帧的单元格内会出现一条水平指向右边的带箭头直线，创建第 1 帧～第 100 帧的传统补间动画。

（3）按住 Ctrl 键，选中"框架"和"图像 1"图层的第 100 帧，按 F5 键，创建普通帧，使"框架"图层所有帧的内容一样，使"图像 1"图层所有帧的内容一样。

（4）使用"选择工具" ，选中"图像 2"图层的第 1 帧，按住 Shift 键，水平向右拖动第 2 幅图像到框架图像的右边，如图 2-1-14 所示。

按 Enter 键，在舞台内运行动画，可以看到第 2 幅图像从右向左水平移动，最后将第 1 幅图像完全覆盖。在第 2 幅图像移动时，会将框架右边缘覆盖，效果不好。为了解决该问题，可以使用遮罩技术。

（5）选中"遮罩"图层的第 1 帧，绘制一幅与第 1 幅图像大小和位置完全一样的黑色矩形，如图 2-1-15 所示。右击"遮罩"图层，弹出图层快捷菜单，选择该快捷菜单内的"遮罩层"选项，将"遮罩"图层设置为遮罩图层，"图像 2"图层为被遮罩图层。

图 2-1-14　第 1 帧画面

图 2-1-15　黑色矩形

（6）选择"文件"→"另存为"选项，弹出"保存为"对话框。在"保存类型"下拉列表中选择"Flash CS 5.5 文档"选项，选择"【动画 1】海底图像切换"文件夹，输入"【动画 1】海底图像切换"，单击"保存"按钮，将该动画保存为 Flash 文档。

至此，"场景 1"场景内的动画制作完毕。该动画的时间轴如图 2-1-16 所示。

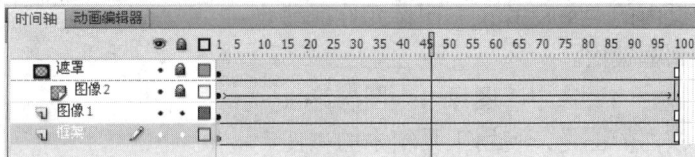
图 2-1-16　"场景 1"内动画的时间轴

4．制作图像从左向右水平移动切换

（1）选择"窗口"→"其他面板"→"场景"选项，打开"场景"面板，如图 2-1-17（a）所示。使用"选择工具" ，选中"场景"面板内的"场景 1"场景名称，单击"复制场景"按钮 ，复制一个"场景 1"场景，如图 2-1-17（b）所示。将复制的场景名称更改为"场景 2"，如图 2-1-17（c）所示。

（2）选中"场景"面板内的"场景 2"，切换到"场景 2"场景。将各图层解锁，将"遮罩"图层隐藏。右击"图像 2"图层的第 100 帧，弹出帧快捷菜单，选择该快捷菜单内的"复制帧"选项，将该帧内容复制到剪贴板内。

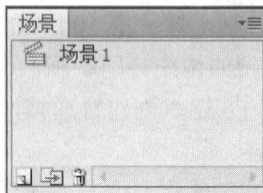
（a）

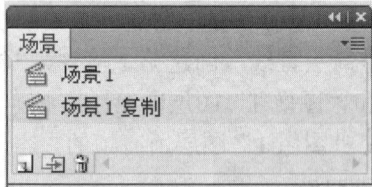
（b）

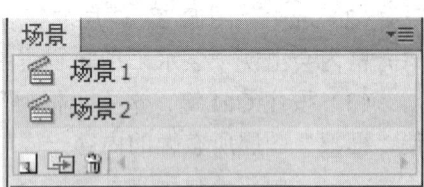
（c）

图 2-1-17　"场景"面板

① 右击"图像 1"图层的第 1 帧，弹出帧快捷菜单，选择该快捷菜单内的"粘贴帧"选项，将剪贴板内该帧的内容粘贴到"图像 1"图层的第 1 帧，该帧内的画面如图 2-1-18 所示。

② 右击"图像 1"图层的第 1 帧，弹出帧快捷菜单，选择该快捷菜单内的"删除补间"选项。

上述目的是在"场景 2"场景中"图像 1"图层的第 1 帧框架内放置"海底 2.jpg"图像。

（3）按住 Shift 键，选中"图像 2"图层的第 100 帧和第 1 帧，选中该图层所有动画帧，右击选中的帧，弹出帧快捷菜单，选择该快捷菜单内的"删除帧"选项，将该图层各帧删除。选中"图像 2"图层的第 1 帧，按 F7 键，创建一个空关键帧。

（4）将"库"面板内的"海底 3.jpg"图像拖动到框架图像内框中。选中该图像，在它的"属性"面板"X"和"Y"数字框内分别输入"160"和"200"，修改"宽"和"高"数字框中的数据分别为 300 像素和 360 像素，使图像刚好将框架内部完全覆盖。

（5）右击"图像 2"图层的第 1 帧，弹出一个帧快捷菜单，选择其中的"创建传统补间"选项。选中该图层的第 100 帧，按 F6 键，创建第 1 帧～第 100 帧的传统补间动画。"图像 2"图层第 100 帧的画面如图 2-1-19 所示。

（6）选中"图像 2"图层的第 1 帧，按住 Shift 键，水平向左拖动"海底 3.jpg"图像到"海底 2.jpg"图像的左边，如图 2-1-20 所示。将各图层锁定，使"遮罩"图层显示。

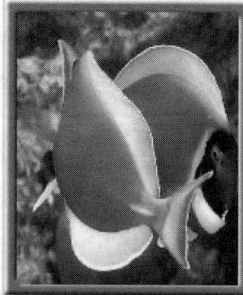

图 2-1-18　第 1 帧画面　　图 2-1-19　第 100 帧画面　　图 2-1-20　第 1 帧最终画面

5．制作图像逐渐由透明变为不透明切换

（1）选中"场景"面板内的"场景 2"名称，单击"复制场景"按钮，复制一个"场景 2"场景。将复制的场景名称更改为"场景 3"。单击"场景"面板内的"场景 3"名称，切换到"场景 3"场景。将各图层解锁，使"遮罩"图层隐藏。

（2）将"图像 2"图层的第 100 帧复制粘贴到"图像 1"图层的第 1 帧中，如图 2-1-19 所示。右击"图像 1"图层第 1 帧，弹出帧快捷菜单，选择该快捷菜单内的"删除补间"选项。

上述目的是在"场景 3"场景中"图像 1"图层的第 1 帧框架内放置"海底 3.jpg"图像。

（3）将"图像 2"图层各帧删除，在该图层第 1 帧创建一个空关键帧。将"库"面板内的"海底 4.jpg"图像拖动到框架图像内框中。选中该图像，调整它的大小和位置，使它刚好将框架内部完全覆盖，如图 2-1-21 所示。

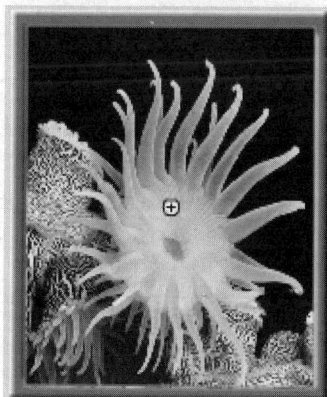

图 2-1-21　"海底 4.jpg"图像

（4）右击"图像 2"图层的第 1 帧，弹出帧快捷菜单，选择该快捷菜单中的"创建传统补间"选项。选中该图层的第 100 帧，按 F6 键，创建第 1 帧～第 100 帧的创建补间动画。

（5）选中"图像 2"图层的第 1 帧，在其"属性"面板"色彩效果"区域内，在"样式"下拉列表中选择"Alpha"选项，调整 Alpha 数值为 0，如图 2-1-22 所示。使"图像 2"图层第

1 帧内的"海底 4.jpg"图像完全透明。

（6）将各图层锁定，使"遮罩"图层显示，保存动画。

6．制作图像逐渐由小变大切换

（1）选中"场景"面板内的"场景 3"名称，单击"复制场景"按钮 ，复制一个"场景 3"场景。将复制的场景名称更改为"场景 4"，切换到"场景 4"场景。将各图层解锁，使"遮罩"图层隐藏。将"图像 2"图层第 100 帧复制粘贴到"图像 1"图层的第 1 帧中。右击"图像 1"图层的第 1 帧，弹出帧快捷菜单，选择该快捷菜单内的"删除补间"选项。

上述目的是在"场景 4"场景中"图像 1"图层第 1 帧框架内放置"海底 4.jpg"图像。

（2）将"图像 2"图层各帧删除。在"图像 2"图层第 1 帧中创建一个空关键帧。将"库"面板内的"海底 5.jpg"图像拖动到舞台工作区内框架图像内框中。选中该图像，调整它的大小和位置，使它刚好将框架内部完全覆盖，如图 2-1-23 所示。

（3）右击"图像 2"图层第 1 帧，弹出一个帧快捷菜单，选择该快捷键菜单中的"创建传统补间"选项。选中"图像 2"图层的第 100 帧，按 F6 键，创建第 1 帧～第 100 帧的补间动画。此时，第 100 帧画面与第 1 帧画面一样，如图 2-1-23 所示。

（4）选中"图像 2"图层第 1 帧，选中该帧内的"海底 5.jpg"图像，在它的"属性"面板的"宽"数字框内输入"30"，"高"数字框内输入"36"，"X"和"Y"数字框的数值不变，使其中心位置不变，大小缩小为原来的 1/10，如图 2-1-24 所示。

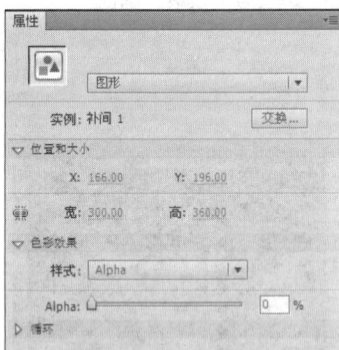

图 2-1-22　"属性"面板　　　图 2-1-23　第 100 帧画面　　　图 2-1-24　第 1 帧画面

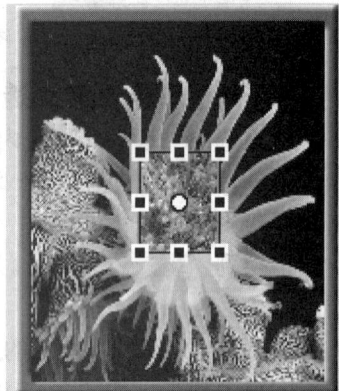

（5）将各图层锁定，将"遮罩"图层显示。

2.1.3　知识链接

1．舞台工作区的网格

（1）选择"视图"→"网格"→"显示网格"选项，会在舞台工作区内显示网格，如图 2-1-25 所示。再次选择该选项，可取消该选项左边的对勾，同时取消网格。

（2）选择"视图"→"网格"→"编辑网格"选项，弹出"网格"对话框，如图 2-1-26 所示。利用该对话框，可编辑网格颜色、网格线间距，确定是否显示网格，移动对象时是否紧贴网格和贴紧网格线的精确度等。

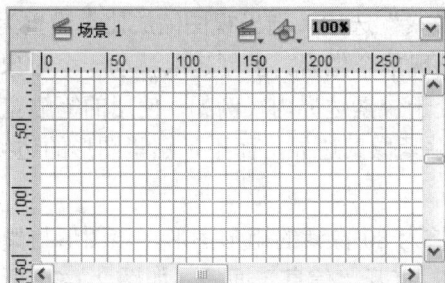

图 2-1-25　加入网格和标尺

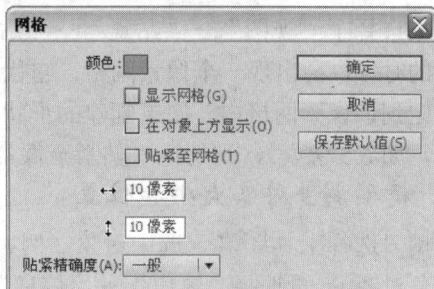

图 2-1-26　"网格"对话框

2．舞台工作区的标尺和辅助线

（1）选择"视图"→"标尺"选项，使该选项左边出现对勾，此时会在舞台工作区上边和左边出现标尺，如图 2-1-25 所示。再次选择该选项，可取消标尺。

（2）选择"视图"→"辅助线"→"显示辅助线"选项，再使用工具箱中的"选择工具" ▮，用鼠标从标尺栏向舞台工作区拖动，即可产生辅助线，如图 2-1-4 所示。再次选择该选项，可取消辅助线。用鼠标拖动辅助线，可以调整辅助线的位置。

（3）选择"视图"→"辅助线"→"锁定辅助线"选项，即可将辅助线锁定，此时无法用鼠标拖动改变辅助线的位置。选择"视图"→"辅助线"→"编辑辅助线"选项，会弹出"辅助线"对话框，如图 2-1-2 所示。利用该对话框，可以编辑辅助线的颜色，确定是否显示辅助线、是否对齐辅助线和是否锁定辅助线等。

（4）选择"视图"→"辅助线"→"清除辅助线"选项，可清除辅助线。

3．对象基本操作

（1）选择对象：使用工具箱内的"选择工具" ▮ 可以选择对象，方法如下。

① 选取一个对象：单击一个对象，即可选中该对象。

② 选取多个对象方法之一：按住 Shift 键，同时依次单击各个对象，即可选中多个对象。

③ 选取多个对象方法之二：用鼠标拖动出一个矩形，即可将矩形中的所有对象都选中。

（2）移动和复制对象：用鼠标拖动选中的对象，可以移动对象。如果在鼠标拖动对象时按住 Ctrl 键或 Alt 键，则可以复制被拖动的对象。

按住 Shift 键的同时拖动对象，可以沿 45°的整数倍角度移动对象。如果在拖动对象时按住 Ctrl+Alt+Shift 组合键，则可以沿 45°整数倍角度复制对象。

（3）删除对象：选中要删除的对象，然后按 Delete 键，即可删除选中的对象。另外，选择"编辑"→"清除"选项或选择"编辑"→"剪切"选项，也可以删除选中的对象。

4．对齐对象

（1）与网格贴紧：如果在"网格"对话框（图 2-1-26）中选中"贴紧至网格"复选框，则以后在绘制、调整和移动对象时，可以自动与网格线对齐。"网格"对话框内的"贴紧精确度"下拉列表中给出了"必须接近"、"一般"、"可以远离"和"总是贴紧"4 个选项，表示贴紧网格的程度。

（2）与辅助线贴紧：在舞台工作区中创建了辅助线后，如果在"辅助线"对话框中选中"贴紧至辅助线"复选框，则以后在创建、调整和移动对象时，可以自动与辅助线对齐。

（3）与对象贴紧：单击主工具栏内或工具箱"选项"栏（在选择了一些工具后）内的"贴紧至对象"按钮 ▮ 后，在创建和调整对象时，可自动与附近的对象贴紧。

如果选择了"视图"→"贴紧"→"贴紧至像素"选项，则当视图缩放比率设置为 400% 或更高的时候，会出现一个像素网格，它代表将出现单个像素。当创建或移动一个对象时，它会被限定到该像素网格内。如果创建的形状边缘处于像素边界内（例如，使用的笔触宽度是小数形式，如 6.5 像素），则切记"贴紧至像素"是贴紧像素边界，而不是贴紧图形的边缘。

5．精确调整对象大小和位置

使用"选择工具" 　，选中对象（例如，边长为 80 像素的矩形图形，该图形与舞台工作区左上角对齐），再选择"窗口"→"信息"选项，打开"信息"面板，如图 2-1-27 所示。利用"信息"面板可以精确调整对象的位置与大小，获取颜色的有关数据和鼠标指针位置的坐标值。"信息"面板的使用方法如下。

（1）"信息"面板左下边给出了线和图形等对象当前（即鼠标指针指示处）颜色的红、绿、蓝和 A（Alpha）的值；右下边给出了当前鼠标指针位置的坐标值。随着鼠标指针的移动，红、绿、蓝、A（Alpha）和鼠标坐标值也会随之改变。

（2）"信息"面板中的"宽"和"高"数字框内给出了选中对象的宽度和高度值（单位为像素）。改变数字框内的数值，再按 Enter 键，可以改变选中对象的大小。

（3）"信息"面板中的"X"和"Y"数字框内给出了选中的对象的坐标值（单位为像素）。改变数字框内的数值，再按 Enter 键，可以改变选中对象的位置。选中"X"和"Y"数字框左边图标内左上角的白色小方块，使它变为 　，如图 2-1-27（a）所示，则表示给出的是对象外切矩形左上角的坐标。选中图标内右下角的白色小方块，使它变为 　，如图 2-1-27（b）所示，则表示给出的是对象中心的坐标值。

（4）利用"属性"面板调整："属性"面板"位置和大小"区域内的"宽"和"高"数字框可精确调整对象的大小，"X"和"Y"数字框可精确调整对象的位置，如图 2-1-28 所示。

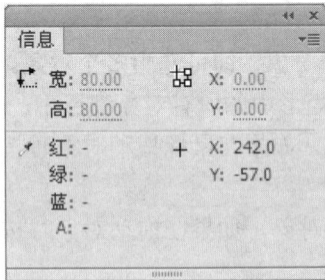

（a）

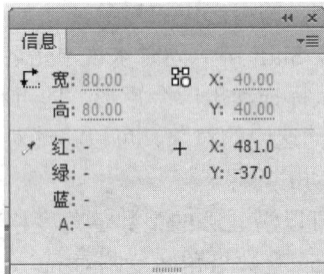

（b）

图 2-1-27　"信息"面板

图 2-1-28　"属性"面板"位置和大小"区域

思考练习 2-1

1．在舞台工作区显示标尺，创建 6 条等间距的水平辅助线，显示网格，网格的颜色为蓝色。

2．在舞台工作区内绘制一个任意形状的图形，利用滤镜使它们呈立体状。

3．修改【动画 1】动画，使动画播放后，第 2 幅图像从右上角向左下角移动，直到将第 1 幅图像完全遮盖为止。再增加第 5 个场景，用来将第 5 幅图像由大逐渐变小，最后将第 6 幅图像完全显示。

　　4．制作"滚动图像"动画。该动画播放后，5 幅图像依次从下向上移动，然后这 5 幅图像又依次从上向下移动。要求两个动画分别在不同场景内完成。

2.2　【动画 2】海中游鱼

2.2.1　动画效果

　　"海中游鱼"动画是"海洋世界"网站网页内的一个展示海底游鱼美景的动画。该动画播放后，在海中，有多条摆动的小鱼沿直线或曲线从右向左游动，其中一幅画面如图 2-2-1 所示。该动画可以作为"海洋世界"网站网页的标题动画。

图 2-2-1　"海中游鱼"动画画面

2.2.2　制作方法

1．制作"背景"和"卡通游鱼"影片剪辑元件

　　（1）新建一个 Flash 文档。选择"修改"→"文档"选项，弹出"文档设置"对话框，设置舞台工作区宽为 800 像素，高为 500 像素，帧频为 5。

　　（2）选择"文件"→"导入"→"导入到库"选项，弹出"导入到库"对话框，利用该对话框导入"海底 1.jpg"图像和"游鱼 1.gif"～"游鱼 6.gif"6 个 GIF 格式文件，在"库"面板内会导入"海底 1.jpg"和"游鱼 1.gif"～"游鱼 6.gif"元件、GIF 格式动画各帧图像，以及"元件 1"～"元件 6"6 个影片剪辑元件。

　　（3）单击两次"库"面板内的"元件 1"影片剪辑元件，进入元件名称的编辑状态，将"元件 1"元件的名称更改为"游鱼 1",同样将"元件 2"～"元件 6"元件的名称分别更改为"游鱼 2"～"游鱼 6"。

（4）单击"库"面板内的"新建文件夹"按钮 ，在"库"面板内新建一个文件夹，将其中一个文件夹名称更改为"游鱼"，将与游鱼有关的元件拖动到"游鱼"文件夹内。此时的"库"面板如图 2-2-2 所示。

（5）将"图层 1"图层名称更改为"海底"，选中该图层第 1 帧，将"库"面板内的"海底 1.jpg"元件拖动到舞台工作区内，再将该实例的宽度调整为 800 像素，高度调整为 500 像素，刚好将整个舞台工作区完全覆盖，如图 2-2-3 所示（此时还没有右边 6 条小鱼的图像）。

（6）选中"海底"图层第 80 帧，按 F5 键，创建普通帧，使该图层各帧内容一样。

图 2-2-2   "库"面板内的元件   图 2-2-3   "海中游鱼"动画画面

2．制作 6 个影片剪辑实例的补间动画

（1）选中"背景"图层，单击时间轴内的"新建图层"按钮 ，在选中图层之上添加一个图层，将该图层的名称更改为"游鱼"，选中其第 1 帧，将"库"面板内"游鱼 1"～"游鱼 6"影片剪辑元件依次拖动到舞台工作区的右边，形成 6 个影片剪辑实例，如图 2-2-3 所示。

（2）按住 Shift 键，选中下边的两个影片剪辑实例，选择"修改"→"变形"→"水平翻转"选项，将两个对象水平翻转，然后调整它们到原来的位置。

（3）选中"游鱼"图层第 1 帧，右击该帧内上边的"游鱼 1"影片剪辑实例，弹出帧快捷菜单，选择该快捷键菜单中的"创建补间动画"选项，使该帧具有补间动画的属性，"游鱼"图层第 1 帧～第 24 帧成为"游鱼 1"影片剪辑实例的补间动画。新增"图层 2"图层的第 1 帧，其内放置剩余的 5 个影片剪辑实例。

（4）按照上述方法，继续创建其他影片剪辑实例的补间动画。在时间轴内将各图层的名称依次改为"游鱼 1"～"游鱼 6"。

（5）将鼠标指针移到"游鱼 1"图层第 24 帧处，当鼠标指针呈水平双箭头状时，水平向右拖动到第 60 帧，使该图层补间动画的帧数增加到 60 帧。

按照上述方法，将其他动画帧的帧数增加到 60 帧，此时的时间轴如图 2-2-4 所示。

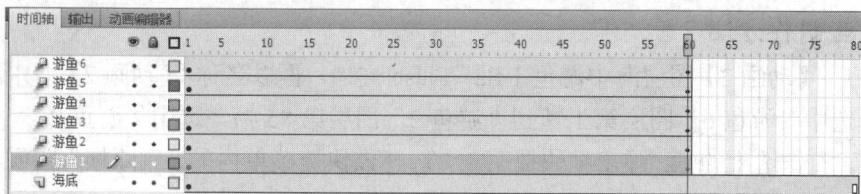

图 2-2-4　"海中游鱼"动画时间轴

（6）按住 Ctrl 键，选中"游鱼 1"图层第 60 帧，按 F6 键，创建一个关键帧，水平向左拖动"游鱼 1"图层第 60 帧内"游鱼 1"影片剪辑实例到画面的最左边，再拖动并调整引导线为曲线，如图 2-2-5 所示。

（7）按照相同方法，在其他动画图层第 60 帧分别创建一个关键帧。调整其他动画图层第 60 帧内的影片剪辑实例到画面的左边，再分别调整补间动画引导线为曲线。

图 2-2-5　"海中游鱼"动画第 60 帧画面

（8）按住 Shift 键，选中"游鱼 2"图层第 60 帧和第 1 帧，选中"游鱼 2"图层第 1 帧～第 60 帧，水平向右拖动到第 6 帧～第 65 帧。按住 Shift 键，选中"游鱼 3"图层第 60 帧和第 1 帧，选中"游鱼 3"图层第 1 帧～第 60 帧，水平向右拖动到第 11 帧～第 70 帧。按照相同的方法，再移动其他动画帧的第 1 帧～第 60 帧。

（9）选中"海底"图层第 85 帧，按 F5 键，使该图层第 1 帧～第 85 帧内容一样。此时的时间轴如图 2-2-6 所示。选择"文件"→"另存为"选项，弹出"保存为"对话框。将 Flash 文档以名称"【动画 2】海中游鱼 1.fla"保存在"【动画 2】海中游鱼"文件夹中。

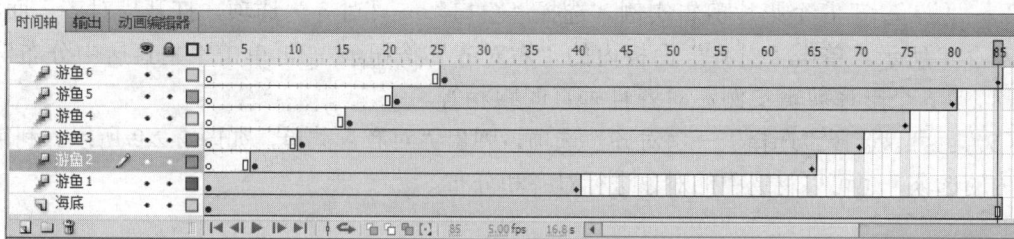

图 2-2-6　"海中游鱼"动画时间轴

3．动画制作方法2

（1）打开"【动画2】图层海中游鱼1.fla"Flash文档，再以名称"【动画2】海中游鱼2.fla"保存。拖动选中"游鱼6"图层第1帧到"游鱼2"图层第85帧，选中"游鱼2"～"游鱼6"图层所有帧。右击选中的帧，弹出帧快捷菜单，选择该快捷菜单内的"删除帧"选项，删除"游鱼2"～"游鱼6"图层所有动画帧。

（2）按住Shift键，选中"游鱼1"图层第60帧和第1帧，选中"游鱼1"图层第1帧～第60帧。右击选中的帧，弹出帧快捷菜单，选择该快捷菜单内的"复制帧"选项，将选中的动画帧复制到剪贴板内。

（3）按住Shift键，选中"游鱼2"图层第6帧和第65帧，选中"游鱼2"图层第6帧～第65帧。右击选中的帧，弹出帧快捷菜单，选择该快捷菜单内的"粘贴帧"选项，将剪贴板内的补间动画帧粘贴到"游鱼2"图层第6帧～第65帧中。

按照相同的方法，在"游鱼3"～"游鱼6"图层相应的帧内粘贴剪贴板内的补间动画帧。

（4）选中"游鱼2"图层第6帧，将"库"面板内的"游鱼2"影片剪辑元件拖动到舞台工作区内的右边，自动弹出"替换当前补间目标"对话框，如图2-2-7所示。

（5）选中"不再显示"复选框，单击"确定"按钮，即可用"游鱼2"影片剪辑实例替代该动画图层内补间动画的目标对象"游鱼1"影片剪辑实例。使用"选择工具"，拖动调整补间动画的引导线。

（6）按照上述方法将其他补间动画层内的补间目标对象"游鱼1"影片剪辑实例分别用"游鱼3"～"游鱼6"影片剪辑实例替换，分别调整补间动画的引导线，然后保存该动画。

4．动画制作方法3

（1）打开"【动画2】海中游鱼1.fla"Flash文档，再以名称"【动画2】海中游鱼3.fla"保存。按住Shift键，选中"游鱼2"～"游鱼6"图层并右击，弹出图层快捷菜单，选择该快捷菜单内的"删除图层"选项，删除"游鱼1"图层之上的所有图层。

（2）按住Shift键，选中"游鱼1"图层第1帧和第60帧，选中该图层第1帧～第60帧。右击选中的帧，弹出帧快捷菜单，选择该快捷菜单内的"删除帧"选项，删除"游鱼1"图层第1帧～第60帧。选中"游鱼1"图层第1帧，按F7键，创建一个空关键帧。

（3）按住Shift键，选中"库"面板内"游鱼1"和"游鱼6"影片剪辑元件，选中"游鱼1"～"游鱼6"影片剪辑元件，将"库"面板内的"游鱼1"～"游鱼6"影片剪辑元件同时拖动到舞台工作区的右边，形成6个影片剪辑实例。再将它们排列好，将两个影片剪辑实例水平翻转，调整它们的位置和大小，最终效果如图2-2-3所示。

（4）按住Shift键，选中"游鱼1"～"游鱼6"6个影片剪辑实例，或者拖动选中"游鱼1"～"游鱼6"6个影片剪辑实例。选择"窗口"→"对齐"选项，打开"对齐"面板，如图2-2-8所示。单击"对齐"面板内的"右对齐"按钮，再单击"垂直居中分布"按钮，使6个影片剪辑实例右对齐且垂直间距相等。

（5）也可以选择"选择"→"对齐"选项，弹出"对齐"菜单，如图2-2-9所示。利用该菜单内的选项，也可以将选中的对象进行对齐和分布。

左对齐(L)	Ctrl+Alt+1
水平居中(C)	Ctrl+Alt+2
右对齐(R)	Ctrl+Alt+3
顶对齐(T)	Ctrl+Alt+4
垂直居中(V)	Ctrl+Alt+5
底对齐(B)	Ctrl+Alt+6
按宽度均匀分布(D)	Ctrl+Alt+7
按高度均匀分布(H)	Ctrl+Alt+9
设为相同宽度(M)	Ctrl+Alt+Shift+7
设为相同高度(S)	Ctrl+Alt+Shift+9
与舞台对齐(G)	Ctrl+Alt+8

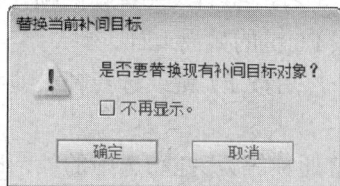

图 2-2-7　"替换当前补间目标"对话框　　图 2-2-8　"对齐"面板　　图 2-2-9　"对齐"菜单

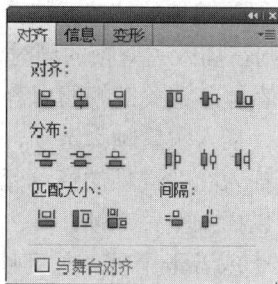

（6）选择"修改"→"时间轴"→"分散到图层"选项，将该帧的 6 个影片剪辑实例对象分配到不同图层的第 1 帧中。新图层是系统自动增加的，原来"游鱼 1"图层第 1 帧内的所有对象消失，删除该图层。新增图层的名称分别为"游鱼 1"～"游鱼 6"。

（7）此时，"游鱼 1"～"游鱼 6"图层各自自动生成第 85 帧。按住 Shift 键，选中"游鱼 6"图层第 61 帧，再选中"游鱼 1"图层第 85 帧，选中"游鱼 1"～"游鱼 6"图层第 61 帧～第 85 帧。右击选中的帧，弹出帧快捷菜单，选择该快捷菜单内的"删除帧"选项，删除选中的帧。

（8）按住 Shift 键，选中"游鱼 1"图层第 1 帧和"游鱼 6"图层第 1 帧，再选中"游鱼 1"～"游鱼 6"图层的第 1 帧，右击选中的帧，弹出帧快捷菜单，选择该快捷菜单内的"创建补间动画"选项，使选中的所有帧具有补间动画属性。

（9）从"游鱼 6"图层的第 60 帧开始垂直向下拖动，同时选中"游鱼 1"～"游鱼 6"图层的第 60 帧，按 F6 键，创建 6 个关键帧，调整这 6 个关键帧内影片剪辑实例的位置，使其位于画面的最左边。

（10）按住 Shift 键，选中"游鱼 2"图层第 1 帧和第 60 帧，再选中"游鱼 2"图层的第 1 帧--第 60 帧，水平向右拖动到第 6 帧～第 65 帧。调整"游鱼 3"～"游鱼 6"图层内动画各帧的位置，此时的时间轴如图 2-2-6 所示。

2.2.3　知识链接

1．帧基本操作

（1）选择帧：使用工具箱内的"选择工具" 可以选择对象，方法如下。

选中一个帧：单击该帧，即可选中该帧。

选中连续的多个帧：按住 Shift 键，选中多个帧中左上角的帧，再选中多个帧中右下角的帧，即可选中连续的所有帧。另外，从一个非关键帧处拖动，也可选中连续的多个帧。

选中不连续的多个帧：按住 Ctrl 键，单击选中各个要选中的帧。

选中所有帧：右击动画的帧，弹出帧快捷菜单，选择该快捷菜单中的"选择所有帧"选项。

（2）插入普通帧：选中要插入普通帧的帧单元格，按 F5 键。在选中帧单元格处新增一个普通帧，原来的帧及它右面的帧都会向右移动一帧。如果选中空帧后按 F5 键，则会使该帧到该帧左边关键帧之间的所有帧成为普通帧，它们与左边关键帧的内容一样。

右击动画的帧，弹出帧快捷菜单，选择该快捷菜单中的"插入帧"选项，与按 F5 键的效果一样。

（3）插入关键帧，选中要插入关键帧的帧单元格，再按 F6 键，即可插入关键帧。

如果选中空帧，按 F6 键，则在插入关键帧的同时，还会使该关键帧和它左边的所有空帧成为普通帧，使这些普通帧的内容与左边关键帧的内容一样。右击要插入关键帧的帧，弹出帧快捷菜单，选择该快捷菜单中的"插入关键帧"选项，与按 F6 键的效果一样。

（4）插入空关键帧：选中要插入空关键帧的帧单元格，然后按 F7 键或选择帧快捷菜单中的"插入空关键帧"选项，均可以插入空关键帧。

（5）调整帧的位置：选中一个或若干个帧（关键帧或普通帧等），拖动选中的帧，即可移动这些帧，将它们移到目标位置，同时可能会产生其他附加的帧。

拖动动画的起始关键帧或终止关键帧，调整关键帧的位置可以调整动画帧的长度。

（6）复制（移动）帧：右击选中的帧，弹出帧快捷菜单，选择该快捷菜单内的"复制帧"（或"剪切帧"）选项，将选中的帧复制（剪切）到剪贴板内。再选中另外一个或多个帧，右击选中的帧，弹出帧快捷菜单，选择该快捷菜单中的"粘贴帧"选项，即可将剪贴板中的一个或多个帧粘贴到选定的帧内，完成复制（移动）关键帧的实例。

✎**注意**

在粘贴时，最好选中相同的帧后再粘贴，这样不会产生多余的帧。

（7）删除帧：选中要删除的一个或多个帧并右击，弹出帧快捷菜单，选择该快捷菜单中的"删除帧"选项。按 Shift+F5 组合键，也可以删除选中的帧。

（8）清除帧：右击要清除的帧，弹出帧快捷菜单，选择该快捷菜单中的"清除帧"选项，可将选中帧的内容清除，使该帧成为空关键帧或空白帧，同时使该帧右边的帧成为关键帧。

（9）清除关键帧：右击关键帧，弹出帧快捷菜单，选择该快捷菜单中的"清除关键帧"选项，可清除选中的关键帧，使它成为普通帧。此时，原关键帧会被它左边的关键帧取代。

（10）转换为空关键帧：右击要转换的帧，弹出帧快捷菜单，选择该快捷菜单中的"转换为空关键帧"选项，即可将选中的帧转换为空关键帧。

（11）转换为关键帧：右击要转换的帧（该帧左边必须有关键帧），弹出帧快捷菜单，选择该快捷菜单中的"转换为关键帧"选项，即可将选中的帧转换为关键帧。如果选中的帧左边没有关键帧，则可将选中的帧转换为空关键帧。

2．组合和取消对象组合

（1）组合：将一个或多个对象（图形、位图和文字等）组成一个对象。

选择所有要组成组合的对象，再选择"修改"→"组合"选项即可。组合可以嵌套，即几个组合对象可以组成一个新的组合。双击组合对象，即可进入它的"组"对象的编辑状态。进行编辑修改后，再单击编辑窗口中的 ⇦ 按钮，回到主场景。

（2）取消组合：选中组合对象，选择"修改"→"取消组合"选项即可取消组合。

组合对象和一般对象的区别：把一些图形组成组合后，可以把这些图形作为一个对象进行移动等操作。在同一帧内，后画的图形覆盖先画的图形，在移出后画的图形时，会将覆盖部分的图形擦除；但是对象组合后，将后画的组合对象移出后，不会将覆盖部分的图形擦除，也不能用橡皮擦工具擦除。

3．多个对象对齐

可以将多个对象以某种方式排列整齐。例如，对图 2-2-10（a）中所示的 3 个对象进行垂直方向顶部对齐和水平平均间隔分布，其效果如图 2-2-10（b）所示。具体操作方法：先选中要参与排列的所有对象，再进行下面操作中的一种即可。

（1）选择"修改"→"对齐"选项，弹出"对齐"菜单，如图 2-2-9 所示。选择其内的一个选项。

（2）选择"窗口"→"对齐"选项或单击主工具栏中的"对齐"按钮，打开"对齐"

（a）　　　　　（b）

图 2-2-10　在垂直方向顶部对齐和水平平均间隔对象

面板，如图 2-2-8 所示。单击"对齐"面板中的相应按钮（每组只能单击一个按钮），即可将选中的多个对象进行相应的对齐。"对齐"面板中各组按钮的作用如下。

"**对齐**"区域：在水平方向（左边的 3 个按钮）可以选择左对齐、水平居中对齐和右对齐。在垂直方向（右边的 3 个按钮）可以选择上对齐、垂直居中对齐和底对齐。

"**分布**"区域：在水平方向（左边的 3 个按钮）或垂直方向（右边的 3 个按钮），可以选择以中心为准或以边界为准的排列分布。

"**匹配大小**"区域：可以使对象的高度相等、宽度相等或高度与宽度都相等。

"**间隔**"区域：等间距控制，在水平方向或垂直方向等间距分布排列。

使用"分布"和"间隔"区域的按钮时，必须先选中 3 个或 3 个以上的对象。

"**与舞台对齐**"复选框：选中该复选框后，则以整个舞台为标准，将选中的多个对象排列对齐；再次选中该复选框，则以选中的对象所在区域为标准，将选中的多个对象排列对齐。

4．多个对象的层次排列

同一图层中不同对象互相叠放时，存在着对象的层次顺序（即前后顺序）。这里所说的对象，不包含绘制的图形，也不包含分离的文字和位图图像，可以是文字、位图图像、元件实例、组合、在"对象绘制"模式下绘制的形状和图元图形等。这里介绍的层次指的是同一帧内对象之间的层次关系，而不是时间轴中的图层之间的层次关系。

对象的层次顺序是可以改变的。选择"修改"→"排列"→"××××"选项，可以调整对象的前后次序。例如，选择"修改"→"排列"→"移至顶层"选项，可使选中的对象移到最上边一层；选择"修改"→"排列"→"上移一层"选项，可使选中对象向上移动一层。

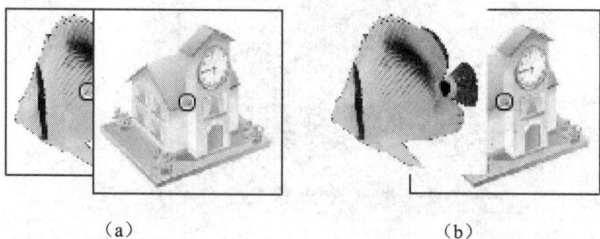

（a）　　　　　　　　　　（b）

图 2-2-11　选中对象向上移动一层

例如，导入两幅图像，使其重叠一部分，如图 2-2-11（a）所示。选中下边的图像，选择"修改"→"排列"→"上移一层"选项，可以使选中的对象向上移一层，如图 2-2-11（b）所示。

5．多个对象分散到图层

可以将一个图层某一帧内多个对象分散到不同图层的第 1 帧中。其方法如下，选中要分散的对象所在的帧，再选择"修改"→"时间轴"→"分散到图层"选项，即可将该帧的对象分配到不同图层的第 1 帧中。新图层是系统自动增加的，选中帧内的所有对象消失。

思考练习2-2

1．将本动画中的背景图像更换为一幅风景图像，将"游鱼 1"～"游鱼 6" 6 个影片剪辑元件更换为"彩蝶 1"～"彩蝶 6"。

2．制作"彩球水平碰撞"动画，该动画运行后，在七彩的立体框架内，一个红色彩球从左向右水平移动，同时，另一个绿色彩球从右向左水平移动，两个彩球相互撞击后，沿原来的路径返回，周而复始，不断进行。

3．制作"跳跃熊猫"动画，该动画播放后，在一个动画背景之上，9 只熊猫上下跳跃着从左向右移动直到消失，9 只熊猫是错开的。该动画播放后的一幅画面如图 2-2-12 所示。

图 2-2-12 "跳跃熊猫"动画播放后的一幅画面

2.3 【动画 3】海洋世界 Logo

2.3.1 动画效果

"海洋世界 Logo"动画是"海洋世界"网站的一个动画 Logo，Logo 是网站的一个标记。该动画播放后的两幅画面如图 2-3-1 所示。它是一幅如图 2-3-1 所示的鱼形图案，四周是七彩花边条纹，图案内填充的是不断从右向左循环移动的海底图像。

（a）　　　　　　　　　　　　　　　（b）

图 2-3-1 "海洋世界 Logo"动画播放后的两幅画面

2.3.2　制作方法

1．制作鱼形和箭头图形

（1）新建一个 Flash 文档。在文档的"属性"面板内的"属性"区域中，设置舞台工作区宽为 200 像素，高为 120 像素，背景色为绿色，如图 2-3-2 所示。显示网格和标尺，添加两条水平辅助线，两条垂直辅助线，距舞台工作区边界各为 20 像素。以名称"【海洋世界 Logo】图案.fla"保存在"【动画 3】海洋世界 Logo"文件夹内。

（2）使用工具箱中的"椭圆工具" ○ ，单击工具箱内的"笔触颜色"图标 ✎□ ，打开"笔触颜色"面板，再单击其内的"没有颜色"按钮 ☑ ，设置笔触颜色为无。单击"颜色"区域内的"填充色"按钮 ◊ ▮▾ ，打开"填充颜色"面板，再单击其内的蓝色色块，设置填充色为蓝色。在舞台工作区内拖动绘制出一个蓝色椭圆形，如图 2-3-3 所示。

（3）使用"选择工具" ▸ ，选中圆形图形，在其"属性"面板的"宽"数字框内输入"60"，也可以将鼠标指针移到数字框之上，当鼠标指针呈水平双箭头 ⇔ 状时，水平拖动，也可以改变数字框内的数值。在"高"数字框内输入"80"，在"宽"数字框内输入"180"，在"X"和"Y"数字框内分别输入"45"和"22"，如图 2-3-4 所示。

图 2-3-2　"属性"面板参数设置　　　图 2-3-3　椭圆图形　　　图 2-3-4　"属性"面板

（4）使用工具箱中的"矩形工具"按钮 □ ，在舞台工作区内向左下方拖动鼠标，绘制一个黑色矩形，如图 2-3-5（a）所示。使用"任意变形工具" ▨ ，选中该图形。

（5）单击"选项"区域内的"旋转与倾斜"按钮 ⟲ ，将鼠标指针移到矩形右边中间控制柄外，当鼠标指针呈双箭头时水平向左拖动，使矩形倾斜，如图 2-3-5（b）所示。

（6）使用"选择工具" ▸ ，按住 Ctrl 键或 Alt 键，水平拖动，复制一份图形。选中复制的图形，选择"修改"→"变形"→"水平翻转"选项，将该图形水平翻转，如图 2-3-5（c）所示。

（7）将图 2-3-5（b）和图 2-3-5（c）所示的图形各复制一份，选中图 2-3-5（b）所示图形，将它移到图 2-3-5（c）所示图形图像的上边，再按光标移动键，微调选中图形的位置，与图 2-3-5（b）所示图形合并，如图 2-3-5（d）图所示，将该图形复制两份。

（8）以图 2-3-3 所示椭圆图形为中心，将图 2-3-5（b）、图 2-3-5（c）、图 2-3-5（d）所示图形拼合到一起，再在椭圆图形内右边，绘制一幅很小的白色圆形图形，使用"选择工具" ▸ ，选中该圆形图形，按 Delete 键，删除圆形图形内的蓝色图形。

（9）使用"选择工具" ▸ ，拖动或者选中鱼形图形，选择"修改"→组合"选项，将选中的鱼形图形组成一个组合，如图 2-3-6 所示。

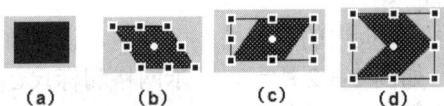

图 2-3-5　绘制矩形图形和变形矩形图形

图 2-3-6　鱼形图形组合

2．制作一个边框图案图形

（1）拖动选中图 2-3-5（d）所示图形，单击"颜色"区域内的"填充色"按钮 ，打开"填充颜色"面板，再单击其内的七彩色块，设置填充色为七彩色，如图 2-3-7（a）所示。选择"修改"→"组合"选项，将选中的图形组成组合，如图 2-3-7（b）所示。

（2）按住 Alt 键，拖动图 2-3-7（b）所示图形 3 次，复制 3 幅该图形。选中其中一幅图形，打开"变形"面板，选中该面板内的"旋转"单选按钮，在其数字框内输入"90"，如图 2-3-8（a）所示。按 Enter 键，将选中图形旋转 90°，如图 2-3-8（b）所示。

图 2-3-7　箭头七彩图形

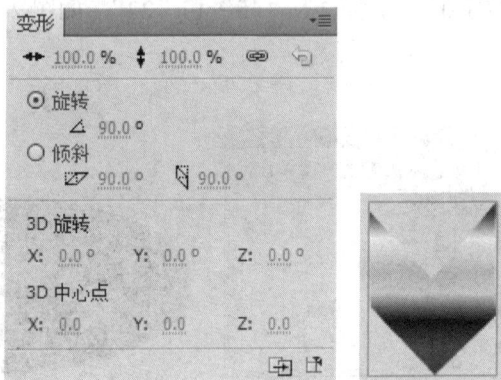

图 2-3-8　90°旋转图形

（3）选中图 2-3-7（b）所示图形复制一份，在"变形"面板内的"旋转"数字框内输入"-90°"，如图 2-3-9（a）所示。按 Enter 键，将选中图形旋转"-90°"，如图 2-3-9（b）图所示。

（4）选中图 2-3-5（d）所示图形，在"变形"面板内的"旋转"数字框内输入"180"，如图 2-3-10（a）所示。按 Enter 键，将选中图形旋转 180°，如图 2-3-10（b）所示。另外，选择"修改"→"变形"→"水平翻转"选项，也可以得到图 2-3-10（b）所示图形。

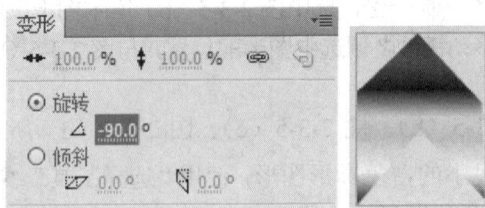

图 2-3-9　-90°旋转图形

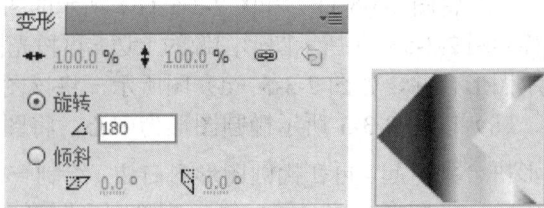

图 2-3-10　180°旋转图形

（5）调整上述 4 幅指向不同方向的箭头图形的大小，使它们的宽和高均为 18 像素，再将它们分别移到舞台工作区的四边，效果如图 2-3-11 所示。

（6）按住 Shift 键，选中 4 幅箭头图形，右击选中的对象，弹出快捷菜单，选择该快捷菜单内的"剪切"选项，将选中的 4 幅箭头图形剪切到剪贴板内。

（7）选中"图层 1"图层，单击两次时间轴内"新建图层"按钮，在"图层 1"图层之上新建一个"图层 2"图层和"图层 3"图层，垂直向下拖动"图层 3"图层，将"图层 3"图层移到"图层 1"图层的下边。选中"图层 2"图层第 1 帧，选择"编辑"→"粘贴到当前位置"选项，将剪贴板内 4 幅箭头图形粘贴到原来的位置。画面如图 2-3-11 所示。

图 2-3-11　4 幅指向不同方向的箭头图形

（8）选中左上角的箭头图形，按住 Alt 键，水平向右拖动，松开鼠标左键后，复制一份选中的对象。按照相同方法复制多个对象。拖动选中这一行中的所有对象，打开"对齐"面板，单击该面板内的"顶对齐"按钮，再单击"水平居中分布"按钮，使一行对象顶部对齐、水平间距相等。调整它们的水平位置，效果如图 2-3-12 所示。

图 2-3-12　使一行对象顶部对齐、水平间距相等

（9）按照上述方法，加工左、右和下边的图案。分别将上、下、左和右的七彩花边条纹图案组成组合，最终效果如图 2-3-1 所示。

3．制作弧形图形

（1）使用工具箱中的"椭圆工具"，设置线为无，填充色为黑色。在舞台工作区的外边绘制一个黑色圆形，如图 2-3-13（a）所示。

（2）将填充色改为绿色。在舞台工作区外边绘制一个绿色椭圆。使用工具箱内的"选择工具"，将蓝色椭圆移到黑色圆形处，覆盖其中的一部分，如图 2-3-13（b）所示。

（3）按 Delete 键，删除绿色椭圆形图形，并将覆盖的图形删除，形成黑色月牙图形，效果如图 2-3-13（c）所示。

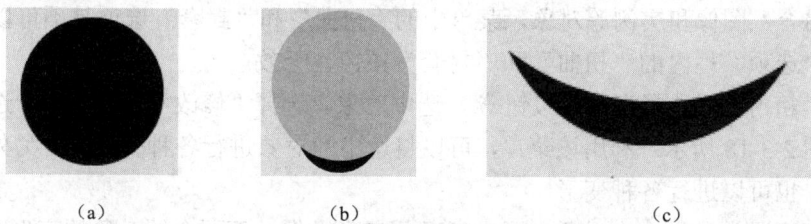

(a)　　　　　　　　(b)　　　　　　　　(c)

图 2-3-13　制作月牙形图形

（4）使用工具箱中的"选择工具" ➤，单击图形对象外的舞台工作区，不选中要改变形状的黑色月牙图形。将鼠标指针移到图形的下边缘处，会发现鼠标指针右下角出现一个小弧线，如图 2-3-14（a）所示。此时，垂直向下拖动鼠标，即可看到被拖动的图形形状发生了变化，如图 2-3-14（b）所示。松开鼠标左键，即可改变图形形状。

（5）按照上述方法，再将鼠标指针移到图形的上边缘处，垂直向下拖动鼠标，如图 2-3-14（c）所示，松开鼠标左键，即可改变图形形状，如图 2-3-14（d）所示。

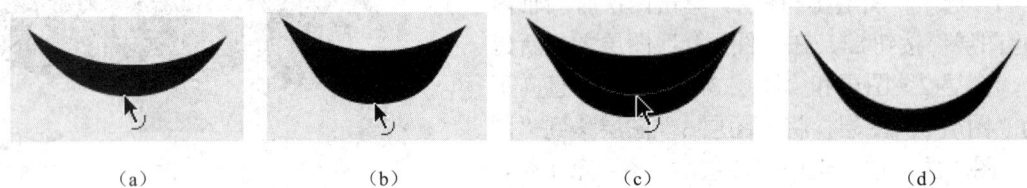

| （a） | （b） | （c） | （d） |

图 2-3-14　调整月牙形图形

（6）使用工具箱中的"任意变形工具"按钮 ⊡，选中月牙形图形，单击"选项"区域内的"旋转与倾斜"按钮 ⊿，将鼠标指针移到图形右上角的控制柄外，当鼠标指针呈弯曲箭头状时，拖动月牙形图形使其旋转，如图 2-3-15 所示。

（7）选中图形，选择"修改"→"变形"→"封套"选项。此时，选中的图形四周会出现许多控制柄，拖动控制柄，调整图形的形状，效果如图 2-3-16 所示。

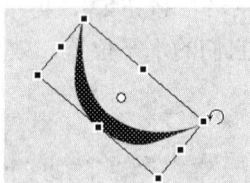

（8）按照上述方法，继续修改图形的形状。还可以单击主工具栏中的"平滑"按钮 ➔S，使图形的轮廓线平滑；可以使用工具箱中的"橡皮擦工具" ⟋，擦除多余的图形。

图 2-3-15　旋转月牙图形　　图 2-3-16　套封调整

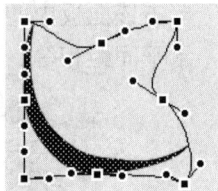

（9）使用工具箱中的"选择工具" ➤，选中月牙图形，将填充颜色改为七彩色，调整它的宽和高为 18 像素。按照前面所述方法复制 3 份，分别调整它们的角度，再将它们分别移到舞台工作区内的 4 个角，效果如图 2-3-1 所示。

2.3.3　知识链接

1．对象变形调整

使用工具箱中的"任意变形工具" ⊡，此时工具箱的"选项"栏如图 2-3-17 所示。注意，对于文字、组合、图像和实例等对象，菜单中的"扭曲"和"封套"选项是不可以使用的，任意变形工具"选项"栏内的"扭曲"和"封套"按钮也无效。

使用工具箱内的"选择工具"按钮 ➤，选中对象。选择"修改"→"变形"选项，弹出其子菜单，如图 2-3-18 所示。利用该菜单，可以将选中的对象进行各种变形等。另外，使用"任意变形工具"也可以进行各种变形。

对象的变形通常是先选中对象，再进行对象变形操作。下面介绍对象的变形方法。

图 2-3-17　任意变形工具"选项"栏

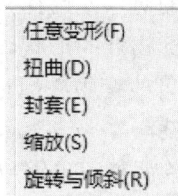

图 2-3-18　"变形"菜单

（1）缩放与旋转对象：选中要调整的对象，选择"修改"→"变形"→"缩放"选项或使用"任意变形工具" ，再单击"选项"栏中的"缩放"按钮 ，选中的对象四周会出现 8 个黑色方形控制柄。将鼠标指针移到四角的控制柄处，当鼠标指针变为双箭头状时，拖动鼠标，即可在 4 个方向缩放调整对象的大小，如图 2-3-19（a）所示。

将鼠标指针移到四边控制柄处，当鼠标指针变为双箭头状时拖动，可在垂直或水平方向调整对象大小，如图 2-3-19（b）和图 2-3-19（c）所示。按住 Alt 键并拖动，可在双向同时调整对象的大小。

（2）旋转与倾斜对象：选中要调整的对象，选择"修改"→"变形"→"旋转与倾斜"选项或使用"任意变形工具" ，单击"选项"栏中的"旋转与倾斜"按钮 ，选中对象的四周有 8 个黑色控制柄，中间有中心标记。

将鼠标指针移到四角控制柄处，当鼠标指针呈旋转箭头状时，拖动鼠标可使对象旋转，如图 2-3-20 所示。拖动中心标记 ，可以改变旋转中心的位置。将鼠标指针移到四边控制柄处，当鼠标指针呈两个平行的箭头状时拖动，可以使对象倾斜，如图 2-3-21 所示。

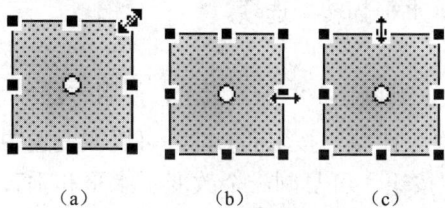

图 2-3-19　调整对象大小　　　图 2-3-20　旋转对象　　　图 2-3-21　倾斜对象

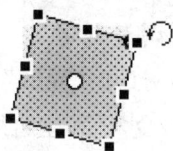

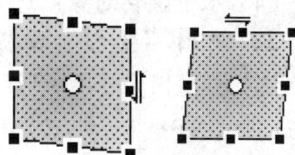

（3）扭曲对象：选中要调整的对象，选择"修改"→"变形"→"扭曲"选项或使用"任意变形工具" ，再单击"选项"栏内的"扭曲"按钮 。

鼠标指针移到四周的控制柄处，当鼠标指针呈白色箭头状时，拖动鼠标，可使对象扭曲，如图 2-3-22（a）和图 2-3-22（b）所示。按住 Shift 键，拖动四角的控制柄，可以对称地进行扭曲调整（也称透视调整），如图 2-3-22（c）所示。

（4）封套对象：选中要调整的图形，选择"修改"→"变形"→"封套"选项或使用"任意变形工具" 并单击"选项"栏内的"封套"按钮 ，此时图形四周出现许多控制柄，如图 2-3-23（a）所示。将鼠标指针移到控制柄处，当鼠标指针呈白色箭头状时，拖动控制柄或切线控制柄，可改变图形形状，如图 2-3-23（b）所示。

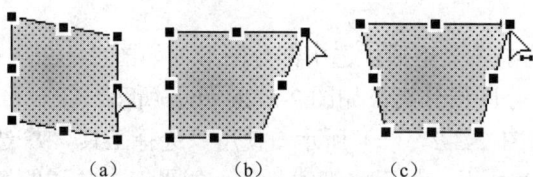

图 2-3-22　扭曲对象　　　　　　　　　图 2-3-23　封套调整

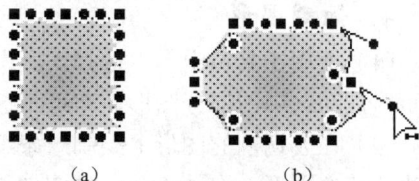

（5）任意变形对象：选中要调整的对象，选择"修改"→"变形"→"任意变形"选项或使用"任意变形工具" 。根据鼠标指针的形状，拖动控制柄，可调整对象的大小、旋转角度、倾斜角度等。拖动中心标记 ，可改变中心标记的位置。

2．使用"变形"菜单调整对象

除了上边介绍的利用"变形"菜单调整对象缩放、扭曲和封套外，还可以进行如下对象变形调整。

（1）精确缩放和旋转：选择"修改"→"变形"→"缩放和旋转"选项，弹出"缩放和旋转"对话框，如图 2-3-24 所示。利用它可以将选中的对象按设置进行缩放和旋转。

（2）90°旋转对象：选择"修改"→"变形"→"顺时针旋转 90 度"选项，将选中对象【图 2-3-25（a）所示】顺时针旋转 90°，如图 2-3-25（b）所示。选择"修改"→"变形"→"逆时针旋转 90 度"选项，将选中对象逆时针旋转 90°，如图 2-3-25（c）所示。

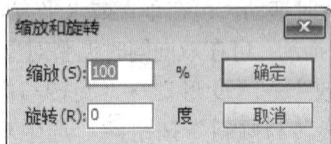

图 2-3-24 "缩放和旋转"对话框　　图 2-3-25 顺时针和逆时针旋转 90°

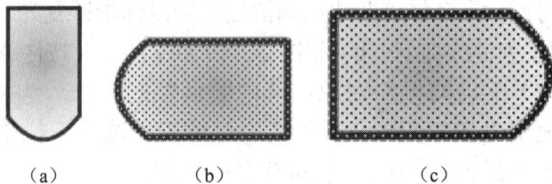

（3）垂直翻转对象：选择"修改"→"变形"→"垂直翻转"选项。

（4）水平翻转对象：选择"修改"→"变形"→"水平翻转"选项。

3．使用"变形"面板精确调整对象

选择"窗口"→"变形"选项，打开"变形"面板，如图 2-3-8（a）所示，使用方法如下。

（1）在 和 数字框内输入水平和垂直缩放百分比数，按 Enter 键，可以改变选中对象的水平和垂直大小；单击"变形"面板右下角的 按钮，可复制一个改变了水平和垂直大小的对象。单击"变形"面板右下角的"取消变形"按钮 后，可使选中的对象恢复原状态。

（2）单击"约束"按钮 ，使按钮呈 状，则 与 数字框内的数值可以不同。单击"约束"按钮 ，使按钮呈 状，则会强制两个数值相同，即保证原宽高比不变。

（3）对象的旋转：选中"旋转"单选按钮，在其右边的数字框内输入旋转的角度，再按 Enter 键或单击"复制选区和变形"按钮 ，即可按指定的角度使选中的对象旋转或复制一个旋转的对象。

（4）对象的倾斜：选中"倾斜"单选按钮，再在其右边的数字框内输入倾斜角度，然后按 Enter 键或单击 按钮，即可按指定的角度使选中的对象旋转或复制一个倾斜的对象。图标 右边的数字框表示以底边为准倾斜， 右边的数字框表示以左边为准倾斜。

关于"3D 旋转"和"3D 中心点"两个区域的作用将在第 5 章介绍。

4．切割图形

（1）使用工具箱中的"选择工具" 拖动出一个矩形，选中部分图形，如图 2-3-26（a）所示。拖动选中的部分图形，即可将选中的部分图形分离，如图 2-3-26（b）所示。

（2）在要切割的图形上绘制一条细线，如图 2-3-27（a）所示。使用"选择工具" 选中右边的填充图形，拖动移开，如图 2-3-27（b）所示，最后将细线删除。如果双击右边的填充图形，则可以选中右边填充图形和与它连接的线，可以将选中的填充图形和线移开。

（3）在要切割的图形上绘制一个图形，如图 2-3-28（a）所示。使用工具箱中的"选择工具" ，拖动出新绘制的图形，将原图形和与它重叠部分的图形删除，如图 2-3-28（b）所示。

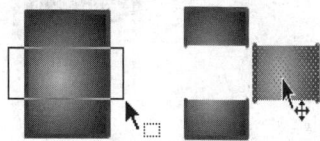

（a）　　　　（b）

（a）　　　　（b）

（a）　　　　（b）

图 2-3-26 切割图形（一）　　　图 2-3-27 切割图形（二）　　　图 2-3-28 切割图形（三）

5．使用选择工具改变图形形状

可以改变形状的对象有矢量图形、打碎的位图、文字、组合和实例等。

（1）使用工具箱中的"选择工具" 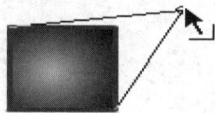，单击图形对象外的舞台工作区处，不选中图形对象。

（2）将鼠标指针移到线、轮廓线或填充的边缘处，会发现鼠标指针右下角出现一个小弧线（指向线边处），如图 2-3-29（a）所示；或小直角线（指向线端或折点处），如图 2-3-29（b）所示。此时拖动线，即可看到被拖动的线形状发生了变化，如图 2-3-29 所示。当松开鼠标左键后，图形发生了大小与形状的变化，如图 2-3-30 所示。

（a）　　　　　　（b）

图 2-3-29 改变图形形状

图 2-3-30 改变形状后的图形

6．橡皮擦工具

使用工具箱中的"橡皮擦工具" ，工具箱中"选项"栏内有 3 个按钮，它们的作用如下。

（1）"水龙头"按钮：单击此按钮后，鼠标指针呈状。再单击封闭的、有填充的图形内部，即可将所有填充擦除。

（2）"橡皮擦形状"按钮：单击此按钮，弹出其列表，以选择橡皮擦形状与大小。

（3）"橡皮擦模式"按钮：单击此按钮，弹出一个菜单，利用该菜单可以设置擦除方式。

"标准擦除"按钮：单击此按钮后，鼠标指针呈橡皮状，拖动擦除图形时，可以擦除鼠标指针拖动过的矢量图形、线条、打碎的位图和文字。

"擦除填色"按钮：单击此按钮后，拖动擦除图形时，只可以擦除填充和打碎的文字。

"擦除线条"按钮：单击此按钮后，拖动擦除图形时，只可以擦除线条和轮廓线。

"擦除所选填充"按钮：单击此按钮后，拖动擦除图形时，只可以擦除已选中的填充和分离的文字，不包括选中的线条、轮廓线和图像。

"内部擦除"按钮：单击此按钮后，拖动擦除图形时，只可以擦除填充。

不管使用哪一种擦除方式，都无法擦除文字、位图、组合和元件的实例等。

1．制作"七彩蝴蝶"图形，如图 2-3-31 所示。

2．制作如图 2-3-32 所示的两种徽标图形。

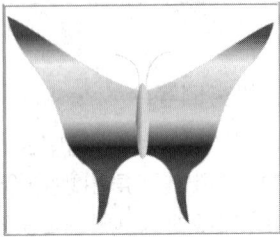

图 2-3-31　"七彩蝴蝶"图形　　　　　　　图 2-3-32　两种徽标图形

第 3 章

文本编辑和导入外部素材

3.1 【动画 4】中华美景

3.1.1 动画效果

"中华美景"动画是一个宣传中国著名山峦、湖泊、建筑等美景网页中的一个动画，是"中华美景"网站的一个动画。该动画播放后的 3 幅画面如图 3-1-1 所示，可以看到，有一个自转的"中国山峦、湖泊、古迹、古镇等中华美景是世界瑰宝"文字环，文字环不断顺时针旋转；同时，转圈文字的上方有红黄颜色不断变化的"中华美景"立体文字，文字四周有不断变大变小的绿色光芒；一些介绍中华美景的文字自下而上垂直移过转圈文字内部；下边有红色的"中华旅游网"文字和中华美景图标，单击文字，则会在一个新浏览窗口内打开"中华旅游网"网站的首页，如图 3-1-2 所示，中华旅游网的网址是"http://www.seeinchina.com/"。

图 3-1-1　"中华美景"动画播放后的 3 幅画面

图 3-1-2 "中华旅游网"网站的首页

3.1.2 制作方法

1．制作"中华美景标题"影片剪辑元件

（1）新建一个 Flash 文档，设置舞台工作区宽为 300 像素，高为 330 像素，背景颜色为白色，帧频为 5。以名称"中华美景.fla"保存在"【动画 4】中华美景"文件夹内。

（2）创建并进入"中华美景标题"影片剪辑元件的编辑状态。使用工具箱内的"文本工具" T，在其"属性"面板内，设置华文行楷字体、60 磅、红色。在舞台工作区文本框内，再输入"中华美景"文字，如图 3-1-3（a）所示。

（3）使用"任意变形工具" ，选中文字，适当调整文字的大小。使用"选择工具" ，单击"属性"面板内"添加滤镜"按钮 ，弹出滤镜菜单，选择该菜单内的"投影"选项。

选中"内阴影"复选框，设置"角度"数字框的数值为"135"，在"模糊 Y"或"模糊 X"数字框内输入"10"，在"品质"下拉列表内选择"高"选项。在"强度"文本框中输入"110%"，设置投影颜色为黄色，如图 3-1-4 所示。设置完后按 Enter 键，即可看到文字图像的变化。此时的文字效果如图 3-1-3（b）所示。

（4）选择滤镜菜单内的"发光"选项，在"滤镜"面板内设置颜色为绿色，模糊为"5"，其他设置如图 3-1-5 所示。文字效果如图 3-1-6（a）所示。

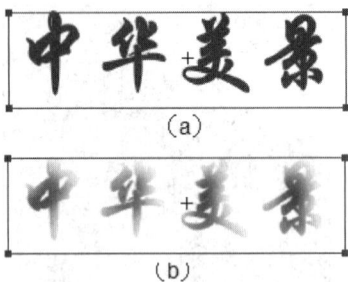

图 3-1-3 "中华美景"文字　　图 3-1-4 "滤镜"（投影参数设置）　　图 3-1-5 "滤镜"（发光参数设置）

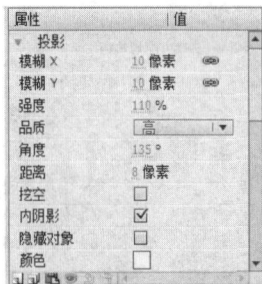

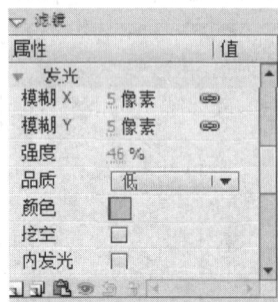

选择滤镜菜单内的"斜角"选项，按照图 3-1-7 所示进行设置（阴影颜色为黑色），效果如图 3-1-6（b）所示。

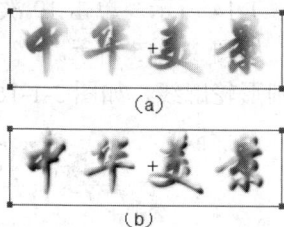

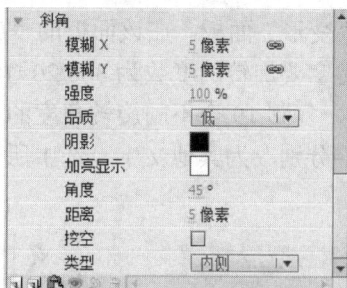

图 3-1-6　文字效果　　　　　图 3-1-7　"滤镜"（斜角参数设置）

（5）创建"图层 1"图层第 1 帧～第 75 帧，再到第 150 帧的传统补间动画。使用"选择工具"，选中第 75 帧内的文字。选择"属性"面板内"滤镜"区域中的"发光"选项，设置模糊 X 和模糊 Y 均为 100 像素，强度为 200%，其他设置如图 3-1-8 所示。

（6）选择"属性"面板内"滤镜"区域中的"投影"选项，设置模糊 X 和模糊 Y 均为 30 像素，强度为 160%，其他设置如图 3-1-9 所示。文字效果如图 3-1-10 所示。设置完成后回到主场景。

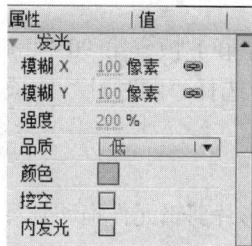

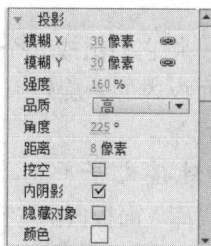

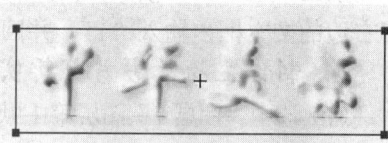

图 3-1-8　"滤镜"（发光参数设置）　图 3-1-9　"滤镜"（投影参数设置）　　　图 3-1-10　文字效果

2．制作"自转文字"影片剪辑元件

（1）创建并进入"自转文字"影片剪辑元件编辑状态。使用工具箱内的"椭圆工具"，设置笔触颜色为红色、笔触高度为 2pts，绘制一个没有填充的红色圆形图形。

（2）选择"窗口"→"信息"选项，打开"信息"面板。按照图 3-1-11 所示进行设置，选中 右下角的圆点（即中心点），在"宽"和"高"文本框中分别输入"180"，在"X"和"Y"文本框中分别输入"0"，使红色圆形图形的中心与舞台工作区的十字中心对齐。

（3）使用工具箱内的"文本工具"按钮，单击舞台工作区，在它的"属性"面板内，设置文字颜色为蓝色，设置字体为华文行楷，设置字体大小为 26 点，其他设置如图 3-1-12 所示。

（4）在圆环的正上方输入文字"中"。使用工具箱中的"任意变形工具"，选中"中"字，拖动该文字对象的中心点到红色圆形图形的中点处，如图 3-1-13 所示。

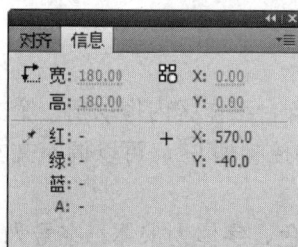

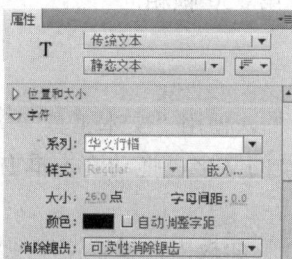

图 3-1-11　"信息"面板　　　图 3-1-12　文字的"属性"面板　　　图 3-1-13　调整对象的中心点

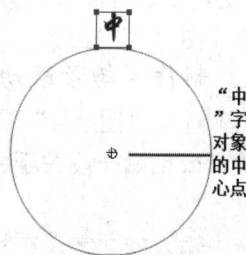

（5）打开"变形"面板。在该面板的"旋转"文本框内输入"18"（因为一共要输入 20 个文字，每一个文字要旋转的度数为 360/20=18），如图 3-1-14 所示。单击 19 次"变形"面板右下角的 按钮，复制 19 个不同旋转角度的"中"字，如图 3-1-15 所示。

将"中"字分别改为其他文字。选中所有文字和圆形轮廓线，如图 3-1-16 所示。

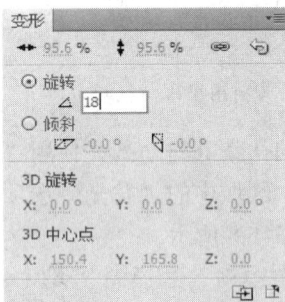

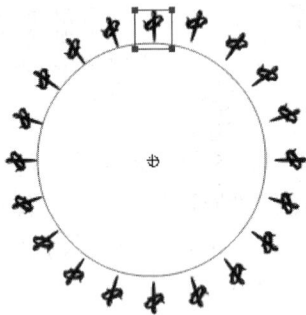

图 3-1-14　"信息"面板　　　图 3-1-15　不同旋转角度的文字　　　图 3-1-16　更换文字和选中对象

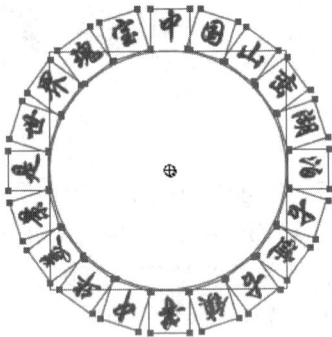

（6）选择"修改"→"组合"选项，将它们组成一个组合。创建第 1 帧～第 90 帧的传统补间动画。选中第 1 帧，在其"属性"面板内的"旋转"下拉列表内选择"顺时针"选项，在其右边的文本框内输入"1"，并回到主场景。

3．制作主场景影片剪辑实例和链接文字

（1）选中"图层 1"图层第 1 帧，将"库"面板内的"自转文字"影片剪辑元件拖动到舞台工作区内的正中间。使用工具箱中的"任意变形工具" ，选中文字，适当调整文字的大小。

（2）在"图层 1"图层之上添加"图层 2"～"图层 5"图层，选中"图层 2"图层第 1 帧，将"库"面板内的"中华美景标题"影片剪辑元件拖动到舞台工作区内的正中间。

（3）选中"图层 3"图层第 1 帧，导入一幅"中华美景 1.jpg"图像，它是一个中华美景图标。选中该图像，将它打碎，再使用"橡皮擦工具" 将图像的白色背景擦除。将加工后的图像组成组合，调整其大小和位置，如图 3-1-1 所示。

（4）在转圈文字的下边输入红色、26 点、隶书的文字"中华美景网站"。使用"选择工具" 选中该文字，在其"属性"面板内"选项"区域的"链接"文本框中输入中华旅游网网站的网址"http://www.seeinchina.com/"，在"目标"下拉列表内选择"_blank"选项，如图 3-1-17 所示。

图 3-1-17　"选项"区域的设置

（5）选中"图层 1"～"图层 3"图层第 150 帧，按 F5 键，使这些图层的第 1 帧～第 150 帧相同，然后隐藏"图层 3"图层。

4．制作主场景滚动文字

（1）选中"图层 4"图层第 1 帧，使用"文本工具" ，在舞台工作区内拖动出一个文本框，输入或粘贴一段关于中国美景的文字，拖动文本框右上角的控制柄 ，可以调整文本框的宽度。

选中输入的文字，在其"属性"面板内，设置文字颜色为红色、字体为宋体、字号为 12，单击"左对齐"按钮 。

（2）使用"选择工具" ，调整文字块位于圆形图形的正下方，宽度比圆形图形的直径小一些，如图 3-1-18 所示。

（3）创建"图层 4"图层第 1 帧～第 150 帧的传统补间动画，选中"图层 4"图层第 150 帧，垂直向上移动文字块，使文本框最下边的文字位于圆形内中间偏上的位置，如图 3-1-19 所示。

图 3-1-18　第 1 帧文字块位置　　　　图 3-1-19　第 150 帧文字块位置

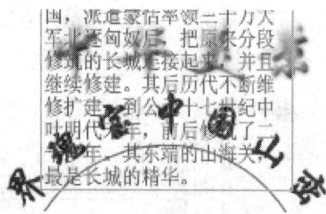

（4）选中"图层 5"图层第 1 帧，使用"椭圆工具" ，在圆形图形轮廓线内绘制一个比它小一些的黑色圆形图形。

（5）按住 Ctrl 键，选中除了"图层 4"图层以外的所有图层第 150 帧，按 F5 键。右击"图层 5"图层，弹出图层快捷菜单，选择该快捷菜单内的"遮罩层"选项，使该图层成为遮罩图层，"图层 4"图层成为被遮罩图层。

5．制作背景动画

（1）创建并进入"中华美景移动"影片剪辑元件的编辑状态，导入"TU1.jpg"～"TU5.jpg"图像，这些都是有关中国美景的图像。调整其大小（高度均为 246 像素），再将"TU1.jpg"图像复制一份，水平移到一行图像的最右边，顶部对齐，水平排成一行，使第 1 幅"TU1.jpg"图像左上角与中心点对齐，如图 3-1-20 所示。

（2）创建"中华美景移动"影片剪辑元件"图层 1"图层第 1 帧～第 150 帧的传统补间动画，选中"图层 1"图层第 150 帧，将图像水平左移一定距离，使第 2 幅"TU1.jpg"图像左上角与中心点对齐，如图 3-1-21 所示。单击舞台左上角的按钮 或场景名称 ，回到主场景。

图 3-1-20　第 1 帧画面

图 3-1-21　第 150 帧画面

（3）隐藏其他所有图层。在"图层 1"图层下边新建"图层 6"图层，选中该图层第 1 帧，将"库"面板内的"中华美景移动"影片剪辑元件拖动到舞台工作区内。调整其大小和位置，使"中华美景移动"影片剪辑实例左边刚好将舞台工作区覆盖，如图 3-1-20 所示。

（4）选中"图层 6"图层第 1 帧的"中华美景移动"影片剪辑实例，在其"属性"面板内

"色彩效果"区域的"样式"下拉列表中选择"Alpha"选项，在"Alpha"文本框内输入 70%，使"中华美景移动"影片剪辑实例半透明。

（5）在"图层 6"图层之上添加"图层 7"图层，选中"图层 7"图层第 1 帧，使用"矩形工具" ，绘制一幅黑色圆形图形，使它刚好将整个舞台工作区完全覆盖。

右击"图层 7"图层，弹出图层快捷菜单，选择该快捷菜单内的"遮罩层"选项，使该图层成为遮罩图层，"图层 6"图层成为被遮罩图层。

（6）将所有图层显示。"中华美景"动画的时间轴如图 3-1-22 所示。

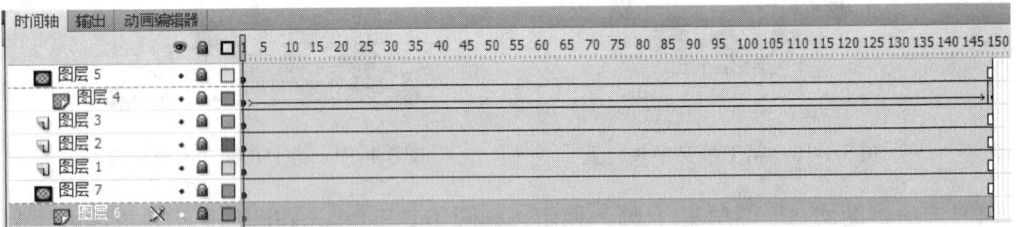

图 3-1-22　"中华美景"动画的时间轴

3.1.3　知识链接

1．导入位图

（1）将图像导入到舞台：选择"文件"→"导入"→"导入到舞台"选项，弹出"导入"对话框，如图 3-1-23 所示。利用该对话框，选择要导入的文件，单击"打开"按钮，即可导入选中的文件。可以导入的外部素材有矢量图形、位图、视频影片和声音素材等，文件的格式很多，这从"导入"对话框的"文件类型"下拉列表中可以看出。

如果选择的文件名是以数字序号结尾的，则会弹出"Adobe Flash CS 5.5"提示对话框，如图 3-1-13 所示。单击"否"按钮，则只将选中的文件导入。单击"是"按钮，即可将一系列文件全部导入到"库"面板内和舞台工作区中。例如，在文件夹内有"TU1.jpg"…"TU10.jpg"图像文件，在选中"TU1.jpg"文件后，单击"是"按钮，即可将这些文件都导入"库"面板内和舞台工作区中。如果导入的文件有多个图层，则 Flash 会自动创建新图层以适应导入的图形。

图 3-1-23　"导入"对话框

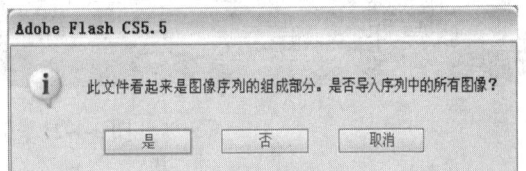

图 3-1-24　"Adobe Flash CS 5.5"提示对话框

（2）将图像导入到库：选择"文件"→"导入"→"导入到库"选项，弹出"导入到库"对话框，它与图 3-1-23 所示的"导入"对话框基本相同。利用该对话框选择图像等文件后，单击"打开"按钮，可将选中图像或一个序列的图像导入到"库"面板中，而不导入到舞台中。

（3）从剪贴板中粘贴图形、图像和文字等：首先，在应用软件（如 Word）中使用"复制"或"剪切"命令，将图像等复制到剪贴板中；其次，在 Flash CS 5.5 中，选择"编辑"→"粘贴到中心位置"选项，将剪贴板中的内容粘贴到"库"面板与舞台工作区的中心。选择"编辑"→"粘贴到当前位置"选项，可将剪贴板中的内容粘贴到舞台工作区中该图像的当前位置。

如果选择"编辑"→"选择性粘贴"选项，则可弹出"选择性粘贴"对话框，如图 3-1-25
所示。在"作为"列表框内，选中一个软件
名称，再单击"确定"按钮，即可将选中的
内容粘贴到舞台工作区中。同时，还建立了
导入对象与选定软件之间的链接。

2．位图属性的设置

"库"面板如图 3-1-26 所示。双击"库"
面板中图像元件的名称或图标，弹出该图像
的"位图属性"对话框，在"压缩"下拉列
表中选择"照片（JPEG）"选项，会增加"品
质"区域，如图 3-1-26 所示。利用该对话框
可以进行位图属性设置，各选项的作用如下。

图 3-1-25　"选择性粘贴"对话框

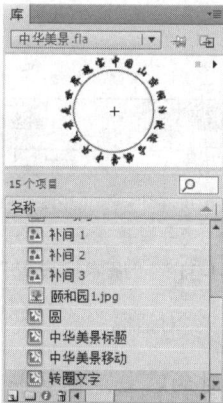

"允许平滑"复选框：选中此复选框，可以消除位图边界的锯齿。

"压缩"下拉列表：其中有两个选项，即"照片（JPEG）"和"无损（PNG/GIF）"。选择第 1 个选项，可以按照 JPEG 方式压缩；选择第 2 个选项，可以基本保持原图像的质量。

"使用文档设置"单选按钮：选中此单选按钮后，表示使用文件默认质量。

"自定义"单选按钮：选中此单选按钮，则它右边的数字框变为有效，在该数字框内可以输入 1～100 的数值，数值越小，图像的质量越高，但文件字节数也越大。

"更新"按钮：单击此按钮，可按设置更新当前图像文件的属性。

"导入"按钮：单击此按钮，可弹出"导入位图"对话框，利用该对话框可更换图像文件。

"测试"按钮：单击此按钮，可以按照新的属性设置，在该对话框的下半部显示一些有关压缩比例、容量大小等测试信息，在左上角显示重新设置属性后的部分图像。

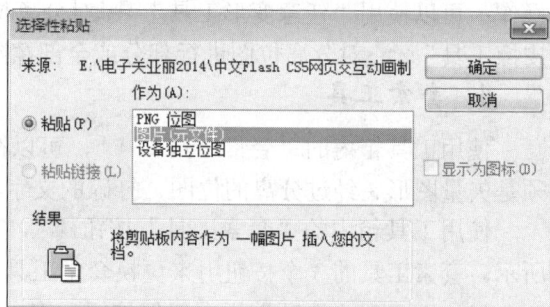

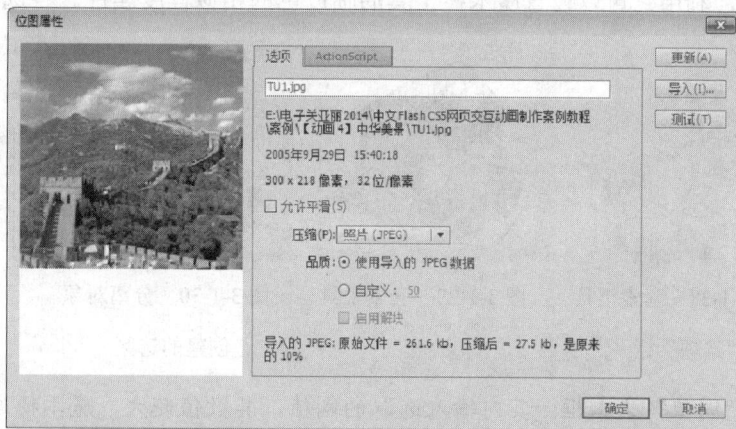

图 3-1-26　"库"面板　　　　　　　　图 3-1-27　"位图属性"对话框

3．分离位图

在 Flash 中，许多操作（改变位图的局部色彩或形状，进行位图的变形过渡动画制作）是针对矢量图形进行的，对于导入的位图不能操作。位图必须经过分离（也称打碎）才能操作和编辑。选中一个位图，选择"修改"→"分离"选项，将位图分离。

分离的位图可以像绘制的图形那样进行编辑和修改。可以使用工具箱中的"选择工具" 对分离位图进行变形和切割等操作；可以使用"套索工具" 对分离位图进行选取和切割等操作；可以使用"任意变形工具" 对分离位图进行扭曲和封套编辑操作；还可以使用"橡皮擦工具" 对分离位图进行部分或全部擦除。

4．套索工具

使用工具箱内的"套索工具" ，可以在舞台中选择不规则区域内的多个对象（对象必须是矢量图形、经过分离的位图、打碎的文字、分离的组合和元件实例等）。

使用工具箱中的"套索工具"按钮 ，其"选项"栏内会显示 3 个按钮，如图 3-1-28 所示。套索工具的 3 个按钮用来更换套索工具和设置魔术棒工具属性。它们的作用如下。

（1）不单击"选项"栏内任何按钮：表示使用"套索工具" ，在舞台内拖动，会沿鼠标指针移动轨迹产生一条不规则的细黑线，如图 3-1-29 所示。松开鼠标左键后，被围在圈中的分离图像会被选中，选中图像之上会蒙上一层小白点。拖动选中的图像，可以将它与未被选中的图像分开，成为独立的图像，如图 3-1-30 所示。使用套索工具 拖动出的线可以不封闭。当线不封闭时，Flash CS 5.5 会自动以直线连接首尾，使其形成封闭曲线。

（2）"多边形模式"按钮 ：单击该按钮后，使用"多边形"工具 在要选取的多边形区域的一个顶点处单击，再依次单击多边形的各个顶点，回到起点处单击，即可画出一个多边形细线框，双击后可以将多边形细线框包围的图形选中。

（3）"魔术棒"按钮 ：单击该按钮后，使用"魔术棒" ，将鼠标指针移到分离图像某处，当鼠标指针呈 状时，单击即可将该颜色和与该颜色相接近的颜色图形选中。使用"选择工具" ，拖动选中的图形，就可以将它们拖动出来。将鼠标指针移到其他位置，当鼠标指针不呈魔术棒形状时单击，即可取消选中的图形。

（4）"魔术棒设置"按钮 ：单击该按钮后，会弹出"魔术棒设置"对话框，如图 3-1-31 所示。利用它可以设置魔术棒工具的临近色的相似程度属性。各选项的作用如下。

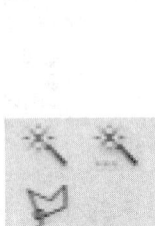

图 3-1-28　套索工具　　图 3-1-29　套索工具　　图 3-1-30　分离对象　　图 3-1-31　"魔术棒设置"
　"选项"栏　　　　　　　　　　　　　　　　创建的选区　　　　　　　　对话框

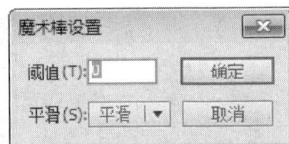

"阈值"文本框：其内输入选取的阈值，其数值越大，魔术棒选取时的容差范围就越大。
"平滑"下拉列表：它有 4 个选项，用来设置创建选区的平滑度。

如果按住 Shift 键的同时用鼠标创建选区，则可以在保留原来选区的情况下，创建新选区。

思考练习 3-1

1．制作"湖中佳人"动画，该动画播放后的两幅画面如图 3-1-32 所示。动画的背景是"美景.gif"动画，山清水秀，湖水荡漾，其中的一幅画面如图 3-1-33 所示。在该动画之上，添加空中来回飞翔的小鸟，一个小孩划着小船在湖水中慢慢地从左向右划过，一个佳人坐在船中，在湖水中慢慢从右向左漂游，小孩划船和佳人坐船在湖水中的倒影也随之移动。

（a）　　　　　　　　　　　　（b）

图 3-1-32　"湖中佳人"动画播放后的两幅画面

"佳人.jpg"和"小船.jpg"图像如图 3-1-34 所示。"飞鸟.gif"动画的 3 幅画面如图 3-1-35 所示，"划船.gif"动画的 3 幅画面如图 3-1-36 所示。

（a）　　　　　　　　　　（b）

图 3-1-33　"美景"动画画面　　　图 3-1-34　"佳人.jpg"和"小船.jpg"图像

（a）　　（b）　　（c）　　　　　　　　（a）　　（b）　　（c）

图 3-1-35　"飞鸟.gif"动画的 3 幅画面　　　图 3-1-36　"划船.gif"动画的 3 幅画面

2．制作"小池荷花"图像，如图 3-1-37 所示。它是将图 3-1-38 所示的"荷花和荷叶"、"水波"、"荷叶 1"图像和图 3-1-39 所示的"荷花 2"图像加工合并制作而成的。

(a)　　　　　　　　　　(b)　　　　　　　(c)

图 3-1-37　"小池荷花"图像　　　　图 3-1-38　"荷花和荷叶"、"水波"和"荷叶 1"图像

3．制作"清晨小街"动画，播放后的一幅画面如图 3-1-40 所示。可以看到，美丽的小街，蓝天清澈，白云漂移，街旁人们在忙碌，儿童跳绳，学生横过小街，远处草坪上儿童在玩耍，小狗摇尾，飞鸟飞翔，一派生机勃勃。

图 3-1-39　"荷花 2"图像　　　　　图 3-1-40　"清晨小街"动画播放后的一幅画面

4．制作"摆动的自转文字"动画，该动画播放后，文字环不断自转，同时上下摆动。

5．制作"变色文字"动画。该动画运行后的 3 幅画面如图 3-1-41 所示。可以看到，"FLASH"文字的位置、大小、颜色、阴影深浅、阴影位置和发光颜色都在不断变化。

(a)　　　　　　　　(b)　　　　　　　　　(c)

图 3-1-41　"变色文字"动画播放后的 3 幅画面

3.2　【动画 5】电影文字

3.2.1　动画效果

"电影文字"动画也是"海洋世界"网站的一个动画。该动画播放后的一幅画面如图 3-2-1 所示。它由一幅幅风景图像不断从右向左移过"海底世界绚丽奇妙"文字内部而形成电影文字效果，文字的轮廓线是绿色的，背景是黑色电影胶片状图形。

图 3-2-1　"电影文字"动画播放后的一幅画面

3.2.2　制作方法

1．制作电影胶片

（1）设置舞台工作区的宽为 820 像素，高为 220 像素，背景为黑色。

（2）选中"图层 1"图层第 1 帧，使用工具箱内的"矩形工具" ，设置填充色为黑色，无轮廓线。如果"选项"栏中的"对象绘制"按钮 处于按下状态，则单击该按钮。在舞台工作区中拖动出宽 820 像素、高 200 像素的黑色矩形，将舞台工作区刚好完全覆盖。

（3）设置填充色为白色，无轮廓线。在舞台工作区上边绘制一幅宽和高均为 18 像素的白色小正方形。按住 Alt 键，同时水平拖动，复制 1 份，再复制 25 份，共生成 27 个白色小正方形。

（4）将两个白色小正方形移到黑色矩形左上边和右上边，选中这两个白色小正方形，单击"对齐"面板内的"底对齐"按钮 ，将选中的两个白色小正方形底部对齐，如图 3-2-2 所示。

（5）使用工具箱内的"选择工具" ，拖动选中 27 个白色小正方形，单击 "对齐"面板内的"底对齐"按钮 ，将选中的白色小正方形底部对齐，再单击"水平平均间隔"按钮 ，使它们等间距分布，即水平等间距地排成一行，如图 3-2-3 所示。

图 3-2-2　两个白色小正方形底部对齐　　　图 3-2-3　27 个白色小正方形水平等间距排成一行

（6）按住 Alt 键，垂直向下拖动一行白色小正方形到黑色矩形内的下边，复制 1 份移到下边，如图 3-2-4 所示。再拖动选中上边一行白色小正方形，然后垂直向下拖动到黑色矩形内的上边。拖动选中两行白色小正方形和黑色矩形，将它们组成一个电影胶片图形组合，如图 3-2-5 所示。

图 3-2-4　白色小正方形与黑色矩形的位置关系　　　图 3-2-5　电影胶片图形

2．制作图像移动动画

（1）导入 7 幅风景图像和花图像（高度均为 200 像素）到"库"面板内。在"图层 1"图层之上创建新"图层 2"图层。选中"图层 2"图层第 1 帧，将"库"面板内的 7 幅图像拖动到舞台工作区内，排列成水平一行，没有间隙。

（2）选中所有图像，单击"对齐"面板内的"顶对齐"按钮 ，使它们顶部对齐。再复制一份，移到原图像的右边，排成一行。将所有图像组成一个组合，移到电影胶片图形之上，图像左边缘与电影胶片图形左边缘对齐，如图 3-2-6 所示（没给出右边的 6 幅图像）。

图 3-2-6　第 1 帧图像水平排成一行

（3）选中"图层 1"图层第 100 帧，按 F5 键，使该图层第 10 帧～第 100 帧内容一样。

（4）创建"图层 2"图层第 1 帧～第 100 帧的传统补间动画。水平向左移动"图层 2"图层第 100 帧内的图像，如图 3-2-7 所示，隐藏"图层 1"和"图层 2"图层。

图 3-2-7　第 100 帧画面

注意

因为制作的 Flash 动画是连续循环播放的，所以可以认为第 100 帧的下一帧是第 1 帧，调整第 100 帧时应注意这一点，保证第 100 帧和第 1 帧画面的衔接。

（5）在"图层 2"图层之上创建"图层 3"图层。选中"图层 3"图层第 1 帧，使用工具箱内的"文本工具" T ，在其"属性"面板内，设置字体为"华文琥珀"、96 磅、黑色。单击舞台工作区，在出现的文本框内输入"海底世界绚丽奇妙"文字，如图 3-2-8 所示。

海底世界绚丽奇妙

图 3-2-8　输入文字

（6）选中输入的文字，选择"修改"→"分离"选项，将"海底世界绚丽奇妙"文字对象分离为 8 个独立的文字对象。再选择"修改"→"分离"选项，将"海底世界绚丽奇妙"文字打碎。如果出现连笔画现象，可以使用工具箱内的"橡皮擦工具" 进行修复，也可以使用工具箱内的"任意变形工具" ，将分离的文字协调一些。

（7）使用工具箱内的"选择工具" ，单击舞台工作区的空白处，不选中文字。使用工具箱内的"墨水瓶工具" ，在其"属性"面板内设置线样式为实线，颜色为绿色，线粗为 1pts。

单击文字笔画的边缘，可以看到，文字的边缘增加了绿色轮廓线，如图 3-2-9 所示。

海底世界绚丽奇妙

图 3-2-9　"海底世界绚丽奇妙"分离文字和文字描边

（8）使用工具箱内的"选择工具" ，按住 Shift 键，同时选中各文字轮廓线内部，全部选中后右击，弹出快捷菜单，选择该快捷菜单中的"剪切"选项，将选中的内容剪切到剪贴板中。

（9）在"图层 3"图层的下边创建一个名称为"图层 4"的图层，选中"图层 4"图层第 1帧，选择"编辑"→"粘贴到当前位置"选项，将剪贴板中的文字粘贴到"图层 4"图层第 1帧舞台工作区内的原位置。

（10）右击"图层 4"图层，弹出图层快捷菜单，选择该快捷菜单中的"遮罩层"选项，将"图层 4"图层设置为遮罩图层，"图层 2"图层为被遮罩图层。

使所有图层显示，至此，该动画制作完毕。"电影文字"动画的时间轴如图 3-2-10 所示。

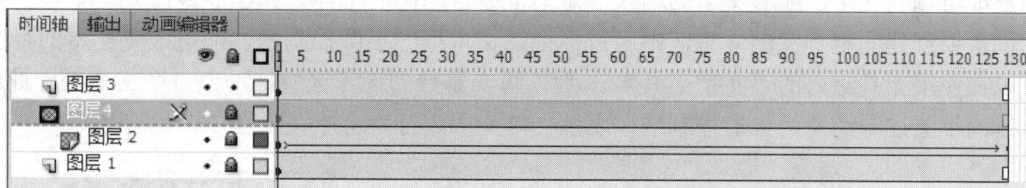

图 3-2-10　"电影文字"动画的时间轴

3.2.3　知识链接

1．文本属性的设置

文本的属性包括文字的字体、字号、颜色和风格等。可以通过菜单选项或"属性"面板选项来设置文本属性。文本的颜色由填充色（纯色，即单色）决定。选择"文本"菜单中的选项，可以设置文本属性。另外，还可以利用"文本工具"的"属性"面板来设置文本的属性。

使用工具箱内的"文本工具" ，此时的"属性"面板如图 3-2-11 所示，单击舞台工作区或在舞台工作区内拖动，即可在"属性"面板内上边增添"位置和大小"区域，在下边增添"选项"和"滤镜"区域。该"属性"面板内部分选项的作用如下。

（1）"文本类型"下拉列表（图 3-2-11 中第 2 个下拉列表）：可以选择 Flash 文本类型，有静态文本、动态文本和输入文本3 种类型。通常是静态文本。

（2）"位置和大小"区域：用来设置选中对象的位置坐标

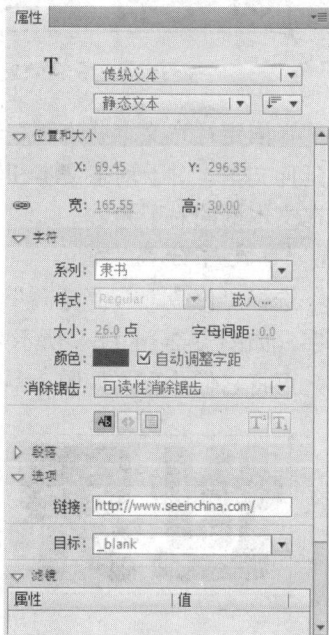

图 3-2-11　"属性"面板

值和对象的宽、高。

（3）"系列"下拉列表：用来设置文字的字体。

（4）"大小"和"字母间距"数字框：用来设置文字的大小，以及字母之间的距离。

（5）"颜色"按钮：单击此按钮可以弹出一个颜色板，用来设置文字的颜色。

（6）"消除锯齿"下拉列表：用来选择设备字体或各种消除锯齿的字体。消除锯齿可对文本做平滑处理，使显示的字符的边缘更平滑。这对于清晰呈现较小字体尤为有效。

（7）"可选"按钮：单击此按钮后，在动画播放时，可以用鼠标拖动选中动画中的文字。

（8）"格式"区域按钮：设置文字的水平排列方式，鼠标指针移到按钮之上时会显示它们的名称（即作用）。

（9）"间距"和"边距"区域按钮：利用 4 个按钮可以设置段落的缩进量、行间距、左边距和右边距。鼠标指针移到按钮之上会显示它们的名称（即作用）。

（10）"自动调整字距"复选框：选中此复选框后，可以自动调整字间距。

2．两种文本

设置完文字属性后，使用工具箱内的"文字工具" T，再单击舞台工作区，即会出现一个矩形框，矩形框右上角有一个小圆控制柄，表示它是延伸文本，同时光标出现在矩形框内。这时用户即可输入文字。随着文字的输入，矩形框会自动向右延伸，如图 3-2-12 所示。

如果要创建固定行宽的文本，则用鼠标拖动文本框的小圆控制柄，即可改变文本的行宽。也可以在使用工具箱内的"文字工具" T 后，再在舞台的工作区中拖动出一个文本框。此时，文本框的小圆控制柄变为方形控制柄，表示文本为固定行宽文本，如图 3-2-13 所示。

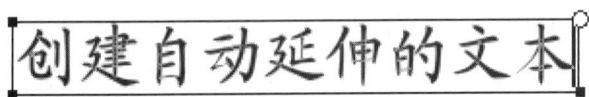

图 3-2-12　延伸文本　　　　　　　　　　　　　图 3-2-13　固定行宽文本

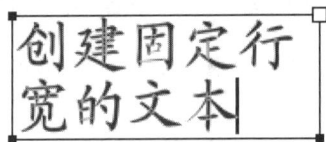

在固定行宽文本状态下，输入的文字会自动换行。双击方形控制柄，可将固定行宽文本变为延伸文本。对于动态文本和输入文本类型，也有固定行宽的文本和延伸文本。只是两种控制柄在文本框的右下角。

3．文字分离

选择"修改"→"分离"选项，可以将图 3-2-14（a）所示的多个文字分解为独立的单个文字，如图 3-2-14（b）所示。如果选中一个或多个单独的文字，选择"修改"→"分离"选项，可将它们分离，如图 3-2-15 所示。可以看出，分离的文字上面有一些小白点。

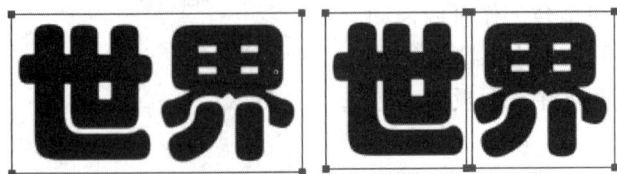

（a）　　　　　　　　　　　（b）

图 3-2-14　文字的分离　　　　　　　　　　图 3-2-15　分离的文字

4．分离文字的编辑

（1）对于文字，只可以进行缩放、旋转、倾斜等编辑操作。这可以通过使用工具箱内的"任意变形工具" 来完成，也可以选择"修改"→"变形"选项来完成。

（2）对于分离的文字，可以像编辑图形那样来进行各种操作。可以使用工具箱内的"选择工具" 对它进行变形和切割等操作，可以使用工具箱内的"套索工具" 对它进行选取和切割操作，可以使用工具箱内"任意变形工具" 对它进行扭曲和封套编辑操作，可以使用工具箱内的"橡皮擦工具" 进行擦除等操作。

分离的文字有时会出现连笔画现象，可以使用工具箱内的"套索工具" 选中多余的部分，再按 Delete 键，删除选中图形；也可以使用工具箱内的"橡皮擦工具" 擦除多余内容。

思考练习 3-2

1．制作"投影文字"动画，该动画播放后的一幅画面如图 3-2-16 所示，可以看到，有七种颜色不断变换的"投影文字" 4 字，阴影也不断由小变大，再由大变小。

2．制作"变形文字"图像，如图 3-2-17 所示。

图 3-2-16　"投影文字"动画画面　　　　图 3-2-17　"变形文字"图像

3．制作"雪花文字"动画，该动画播放后，蓝色"雪花文字"内有不断飘落的雪花，其中的一幅画面如图 3-2-18 所示。

4．制作"多彩世界"动画，该动画播放后的一幅画面如图 3-2-19 所示，可以看到，在一幅风景图像上有七彩文字，文字不断转圈变化颜色。

图 3-2-18　"雪花文字"动画的一幅画面　　　　图 3-2-19　"多彩世界"动画的一幅画面

3.3　【动画 6】蝴蝶电影

3.3.1　动画效果

"蝴蝶电影"动画也是"中华美景"网站的一个动画。该动画播放后，背景是一幅美丽的星空图像,各色蝴蝶在电影屏幕旁来回飞舞。同时,在屏幕右上角有一道光束打在电影幕布上,电影屏幕中播放着"蝴蝶"电影。电影屏幕和播放的"蝴蝶"电影呈透视状。该动画播放后的两幅画面如图 3-3-1 所示。

(a)　　　　　　　　　　　　　　　　(b)

图 3-3-1　　"蝴蝶电影"动画播放后的两幅画面

3.3.2　制作方法

1．制作飞舞的蝴蝶和屏幕与光

(1)新建一个 Flash 文档,设置舞台工作区的宽为 550 像素,高为 400 像素,背景为黑色,设置帧频为 5,以名称"蝴蝶电影.fla"保存到"【动画 5】蝴蝶电影"文件夹内。

(2)选择"文件"→"导入"→"导入到库"选项,弹出"导入到库"对话框。利用该对话框将"蝴蝶 1.gif"~"蝴蝶 7.jpg"和"星空.jpg"图像导入到"库"面板内如图 3-3-2 和图 3-3-3 所示,同时生成 7 个影片剪辑元件,分别将它们的名称改为"蝴蝶 1"~"蝴蝶 7"。将"蝴蝶 2"影片剪辑元件各帧的白色和灰色背景擦除。

蝴蝶1.gif　　蝴蝶2.gif　　蝴蝶3.gif　　蝴蝶4.gif　　蝴蝶5.gif　　蝴蝶6.gif　　蝴蝶7.gif

(a)　　　　(b)　　　　(c)　　　　(d)　　　　(e)　　　　(f)　　　　(g)

图 3-3-2　　"蝴蝶 1.gif"~"蝴蝶 7.gif"动画文件

(3)将"图层 1"图层的名称改为"背景",在背景图层之上新建"蝴蝶"、"电影"和"屏幕和光"图层,选中"背景"图层第 1 帧,将"库"面板内的"星空.jpg"图像拖动到舞台工作区的中心处,调整该图像的大小和位置,使它刚好将整个舞台工作区覆盖。

(4)选中"蝴蝶"图层第 1 帧,将"库"面板内的"蝴蝶 1"~"蝴蝶 7"影片剪辑元件拖动到舞台工作区内,调整它们的大小和位置,如图 3-3-4 所示。

(5)选中"蝴蝶"图层第 1 帧内 7 个影片剪辑实例,选择"修改"→"时间轴"→"分散到图层"选项,将该帧的 7 个影片剪辑实例对象分配到不同图层的第 1 帧中。"蝴蝶"图层第 1 帧内的对象消失。删除"蝴蝶"图层,将新增图层分别命名为"蝴蝶 1"…"蝴蝶 7"。

(6)按住 Shift 键,同时选中"蝴蝶 1"~"蝴蝶 7"图层的第 1 帧,右击选中的帧,弹出帧快捷菜单,选择该快捷菜单内的"创建补间"选项,使选中的所有图层创建第 1 帧~第 12 帧的补间动画,它们的第 1 帧是补间动画关键帧。

（7）依次将"蝴蝶 1"～"蝴蝶 7"图层的第 12 帧拖动到第 80 帧。选中"蝴蝶 1"～"蝴蝶 7"图层的第 80 帧，按 F6 键，创建 7 个关键帧。选中"背景"图层第 80 帧，按 F5 键。

（8）调整"蝴蝶 1"～"蝴蝶 7"图层第 80 帧内实例的位置，调整其引导线形状，产生 7 个蝴蝶沿着不同路径移动的动画。

（9）选中"屏幕和光"图层第 1 帧，导入"屏幕和光.jpg"图像，调整它的位置和大小，如图 3-3-5 所示。将图像打碎，擦除背景白色。选中"屏幕和光"图层第 80 帧，按 F5 键。

图 3-3-3　"星空"图像

图 3-3-4　添加蝴蝶实例

（10）使用工具箱内的"选择工具"，选中屏幕部分分离的图像，选择"修改"→"转换为元件"选项，弹出"转换为元件"对话框，如图 3-3-6 所示。在"名称"文本框内输入"屏幕"，在"类型"下拉列表内选择"影片剪辑"元件类型，再单击"确定"按钮，即可在"库"面板内创建一个名称为"屏幕"的影片剪辑新元件，原来选中的屏幕对象成为"屏幕"影片剪辑元件的实例。其目的是能够使用工具箱内的"3D 旋转工具"。

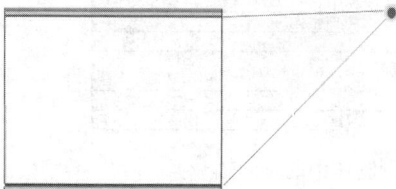

图 3-3-5　幕布、灯和灯光

图 3-3-6　"转换为元件"对话框

2．导入视频和添加背景图像

（1）在"屏幕和光"图层之上创建一个"电影"图层，选中该图层第 1 帧。

（2）选择"文件"→"导入"→"导入视频"选项，弹出"导入视频"对话框。单击"浏览"按钮，弹出"打开"对话框，在该对话框内选择要导入的视频文件"蝴蝶.flv"，单击"打开"按钮，回到"导入视频"对话框。

（3）选中"在 SWF 中嵌入 FLV 并在时间轴中播放"单选按钮，如图 3-3-7 所示。单击"下一步"按钮，弹出"嵌入"对话框，如图 3-3-8 所示。

（4）在该对话框内"符号类型"下拉列表中选择"影片剪辑"选项，选中 3 个复选框。单击"下一步"按钮，弹出"完成视频导入"对话框，单击"完成"按钮，即可在"库"面板内生成一个"蝴蝶.flv"影片剪辑元件，其内是导入视频的所有帧，在舞台工作区内有该影片剪辑元件的实例，并在时间轴内占 1 帧。

如果在"符号类型"下拉列表中选择"嵌入的视频"选项，则会在时间轴内嵌入整个视频的所有帧。如果在"符号类型"下拉列表中选择"图形"选项，则会在"库"面板内生成一个图形元件，其内是导入视频的所有帧。

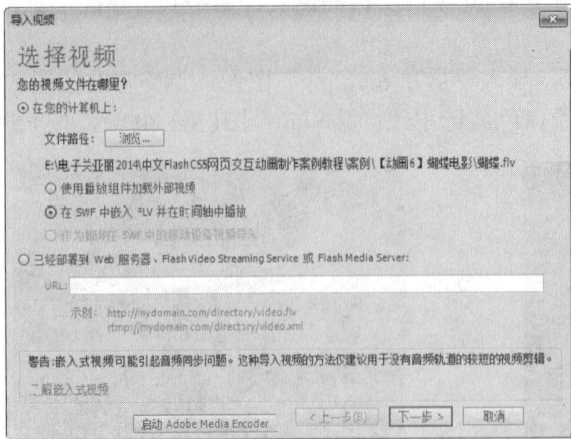

图 3-3-7　"导入视频"对话框　　　　　图 3-3-8　"嵌入"对话框

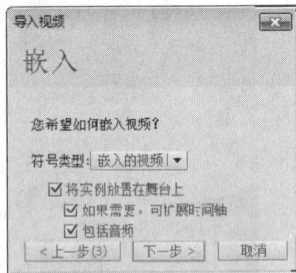

（5）"电影"和"屏幕和光"图层在"背景"图层之上，其时间轴如图 3-3-9 所示。调整"蝴蝶"影片剪辑实例的大小和位置，将它移到"电影幕布"图像之上，使它刚好将电影幕布完全覆盖。

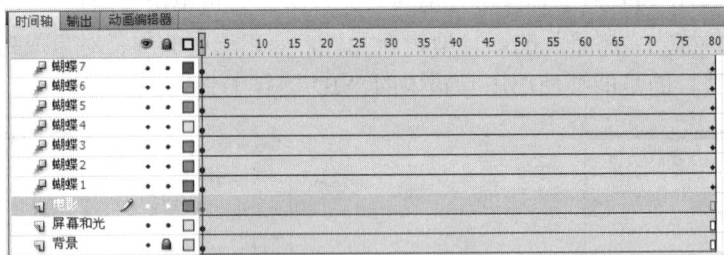

图 3-3-9　"蝴蝶电影"动画制作中的时间轴

（6）播放该 Flash 动画，动画播放后的两幅画面如图 3-3-10 所示。

（a）　　　　　　　　　　　　（b）

图 3-3-10　"蝴蝶电影"动画播放后的两幅画面

3．制作透视效果电影

（1）锁定"电影"图层，隐藏"电影"图层，解锁"屏幕和光"图层，使用工具箱内的"选择工具"↖"，选中"屏幕和光"图层第 1 帧，选中舞台工作区内的"屏幕"影片剪辑实例。

（2）使用工具箱内的"3D 旋转工具"🔵，拖动调整"屏幕"影片剪辑实例的透视效果，如图 3-3-11 所示。

（3）锁定"屏幕和光"图层，解锁"电影"图层。使用工具箱内的"选择工具"↖，选中"电影"图层第 1 帧，选中舞台工作区内的"电影"影片剪辑实例，再使用工具箱内的"3D 旋转工具"🔵，拖动调整"电影"影片剪辑实例的透视效果，如图 3-3-12 所示。

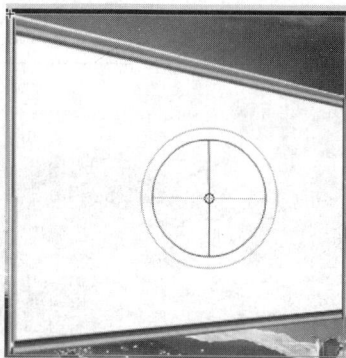

图 3-3-11　使用 3D 旋转工具调整屏幕

图 3-3-12　"电影"影片剪辑实例的透视效果

（4）在"电影"图层之上新增一个图层，更名为"遮罩"。选中该图层第 1 帧，使用工具箱内的"线条工具"＼或"钢笔工具"🖋，绘制一幅梯形图形，其内填充黑色，如图 3-3-13 所示。

（5）右击"遮罩"图层，弹出快捷菜单，选择该快捷菜单内的"遮罩层"选项，使"遮罩"图层成为遮罩层，其下边的"电影"图层成为遮罩图层的被遮罩图层。

此时，"蝴蝶电影.fla"Flash 动画的时间轴如图 3-3-14 所示。

图 3-3-13　黑色梯形图形

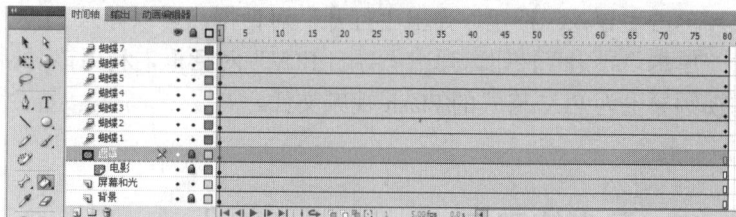

图 3-3-14　"蝴蝶电影.fla"Flash 动画的时间轴

3.3.3　知识链接

1．给导入的视频添加播放器

（1）按照上述方法弹出如图 3-3-7 所示的"导入视频"对话框，选中该对话框内前两个单选按钮中的一个，如选中"使用播放组件加载外部视频"单选按钮。

（2）确定要播放的视频文件。单击"下一个"按钮，会弹出"设定外观"对话框，如图 3-3-15 所示。在该对话框的"外观"下拉列表中可以选择一种视频播放器的外观。

（3）对于选中的一些视频播放器，可以单击"颜色"色块，打开"颜色"面板，选中该面板内的一种颜色色块，即可设置视频播放器的颜色。

（4）单击"下一步"→"完成"按钮，关闭"导入视频"对话框，在舞台工作区内形成的视频画面和播放器，如图 3-3-16 所示。在"库"面板内创建一个名称为"FLVPlayback"的组件元件，在时间轴上视频只占 1 帧。

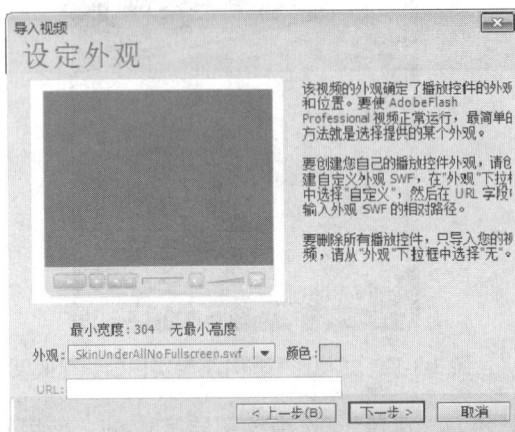

图 3-3-15　　"设定外观"对话框

图 3-3-16　　视频画面和播放器

2．视频属性的设置

（1）Flash CS 5.5 可以导入的视频格式：如果计算机系统中安装了 QuickTime 4 或以上版本，则在导入视频时，Flash 支持的视频文件格式有 FLV、F4V、MP4、MOV（QuickTime 数字电影）、3GPP（使用预移动设备）等。

（2）双击"库"面板中的视频元件图标 （此处是嵌入式视频），弹出"视频属性"对话框，如图 3-3-17 所示。利用该对话框，可以了解视频的一些属性并改变其属性。

单击"导入"按钮，弹出"打开"对话框，可以导入 FLV 格式的 Flash 视频文件。

单击"导出"按钮，弹出"导出 FLV"对话框，利用该对话框，可以将"库"面板中选中的视频导出为 FLV 格式的 Flash 视频文件。

思考练习 3-3

1．制作"视频播放器"动画，该动画播放后的一幅画面如图 3-3-18 所示。

2．制作"学习安装计算机"动画，在时间轴内导入整个"学习安装计算机.flv"视频的所有帧，并添加一些说明的文字。

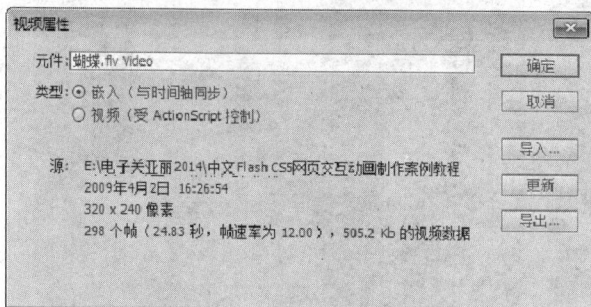

图 3-3-17　"视频属性"对话框

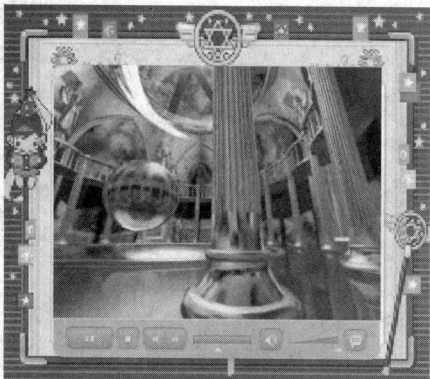

图 3-3-18　"视频播放器"动画画面

3.4　【动画 7】小小 MP3 播放器

3.4.1　动画效果

"小小 MP3 播放器"动画可以用于各种网站，用来控制播放音乐和声音。该动画运行后的画面如图 3-4-1 所示。可以看出，在框架内有一个风景动画，其上有 MP3 播放器的控制器，利用该控制器可以控制 MP3 音频的播放和暂停等，拖动滑块，可调整 MP3 音频播放的位置。

3.4.2　制作方法

（1）新建一个 Flash 文档，设置舞台工作区宽为 400 像素，高为 300 像素，以名称"小小 MP3 播放器.fla"保存在"【动画 7】小小 MP3 播放器"文件夹内。选中"图层 1"图层第 1 帧，导入"框架.jpg"图像，调整其大小和位置，使它刚好将整个舞台工作区完全覆盖。

（2）导入"风景.gif"动画到"库"面板内。在"图层 1"图层之上添加一个名称为"图层 2"的图层，选中该图层第 1 帧，将"库"面板内新增的影片剪辑元件拖动到框架内，调整其大小和位置，效果如图 3-4-2 所示。

（3）在"图层 2"图层之上添加一个名称为"图层 3"的图层，选中该图层第 1 帧，选择"文件"→"导入"→"导入视频"选项，弹出"导入视频"对话框。单击"浏览"按钮，弹出"打开"对话框，选择"MP31.flv"文件。

（4）单击"下一步"按钮，返回"导入视频"对话框，选中"使用播放组件加载外部视频"单选按钮，弹出"设定外观"对话框，在"外观"下拉列表中选择一种音频播放器的外观。最后，在舞台工作区生成一个播放器和一个黑色矩形。

（5）选中黑色矩形和播放器，在其"属性"面板内设置宽度和高度均为"1"。选中"图层 3"图层第 1 帧，同时也选中播放器，按光标移动键，将播放器移到框架内下边的中间。

图 3-4-1 "MP3 播放器"动画画面

图 3-4-2 背景图像和动画

3.4.3 知识链接

1. 导入音频

方法一：选择"文件"→"导入"→"导入到舞台"选项，或者选择"文件"→"导入"→"导入到库"选项，可以弹出"导入"对话框，在"导入"对话框内选择音频文件，单击"打开"按钮，可将选中的音频文件导入到"库"面板中。

对于上述方法，如果要播放导入的音乐，则需要选中时间轴中的一个关键帧。在其"属性"面板的"声音"下拉列表中即可选择该声音文件，时间轴会显示加载了声音的波纹。

方法二：选中时间轴中的一个关键帧。选择"文件"→"导入"→"导入视频"选项，弹出"导入视频"对话框。以后的操作与导入视频的方法基本一样。

但是，在单击"导入视频"对话框内的"浏览"按钮，弹出"打开"对话框后，需要先在该对话框的"文件类型"下拉列表中选择"所有文件"选项，再选择要导入的 FLV 等格式的音频文件。

2. 声音属性的设置

在 Flash 作品中，可以给图形、按钮动作和动画等配上背景声音。从音效考虑，可以导入 22kHz、16 位立体声的声音。从减少文件字节数和提高传输速度考虑，可导入 8kHz、8 位单声道的声音格式。可以导入的声音文件格式有 WAV、AIFF 和 MP3。

双击"库"面板中的声音元件图标 （此处是 MP3 声音），弹出"声音属性"对话框，如图 3-4-3 所示。利用该对话框，可以了解声音的一些属性、改变其属性并进行测试等。

（1）最上边的文本框给出了声音文件的名称，其下是声音文件的有关信息。

（2）"压缩"下拉列表：其中有 5 个选项，即"默认值"、"ADPCM（自适应音频脉冲编码）"、"MP3"、"原始"和"语音"。

"ADPCM"选项：选择此选项后，该对话框下面会增加一些选项，如图 3-4-4 所示。各选项的作用如下。

"预处理"复选框：选择此复选框后，表示以单声道输出，否则以双声道输出（当然，此时必须原来就是双声道的音乐）。

"采样率"下拉列表：用来选择声音的采样频率。它有 22kHz、44kHz 等几种选项。

"ADPCM 位"下拉列表：用于声音输出时的位数转换。它有 2、3、4、5 位。

"**MP3**"（MP3 音乐压缩格式）选项：选择此选项（取消选中"使用已导入的 MP3 音质"复选框）后，该对话框下面会增加一些选项，如图 3-4-5 所示。这些选项的作用如下。

"比特率"下拉列表：用来选择输出声音文件的数据采集率。其数值越大，声音的容量与质量也越高，但输出文件的字节数越大。

"品质"下拉列表：用来设置声音的质量。它的选项有"快速"、"中"和"最佳"。

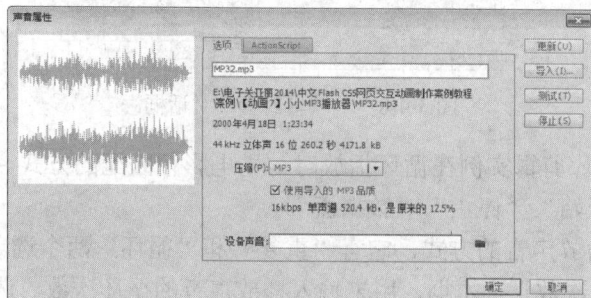

图 3-4-3　"声音属性"对话框

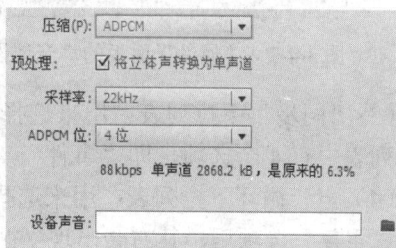

图 3-4-4　选"ADPCM"选项后新增选项

"**原始**"和"**语言**"选项：选择它们后，该对话框选项部分如图 3-4-6 所示。

图 3-4-5　选择"MP3"选项后新增选项

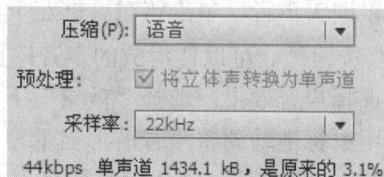

图 3-4-6　选择"原始"选项后新增选项

"声音属性"对话框中几个按钮的作用如下。

"导入"按钮：单击此按钮，可以弹出"导入声音"对话框，利用该对话框可更换声音文件。

"更新"按钮：单击此按钮，可以按设置更新声音文件的属性。

"测试"按钮：单击此按钮，可以按照新的属性设置，播放声音。

"停止"按钮：单击此按钮，可以使播放的声音停止播放。

3．声音的"属性"面板

把"库"面板内的声音元件拖动到舞台工作区后，时间轴的当前帧内会出现声音波形。单击带声音波形的帧单元格，其"属性"面板"声音"区域如图 3-4-7 所示，可对声音进行编辑。

（1）选择声音："声音"下拉列表内提供了"库"面板中的所有声音文件的名称，选择某一个名称后，其下就会显示该文件的采样频率、声道数、比特位数和播放时间等信息。

（2）选择声音效果："效果"下拉列表内提供了各种播放声音的效果选项，如无、左声道、右声道、从左到右淡出、从右到左淡出、淡入、淡出和自定义。选择"自定义"选项或者单击"编辑声音封套"按钮 ✎ 后，会弹出"编辑封套"对话框，如图 3-4-8 所示。利用该对话框可以自定义声音的效果。

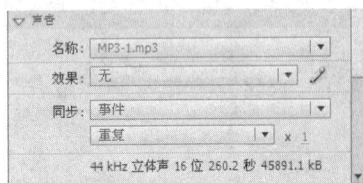

图 3-4-7　"属性"面板的声音属性　　　图 3-4-8　"编辑封套"对话框

（3）"同步"下拉列表：用来选择影片剪辑实例在循环播放时与主电影相匹配的方式。该下拉列表中有 4 个选项，即"事件"、"开始"、"停止"、"数据流"。

（4）声音循环下拉列表：用来选择播放声音的方式，它有"重复"和"循环"两个选项。选择"重复"选项后，其右会出现"循环次数"文本框，用来输入播放声音的循环次数。选择"循环"选项后，声音会不断循环播放。

4．编辑声音

单击声音"属性"面板中的"编辑"按钮，弹出"编辑封套"对话框，如图 3-4-8 所示。利用它可以编辑声音。单击该对话框左下角的"播放"按钮 ▶ ，可以播放编辑后的声音；单击"停止"按钮 ■ ，可以使播放的声音停止。编辑完成后，可单击"确定"按钮退出该对话框。

（1）选择声音效果：选择"效果"下拉列表内的选项，可以设置声音的播放效果。

（2）用鼠标拖动调整声音波形显示窗口左上角的方框控制柄，使声音大小合适。

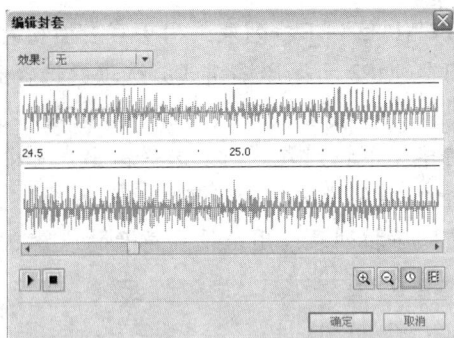

（3）4 个辅助按钮：在"编辑封套"对话框的右下角，它们的作用如下。

"放大"按钮 ⊕：单击此按钮，可使声音波形在水平方向放大。

"缩小"按钮 ⊖：单击此按钮，可使声音波形在水平方向缩小。

"时间"按钮 ⊙：单击此按钮，可以使声音波形显示窗口内水平轴为时间轴。

"帧数"按钮 ⊞：单击此按钮，可以使声音波形显示窗口内水平轴为帧数轴，从而观察到该声音共占了多少帧。知道该声音共占了多少帧后，可以调整时间轴中声音帧的个数。

（4）"编辑封套"对话框分上下两个声音波形编辑窗口，上边的是左声道声音波形，下边的是右声道声音波形。在声音波形编辑窗口内有一条左边带有方形控制柄的直线，它的作用是调整声音的音量。直线越靠上，声音的音量越大。在声音波形编辑窗口内单击，可以增加一个方形控制柄。用鼠标拖动各方形控制柄，可调整各部分声音段的声音。

（5）拖动上下声音波形之间刻度栏内两边的控制条，可截取声音片段。

5．声音同步方式

利用声音"属性"面板的"同步"下拉列表可以选择声音的同步方式。

（1）"事件"：选择此选项后，即设置了事件方式，可使声音与某一个事件同步。当动画播放到引入声音的帧时，开始播放声音，而且不受时间轴的限制，直到声音播放完毕。如果在"循环"文本框内输入了播放次数，则将按照给出的次数循环播放声音。

（2）"开始"：选择此选项后，即设置了开始方式。当动画播放到导入声音的帧时，声音开始播放。如果声音播放中再次遇到导入的同一声音的帧时，将继续播放该声音，而不播放再次导入的声音。而选择"事件"选项时，可以同时播放两个声音。

（3）"停止"：选择此选项后，即设置了停止方式，用于停止声音的播放。

（4）"数据流"：选择此选项后，设置了流方式。在此方式下，将强制声音与动画同步，动画开始播放时声音也随之播放，动画停止时声音也随之停止。在声音与动画同时在网上播放时，如果选择了此选项，则强迫动画以声音的下载速度来播放（声音下载速率慢于动画的下载速率时），或强迫动画减少一些帧来匹配声音的速度（声音下载速率快于动画的下载速率时）。

选择"事件"或"开始"选项后，播放的声音与截取声音无关，从声音的开始播放；选择"数据流"选项后，播放的声音与截取声音无关，只播放截取的声音。

 **思考练习 3-4**

1．修改【动画 6】动画，给该动画配背景音乐。

2．修改【动画 7】动画，更换 MP3 播放器中的控制器形状和功能。

3．制作"林中节日"动画，该动画播放后，会出现一幅林中夜晚图像，米老鼠、花仙子、贝蒂、跳舞老人、小鹿和彩灯树一起庆祝节日；同时，在屏幕右上角有一道光束打在电影幕布上，电影屏幕中播放着"动物世界"电影。该动画播放后的两幅画面如图 3-4-9 所示。

图 3-4-9 "林中节日"动画播放后的两幅画面

第4章

基本绘制图形和 Logo 及
Banner 设计

　　Flash 图形可以看做是由线和填充组成的，可以分别给线和填充着单色、渐变色和位图，方法相同。线可以转换为填充。工具箱中线条、铅笔、钢笔和墨水瓶等工具只用于绘制和编辑线，刷子、颜料桶和填充变形等工具只用于绘制和编辑填充，椭圆、矩形、多角星形、橡皮擦、滴管、任意变形和套索等工具可以绘制和编辑线、填充。

　　本章介绍了"颜色"和"样本"面板的使用方法，设置填充和笔触的方法，使用渐变变形、颜料桶、刷子、墨水瓶等工具的方法，绘制和编辑线与几何图形的方法，绘图模式、两类对象的特点，绘制图元图形和合并对象的方法等。

4.1　【动画 8】大红灯笼

4.1.1　动画效果

　　"大红灯笼"动画是【动画 9】"喜庆春节"动画中的一部分，它主要由两个"大红灯笼"影片剪辑元件的实例组成。"大红灯笼"动画播放后的两幅画面如图 4-1-1 所示。可以看到，画面是下黄上灰的线性渐变色，中间有两个大红灯笼，其内的蜡烛火苗时高时低，灯穗来回摆动。

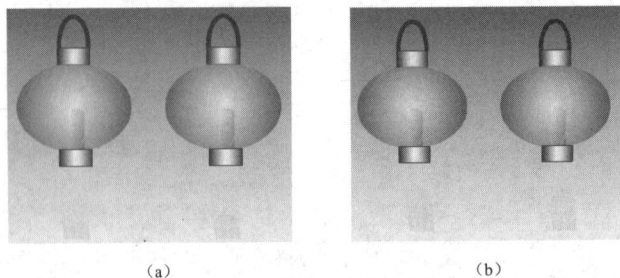

(a)　　　　　　　　　　　　(b)

图 4-1-1　"大红灯笼"动画的两幅画面

4.1.2 制作方法

1．绘制背景

（1）创建一个 Flash 文档，设置舞台工作区宽为 550 像素，高为 400 像素，背景为灰色。以名称"大红灯笼.fla"保存在"【动画 8】大红灯笼"文件夹内。

（2）将"图层 1"图层的名称改为"背景"，选中该图层第 1 帧。使用工具箱内的"矩形工具" ，单击"颜色"栏中的"笔触颜色"按钮 ，打开笔触颜色面板，单击其内的"没有颜色"按钮 ，表示不绘制轮廓线。

（3）单击"颜色"栏中的"填充颜色"按钮 ，打开填充颜色面板，单击其内左下角颜色块 ，设置线性渐变填充色。

（4）打开"颜色"面板，选中颜色编辑栏中左边的关键点滑块，在"R"、"G"、"B"数字框内分别输入"255"、"255"和"0"，设置该关键点颜色为黄色，如图 4-1-2 所示；Alpha 值不变，仍为 100%。再选中颜色编辑栏中右边的关键点滑块，在"R"、"G"、"B"数字框内均输入"51"，设置该关键点颜色为灰色，Alpha 仍为 100%。从而设置了黄色到灰色的线性渐变色，如图 4-1-2 所示。

（5）在舞台工作区内拖动绘制一个与舞台工作区一样大小的矩形图形，作为"大红灯笼"动画的背景图形。可以利用它的"属性"面板精确调整其大小和位置。

（6）使用工具箱内的"渐变变形工具" ，再单击图形，调整填充的控制柄，使矩形内的下边是黄色、上边是灰色，如图 4-1-3 所示。也可以使用工具箱中的"颜料桶工具" ，从矩形图形的下边向上垂直拖动鼠标，给矩形填充黄色到灰色的线性渐变色。

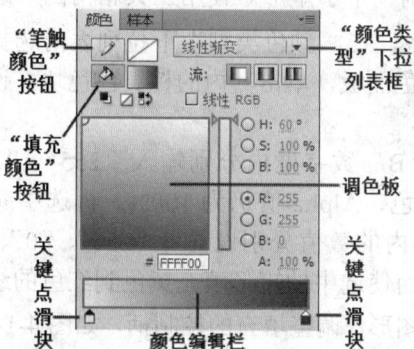

图 4-1-2 "颜色"面板

图 4-1-3 调整线性渐变填充

2．绘制"灯穗"影片剪辑元件

（1）选择"插入"→"新建元件"选项或单击"库"面板内的"新建元件"按钮 ，弹出"创建新元件"对话框。在"名称"文本框内输入元件的名称"灯穗"，在"类型"下拉列表内选择"影片剪辑"选项，单击"确定"按钮，进入"灯穗"影片剪辑元件的编辑窗口。该元件编辑窗口内有一个十字标记，表示元件的中心。

（2）使用工具箱内的"铅笔工具" ，单击"颜色"栏中的"笔触颜色"按钮 ，打开笔触颜色面板，单击其内的棕黄色色块，设置绘制线的颜色为棕黄色。在"属性"面板内"笔触"文本框中输入"1"，设置笔触大小为"1"。

（3）选中"图层 1"图层第 1 帧，在该元件编辑窗口内中心位置绘制一些线条，作为灯笼穗，如图 4-1-4（a）所示。按住 Ctrl 键，选中"图层 1"图层第 15、30、45、60 帧，按 F6 键，创建 4 个关键帧。

（4）选中图层第 15 帧，再选中其内的灯穗图形，使用工具箱内的"任意变形工具" ，单击"选项"栏内的"封套"按钮 ，选中的图形如图 4-1-4（b）所示。拖动调整图形四周的控制柄，改变它们的形状，如图 4-1-4（c）所示。按照这种方法，依次调整"图层 1"图层第 30、45、60 帧内灯穗图形的形状。

（5）按住 Shift 键，选中"图层 1"图层第 10 帧和第 60 帧，选中该图层所有帧，右击"图层 1"选中的帧，弹出帧快捷菜单，选择该快捷菜单内的"创建传统补间"选项，创建该图层各关键帧之间的补间动画，"灯穗"影片剪辑元件的时间轴如图 4-1-5 所示。

（6）单击元件编辑窗口中的 按钮或 按钮，回到主场景。

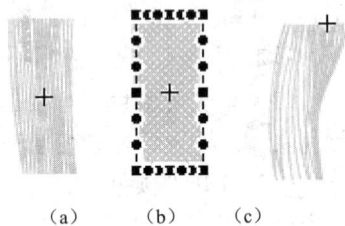

（a） （b） （c）

图 4-1-4 灯穗

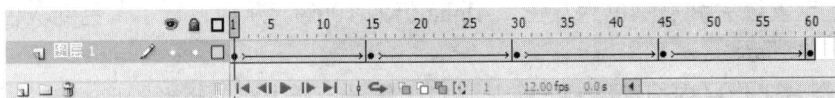

图 4-1-5 "灯穗"影片剪辑元件的时间轴

3．绘制"蜡烛和火苗"影片剪辑元件

（1）创建并进入"蜡烛和火苗"影片剪辑元件的编辑状态，将"图层 1"图层的名称改为"蜡烛"，选中该图层第 1 帧。

（2）使用工具箱内的"矩形工具" ，拖动绘制一个小矩形。使用工具箱内的"选择工具" ，拖动选中绘制好的矩形。打开"颜色"面板，在"颜色类型"下拉列表内选择"线性渐变"选项，单击"笔触颜色"按钮，打开笔触颜色面板，单击其内的棕黄色色块，设置轮廓线颜色为棕黄色，单击"填充颜色"按钮。

（3）单击左边的关键点滑块，在"R"、"G"、"B"数字框内分别输入"255"、"204"、"0"，如图 4-1-6（a）所示，设置该关键点颜色为黄色，Alpha 值仍为 100%。再选中颜色编辑栏中右边的关键点滑块，"R"、"G"、"B"数字框内的数值分别设置为"255"、"0"、"0"，设置该关键点颜色为红色，Alpha 值仍为 100%，从而使选中的矩形填充黄色到红色的线性渐变色，使用工具箱内的"渐变变形工具" ，再单击图形，调整填充的控制柄，如图 4-1-6（b）所示。

（4）使用"选择工具" ，将鼠标指针移到矩形下边的中间处，当鼠标指针右下方出现一个弯曲的小弧线时垂直向下拖动，使矩形下边成圆弧状，如图 4-1-6（c）所示。

（5）使用工具箱内的"椭圆工具" ，在"颜色"面板"颜色类型"下拉列表内选择"径向渐变"选项，设置颜色编辑栏内左边的关键点滑块颜色为红色，位置水平向右拖动一些；设置颜色编辑栏内左边的关键点滑块颜色为黄色，位置不变，如图 4-1-7（a）所示。拖动绘制一幅椭圆图形，移到图 4-1-6（c）所示图形的上边，和矩形重叠一部分，如图 4-1-7（b）所示。

（6）使用工具箱内的"矩形工具" ，设置无轮廓线，填充色为橙色，绘制一个小矩形，移到图 4-1-6（b）所示图形的上边，作为蜡烛芯线，如图 4-1-7（c）所示。

选中"蜡烛"图层第 60 帧，按 F5 键，使该图层第 1 帧～第 60 帧内容相同。

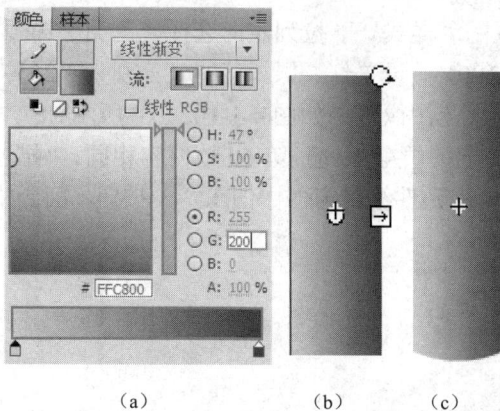

图 4-1-6 "颜色"面板和矩形

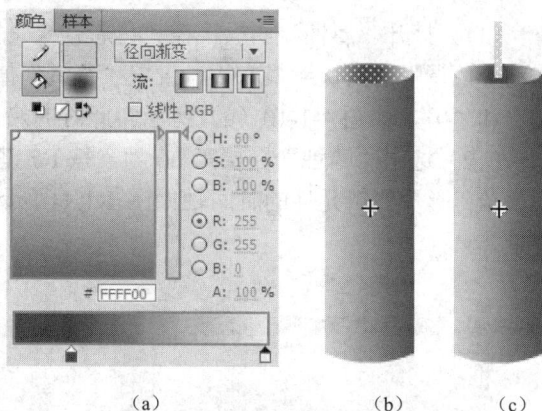

图 4-1-7 "颜色"面板和蜡烛图形

（7）创建并进入"火苗"图形元件的编辑状态，选中"图层 1"图层第 1 帧。使用工具箱内的"椭圆工具" ，在"颜色"面板"颜色类型"下拉列表内选择"径向渐变"选项，设置颜色编辑栏内左边的关键点滑块颜色为棕黄色，Alpha 值仍为 100%；设置颜色编辑栏内左边的关键点滑块颜色为黄色，Alpha 值设置为 0，如图 4-1-8（a）所示。拖动绘制一幅椭圆图形，移到图 4-1-8（b）所示位置，并回到主场景。

（8）双击"库"面板内的"蜡烛和火苗"影片剪辑元件，进入"蜡烛和火苗"影片剪辑元件的编辑状态，在"蜡烛"图层之上新增一个图层，命名为"火苗"，选中该图层的第 1 帧，将"库"面板内的"火苗"影片剪辑元件拖动到舞台工作区内图 4-1-7（c）所示的蜡烛芯线处，形成一个"火苗"影片剪辑实例。

（9）使用工具箱内的"任意变形工具" ，单击"选项"栏内的"缩放"按钮 ，调整"火苗"影片剪辑实例的大小。打开"属性"面板，在"色彩效果"栏内的"样式"下拉列表内选择"色调"选项，拖动"色调"的滑块到最右边，设置"色调"值为 100%；将红、绿、蓝的值分别设为"230"、"220"和"50"，如图 4-1-9（a）所示。此时的蜡烛和火苗图像效果如图 4-1-9（b）所示。

（10）使用工具箱内的"选择工具" ，右击"火苗"图层第 30 帧，弹出帧快捷菜单，选择该快捷菜单内的"创建传统补间"选项，使该帧具有传统补间属性。按住 Ctrl 键的同时选中"火苗"图层第 30 帧和第 60 帧，按 F6 键，创建两个关键帧，同时也创建了第 1 帧～第 30 帧，再到第 60 帧的传统补间动画。选中"火苗"图层第 30 帧内的火苗图形，使用工具箱内的"任意变形工具" ，调整火苗图形的大小。

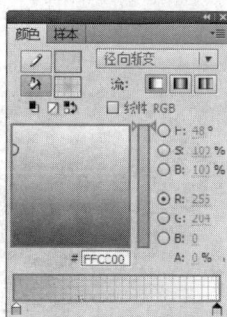

图 4-1-8 "颜色"面板和"火苗"元件图形

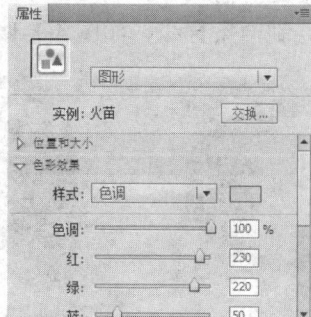

图 4-1-9 "属性"面板和第 1 帧火苗的图形

（11）打开"属性"面板，在"色彩效果"区域的"样式"下拉列表内选择"色调"选项，拖动"色调"的滑块到最右边，设置"色调"值为100%；设置红、绿、蓝的值分别为"255"、"0"和"0"，如图4-1-10（a）所示。此时的蜡烛和火苗图像效果如图4-1-10（b）所示。

（12）选中"蜡烛"图层第60帧，按F5键，使该图层第1帧～第60帧内容相同。"蜡烛和火苗"影片剪辑元件的时间轴如图4-1-11所示。单击元件编辑窗口中的 🔲 场景 1 按钮，回到主场景。

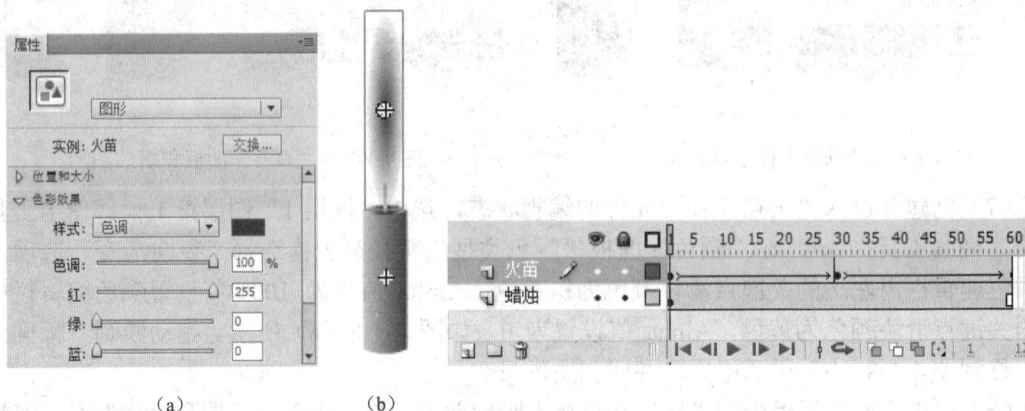

（a）　　　　　　　　　（b）

图4-1-10　"属性"面板和第30帧火苗图形　　图4-1-11　"蜡烛和火苗"影片剪辑元件的时间轴

4．制作"大红灯笼"影片剪辑元件

（1）创建并进入"大红灯笼"影片剪辑元件的编辑状态，将"图层1"图层的名称更改为"灯穗"，选中该图层第1帧，将"库"面板内的"灯穗"影片剪辑元件拖动到舞台工作区内的中下位置。

（2）在"灯穗"图层上新建两个图层，将这两个图层的名称分别更改为"蜡烛和火苗"和"灯笼"。选中"灯笼"图层第1帧，使用工具箱内的"椭圆工具" 〇 ，设置无轮廓线。在"颜色"面板内"颜色类型"下拉列表中选择"径向渐变"选项，设置渐变色为浅黄色到深红色，绘制一个椭圆形图形，如图4-1-12所示。

（3）使用工具箱内的"渐变变形工具" 🗅 ，单击刚刚绘制的椭圆图形，使椭圆图形显示控制柄。调整控制柄，使亮点在椭圆形的中间，如图4-1-13所示。

（4）使用工具箱内的"线条工具" ✎ ，在其"属性"面板内，设置线条颜色为浅绿色，在"笔触高度"文本框内输入"1"，在"样式"下拉列表内选择"实线"选项，在舞台工作区中椭圆图形的中间绘制一条直线，如图4-1-14所示。

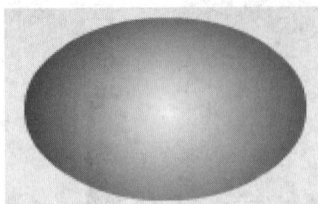

图4-1-12　椭圆形图形　　　　图4-1-13　调整控制柄　　　　图4-1-14　绘制一条直线

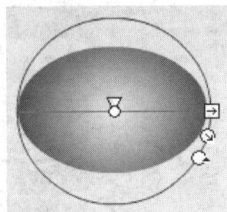

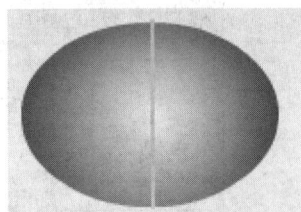

（5）使用工具箱内的"选择工具" ▸ ，将鼠标指针移到直线处，当鼠标指针右下角出现一

条小弧线时，向左拖动使线向左弯曲，如图 4-1-15 所示。使用工具箱内的"任意变形工具" ，选中弯曲后的线条，弹出控制柄。拖动线条的中心标记到椭圆中心处，如图 4-1-16 所示。

（6）选中弯曲后的线条，按 Ctrl+C 组合键，将选中的线条复制到剪贴板中。选择"编辑"→"粘贴到当前位置"选项，将线条粘贴到原来的位置上。选择"修改"→"变形"→"水平翻转"选项，将复制出的线条水平翻转，如图 4-1-17 所示。

按照上述方法完成灯笼线条的制作。完成后的效果如图 4-1-18 所示。

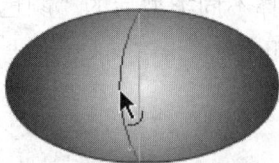

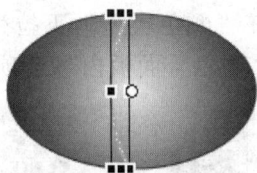

图 4-1-15 弯曲直线　　　图 4-1-16 移动线条的圆形中心标记　　　图 4-1-17 复制并水平翻转线条

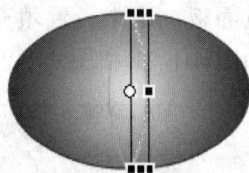

（7）使用工具箱内的"矩形工具" ，设置轮廓线为红色，"笔触高度"为 2 点，填充色为棕色到黄色再到浅黄色的线性渐变。在灯笼图形上边和下边分别绘制两个矩形，并使用工具箱内的"渐变变形工具" 调整好这两个矩形的填充色，如图 4-1-19 所示。

（8）绘制一个椭圆轮廓线图形，使用工具箱内的"选择工具" ，选中下半部分椭圆图形，按 Delete 键，删除椭圆图形的下半部分，剩余的图形成为灯笼的挂钩，如图 4-1-20 所示。

图 4-1-18 灯笼线条图形　　　图 4-1-19 绘制两个矩形　　　图 4-1-20 绘制灯笼挂钩

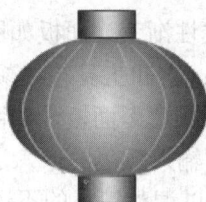

（9）选中"蜡烛和火苗"图层第 1 帧，将"库"面板内的"蜡烛和火苗"影片剪辑元件拖动到舞台工作区内的中间灯笼的中下处。选中"灯笼"图层第 1 帧内的灯笼椭圆图形，选择"修改"→"转换为元件"选项，弹出"转换为元件"对话框，在"名称"文本框内输入元件的名称"椭圆"，在"类型"下拉列表框中选择"影片剪辑"选项。单击"确定"按钮，关闭该对话框，将选中的椭圆图形转换为影片剪辑元件的实例。

（10）选中"椭圆"影片剪辑实例，在其"属性"面板内"色彩效果"区域的"样式"下拉列表内选择"Alpha"选项，在"Alpha"区域内拖动滑块使其值为 70%，使"椭圆"影片剪辑实例具有一定的透明度，目的是透视出其下的蜡烛和火苗，效果如图 4-1-1 所示。

（11）单击元件编辑窗口中的 场景 1 按钮，回到主场景。

（12）在"背景"图层上新增一个图层，将该图层的名称更改为"灯笼"，选中该图层的第 1 帧，将"库"面板内的"灯笼"影片剪辑元件拖动到舞台工作区内，形成一个"灯笼"影片剪辑实例，适当调整该实例的大小。复制一个"灯笼"影片，使其水平排成一排，如图 4-1-1 所示。

4.1.3　知识链接

1．"颜色"面板

选择"窗口"→"颜色"选项，打开"颜色"面板。利用该面板可以调整笔触和填充颜色，可以设置单色、线性渐变色、径向渐变色和位图。单击"笔触颜色"按钮，可以打开它的颜色面板，用来设置笔触颜色；单击"填充颜色"按钮，可以打开它的颜色面板，用来设置填充颜色。在"颜色类型"下拉列表内选择不同类型后的"颜色"面板如图 4-1-21 和图 4-1-22 所示。"颜色"面板内各选项的作用如下。

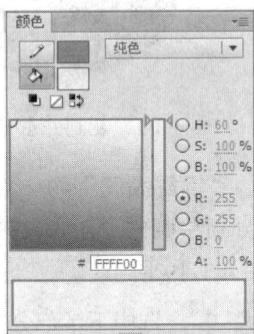

（a）"纯色"类型　　　　（b）"径向渐变"类型　　　　（c）"位图填充"类型

图 4-1-21　　"颜色"面板

（1）颜色栏按钮："颜色"（线性渐变）面板如图 4-1-22 所示。颜色栏各按钮的作用如下。

①　"填充颜色"按钮：它和工具箱"颜色"栏和"属性"面板中的"填充颜色"按钮的作用相同，此按钮可打开"颜色"面板，如图 1-3-6 和图 2-1-5 所示。单击颜色面板内的色块，或在其左上角的文本框中输入颜色的十六进制代码，都可以给填充设置颜色。还可以在 Alpha 数字框中输入 Alpha 值，以调整填充的不透明度。单击"颜色"面板中按钮，可以弹出 Windows 的"颜色"对话框，如图 4-1-23 所示。利用该对话框可以设置更多的颜色。

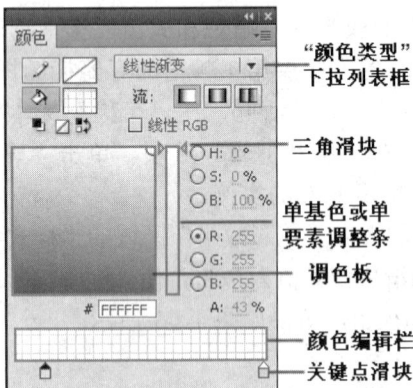

图 4-1-22　　"颜色"（线性渐变）面板

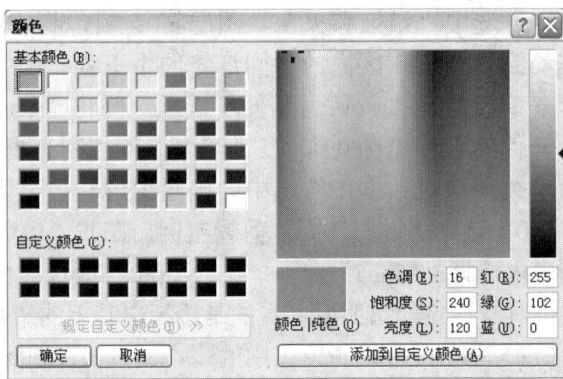

图 4-1-23　　"颜色"对话框

②　"笔触颜色"按钮：它和工具箱"颜色"栏和"属性"面板中的"笔触颜色"按钮的作用相同，此按钮可以打开笔触的颜色面板，利用它可以给笔触设置颜色。

③ 🔲 ☑ ➡️ 按钮组：从左到右分别为设置笔触颜色为黑色、填充颜色为白色、取消颜色、笔触颜色与填充颜色互换。

（2）"颜色类型"下拉列表：在该下拉列表中选择一个选项，即可改变填充样式。选择不同选项后，"颜色"面板会发生相应的变化，各选项的作用如下。

"无"： 没有填充色或轮廓线颜色，即没有填充或轮廓线。

"纯色"： 提供一种纯正的填充单色。

"线性渐变"： 产生沿线性轨迹变化的渐变色。

"径向渐变"： 从焦点沿环形的渐变色填充。

"位图填充"填充样式： 用位图平铺填充区域。

（3）6 个单选按钮和 6 个数字框：RGB 和 HSB 分别表示两种颜色模式，颜色模式决定了用于显示和打印图像的颜色模型，它决定了如何描述和重现图像的色彩。

RGB 模式是用红（R）、绿（G）、蓝（B）三基色来描述颜色的方式，是相加混色模式。R、G、B 三基色分别用 8 位二进制数来描述，R、G、B 的取值为 0～255，可以表示 256×256×256=16777216 种颜色。例如，R=255、G=0、B=0 时，表示红色；R=0、G=255、B=0 时，表示绿色；R=0、G=0、B=255 时，表示蓝色。

HSB 模式是利用颜色的三要素来表示颜色的。其中，H 表示色相，S 表示色饱和度，B 表示亮度。这种方式描述颜色比较自然，但实际使用中不太方便。

选中 6 个单选按钮中的一个后，拖动其左边调整条内的滑块，或改变"#"文本框内的十六进制数（颜色代码格式是#RRGGBB，RR、GG、BB 分别表示红、绿、蓝色成分的大小，取值为 00～FF 十六进制数），可以修改选中的单选按钮所对应的参数。R、G、B 和 H、S、B 文本框分别用来调整相应的数值，可在数据之上拖动或单击后输入数值。

（4）"流"（溢出）栏：其内有 3 个按钮，用来选择流模式，即控制超出线性或径向渐变限制的颜色。单击一个按钮，即可设置相应的模式。3 种模式简介如下。

扩展颜色 🔳：将所指定的颜色应用于渐变末端之外，它是默认模式。

反射颜色 🔳：渐变颜色以反射镜像效果来填充形状。指定的渐变色从渐变的开始到结束，再以相反的顺序从渐变的结束到开始，再从渐变的开始到结束，直到填充完毕。

重复 🔳：渐变的开始到结束重复变化，直到选定的形状填充完毕为止。

（5）"A"(Alpha)数字框：用来输入百分数，调整颜色（纯色和渐变色）的透明度。Alpha值为 0%时填充完全透明，Alpha 值为 100%时填充完全不透明。

（6）调色板：调色板也称颜色选择器，如图 4-1-22 所示。利用它可以给线和填充设置颜色。可以先在调色板中单击，粗略选择一种颜色，再选中一个单选按钮，拖动"单基色或单要素调整条"的三角形滑块，调整某个基色或某个要素的数值。

（7）"线性 RGB"复选框：选中它后，可创建与 SVG（可伸缩矢量图形）兼容的渐变。

（8）"颜色"面板菜单：单击该面板的按钮 ▤，弹出"颜色"面板菜单，其中"添加样本"选项的作用是将设置的渐变填充色添加到"样本"面板最下面一行的末尾。

（9）设置填充渐变色：对于"线性渐变"和"径向渐变"填充样式，用户可以设计颜色渐变的效果。以图 4-1-22 所示面板为例，介绍其设计的方法。

移动关键点滑块： 所谓关键点是在确定渐变时起始和终止颜色的点，以及颜色的转折点。拖动调整条下边的滑块 🏠，可以改变关键点的位置，改变颜色渐变的状况。

改变关键点的颜色：双击颜色编辑栏下关键点的滑块，打开"颜色"面板，选中某种颜色，即可改变关键点的颜色。还可以通过改变右边数字框的数据来调整颜色和不透明度。

增加关键点：单击调整条中要加入关键点处，可增加新的滑块，即增加一个关键点。可以增加多个关键点，但不可以超过 15 个。拖动关键点滑块，可以调整其的位置。

删除关键点：用鼠标向下拖动关键点滑块，即可删除被拖动的关键点滑块。

（10）设置填充图像：如果没有导入位图，则第一次选择"类型"下拉列表中的"位图填充"选项后，会弹出"导入到库"对话框，导入图像后，即可在"颜色"面板中加入可填充位图。单击该图像，可选中该图像为填充图像。

另外，选择"文件"→"导入"→"导入到库"选项或单击"颜色"面板中的"导入"按钮，弹出"导入"对话框，选择文件后单击"确定"按钮，也可在"库"面板和"颜色"面板内导入选中的位图，甚至可以给"库"面板和"颜色"面板导入多幅图像。

2．渐变变形工具

选中图形，使用工具箱内的"渐变变形工具" ；或者不选中图形，使用工具箱内的"渐变变形工具" ，再单击图形填充，即可在填充之上出现一些圆形、方形和三角形的控制柄，以及线条或矩形框。拖动这些控制柄，可以调整填充的状态。调整焦点，可以改变径向渐变的焦点；调整中心点，可以改变渐变的中心点；调整宽度，可以改变渐变的宽度；调整大小，可以改变渐变的大小；调整旋转，可以改变渐变的旋转角度。

使用工具箱内的"渐变变形工具" ，选择径向渐变填充，填充中会出现 4 个控制柄和 1 个中心标记，如图 4-1-24 所示。使用工具箱内的"渐变变形工具" ，再选择线性填充，填充中会出现 2 个控制柄和 1 个中心标记，如图 4-1-25 所示。使用工具箱内的"渐变变形工具" ，再选择位图填充，位图填充中会出现 6 个控制柄和 1 个中心标记，如图 4-1-26 所示。

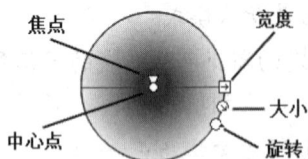

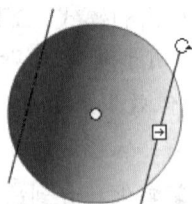

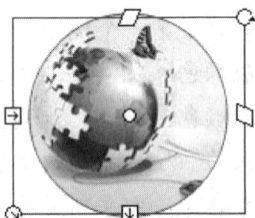

图 4-1-24　径向渐变填充调整　　　图 4-1-25　线性填充调整　　　图 4-1-26　位图填充调整

思考练习 4-1

1．绘制"7 彩球"图形，该图形内显示 7 个不同大小、不同颜色的彩色圆球。

2．绘制"7 正方形"图形，该图形内显示 7 个不同大小、不同颜色、相同中心的正方形。

3．绘制"透明彩球"图形，如图 4-1-27 所示。

4．制作"风景魔方"动画，该动画播放后的两幅画面如图 4-1-28 所示。可以看出在一个透明的风景魔方内，一个卡通女孩的眼睛和嘴巴一张一合。

（a）　　　　　　　　　　（b）

图 4-1-27　"透明彩球"图像　　　图 4-1-28　"风景魔方"影片播放后的 2 幅画面

4.2　【动画 9】喜庆春节

4.2.1　动画效果

"喜庆春节"动画可以用于各种网站，使之在春节期间增加节日气氛，尤其是放置在网站首页。该动画播放后的两幅画面如图 4-2-1 所示。可以看到，画面背景是两束来回摆动的红、绿探照灯光；中间有两个大红灯笼；大红灯笼左边和右边的春联缓缓从上向下展开；中间的横联"喜庆春节"缓缓从左向右水平展开；同时，在对联之间礼花盛开，一派喜庆春节的景象。

该动画内的动画元素很多，动画也较复杂，在制作该动画时，可将其中的各动画元素分别制作成一个个动画元件，再应用这些动画元件组合成一个复杂的动画，这样可以将复杂动画制作变为简单的动画制作。

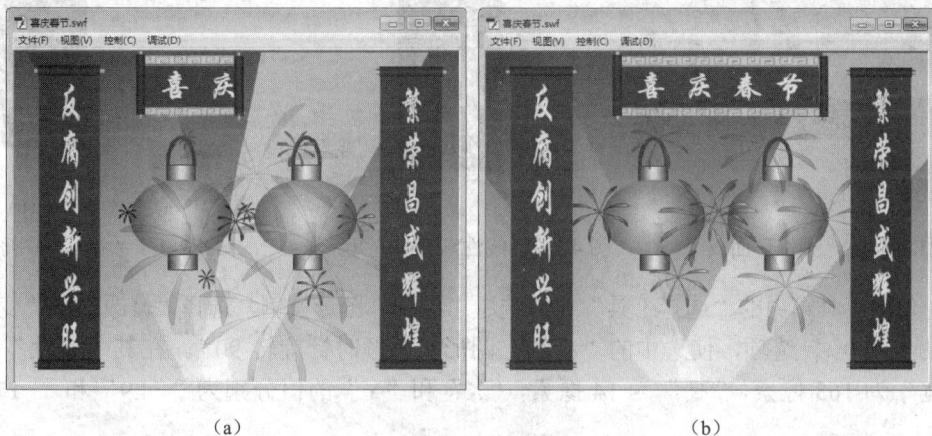

（a）　　　　　　　　　　（b）

图 4-2-1　"喜庆春节"动画的两幅画面

4.2.2　制作方法

1．制作对联和横幅

（1）打开"【动画 8】大红灯笼"文件夹内的"大红灯笼.fla"文件，再以"喜庆春节.fla"为名称保存在"【动画 9】喜庆春节"文件夹内。创建并进入"卷轴"图形元件的编辑状态，将"图层 1"图层的名称更改为"卷轴"，选中该图层第 1 帧。

083

（2）使用工具箱内的"矩形工具" ▢,拖动绘制一个只有填充的矩形。使用工具箱内的"选择工具" ,选中绘制好的矩形。打开"颜色"面板,在"颜色类型"下拉列表内选择"线性渐变"选项,单击"填充颜色"按钮。在颜色编辑栏内单击中间位置,添加一个关键点滑块,设置3个关键点滑块的颜色从左到右分别为深灰色（R=122、G=0、B=0）、红色（R=255、G=255、B=255）和深灰色（R=122、G=0、B=0）,如图4-2-2所示。绘制的线性渐变填充的矩形如图4-2-3所示。

（3）使用工具箱内的"矩形工具" ▢,拖动绘制一个只有填充的小矩形。利用"颜色"面板设置线性渐变颜色从左到右分别为黑色（R=63、G=67、B=52）、浅灰色（R=202、G=203、B=188）和黑色（R=64、G=64、B=47）。小矩形如图4-2-4（a）所示。

（4）复制一个小矩形,将它们分别移到红色矩形的上边和下边,形成"卷轴"图形,如图4-2-4（b）所示。单击元件编辑窗口中的 场景 1 按钮,回到主场景。

（5）创建并进入"左对联"影片剪辑元件的编辑状态,在"图层1"图层之上创建3个新图层,将这4个图层从下向上分别更名为"对联"、"遮罩"、"卷轴2"和"卷轴1"。选中"卷轴1"图层第1帧,将"库"面板内的"卷轴"图形元件拖动到舞台工作区内。

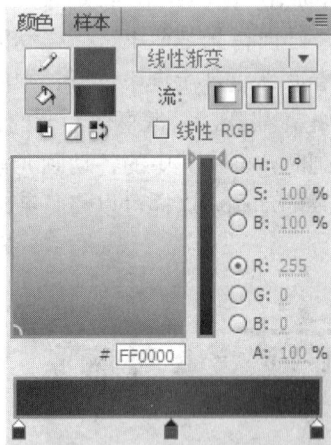

图 4-2-2　"颜色"面板　　　图 4-2-3　线性渐变填充矩形　　　图 4-2-4　"卷轴"图形元件

（6）使用工具箱内的"选择工具" ,选中"卷轴"图形实例,选择"修改"→"变形"→"顺时针旋转90°"选项,使选中的"卷轴"图形实例顺时针旋转90°。在其"属性"面板内设置"宽"为165像素,"高"为14像素,"X"和"Y"的值分别为"-4.9"和"-178.45"像素。

（7）右击"卷轴1"图层第1帧,弹出帧快捷菜单,选择该快捷菜单内的"复制帧"选项,将该帧复制到剪贴板内。右击"卷轴2"图层第1帧,弹出帧快捷菜单,选择该快捷菜单内的"粘贴帧"选项,将"卷轴1"图层第1帧粘贴到"卷轴2"图层第1帧,如图4-2-5。

（8）选中"对联"图层第1帧,在"卷轴"图形实例的下边绘制一个红色矩形,设置它的"宽"和"高"分别为144像素和400像素,在其中输入黄色文字,如图4-2-6所示。选中"对联"图层第60帧,按F5键。

（9）隐藏"卷轴1"和"卷轴2"图层。选中"遮罩"图层第1帧,在红色矩形的上边绘制一个黄色矩形,设置它的"宽"和"高"分别为144像素和8像素,如图4-2-7（a）所示。

（10）右击"遮罩"图层第 1 帧，弹出帧快捷菜单，选择该快捷菜单内的"创建传统补间"命令，选中"遮罩"图层第 60 帧，按 F6 键，创建为关键帧。调整该帧内黄色矩形的高度为 415 像素，如图 4-2-7（b）所示。

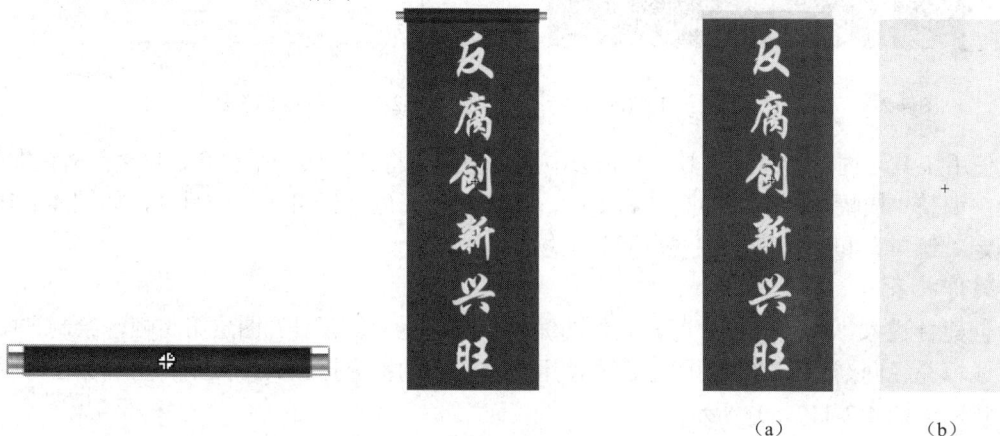

图 4-2-5　卷轴　　　图 4-2-6　"对联"图层内容　　　图 4-2-7　"遮罩"图层第 1 帧和 50 帧内容

（11）右击"遮罩"图层，弹出图层快捷菜单，选择该快捷菜单内的"遮罩层"选项，将"遮罩"图层设置为遮罩图层，"对联"图层为被遮罩图层。显示"卷轴 1"和"卷轴 2"图层。

（12）选中"卷轴 2"图层第 60 帧，按 F6 键，创建一个关键帧，垂直向下拖动"卷轴"图形实例到红色矩形的下边。

（13）选中"卷轴 2"图层第 60 帧，打开"动作"面板，在右边的程序编辑区内输入"stop();"代码，表示执行到第 60 帧时停止在该帧。

（14）单击元件编辑窗口中的 🎬 场景 1 按钮，回到主场景。

（15）右击"库"面板内的"左对联"影片剪辑元件，弹出元件快捷菜单，选择该快捷菜单内的"直接复制"选项，弹出"直接复制元件"对话框，在"名称"文本框内输入"右对联"，再单击"确定"按钮，在"库"面板内复制一份"左对联"影片剪辑元件，名称为"右对联"。

2．制作横幅

（1）右击"库"面板内的"左对联"影片剪辑元件，弹出元件快捷菜单，选择该快捷菜单内的"直接复制"选项，弹出"直接复制元件"对话框，在"名称"文本框内输入"横联"，单击"确定"按钮，在"库"面板内复制一份"左对联"影片剪辑元件，名称为"横联"。

（2）双击"库"面板内的"横联"影片剪辑元件，进入"横联"影片剪辑元件的编辑状态，使所有图层解锁。按住 Shift 键，选中"卷轴 1"和"对联"图层，选中所有图层。

（3）选择"修改"→"变形"→"逆时针旋转 90°"选项，使选中的所有帧内的图形逆时针旋转 90°。

（4）选中"对联"图层第 1 帧，舞台工作区内的画面如图 4-2-8 所示。

（5）选择"文件"→"导入"→"导入到库"选项，弹出"导入到库"对话框，选中"横幅图.jpg"图像文件，单击"打开"按钮，将选中的图像导入到"库"面板内。再将"库"面板内"横幅图.jpg"图像元件的名称更改为"横幅图"，将该元件拖动到舞台工作区内，如图 4-2-9 所示。

图 4-2-8 "对联"图层第 1 帧内容

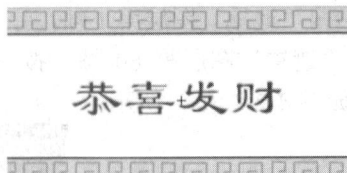

图 4-2-9 "横幅图"图像元件

（6）使用工具箱内的"选择工具" ，选中红色矩形，将它组成一个组合，移到"横幅图"图像之上，调整"横幅图"图像的高度和宽度，再将它和红色矩形组成一个组合，如图 4-2-10 所示。锁定"遮罩"和"对联"图层，回到主场景。

3．制作礼花

（1）创建并进入"礼花"影片剪辑元件的编辑状态，为"图层 1"图层第 1 帧，绘制一幅没有轮廓线填充径向渐变色的椭圆图形，再使用工具箱内的"选择工具" ，调整椭圆图形使其呈羽毛状，如图 4-2-11（a）所示。

图 4-2-11（a）所示图形的"颜色"面板设置如图 4-2-12 所示。选择了"径向渐变"类型，渐变颜色从黄色到红色。

（2）在"属性"面板内设置选中礼花图形的"宽"和"高"均为 16 像素。调整该图形的中心点到右下角，再利用"变形"面板旋转复制 5 个该图形，效果如图 4-2-11（b）所示。

图 4-2-10 修改后的"横幅图"

（a） （b）

图 4-2-11 礼花图形

（3）右击"图层 1"图层第 1 帧，弹出帧快捷菜单，选择该快捷菜单内的"创建传统补间"选项，选中"图层 1"图层第 30 帧，按 F6 键，创建该图层第 1 帧～第 30 帧的传统补间动画。

（4）选中该帧内的礼花图形，在其"属性"面板内，调整礼花图形的"宽"和"高"均为 246 像素。在"色彩效果"区域"样式"下拉列表中选择"Alpha"选项，在"Alpha"文本框内输入"0"，如图 4-2-13 所示。

图 4-2-12 "颜色"面板

图 4-2-13 "属性"面板

（5）在"图层 1"图层之上创建"图层 2"和"图层 3"图层。选中"图层 1"图层，选中该图层第 1 帧～第 30 帧，右击选中的帧，弹出帧快捷菜单，选择该快捷菜单内的"复制帧"选项，将选中的帧复制到剪贴板内。

（6）按住 Shift 键，选中"图层 2"图层第 11 帧和第 40 帧，选中"图层 2"图层第 11 帧～第 40 帧，右击选中的帧，弹出帧快捷菜单，选择该快捷菜单内的"粘贴帧"选项，将剪贴板内的动画帧粘贴到选中的帧范围。按照上述方法，继续将剪贴板内的动画帧粘贴到"图层 2"图层第 21 帧～第 50 帧。

此时，"礼花"影片剪辑元件的时间轴如图 4-2-14 所示，并回到主场景。

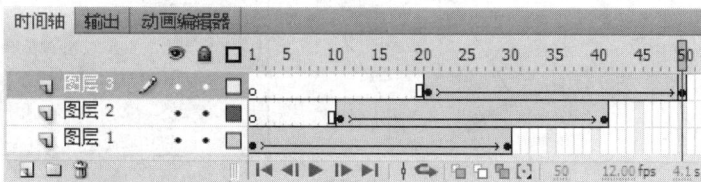

图 4-2-14　"礼花"影片剪辑元件时间轴

4．制作"探照灯"影片剪辑元件

（1）创建并进入"探照灯"影片剪辑元件的编辑状态，选中"图层 1"图层第 1 帧，使用工具箱内的"矩形工具" ，绘制一个没有轮廓线填充红色的矩形，如图 4-2-15（a）所示。再使用工具箱内的"选择工具" ，调整矩形图形使其两端呈弧形状，如图 4-2-15（b）所示。

（2）打开"颜色"面板，设置填充颜色为白色（红、绿、蓝均为"255"，"Alpha"为 60%）到红色（红为"0"、绿为"255"、蓝为"51"、"Alpha"为 90%）的线性渐变，如图 4-2-16 所示。

（3）使用工具箱内的"渐变变形工具" 选中该图形，调整线性渐变填充的方向，效果如图 4-2-15（c）所示。

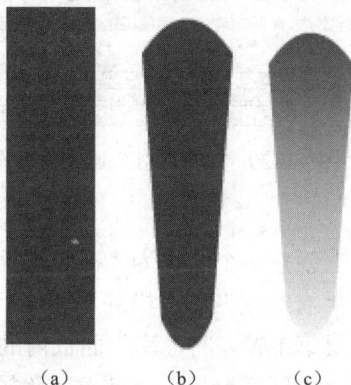

（a）　　　（b）　　　（c）

图 4-2-15　红色探照灯光图形　　图 4-2-16　"颜色"面板

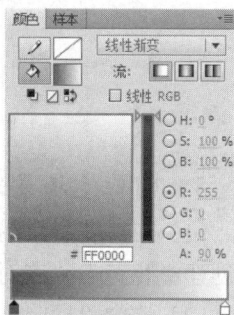

（4）在"图层 1"图层之上新增"图层 2"和"图层 3"图层，右击"图层 1"图层第 1 帧，弹出帧快捷菜单，选择该快捷菜单内的"复制帧"选项，再右击"图层 2"图层第 1 帧，弹出帧快捷菜单，选择该快捷菜单内的"粘贴帧"选项。将"图层 1"图层第 1 帧粘贴到"图层 2"图层第 1 帧中。将"图层 2"图层第 1 帧复制图形的填充颜色改为白色（红、绿、蓝均为"255"，"Alpha"为 60%）到绿色（红为"0"、绿为"2550"、蓝为"0"、"Alpha"为 90%）的线性渐变。

（5）使用工具箱内的"任意变形工具" ，选中"图层 1"图层第 1 帧内的红色探照灯光图形，拖动调整图形的中心点到图形的下端，将鼠标指针移到控制柄处，当鼠标指针呈圆形箭头时拖动图形旋转一定角度，如图 4-2-17 所示。

（6）选中"图层 2"图层第 1 帧内的绿色探照灯光图形，拖动调整图形的中心点到图形的下端，旋转图形调整一定角度，如图 4-2-18 所示。

（7）按住 Ctrl 键，选中"图层 1"和"图层 2"图层第 1 帧，右击选中的帧，弹出帧快捷菜单，选择该快捷菜单内的"创建传统补间"选项；选中"图层 1"和"图层 2"图层第 150帧，按 F6 键，创建这两个图层的传统补间动画。再选中"图层 1"和"图层 2"图层第 75 帧，按 F6 键，创建两个关键帧。

（8）使用工具箱内的"任意变形工具" ，选中"图层 1"图层第 75 帧，顺时针旋转图形约 50°；选中"图层 2"图层第 75 帧，逆时针旋转图形约 50°，效果如图 4-2-19 所示。

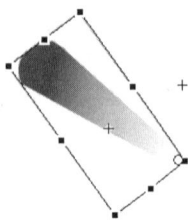

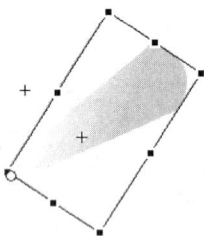

图 4-2-17　红色探照灯光图形　　图 4-2-18　绿色探照灯光图形　　　　图 4-2-19　第 75 帧画面

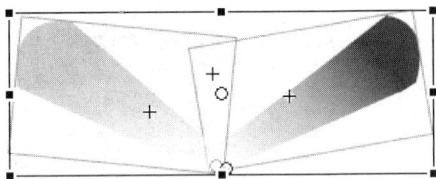

（9）选中"图层 3"图层第 1 帧，绘制一个黑色矩形，使它刚好和舞台工作区大小一样（宽550 像素、高 400 像素），位置合适。设置"图层 3"图层为遮罩层，"图层 2"图层为被遮罩层。向右上方拖动"图层 1"图层，使"图层 1"图层也成为被遮罩层。

"探照灯"影片剪辑元件时间轴如图 4-2-20 所示，并回到主场景。

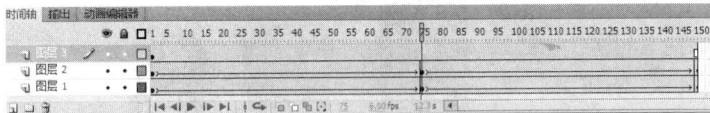

图 4-2-20　　"探照灯"影片剪辑元件时间轴

5．制作主场景动画

（1）在"背景"图层之上创建一个名称为"探照灯"的图层，在"灯笼"图层从下到上依次创建"礼花"、"左对联"、"右对联"和"横联"图层。

（2）选中"探照灯"图层第 1 帧，将"库"面板内的"探照灯"影片剪辑元件拖动到舞台工作区内，刚好将整个舞台工作区完全覆盖（注意，除了两束探照灯光外是完全透明的）。

（3）选中"礼花"图层第 105 帧，按 F7 键，创建一个空关键帧。选中"礼花"图层第 105帧，将"库"面板内的"礼花"影片剪辑元件拖动到右侧大红灯笼穗左边。

（4）选中"右对联"图层第 52 帧，按 F7 键，创建一个空关键帧。选中该图层第 52 帧，将"库"面板内的"右对联"影片剪辑元件拖动到舞台工作区内右上边。

（5）选中"横联"图层第 105 帧，按 F7 键，创建一个空关键帧。选中该图层第 105 帧，将"库"面板内的"横联"影片剪辑元件拖动到舞台工作区内左上边。

（6）按住 Shift 键，选中"横联"图层和"背景"图层第 150 帧，选中所有图层第 150 帧，按 F5 键，创建普通帧，效果如图 4-2-21 所示。

（7）选中"横联"图层第 150 帧，打开"动作"面板，在右边的程序编辑区内输入"stop();"，表示执行到第 150 帧时停止在该帧。

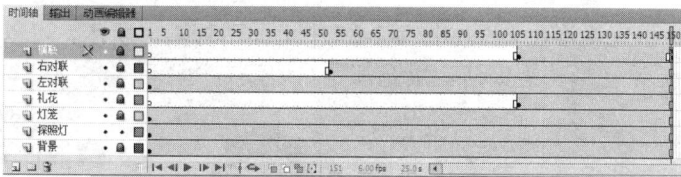

图 4-2-21　"喜庆春节"动画时间轴

4.2.3　知识链接

1．"样本"面板

"样本"面板如图 4-2-22 所示，利用它可以设置笔触和填充的颜色。单击"样本"面板右上角的箭头按钮 ，会弹出"样本"面板菜单。其中，部分选项的作用如下。

（1）"直接重制样本"：选中色块或颜色渐变效果图标（称为样本），再选择该选项，即可在"样本"面板内相应栏中复制样本。

（2）"删除样本"：选中样本，再选择该选项，即可删除选定的样本。

（3）"添加颜色"：选择该选项，即可弹出"导入颜色样本"对话框。利用它可以导入 Flash 的颜色样本文件（扩展名为.clr）、颜色表（扩展名为.act）、GIF 格式图像的颜色样本等，并追加到当前颜色样本的后面。

图 4-2-22　"样本"面板

（4）"替换颜色"：选择该选项，弹出"导入颜色样本"对话框，用来导入颜色样本，替代当前的颜色样本。

（5）"加载默认颜色"：选择该选项，即可加载默认的颜色样本。

（6）"保存颜色"：选择该选项，弹出"导出颜色样本"对话框。利用它可以将当前颜色面板以扩展名为".clr"或".act"存储为颜色样本文件。

（7）"保存为默认值"：选择该选项，弹出一个提示对话框，提示是否要将当前颜色样本保存为默认的颜色样本，单击"是"按钮即可将当前颜色样本保存为默认的颜色样本。

（8）"清除颜色"：选择该选项，可清除"颜色"面板中的所有颜色样本。

（9）"Web 216 色"：选择该选项，可导入 Web 216 颜色样本。

（10）"按颜色排序"：选择该选项，可将颜色样本中的色块按照色相顺序排列起来。

2．颜料桶工具

"颜料桶工具" 的作用是对填充属性进行修改。使用颜料桶工具的方法如下。

（1）设置填充的新属性，使用工具箱内的"颜料桶工具" ，此时鼠标指针呈 状。单击舞台工作区中的某填充，即可用新设置的填充属性修改被单击的填充。另外，对于线性渐变填充、径向渐变填充，可以在填充内拖动出一条直线来修改填充。

（2）单击"颜料桶工具"按钮 后，"选项"栏中会出现两个按钮，其作用如下。

① "空隙大小"按钮 ：单击它可弹出图标菜单，如图 4-2-23 所示，用来选择对不同大小空隙（即缺口）的图形进行填充。对有空隙图形的填充效果如图 4-2-24 所示。

② "锁定填充"按钮 ：该按钮弹起时，为非锁定填充模式；单击该按钮，即为锁定填充模式。在非锁定填充模式下，给图 4-2-25 中上面两行的矩形填充灰度线性渐变色，再使用"渐

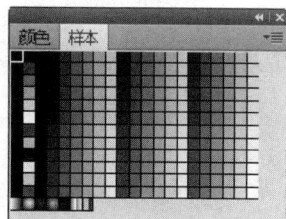

变变形工具"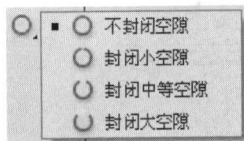，填充矩形，效果如图 4-2-25 中上面两行矩形所示，可以看到，各矩形的填充是相互独立的，无论矩形长短如何，填充都是左边浅右边深。

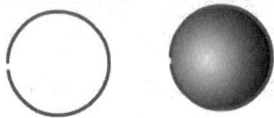

图 4-2-23　图标菜单　　　图 4-2-24　填充有缺口的区域　　　图 4-2-25　非锁定与锁定填充

在锁定填充模式下，给图 4-2-25 中下面两行的矩形填充灰度线性渐变色，再使用"渐变变形工具"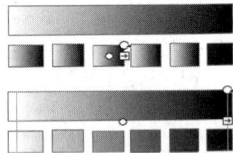填充矩形，效果如图 4-2-25 中下面两行矩形所示。可以看到，各矩形的填充是一个整体，就像背景已经涂上了渐变色，但是被覆盖物遮住，因而看不到背景色，这时填充就像剥去这层覆盖物，显示出了背景的颜色。

3．笔触设置

利用"线条工具"、"铅笔工具"或"钢笔工具"的"属性"面板可以设置笔触。单击"铅笔工具"按钮后，其"属性"面板如图 4-2-26 所示。"线条工具"和"钢笔工具"的"属性"面板与图 4-2-26 基本相同，只是没有"平滑"文本框。"属性"面板中选项的作用如下。

（1）"笔触颜色"按钮：单击该按钮可打开笔触颜色面板，用来设置颜色。利用"颜色"面板也可以设置笔触，如设置笔触颜色、透明度、线性渐变色、径向渐变色和位图，其方法与设置填充的方法相同。

（2）"笔触"数字框：可以直接输入线粗细的数值（数值为 0.1～200，单位为磅），还可以拖动滑块来改变线的粗细。改变数值后需按 Enter 键。

（3）"样式"下拉列表：用来选择笔触样式。

（4）"缩放"下拉列表：用来限制播放器 Flash Player 中笔触的缩放特点。

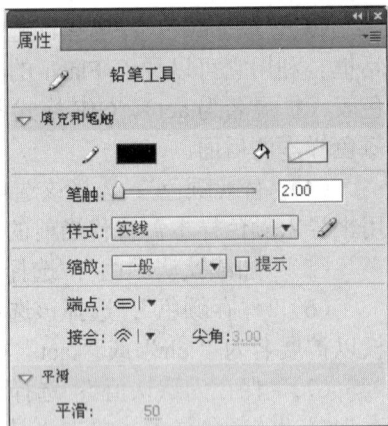

图 4-2-26　铅笔工具的"属性"面板

（5）"提示"复选框：选中该复选框后，启用笔触提示。笔触提示可在全像素下调整直线锚记点和曲线锚记点，防止出现模糊的垂直线或水平线。

（6）"端点"按钮：单击它可以弹出一个菜单，用来设置线段（路径）终点的样式。选择"无"选项时，对齐线段终点；选择"圆角"选项时，线段终点为圆形，添加一个超出线段端点半个笔触宽度的圆头端点；选择"方型"选项时，线段终点超出线段半个笔触宽度，添加一个超出线段半个笔触宽度的方头端点。

（7）"接合"按钮：单击它可以弹出一个菜单，用来设置两条线段的相接方式，选择"尖角"、"圆角"和"斜角"选项时的效果如图 4-2-27 所示。要更改开放或闭合线段中的转角，可以先选择与转角相连的两条线段，然后选择另一个接合选项。在选择"尖角"选项后，"属性"面板内的"尖角"数字框变为有效，用来输入一个尖角限制值，超过此值的线条部分将被切除，使两条线段的接合处不是尖角，这样可以避免尖角接合倾斜。

（8）"平滑"数字框：单击"铅笔工具"按钮后，工具箱内的"选项"栏中会出现"对象绘制" 和 "铅笔模式" 两个按钮，单击 "铅笔模式" 按钮，弹出其菜单，如图 4-2-28 所示。选择该菜单内的 "平滑" 选项，此时，铅笔工具的 "属性" 面板内的 "平滑" 数字框才有效，改变其内的数值，可以调整曲线的平滑程度。

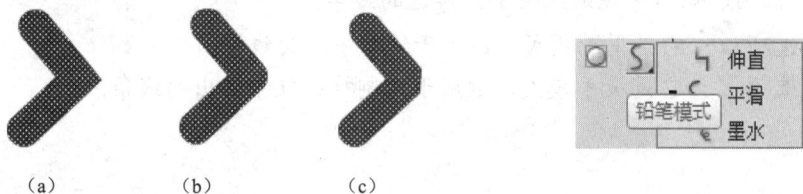

| (a) | (b) | (c) |

图 4-2-27　"尖角"、"圆角" 和 "斜角" 接合效果　　　　图 4-2-28　铅笔工具的 "选项" 栏

4．编辑笔触样式

单击 "编辑笔触样式" 按钮 ，可以弹出 "笔触样式" 对话框，如图 4-2-29 所示。利用该对话框可自定义笔触样式（线样式）。该对话框中各选项的作用如下。

（1）"类型" 下拉列表：用来选择线的类型。选择不同类型时，其下会显示不同的选项，利用它们可以修改线条的形状。例如，选择 "斑马线" 选项，其 "笔触样式" 对话框如图 4-2-30 所示。可以看出，它有许多可以设置的下拉列表，这里没有必要对它们的作用进行介绍，因为在进行设置时可以在其左边的显示框内形象地看到设置后线的形状。

（2）"4 倍缩放" 复选框：选中此复选框后，显示窗口内的线可放大 4 倍。但线实际上并没有放大。

（3）"粗细" 下拉列表：用来输入或选择线条的宽度，数的值为 0.1～200 磅。

（4）"锐化转角" 复选框：选中此复选框后，会使线条的转折明显。此复选框对绘制直线无效。

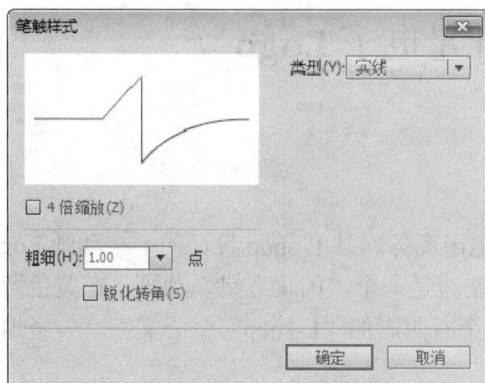

图 4-2-29　"笔触样式" 对话框（实线）　　　　图 4-2-30　"笔触样式" 对话框（斑马线）

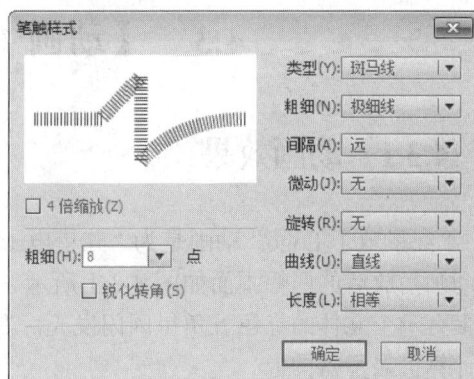

5．绘制线条

（1）使用线条工具绘制直线：单击 "线条工具" 按钮 ，利用它的 "属性" 面板设置线型和线颜色，再在舞台工作区内拖动绘制各种长度和角度的直线。按住 Shift 键，在舞台工作区内拖动鼠标，可以绘制出水平、垂直和 45° 的直线。

（2）使用铅笔工具绘制线条图形：使用 "铅笔工具" 绘制图形，就像真的在用一支铅笔画图一样，可以绘制任意形状的曲线矢量图形。绘制完一条线后，Flash 可以自动对线进行变直或平滑处理等。按住 Shift 键的同时拖动，可以绘制出水平和垂直的直线。

在"铅笔工具"  选项栏"铅笔模式"  中的选项作用如下。

"直线化"选项 ：它是规则模式，适用于绘制规则线条，并且绘制的线条会分段转换成与直线、圆、椭圆、矩形等规则线条中最接近的线条。

"平滑"选项 ：它是平滑模式，适用于绘制平滑曲线。

"墨水"选项 ：它是徒手模式，适用于绘制接近徒手画出的线条。

思考练习 4-2

1．制作"椭圆轨道"图形，如图 4-2-31 所示。

2．制作"交叉光环"图形，两个填充七彩色的椭圆图形相互交叉，如图 4-2-32 所示。

3．制作"七彩蝴蝶"图形，如图 4-2-33 所示。

　　　　　　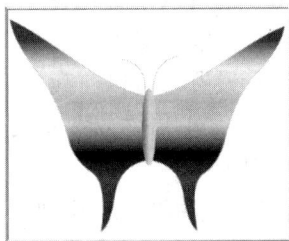

图 4-2-31　"椭圆轨道"图形　　图 4-2-32　"交叉光环"图形　　图 4-2-33　"七彩蝴蝶"图形

4.3　【动画 10】红星电子 Logo

4.3.1　动画效果

"红星电子 Logo"动画是为"红星电子商店"电子商务网站 E-shop 设计的一个动画 Logo。该动画播放后的两幅画面如图 4-3-1 所示。其中，左边是一个"闪耀红星"动画，在黄色背景之上有一个立体的红色五角星闪闪发光，右边是一个有阴影的"E-shop"空心文字，一个地球和计算机显示器图像。

（a）　　　　　　　　　　　　　　（b）

图 4-3-1　"红星电子 Logo"动画播放后的两幅画面

4.3.2　制作方法

1．制作 Logo 图像

（1）新建一个 Flash 文档，设置文档的宽为 300 像素，高为 120 像素，背景色为黄色。以"红星电子 Logo.fla"为名保存在"【动画 10】红星电子 Logo"文件夹内。创建并进入"五角星"图形元件的编辑状态，选中"图层 1"图层第 1 帧。

（2）使用工具箱内的"矩形工具" ，设置笔触颜色为黑色，填充色为白色。打开其"属性"面板，在"笔触"文本框内输入"2"，设置笔触颜色为黑色，填充颜色为白色；在"矩形选项"区域内，保证"约束"图标为 ，否则单击"约束"图标 ，使"约束"图标变为 。在"矩形边角半径"文本框中输入"5"，如图 4-3-2 所示。

（3）在舞台工作区中绘制一个宽 100 像素、高 70 像素的圆角矩形，如图 4-3-3 所示。使用使用工具箱内的"任意变形工具" ，先选中圆角矩形，再在其选项栏中单击"扭曲"按钮 ，调整该圆角矩形的扭曲方向，如图 4-3-4（a）所示。

（4）使用工具箱内的"选择工具" ，单击圆角矩形的内部填充，按 Delete 键，删除白色填充。拖动出一个矩形，选中圆角矩形的边框，如图 4-3-4（b）所示。

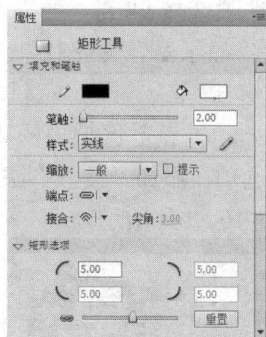

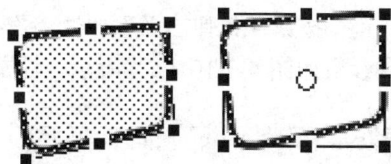

（a）　　（b）

图 4-3-2　矩形工具"属性"面板　图 4-3-3　绘制圆角矩形　　　　图 4-3-4　绘制显示屏

（5）选择"窗口"→"变形"选项，打开"变形"面板，在"水平变形" 文本框或"垂直变形" 文本框中输入 125%，如图 4-3-5（a）所示。在"变形"面板中，单击右下角的"复制并应用变形"按钮 ，复制一个和原边框成比例的新边框，如图 4-3-5（b）所示。

（6）打开"颜色"面板，设置线性渐变颜色为绿色（R=100、G=255、B=100）到深绿色（R=0、G=100、B=0）。设置完成后，圆角矩形中间的填充如图 4-3-6（a）所示。

（7）使用工具箱内的"渐变变形工具" ，再单击填充图形，调整填充的控制柄，单击旋转控点，向下旋转调整填充渐变色的方向，如图 4-3-6（b）所示。

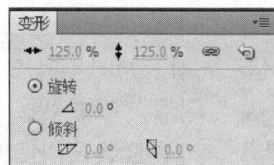

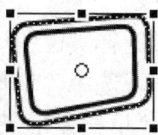

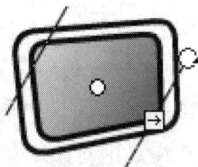

（a）　　　　　　　（b）　　　　　　　（a）　　　　　　　（b）

图 4-3-5　"变形"面板和复制的图形　　　　图 4-3-6　显示屏图形

（8）打开"颜色"面板，设置浅灰色（R=204、G=204、B=204）到白色（R=255、G=255、B=255）的线性渐变色，使用工具箱内的"颜料桶工具" ，在两个圆角矩形边框处单击，填充渐变色，如图4-3-7（a）所示。

（9）使用工具箱内的"选择工具" ，选中整个显示屏图像，单击"笔触颜色"按钮 ，调整笔触颜色面板内的灰色色块，设置笔触颜色为灰色，效果如图4-3-7（b）所示。

（10）使用工具箱内的"铅笔工具" ，单击其选项栏中的"铅笔模式"按钮，打开铅笔模式面板，单击其内的"平滑"按钮 ，在舞台内"显示屏"图形的下方绘制"底座"图形，如图4-3-8（a）所示。给"底座"图形轮廓线内填充浅灰色，如图4-3-8（b）所示。

（a）　　　　　　　　　　（b）　　　　　　　　　（a）　　　　　　　　　（b）

图4-3-7　填充显示屏边框和边框颜色调整　　　　图4-3-8　绘制显示屏底座并填充颜色

（11）拖动选中"显示屏"图形，选择"修改"→"转换为元件"选项或按F8键，弹出"转换为元件"对话框，如图4-3-9（a）所示，单击"确定"按钮，将该"显示器"图形对象转换为影片剪辑元件的实例，如图4-3-9（b）所示。

（12）选中显示器影片剪辑元件的实例，在"属性"面板中，单击"滤镜"区域内的"添加滤镜"按钮 ，弹出"添加滤镜"菜单，选择该菜单内的"投影"选项，添加"投影"滤镜，设置参数如图4-3-10（a）所示。添加"投影"滤镜后的效果如图4-3-10（b）所示。

  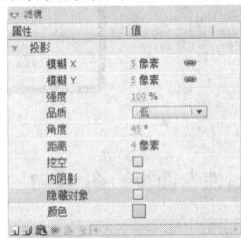 

（a）　　　　　　　　　　　（b）　　　　　　　　（a）　　　　　　　　　（b）

图4-3-9　将显示器转换为影片剪辑元件　　　　图4-3-10　给显示器实例添加投影滤镜效果

（13）使用工具箱内的"椭圆工具" ，拖动绘制一幅圆形图形。选中该圆形图形，按F8键，弹出"转换为元件"对话框，在其"名称"文本框内输入"地球"，单击"确定"按钮，将选中的圆形图形转换为影片剪辑元件的实例，如图4-3-11（a）所示。双击"地球"影片剪辑实例，进入"地球"影片剪辑元件的编辑状态，使用工具箱内的"选择工具" ，选中椭圆的内部填充，如图4-3-11（b）所示。

（14）打开"颜色"面板，在"类型"下拉列表中选择"位图填充"选项，如图4-3-12（a）所示。单击"导入"按钮，弹出"导入到库"对话框，选中"地球.jpg"图像，单击"打开"按钮，导入"地球.jpg"图像，然后使用工具箱内的"填充变形工具" ，调整填充图像的大小和位置，效果如图4-3-12（b）所示。在舞台工作区空白位置处双击，退出影片剪辑元件的编辑状态。

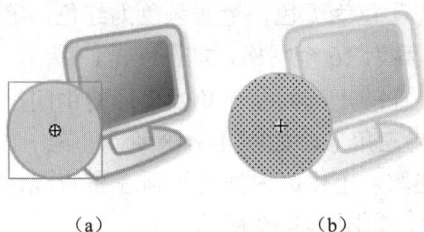

（a）	（b）

图 4-3-11　圆形元件

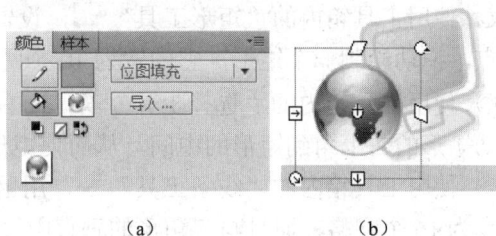

（a）	（b）

图 4-1-12　设置位图填充

（15）使用工具箱内的"选择工具" ，选中"地球"影片剪辑实例，在"属性"面板中，单击"滤镜"区域内的"添加滤镜"按钮 ，弹出添加滤镜菜单，选择该菜单内的"发光"选项，添加"发光"滤镜，设置如图 4-3-13（a）所示。再参照图 4-3-13（b）所示的设置添加"投影"滤镜，给"地球"影片剪辑实例添加"发光"和"投影"滤镜，效果如图 4-3-14 所示。

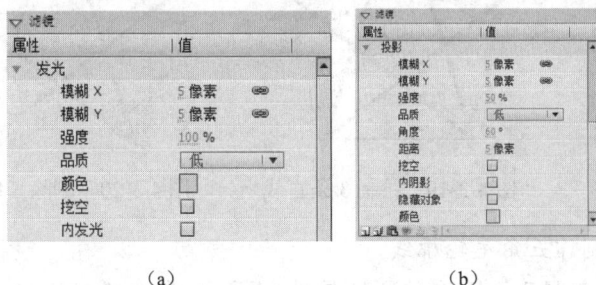

（a）	（b）

图 4-3-13　发光、投影滤镜参数设置

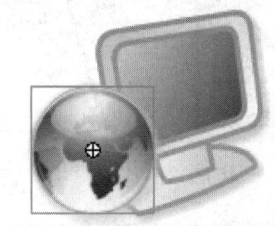

图 4-3-14　添加滤镜效果

2．设计 Logo 文字

（1）使用工具箱内的"文本工具" ，在其"属性"面板中设置文字颜色为红色，字体为 Lucida Calligraphy，字体大小为 27，在舞台工作区内输入文字"E-shop"，如图 4-3-15（a）所示。使用工具箱内的"任意变形工具" ，旋转文字方向，效果如图 4-3-15（b）所示。

（2）在"属性"面板中，单击"滤镜"区域内的"添加滤镜"按钮 ，弹出添加滤镜菜单，选择该菜单内的"发光"选项，添加"发光"滤镜，设置如图 4-3-16（a）所示。完成设置后的文字效果如图 4-3-16（b）所示。

（a）	（b）

图 4-3-15　Logo 文字设置

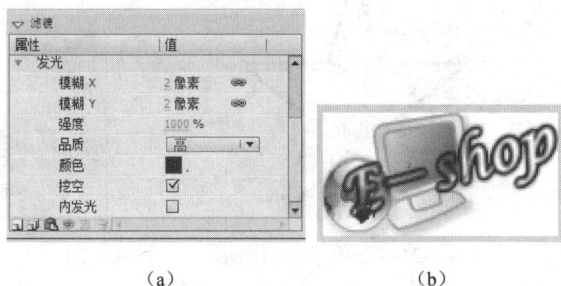

（a）	（b）

图 4-3-16　设置文字"发光"效果

3．制作"五角星"影片剪辑元件

（1）创建并进入"五角星"影片剪辑元件的编辑状态，选中"图层 1"图层第 1 帧，在该帧内舞台中心处绘制一条五角星轮廓线，再进行颜色填充。绘制五角星轮廓线有以下两种方法。

方法一： 通过绘制矩形和直线，再进行直线删除来制作五角星轮廓线。

◎ 使用工具箱内的"矩形工具" ，设置填充颜色为无色，笔触颜色为红色，笔触高度为 2 点，拖动绘制一个矩形，它的宽为 10 个网格，高为 16 个网格，如图 4-3-17 所示。

◎ 使用工具箱内的"选择工具" ，向右水平拖动矩形的左上角到矩形的中间；向左水平拖动矩形的右上角到矩形的中间，从而使矩形成为三角形，如图 4-3-18 所示。

◎ 使用工具箱内的"线条工具" ，用鼠标在舞台工作区内拖动绘制 3 条直线，水平线的长度为 16 个网格，而且与三角形的垂直中线对称，如图 4-3-19 所示。

◎ 使用工具箱内的"选择工具" 选中底线，按 Delete 键，删除底线，如图 4-3-20 所示。按照相同方法，删除五角星内部的所有线段，如图 4-3-21 所示。

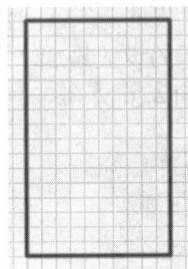

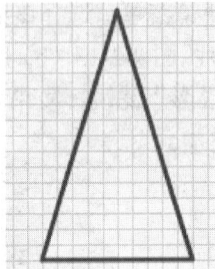

图 4-3-17　矩形　　　图 4-3-18　三角形　　　图 4-3-19　绘制 3 条直线　　　图 4-3-20　删除三角形底线

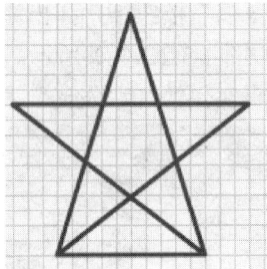

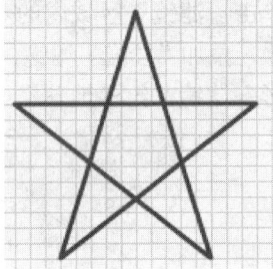

方法二：通过绘制多角星形来制作五角星轮廓线。

◎ 使用工具箱内的"多角星形工具" ，单击其"属性"面板内的"选项"按钮，弹出"工具设置"对话框，在该对话框的"样式"下拉列表中选择"星形"选项，表示绘制星形图形；在"边数"文本框内输入"5"，表示绘制五角星形；在"星形顶点大小"文本框中输入"0.5"，如图 4-3-22 所示，单击"确定"按钮。

◎ 设置填充颜色为无色，笔触颜色为红色，笔触宽度为 2 点。在舞台工作区内拖动绘制一条五角星轮廓线，此时没有五角星轮廓线内的 5 条直线。

（2）使用工具箱内的"线条工具" ，绘制 5 条线粗为 1 点的红色直线，如图 4-3-23 所示。

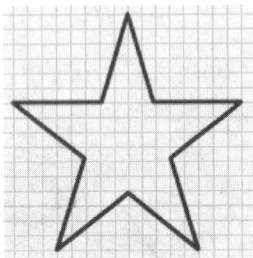

图 4-3-21　五角星轮廓图形　　　图 4-3-22　"工具设置"对话框　　　图 4-3-23　补画几条直线

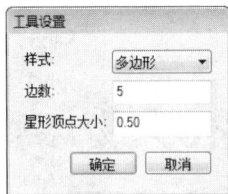

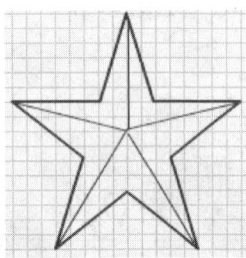

（3）打开"颜色"面板，设置填充色为红色到浅红色再到白色的线性渐变色。使用工具箱内的"颜料桶工具" ，单击五角星内部各个区域。注意，在"颜色"面板内设置填充色时，关键点滑块 的位置会影响填充的效果，五角星左上角区域内填充的渐变色应偏亮一些，以产生光照的效果。

（4）设置笔触颜色为深红色，笔触高度为 1 点，使用工具箱内的"墨水瓶工具" ，单击五角星内部左上侧的两条直线；再设置笔触颜色为浅红色，笔触高度为 1 点，使用工具箱内的"墨水瓶工具" ，单击五角星内部右下侧的三条直线。此时的五角星如图 4-3-24 所示。

（5）将图形放大，进行线条的细致修改，删除五角形轮廓线。将五角星组成组合，再复制 2 份，最终结果如图 4-3-25 所示，并回到主场景。

4．制作"闪光 1"图形元件

（1）创建并进入"闪光 1"图形元件的编辑状态。使用工具箱内的"矩形工具" 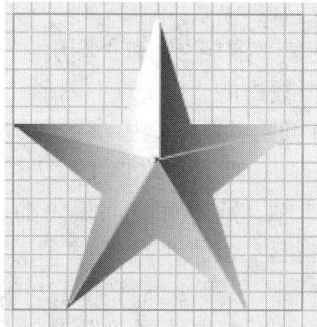，打开"颜色"面板，利用该面板设置填充色为红色到黄色的线性渐变色，设置无轮廓线，如图 4-3-26 所示。

图 4-3-24　填色后的五角星	图 4-3-25　删除轮廓线	图 4-3-26　"颜色"面板

（2）拖动绘制一个填充红色到黄色线性渐变色的矩形，如图 4-3-27 所示。使用工具箱内的"选择工具" 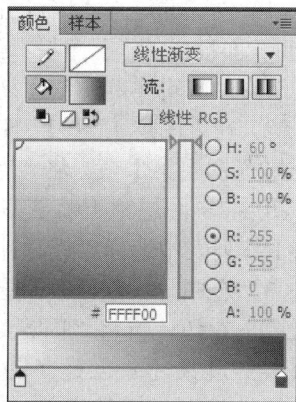，在不选中矩形的情况下，将鼠标指针移动到矩形的左上角，当鼠标指针右下方出现一个直角线时，垂直向下拖动，再将鼠标移动到矩形的左下角，垂直向上拖动，将矩形调整为三角形。将二角形组成组合，如图 4-3-28 所示。

（3）使用工具箱内的"任意变形工具" ，选中三角形，将三角形图形移到舞台工作区中心处右下方一些，将中心点标记拖动到舞台工作区的中心处，如图 4-3-29 所示。在"属性"面板内的"宽"文本框中输入"150"，在"高"文本框中输入"8"，在"X"和"Y"数字框中均输入"0"，如图 4-3-30 所示。

图 4-3-27　线性渐变色的矩形	图 4-3-28　三角形组合图形	图 4-3-29　中心点标记位置

（4）选中三角形图形，打开"变形"面板，按照图 4-3-31 设置，再连续单击 35 次"复制选区和变形"按钮 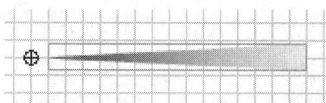，旋转并复制 35 个三角形。

（5）使用工具箱内的"选择工具" 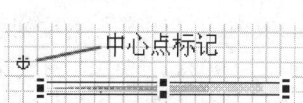，选中 36 个三角形，将它们组成组合，如图 4-3-32 所示。再将组合调整为宽 300 像素、高 300 像素，将中心点移到舞台工作区中心处，回到主场景。

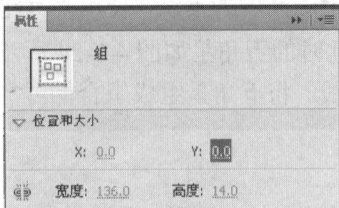
图 4-3-30　"属性"面板设置

图 4-3-31　"变形"面板

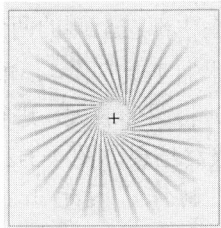
图 4-3-32　旋转并复制 35 个三角形

5．制作"闪烁五角星"影片剪辑元件

（1）创建并进入"闪烁五角星"影片剪辑元件的编辑状态。选中"图层 1"图层第 1 帧，将"库"面板内的"五角星"影片剪辑元件拖动到舞台正中间。在其"属性"面板内设置的"五角星"影片剪辑实例的宽和高都为 160 像素。

（2）在"图层 1"图层下方创建"图层 2"和"图层 3"图层。隐藏"图层 1"图层。选中"图层 2"图层第 1 帧，将"库"面板内的"闪光 1"图形元件拖动到舞台工作区的正中间。创建"图层 2"图层第 1 帧～第 120 帧的动画。选中该图层第 1 帧，在其"属性"面板内的"旋转"下拉列表中选择"逆时针"选项，在其文本框中输入"3"，如图 4-3-33（a）所示。

（3）选中"图层 3"图层第 1 帧，将"库"面板内的"闪光 1"图形元件拖动到舞台工作区内偏左边，再将"闪光 1"图形实例水平翻转。"图层 3"和"图层 2"图层第 1 帧画面如图 4-3-34 所示。创建"图层 3"图层第 1 帧～第 120 帧的动画。选中该图层第 1 帧，在其"属性"面板内的"旋转"下拉列表中选择"顺时针"选项，在其文本框中输入"3"，如图 4-3-33（b）所示。

（a）

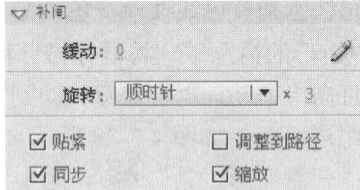
（b）

图 4-3-33　"属性"面板

图 4-3-34　第 1 帧画面

（4）将"图层 1"图层显示出来，选中"图层 1"图层第 1 帧内的五角星实例。在其"属性"面板内的"样式"下拉列表中选择"Alpha"选项，在其右侧的文本框中输入"90"，设置 Alpha 值为 90%。选中"图层 1"图层第 120 帧，按 F5 键。

（5）右击"图层 2"图层，弹出图层快捷菜单，选择该快捷菜单内的"遮罩层"选项，将"图层 2"图层设置为遮罩图层，"图层 3"图层设置为被遮罩图层。

至此，"闪烁五角星"影片剪辑元件制作完毕，其时间轴如图 4-3-35 所示。单击元件编辑窗口中的 ![场景 1] 按钮，回到主场景。

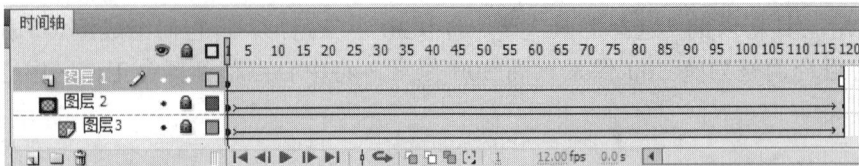
图 4-3-35　"闪烁五角星"影片剪辑元件

（6）在主场景内，使用工具箱内的"选择工具" ，拖动图 4-3-16 所示图像，将它移到舞台工作区的右边。将"库"面板内的"闪烁五角星"影片剪辑元件拖动到舞台工作区内的左边。利用其"属性"面板设置其宽和高均为 120 像素。

4.3.3　知识链接

1．Logo

Logo 表示标志、徽标，是互联网上各个网站的网络图形标识，是一个网站的网络形象的重要表现，也是用来与其他网站链接的标识。Logo 是网站形象的重要体现，是网站的一张"名片"。对于一个追求精美的网站而言，Logo 是其灵魂所在，即"点睛"之处。图 4-3-36 所示为一些知名网站的 Logo。

（a）　　　　　　　　（b）　　　　　　　　　（c）　　　　　　　　（d）

图 4-3-36　知名网站的 Logo 标志

Logo 是网站链接的重要标志，是与其他网站链接及使其他网站链接的标志和门户。Iternet 之所以称为"互联网"，在于各个网站之间可以相互链接，这种链接通常都是依靠 Logo 来提供的。Logo 图形化的形式，特别是动态的 Logo，比文字形式的链接更能吸引人的注意力，这点尤其重要。一个好的 Logo 往往会反映网站及制作者的某些信息，特别是对一个商业网站来说，用户可以从中基本了解这个网站的类型或者内容。在一个布满各种 Logo 的链接页面中，这一点会突出地表现出来。图 4-3-37 所示为某网站提供的文字链接与 Logo 链接。

图 4-3-37　文字链接与 Logo 链接

可以看出，一个漂亮醒目、具有特色的 Logo 更容易引人注意，并愿意进入该网站。一个好的 Logo 应符合国际标准，精美、独特，与网站的整体风格相融，能够体现网站的类型、内容和风格等。

2．Logo 的国际标准规范

为了便于 Internet 上信息的传播，关于网站的 Logo 的设计，有一整套统一的国际标准。目前常用的 Logo 有如下 3 种规格。

（1）88×31：这是互联网上最普遍的 Logo 规格，主要用于网页链接，或网站小型 Logo。

（2）120×60：一般网站自身的 Logo 都使用这种规格，主要用于制作本站 Logo。

（3）120×90：这种规格用于制作较大的 Logo，主要应用于产品演示或大型 Logo。

3．绘制矩形图形

使用工具箱内的"矩形工具" ，在其"属性"面板内进行设置，如图 4-3-38 所示。在舞台内拖动即可绘制一个矩形。按住 Shift 键的同时拖动，可以绘制正方形。

如果希望只绘制矩形轮廓线而不填充，则需设置无填充。如果希望只绘制填充而不要轮廓线，则需设置无轮廓线。绘制其他图形也如此。

（1）设置矩形边角半径的方法：在"属性"面板的"矩形选项"区域的 4 个"矩形边角半径"文本框中输入矩形边角半径的数值，调整矩形 4 个边角半径的大小。如果输入负值，则表示反半径。拖动滑块也可以改变 4 个边角半径的大小。矩形边角半径是正数时绘制的矩形

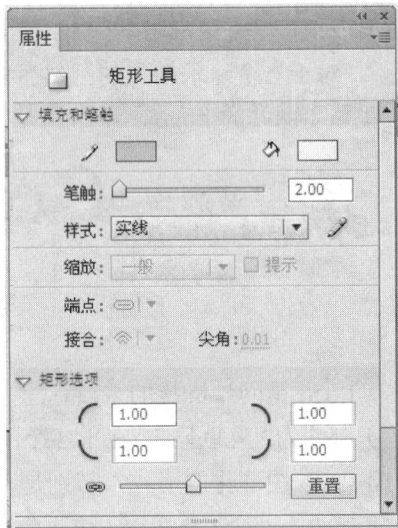

图 4-3-38　"属性"面板

如图 4-3-39（a）所示；是负数时绘制的矩形如图 4-3-39（b）所示。

如果"锁定"图标呈 状，则只有左上角的文本框有效，滑块有效，如图 4-3-38 所示。在其内输入数值，其他文本框也会随之变化，矩形各角的边角半径取相同的半径值。单击"锁定"图标 ，使该图标呈 状，则其他 3 个文本框变为有效，滑块变为无效，如图 4-3-40 所示。

调整 4 个数字框的数值，可分别调整每个角的角半径。单击"锁定"图标 ，使该图标呈 状，还原为原锁定状态。单击"重置"按钮，可以将 4 个"矩形边角半径"数字框内的数值重置为 0，而且只有第一个数字框有效，可以重置角半径。

（2）绘制矩形的其他方法：使用工具箱内的"矩形工具" ，在其"属性"面板内设置笔触高度、颜色和填充色等。按住 Alt 键，单击舞台，弹出"矩形设置"对话框，如图 4-3-41 所示。在该对话框内设置矩形的宽度和高度，设置矩形边角半径，确定是否选中"从中心绘制"复选框，单击"确定"按钮，即可绘制一个符合设置的矩形。如果选中了"从中心绘制"复选框，则以单击点为中心绘制矩形；如果未选中"从中心绘制"复选框，则以单击点为矩形图形左上角绘制一个符合设置的矩形。

通常在使用椭圆、矩形和多角星形工具绘图前应先设置笔触和填充的属性，再绘制图形。

(a)	(b)			
图 4-3-39 矩形图形		图 4-3-40 "矩形设置"区域		图 4-3-41 "矩形设置"对话框

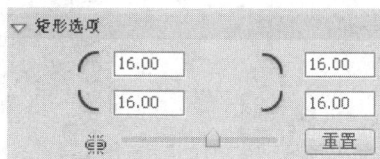

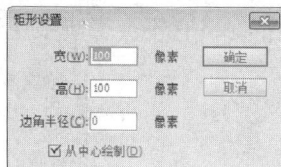

4．绘制椭圆图形

使用工具箱内的"椭圆工具"按钮 ，在"属性"面板内进行设置，如图 4-3-42 所示。在舞台内拖动，即可绘制一个矩形。按住 Shift 键的同时拖动，可以绘制正方形。

（1）"开始角度"和"结束角度"数字框：其内的数字用来指定椭圆开始点和结束点的角度。使用这两个参数可轻松地将椭圆的形状修改为扇形、半圆形及其他有创意的形状。

（2）"内径"数字框：其内的数字用来指定椭圆的内路径（即内侧椭圆轮廓线）。该数字框内允许输入的内径数值为 0～99，表示删除的椭圆填充的百分比。

"开始角度"设置为 90 时，绘制的图形如图 4-3-43（a）所示；"结束角度"设置为 90 时，绘制的图形如图 4-3-43（b）所示；"内径"设置为 50 时，绘制的图形如图 4-3-43（c）所示。

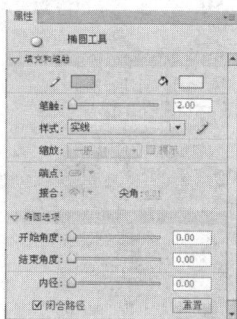

图 4-3-42 椭圆工具的"属性"面板　　图 4-3-43 几种椭圆图形

（3）"闭合路径"复选框：用来指定椭圆的路径（如果设置了内路径，则有多个路径）是否闭合。若选中该复选框（默认情况），则选择闭合路径，否则选择不闭合路径。

（4）"重置"按钮：单击后，将"属性"面板内的各个参数设为默认值。

另外，按住 Alt 键的同时单击舞台，弹出"椭圆设置"对话框，如图 4-3-44 所示，用来设置椭圆形的宽和高，确定是否选中"从中心绘制"复选框，单击"确定"按钮，即可绘制一个符合设置的椭圆形。如果选中"从中心绘制"复选框，则以单击点为中心绘制椭圆形；如果未选中"从中心绘制"复选框，则以单击点为椭圆形的外切矩形左上角绘制椭圆形。

5．绘制多边形和星形图形

使用工具箱内的"多角星形工具" ，单击"属性"面板内的"选项"按钮，可以弹出"工具设置"对话框，如图 4-3-45 所示。该对话框内各选项的作用如下。

（1）"样式"下拉列表：其中有"多边形"或"星形"选项，用来设置图形的样式。

（2）"边数"数字框：输入 3～32 的数字，该数是多边形或星形图形的边数。

（3）"星形顶点大小"数字框：其内输入 0～1 的数字，用来确定星形图形顶点的深度，此数字越接近 0，创建的顶点越深（像针一样）。该数字框的数据只在绘制星形图形时有效，绘制多边形时，它不会影响多边形的形状。

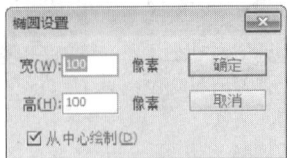

图 4-3-44　"椭圆设置"对话框　　　图 4-3-45　"工具设置"对话框

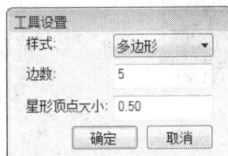

完成设置后，单击"确定"按钮，即可拖动绘制出一个多角星形或多边形图形。如果在拖动鼠标时，按住 Shift 键，则可画出正多角星形或正多边形。

思考练习 4-3

1．制作"梦幻世界"图像，如图 4-3-46 所示。从图中可以看到，在幻想的美丽环境中，有一个女孩和许多大小不一的幻影彩球。

2．参考【动画 10】中的方法设计一个网站的 Logo。

3．制作"珠宝和翡翠项链"图形，如图 4-3-47 所示。

4．制作"彩灯"动画，该动画播放后，一圈彩灯交替地在红、绿两种颜色之间变化。

图 4-3-46　"梦幻世界"图像　　　图 4-3-47　"珠宝和翡翠项链"图形

4.4　【动画 11】光影 Banner 广告

4.4.1　动画效果

"光影 Banner 广告"动画是为"红星电子商店"电子商务网站 E-shop 设计的一个 Banner 广告。该动画运行后的一幅画面如图 4-4-1 所示。

图 4-4-1　"光影 Banner 广告"动画画面

4.4.2 制作方法

1．制作背景和背景对象

（1）新建一个 Flash 文档，设置舞台工作区的宽和高分别为 800 像素和 120 像素，背景颜色为黑色。将"图层 1"图层的名称更改为"背景"，选中该图层第 1 帧，使用工具箱内的"矩形工具" ，设置笔触颜色为无色，绘制一个大小为 800 像素×120 像素的矩形。

（2）使用工具箱内的"选择工具" 选中矩形内的填充。打开"颜色"面板，设置填充为"径向渐变"，设置渐变为黄色（#CCFF00）到红色（#FF0000）再到黑色（#000000），"颜色"面板设置如图 4-4-2 所示。使用工具箱内的"填充变形工具"，拖动调整渐变填充，如图 4-4-3 所示。

（3）打开【动画 10】中制作的"红星电子 Logo.fla"文件，拖动选中"图层 1"第 1 帧内的"红星电子 Logo"图像，右击选中的对象，弹出其快捷菜单，选择该快捷菜单内的"复制"选项，将选中的对象复制到剪贴板内。

图 4-4-2 "颜色"面板

（4）切换到新建的文档，在"背景"图层之上创建一个新图层，将该图层的名称更改为"元素"，选中"元素"图层第 1 帧，选择"编辑"→"粘贴到当前位置"选项，粘贴到舞台工作区左侧，如图 4-4-4 所示（此时没有右边的两幅图像）。将当前文件以"光影 Banner 广告.fla"为名保存在"【动画 11】光影 Banner 广告"文件夹内。

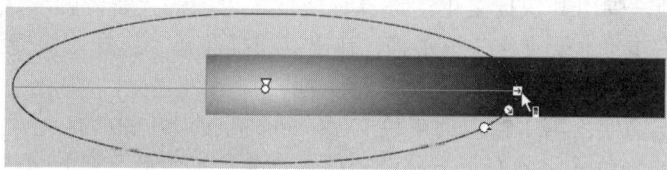

图 4-4-3 调整矩形图形内的径向渐变填充

（5）按 Ctrl+R 组合键，弹出"导入"对话框，将"素材"文件夹下的"计算机.jpg"和"打印机.jpg"图像文件导入到舞台工作区中。将两幅图像分离，使用工具箱内的"橡皮擦工具" 擦除背景白色，再将剩余的图像组成组合，使用工具箱内的"任意变形工具" 分别调整图像组合的大小和位置，拖动到舞台工作区的右侧，如图 4-4-4 所示。

图 4-4-4 "红星电子 Logo"动画和导入并加工后的两幅图像

（6）使用工具箱内的"文本工具" ，在其"属性"面板中设置文字颜色为白色，字体为黑体，大小为 24，在舞台工作区内输入"应有尽有 一切尽在"文字。在"属性"面板中，单击"滤镜"区域内的"添加滤镜"按钮，弹出添加滤镜菜单，选择该菜单内的"投影"选项，添加"投影"滤镜，设置参数如图 4-4-5（a）所示。添加"投影"滤镜后的文字效果如图 4-4-5（b）所示。将"图层 1"图层的名称更改为"背景"。

2．制作"电脑配件"影片剪辑实例

下面制作一个"电脑配件"影片剪辑元件，其特点是光线从左向右扫描过绿色的"电脑配件"立体文字，该文字具有橙色阴影。"电脑配件"影片剪辑实例效果如图 4-4-6 所示。制作"电脑配件"影片剪辑实例的方法如下。

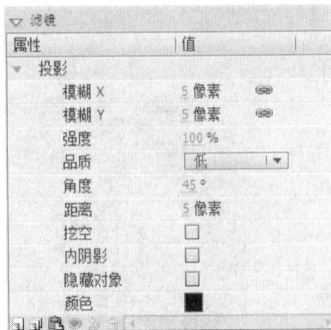

（a）

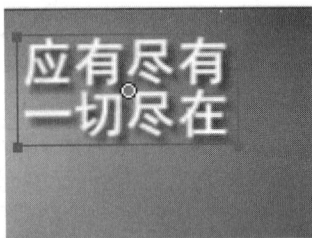

（b）

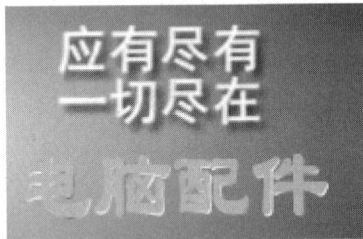

图 4-4-5　设置文字"投影"效果　　　　　　图 4-4-6　添加"电脑配件"影片剪辑实例

（1）创建并进入"电脑配件"影片剪辑元件的编辑状态，将"图层 1"图层的名称更改为"下层文字"，选中该图层第 1 帧。使用工具箱内的"文本工具" **T**，在其"属性"面板中设置文字颜色为褐色，字体为"华文隶书"黑体，大小为 96，在舞台工作区内输入"电脑配件"文字，如图 4-4-7 所示。

（2）在"下层文字"图层之上新建一个图层，将该图层的名称更改为"上层文字"。右击"下层文字"第 1 帧，弹出其快捷菜单，选择该快捷菜单内的"复制帧"选项，将选中的对象复制到剪贴板内。右击"上层文字"第 1 帧，弹出其快捷菜单，选择该快捷菜单内的"粘贴帧"选项，将剪贴板内的帧粘贴到"上层文字"第 1 帧。

（3）选中"上层文字"第 1 帧内的褐色文字，将文字的颜色改为绿色，按光标下移键和光标右移键，将选中的绿色文字向左上方移动一些，产生一些交错，如图 4-4-8 所示。

图 4-4-7　绘制文字　　　　　　　　　　图 4-4-8　绘制交错文字

（4）在"下层文字"图层下新建一个图层，将该图层的名称更改为"光线"。使用工具箱内的"矩形工具" ，设置笔触颜色为无色，绘制一个只有填充、大小为 70 像素×100 像素的矩形，选中该矩形。

（5）打开"颜色"面板，设置填充的颜色类型为"线性渐变"，设置调整条中最左边和最右边关键点处滑块的颜色为黑色（R=80、G=80、B=80），如图 4-4-9（a）所示，中间关键点的颜色为白色（R=255、G=255、B=255），拖动绘制一个矩形，

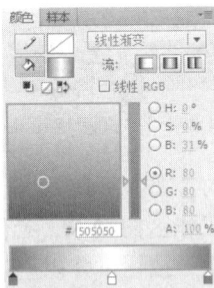
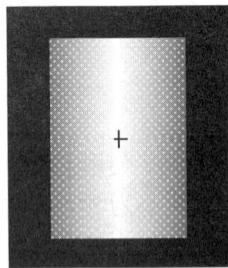

（a）　　　　　　（b）

图 4-4-9　"颜色"面板和绘制线性渐变色矩形

如图 4-4-9（b）所示。

（6）选中"光线"图层第 1 帧内的图形，将该图形拖动移到如图 4-4-10（a）所示的位置，按住 Alt 键，水平向右拖动矩形，共复制 8 份矩形。将这些矩形图形排成一行，顶部对齐，如图 4-4-10（b）所示。

（a）　　　　　　　　　　　　　　　　　（b）

图 4-4-10　"光线"图层第 1 帧内的图形位置

（7）创建"光线"图层第 1 帧～第 30 帧的传统补间动画。选中"光线"图层第 30 帧，将该帧内的图形水平移到如图 4-4-11 所示的位置。

图 4-4-11　"光线"图层第 30 帧内的图形位置

（8）右击"下层文字"图层，弹出图层快捷菜单，选择该快捷菜单内的"遮罩层"选项，将"下层文字"图层设置为遮罩层，"光线"图层成为被遮罩层。

"电脑配件"影片剪辑元件的时间轴如图 4-4-12 所示。

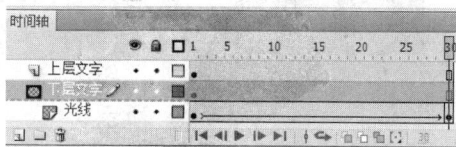

图 4-4-12　"电脑配件"影片剪辑元件的时间轴

3．制作动感特效"intel"文字

（1）创建并进入"圆点"图形元件的编辑状态，选中"图层 1"图层第 1 帧，绘制一个宽和高均为 20 像素的红色圆形，然后回到主场景。

（2）创建并进入"动感圆点"影片剪辑元件的编辑状态，选中"图层 1"图层第 1 帧，将"库"面板内的"圆点"图形元件拖动到舞台工作区的中间。

（3）创建"图层 1"图层第 1 帧～第 40 帧的传统补间动画，选中"图层 1"图层第 1 帧内的"圆点"图形实例，在其"属性"面板内，设置宽和高均为 5 像素，在"样式"下拉列表内选择"色调"选项，调整"圆点"图形实例的颜色为绿色。选中"图层 1"图层第 30 帧内的"圆点"图形实例，在其"属性"面板内，设置宽和高均为 20 像素，在"样式"下拉列表内选择"色调"选项，调整"圆点"图形实例的颜色为青色。

（4）创建"图层 1"图层第 40 帧～第 50 帧的传统补间动画，选中"图层 1"图层第 50 帧内的"圆点"图形实例，在其"属性"面板内，设置宽和高均为 5 像素，在"样式"下拉列表内选择"色调"选项，调整"圆点"图形实例的颜色为紫色。

（5）继续创建第 50 帧～第 80 帧、第 80 帧～第 95 帧、第 95 帧～第 140 帧的传统补间动画。将第 80 帧内"圆点"图形实例的宽和高均设置为 20 像素，颜色为红色。将第 95 帧内"圆点"图形实例的宽和高均设置为 5 像素，颜色为红色。将第 140 帧内"圆点"图形实例的宽和高均设置为 20 像素，颜色为绿色。回到主场景，"动感圆点"影片剪辑元件的时间轴如图 4-4-13 所示。

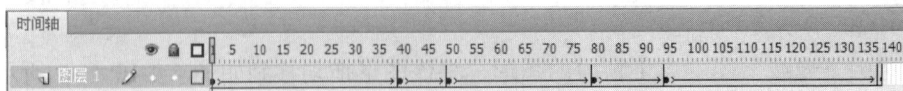

图 4-4-13 "动感圆点"影片剪辑元件的时间轴

（6）创建并进入"动感 Logo"影片剪辑元件的编辑状态，将"图层 1"图层的名称更改为"文字"，在其上面创建两个新图层，分别更名为"遮罩文字"和"动感圆点"。选中"遮罩文字"图层第 1 帧，输入"intel"文字，将文字分离，调整文字大小，填充绿色，如图 4-4-14 所示。

（7）将"遮罩文字"图层第 1 帧复制粘贴到"文字"图层第 1 帧中，将"文字"图层第 1 帧内文字填充的颜色改为黄色到红色的径向渐变填充色，如图 4-4-15 所示。

图 4-4-14 "遮罩文字"图层的文字

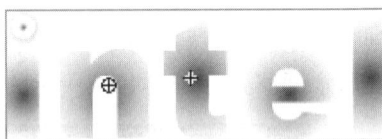

图 4-4-15 "文字"图层第 1 帧的文字

（8）选中"动感圆点"图层第 1 帧，将"库"面板内的"动感圆点"图形元件拖动到舞台工作区内，使其位于"intel"文字的左上角，呈现一个绿色小圆形实例，如图 4-4-16 所示。

（9）为了看清楚"动感圆点"图层内各关键帧中的画面，隐藏"遮罩文字"图层。选中"动感圆点"图层第 5 帧，按 F6 键，创建一个关键帧。多次将"库"面板内的"动感圆点"图形元件拖动到舞台工作区内，形成 4 行、4 列"动感圆点"图形实例，如图 4-4-17（a）所示。

图 4-4-16 绿色小圆形实例

按照上述方法，创建第 10、15、20、25、30、35、40、45、50、55、60 关键帧，在各帧内创建个数不同的"动感圆点"图形实例。第 5、10、25、60 帧内画面如图 4-4-17 所示。

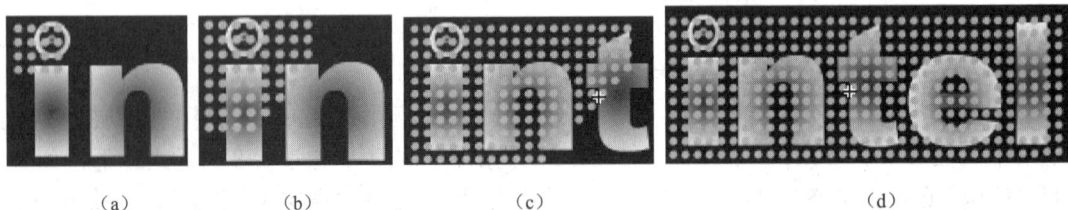

（a） （b） （c） （d）

图 4-4-17 "动感圆点"图层第 5、10、25、60 帧内的画面

（10）按住 Ctrl 键，选中 3 个图层的第 140 帧，按 F5 键。右击"遮罩文字"图层，弹出图层快捷菜单，选择该快捷内的"遮罩层"选项，将"遮罩文字"图层设置为遮罩层，"动感圆点"图层设置为被遮罩层。

"动感 Logo"影片剪辑元件的时间轴如图 4-4-18 所示。

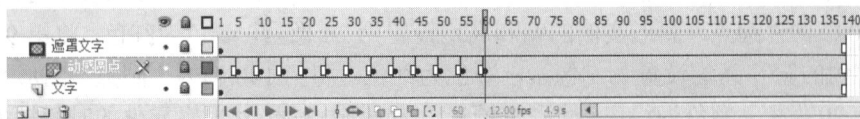

图 4-4-18 "动感 Logo"影片剪辑元件的时间轴

4．制作光影动感效果

（1）选中"元素"图层第 1 帧，将"库"面板内的影片剪辑元件拖动到舞台工作区内适当的位置，调整它们的大小。

（2）在"元素"图层之上创建两个新图层，分别更名为"遮罩"和"光影"。选中"光影"图层第 1 帧，设置填充色为白色，使用工具箱内的"椭圆工具" ，在舞台工作区左侧绘制两个椭圆。使用工具箱内的"任意变形工具" ，将椭圆旋转 15°，如图 4-4-19 所示。

（3）使用工具箱内的"选择工具" ，选中两幅椭圆图形，按 Shift+F9 组合键，打开"颜色"面板，设置白色（R=255、G=255、B=255、Alpha=0%）到白色（Alpha=50%）再到白色（Alpha=0%）的线性渐变色，设置如图 4-4-20 所示。设置完成后的椭圆效果如图 4-4-21 所示。

图 4-4-19　绘制椭圆图形　　　图 4-4-20　"颜色"面板　　　图 4-4-21　椭圆效果

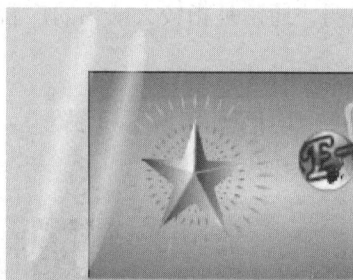

（4）创建"光影"图层第 1 帧～第 30 帧的传统补间动画。选中"光影"图层第 30 帧，选中两个椭圆，将它们水平向右拖动到舞台工作区内的中间偏右侧，如图 4-4-22 所示。

（5）在"光影"图层上新建一个图层，将其名称更改为"遮罩"。选中"遮罩"图层第 1 帧，使用工具箱内的"矩形工具" ，设置笔触颜色为无色，设置填充色为白色，拖动绘制一个大小为 500×120 的矩形。再使用工具箱内的"选择工具" 调整矩形右侧，使其呈弧线状，如图 4-4-23 所示。

图 4-4-22　"光影"图层的椭圆　　　　　图 4-4-23　"遮罩"图层第 1 帧内图形

（6）右击"遮罩"图层，弹出图层菜单，选择该快捷菜单内的"遮罩层"选项，将图层设置为遮罩层，使"光影"图层成为被遮罩图层。

至此，"光影 Banner 广告"动画制作完成，其时间轴如图 4-4-24 所示。

图 4-4-24　"光影 Banner 广告"动画时间轴

4.4.3 知识链接

1．Banner

在网络营销术语中，Banner 是一种网络广告形式，通常是以 GIF、JPG 等格式建立的图像，或以 SWF 格式制作的 Flash 动画影片。Banner 是一种非常有效的广告形式，在用户浏览网页时抓住他们的眼球，图文并茂地达到宣传的目的，成本不高，但是效果明显。

Banner 一般放置在网页上的不同位置，在用户浏览网页信息的同时，吸引用户对广告信息的关注，从而获得网络营销的效果。图 4-4-25 所示为某网站的部分页面，其中用红色矩形框起来的部分就是各种 Banner。

大多数情况下，在网站建设、网站设计、网页设计和网页制作中所说的 Banner 如没有特别指明，通常是指较大横幅的广告及其设计和制作方面的服务。

图 4-4-25　网页中的 Banner

2．Banner 标准规格

Banner 有多种表现规格和形式，其中最常用的是 468 像素×60 像素的标准标志广告，由于这种规格曾处于支配地位，因此在早期有关网络广告的文章中，如没有特别指明，通常是指标准标志广告。这种标志广告有多种称呼，如横幅广告、全幅广告、条幅广告、旗帜广告等。通常采用图片、动画、Flash 等方式来制作 Banner。

除了标准标志广告，早期的网络广告还有一种按钮（Button）式广告，常用按钮式广告尺寸有 4 种：125×125（方形按钮），120×90，120×60，88×31。随着网络广告的不断发展，新形式和规格的网络广告不断出现，因此美国交互广告署（IAB）也在不断颁布新的网络广告标准。常见的 Banner 和 Button 广告规格见表 4-4-1。

表 4-4-1　常见的 Banner 和 Button 广告规格

名称	规格/像素	名称	规格/像素
全幅标志广告	468×60	小型广告条	88×31
半幅标志广告	234×60	1 号按钮	120×90
垂直 Banner	120×240	2 号按钮	120×60
宽型 Banner	728×90	方形按钮	125×125

Flash CS 5.5 为 Banner 的设计提供了模板。新建文档时，在"新建文档"对话框中选择"模板"选项卡，在"模板"选项卡的"类别"列表框中选择"广告"选项，此时，右边的"模板"列表框中就会出现各种广告模板。选中一种广告模板，单击"确定"按钮，即可创建基于该模板的 Flash 文档。

3．Banner 设计技巧

在实际应用中，如何才能设计出视觉出彩、点击率高的 Banner 呢？

（1）尺寸合适：需要选择最合适的 Banner 尺寸。根据谷歌的广告数据，效果最好的 Banner 尺寸有 336×280、300×250、728×90 和 160×600 等，如图 4-4-26 所示。如果没有其他限制，那么 Banner 可以按照以上尺寸进行设计。

（2）务求简约：用户浏览网页时集中注意力的时间一般只有几秒，所以不需要太多动画，设计越简约，内容越清晰，用户越能迅速地看到 Banner。要用最短时间命中主题、激起用户的观看欲望。设计简约的 Banner 广告如图 4-4-27 所示。

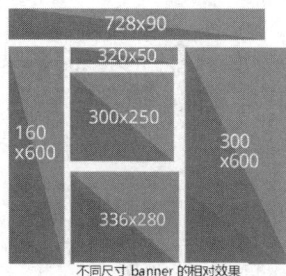

图 4-4-26　的 Banner 尺寸

图 4-4-27　设计简约的 Banner

（3）主题明确：要突出产品主题、层级分明、重点文字突出，使用户一眼就能识别广告含义，再用文字进一步告诉用户表达的重点是什么，其余的需要相应的弱化，减少过多的干扰元素。主题明确的 Button 如图 4-4-28 所示。

图 4-4-28　主题明确的 Banner 广告

（4）展示形象：要展示公司的形象，设计要和品牌形象一致。单击该 Banner 可以链接到网站主页。

（5）视觉紧迫：通过使用粗重、对照分明的字体，打造一种视觉上的紧迫感，使用户迫不及待地购买、单击。但这种方法不宜多用。具有视觉紧迫感的 Banner 如图 4-4-29 所示。

（6）用色正确：色彩不要过于醒目，过度耀眼的色彩是不可取的。有些设计者希望使用比较夸张的色彩来吸引访问者，希望以此提升 Banner 的关注度。实际上，"亮"色虽然能吸引注意力，但往往会让访问者感觉刺眼、不友好甚至反感。

（7）数量适中：Banner 的显示尺寸非常有限，摆放太多产品，会使视觉效果大打折扣。所以，产品图片数量不宜过多，关键是要易于识别，在 Banner 的有限空间内做好各种信息的平衡和协调。产品数量过多的 Banner 如图 4-4-30 所示。

图 4-4-29　具有视觉紧迫感的 Banner

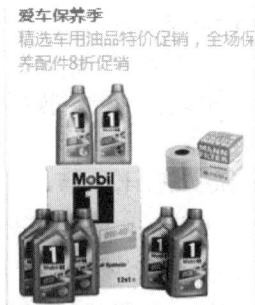

图 4-4-30　产品数量过多的 Banner

（8）用好图片：一图胜千言，选择好的图片可以提高信息的传播能力，可以没有过于抽像的概念，没有过多的文字叙述。但不要过度依赖图片，有的时候字体设计也会影响广告效果。

（9）文件要小：文件越小越好，最好小于 150KB，因为用户一般浏览一个网页会直接向下翻动，因此，如果能够迅速载入，便更有机会让用户看到 Banner。

（10）文件格式：文件格式选择要正确，如 JPG、PNG、GIF 或 SWF 格式都可以，能够保证快速展示。如果是 Flash 制作的 Banner，则最好转换成 GIF 格式，这样能获取全设备的支持，也会有更多的人浏览 Banner。

4．墨水瓶工具和滴管工具

（1）墨水瓶工具 ：改变已经绘制线的颜色和线型等属性。墨水瓶工具的使用方法如下。

① 设置笔触的属性，即利用"属性"或"颜色"面板等修改线的颜色和线型等。

② 使用工具箱内的"墨水瓶工具" ，此时鼠标指针呈 状。将鼠标指针移到舞台工作区中的某条线上并单击，即可用新设置的线条属性修改被单击的线条。

③ 如果单击一个无轮廓线的填充，则会自动为该填充增加一条轮廓线。

（2）滴管工具：吸取舞台工作区中已经绘制的线条、填充（包括分离的位图、分离的文字）和文字的属性。滴管工具的使用方法如下。

① 使用工具箱中的"滴管工具"按钮 ，然后将鼠标指针移到舞台工作区内的对象之上。此时鼠标指针变为一个滴管加一支笔（对象是线条）、一个滴管加一个刷子（对象是填充）或一个滴管加一个字符 A（对象是文字）的形状。

② 单击即可将单击对象的属性赋予相应的面板，相应的工具也会被选中。

5．刷子工具

使用工具箱内的"刷子工具" ，"选项"栏内会出现 5 个按钮，如图 4-4-31 所示。利用它们可以设置刷子工具的参数，以及设置绘图模型等。刷子工具绘制的图形只有填充，没有轮廓线，需要设置好填充。

（1）"刷子模式"按钮 ：单击该按钮，弹出刷子模式菜单，如图 4-4-32（a）所示。它有 5 种选择，选择其中一个选项，即可完成相应的刷子模式设置。

（2）设置刷子大小：单击工具箱中"选项"栏内右边的 图标，会弹出各种画笔大小示意图，如图 4-4-32（b）所示。选择选中其中一种，即可设置刷子的大小。

（3）设置刷子形状：单击工具箱中"选项"栏内下边的 图标，会弹出各种刷子形状示意图，如图 4-4-32（c）所示。选择其中一种，即可设置刷子的形状。

（4）"锁定填充"按钮 ：其作用与颜料桶工具中的"锁定填充"按钮的作用相同。

设置好参数后，即可拖动绘制图形。使用刷子工具绘制的一些图形如图 4-4-33 所示。

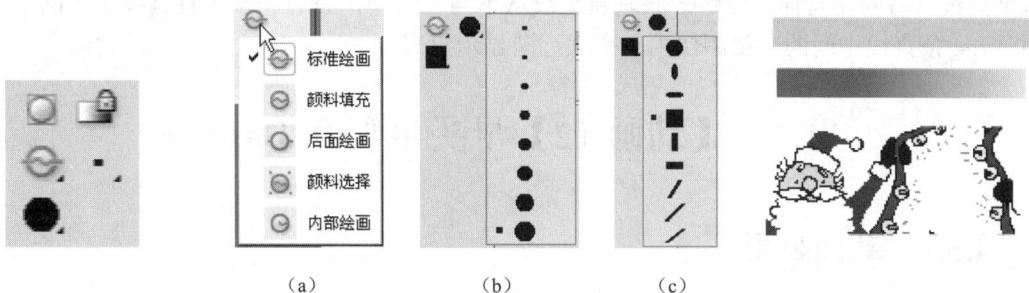

（a）　　　　　　　（b）　　　　　　　（c）

图 4-4-31　"选项"栏　　　　　　图 4-4-32　刷子模式菜单　　　　　　图 4-4-33　绘制的图形

思考练习 4-4

1．参考【动画 11】中的方法设计一个旅游网站的动态 Banner。

2．制作"美丽家园"图像，如图 4-4-34 所示。

3．制作"荷塘月色"动画，该动画播放后的一幅画面如图 4-4-35 所示。在深夜，圆圆的月亮缓慢移动，月亮映照在湖水中，垂柳倒挂，深蓝色的湖面上漂浮着片片荷叶。

 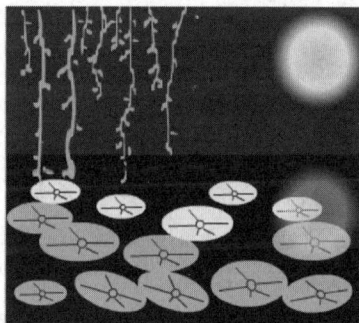

图 4-4-34　"美丽家园"图像　　　　　　　图 4-4-35　"荷塘月色"动画画面

4．制作"移动的透明光带"动画，该动画播放后的一幅画面如图 4-4-36 所示。可以看到，在背景图像之上，有水平来回移动的多条透明光带。

图 4-4-36　"移动的透明光带"动画画面

5．制作"线条延伸"影片。该影片播放后，上边一条水平直线从左向右延伸，下边一条水平直线从右向左延伸，左边一条垂直直线从下向上延伸，右边一条垂直直线从上向下延伸。同时，4 条直线中间的一幅图像由小变大逐渐显示出来。

4.5 【动画 12】早买早便宜 Banner

4.5.1 动画效果

"早买早便宜 Banner"动画是一个购物网站中服装广告，该动画播放后的一幅画面如图 4-5-1 所示，可以看到有一个模拟指针表在左半边水平来回移动，模拟指针表内有 3 个顺时针自转的彩珠环，3 个逆时针自转的彩珠环，1 个顺时针自转的七彩光环。指针就像表的时针和分针一样不停地旋转。一个红绿相间的彩球在右边空白处上下跳跃，越来越快。这些动画都象征着该广告的主题"早买早便宜"。

图 4-5-1 "早买早便宜 Banner"动画画面

4.5.2 制作方法

1．制作"顺时针自转光环"影片剪辑元件

（1）新建一个 Flash 文档。设置舞台工作区的宽为 1000 像素，高为 200 像素，背景为白色。以"早买早便宜 Banner.fla"为名保存在"【动画 12】早买早便宜 Banner"文件夹内。

（2）创建并进入"七彩光环"影片剪辑元件编辑状态。使用工具箱内的"椭圆工具" ，设置笔触颜色为七彩色，笔触宽度为 10 点，没有填充。在舞台工作区内拖动绘制一个七彩光环。使用工具箱内的"选择工具" ，选中七彩光环，将选中的七彩光环组成组合，如图 4-5-2 所示。

（3）选中七彩光环图形，在"信息"面板内的"宽"和"高"数字框内均输入"220"，在"X"和"Y"数字框中均输入"0"（注意，此时"信息"面板内的中心位置应为 ），将选中的七彩光环圆形调整到舞台中心处。此时的"信息"面板如图 4-5-3 所示。

（4）创建并进入"七彩光环"影片剪辑元件编辑状态。选中"图层 1"图层第 1 帧，将"库"面板内的"七彩光环"影片剪辑元件拖动到舞台中心处，"信息"面板参数的设置如图 4-5-3 所示。

（5）创建"图层 1"图层第 1 帧～第 120 帧传统补间动画，选中第 1 帧，在其"属性"面板的"旋转"下拉列表内选择"顺时针"选项，右侧数值设置为"1"，如图 4-5-4 所示。

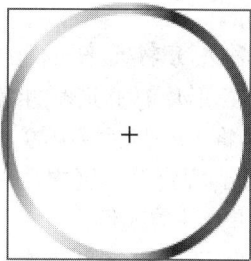

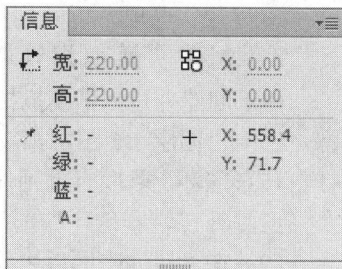

图 4-5-2　七彩光环　　　　图 4-5-3　"信息"面板设置　　　　图 4-5-4　"属性"面板设置

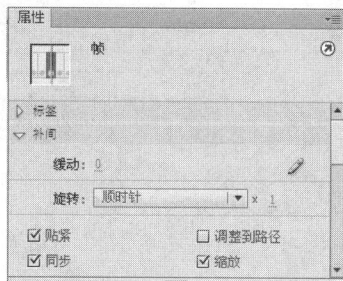

2．制作"自转彩珠环"影片剪辑元件

（1）创建并进入"彩珠环"影片剪辑元件的编辑状态。使用工具箱内的"椭圆工具" ，在其"属性"面板内设置笔触颜色为红色，笔触宽度为 14 点，没有填充。

（2）单击"编辑笔触样式"按钮 ，弹出"笔触样式"对话框，在该对话框中的"点距"数字框中输入"4"，如图 4-5-5 所示，单击"确定"按钮，绘制一个圆环图形。

（3）选中圆环图形，调整其"高"和"宽"均为"200"，且位于中心处。选择"修改"→"形状"→"将线条转换为填充"选项，将选中的轮廓线转换为填充，如图 4-5-6 所示。

（4）打开"颜色"面板，设置白色到红色的径向渐变色，每间隔 3 个圆形单击其内左上角，填充径向渐变色，创建小彩球。按照上述方法，给其他红色圆形填充不同的径向渐变色，最后形成的彩珠圆环图形如图 4-5-7 所示。

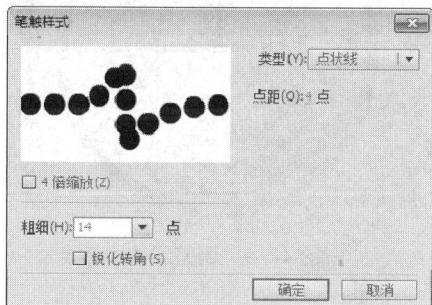

图 4-5-5　"笔触样式"对话框　　　　图 4-5-6　红色圆环图形　　　　图 4-5-7　彩珠圆环图形

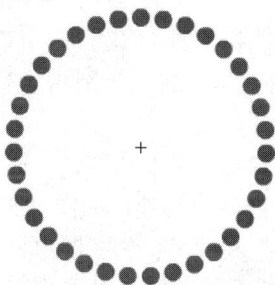

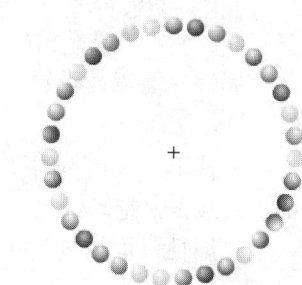

（5）创建并进入"顺时针自转彩珠环"影片剪辑元件的编辑状态。选中"图层 1"图层第 1 帧，将"库"面板中的"彩珠环"影片剪辑元件拖动到舞台工作区中。

（6）制作"图层 1"图层第 1 帧～第 120 帧的传统补间动画。选中第 1 帧，在其"属性"面板"补间"区域内的"旋转"下拉列表中选择"顺时针"选项，在其右侧的数字框中输入"1"，如图 4-5-4 所示，使彩珠环顺时针旋转 1 周，并回到主场景。

（7）使用工具箱内的"选择工具" ，右击"库"面板中的"顺时针自转彩珠环"影片剪辑元件，弹出其快捷菜单，选择该快捷菜单中的"直接复制"选项，弹出"直接复制元件"对话框，将"名称"文本框中的文字更改为"逆时针自转彩珠环"，如图 4-5-8 所示。单击"确定"按钮，在"库"面板中增加"逆时针自转彩珠环"影片剪辑元件。

（8）双击"库"面板中的"逆时针自转光环"影片剪辑元件，进入其编辑状态，选中"图层 1"图层第 1 帧，将其"属性"面板"补间"区域内"旋转"下拉列表中的"顺时针"更改

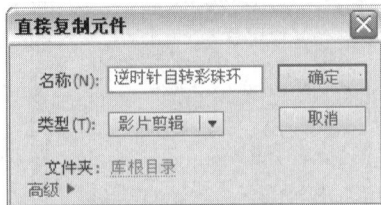

图 4-5-8　"直接复制元件"对话框

为"逆时针"选项，再回到主场景。

3．制作"模拟指针表"影片剪辑元件

（1）创建并进入"模拟指针表"影片剪辑元件的编辑状态。选中"图层 1"图层第 1 帧，将"库"面板中的"逆时针自转彩珠环"影片剪辑元件拖动到舞台工作区中，形成一个"逆时针自转彩珠环"影片剪辑元件的实例。

（2）在"属性"面板内设置宽和高均为 200 像素，"X"和"Y"均为"0"。再将"库"面板中的"顺时针自转彩珠环"影片剪辑元件拖动到舞台工作区中，形成一个实例。设置其宽和高为 165 像素，"X"和"Y"均为"0"，将两个实例的中心对齐。

（3）2 次将"库"面板中的"顺时针自转彩珠环"影片剪辑元件拖动到舞台工作区中，3 次将"库"面板中的"逆时针自转彩珠环"影片剪辑元件拖动到舞台工作区中，共形成 6 个实例，利用"属性"面板分别调整它们的大小，使其依次变小，且在"X"和"Y"数字框中输入"0"。

（4）将"库"面板中的"七彩光环"影片剪辑元件拖动到舞台工作区中形成一个"七彩光环"影片剪辑实例，它位于最外圈。将这 7 个影片剪辑实例的中心点对齐。

（5）在"图层 1"图层之上添加"图层 2"图层，选中该图层第 1 帧。使用工具箱内的"线条工具" ，在其"属性"面板内设置"笔触高度"为 3 点，笔触颜色为红色。按住 Shift 键，从中心处垂直向上拖动，绘制一条垂直直线。使用工具箱内的"选择工具" ，选中直线，在其"属性"面板内设置"宽"和"高"分别为"3"和"80"。

（6）使用工具箱内的"任意变形工具" ，选中绘制的垂直线条，拖动线的中心点到中心处，如图 4-5-9 所示。在"属性"面板内的"X"和"Y"数字框内分别输入"0"和"-40"。这条直线式表示时针，其底部与中心对齐。

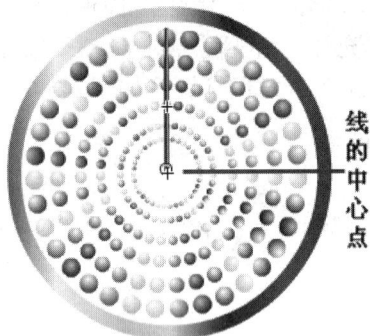

图 4-5-9　调整线的中心点

（7）制作"图层 2"图层第 1 帧～第 120 帧的传统补间动画。选中第 1 帧，在其"属性"面板的"旋转"下拉列表中选择"顺时针"选项，在其右侧的数字框中输入"1"。

✔注意

　　制作完动画后，如果"图层 2"图层第 1 帧和第 120 帧内垂直线条的中心点能移回原处，则需要重新调整，将线条的中心点移到中心处。

（8）在"图层 2"图层之上添加一个名称为"图层 3"的图层，选中该图层第 1 帧。按照上述方法绘制一条线宽为 2 点的蓝色垂直线条，在其"属性"面板内，在"宽"、"高"、"X"和"Y"数字框内输入"2"、"100"、"0"、"-50"，这条直线表示时针。使用工具箱内的"任意变形工具" ，选中绘制的垂直线条，拖动线的中心点到中心处。

（9）制作"图层 3"图层第 1 帧～第 120 帧的传统补间动画。选中第 1 帧，在其"属性"面板的"旋转"下拉列表中选择"顺时针"选项，在其右侧的数字框中输入"12"。

（10）选中"图层 1"图层第 120 帧，按 F5 键，使第 1 帧～第 120 帧相同，并回到主场景。

4．创建"彩球"影片剪辑元件

（1）创建并进入"彩球"影片剪辑元件的编辑状态。使用工具箱内的"椭圆工具" ，在其"属性"面板内，设置笔触类型为实线，笔触颜色为蓝色，笔触高度为 2 点，没有填充。按住 Shift 键，拖动绘制一个直径为 10 个格的圆形，再将圆形复制一份并移到原来图形的右边。

（2）选中复制的圆形，选择"窗口"→"变形"选项，打开"变形"面板，使"约束"按钮呈 状，表示不约束长宽比例，在其"宽度" 数字框内输入"33.3%"，如图 4-5-10 所示。按 Enter 键，可将圆形转换为在水平方向缩小为原图 33.3%的椭圆形，如图 4-5-11 所示。单击"变形"面板右下角的 按钮，可以复制一份同样的椭圆图形。将复制的椭圆图形移到原椭圆图形的右边，如图 4-5-12 所示。

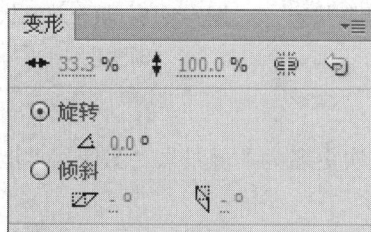

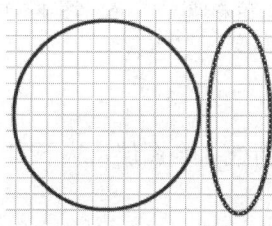

（a）　　　　　　（b）

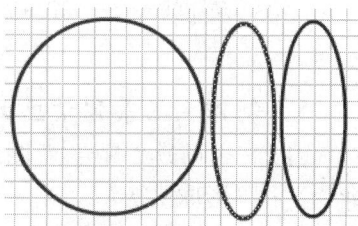

图 4-5-10　"变形"面板设置　　　图 4-5-11　圆形转换为椭圆形　　　图 4-5-12　复制椭圆形图形

（3）选中图 4-5-11（a）所示的圆形图形，将该图形复制一份，再将复制的圆形图形移到原来图形的左边。在"变形"面板的"宽度" 数字框内输入"66.66%"。按照上述方法，绘制在水平方向缩小为原图形的 66.66%的椭圆形图形，并移到原图形的左边，如图 4-5-13 所示。

（4）选中图形左边的一个椭圆，选择"修改"→"变形"→"顺时针旋转 90°"选项，将椭圆旋转 90°，将圆形图形右边的另一个椭圆图形旋转 90°。将它们移到圆内，再将两个剩余的图形移到圆形图形中，绘制出彩珠轮廓线，如图 4-5-14 所示。

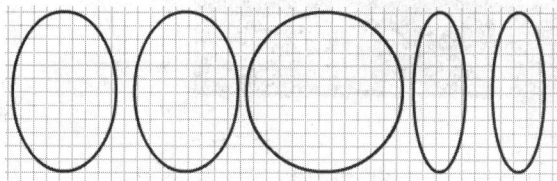

图 4-5-13　几个椭圆图形

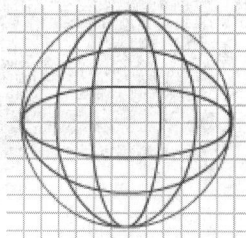

图 4-5-14　彩球轮廓线

（5）设置填充颜色为深红色，再为图 4-5-14 所示的彩球轮廓线的一些区域填充红色，如图 4-5-15 所示。打开"颜色"面板，在"填充样式"下拉列表内选择"放射状"选项。设置填充颜色为白色、绿色、黑色放射状渐变色（白色到绿色再到黑色）。绘制一个同样大小的无轮廓线绿色彩球图形，如图 4-5-16 所示。

（6）使用工具箱内的"选择工具" ，选中图 4-5-15 所示的彩球线条，按 Delete 键，删除所有线条，效果如图 4-5-17 所示。再为该彩球左上角的两个色块填充由白色到红色的放射状渐变色，如图 4-5-18 所示。

（7）将图 4-5-18 所示的全部图形组成组合，再将图 4-5-16 所示的绿色彩球组成组合。将绿色彩球移到图 4-5-18 所示的彩球之上，如图 4-5-1 中的彩球所示。如果要使绿色彩球将图 4-5-18 所示图形覆盖，则可选择"修改"→"排列"→"移至底层"选项。

（8）拖动选中彩球图形，将它组成组合，再回到主场景。

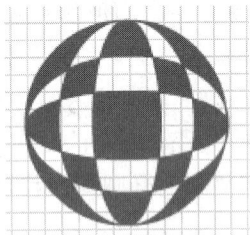 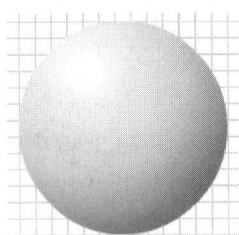 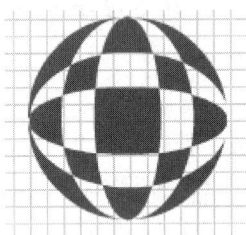 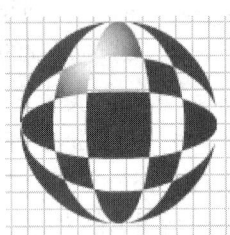

图 4-5-15　填充红色　　　　图 4-5-16　绿色彩球　　　　图 4-5-17　删除线条　　　　图 4-5-18　填充放射状
　　　渐变色

5．制作主场景背景画面

（1）在主场景"图层 1"图层上新建 3 个图层，从下到上依次更名为"背景"、"图像"、"指针钟"和"彩球跳跃"。

（2）选中"背景"图层第 1 帧，使用工具箱内的"矩形工具" ⬚，在舞台工作区内拖动绘制一个和舞台工作区大小一样的矩形。

（3）使用工具箱内的"选择工具" ⬚，选中矩形内的填充。打开"颜色"面板，设置填充为"线性渐变"，设置渐变为黄色（#FFF091）到粉红色（#FF839C）。再使用工具箱内的"填充变形工具"，拖动调整渐变填充，效果如图 4-5-1 所示。

（4）选中"图像"图层第 1 帧，按 Ctrl+R 组合键，弹出"导入"对话框，将"素材"文件夹下的"广告 1.jpg"和"广告 2.jpg"图像导入到舞台工作区内，调整其大小，水平排列，如图 4-5-19 所示。

（a）　　　　　　　　　　　　　　　　　　　　　　　　　　（b）

图 4-5-19　导入的两幅广告图像

（5）选中"广告 1.jpg"图像，选择"修改"→"转换为元件"选项，弹出"转换为元件"对话框，在"名称"文本框内输入元件的名称"广告 1"，在"类型"下拉列表中选择"影片剪辑"选项，单击"确定"按钮，将选中的图像转换为"广告 1"影片剪辑元件的实例。

按照相同方法，将"广告 2.jpg"转换为"广告 2"影片剪辑元件的实例。

（6）选中"广告 1"影片剪辑实例，在其"属性"面板的"样式"下拉列表内选择"Alpha"选项，设置 Alpha 的值为 26%；选中"广告 2"影片剪辑实例，在其"属性"面板的"样式"

下拉列表内选择"Alpha"选项，设置 Alpha 的值为 26%。

6.制作主场景动画

（1）显示标尺，创建 7 条垂直辅助线。选中"指针钟"图层第 1 帧，将"库"面板中的"模拟指针表"影片剪辑元件拖动到舞台工作区中。调整"模拟指针表"影片剪辑实例的宽和高均为 120 像素，使其位于舞台工作区内的左下角，如图 4-5-20 所示。

（2）右击"指针钟"图层第 1 帧，弹出帧快捷菜单，选择该快捷菜单内的"创建传统补间"选项，按住 Ctrl 键，选中"指针钟"图层第 55 帧～第 110 帧，按 F6 键，创建两个关键帧，并创建"指针钟"图层第 1 帧～第 55 帧的传统补间动画。

（3）选中"指针钟"图层第 55 帧，将该帧内的"模拟指针表"影片剪辑实例水平移到右侧，如图 4-5-21 所示。

图 4-5-20　第 1 帧和第 110 帧画面　　　　图 4-5-21　第 55 帧画面

（4）选中"彩球跳跃"图层第 1 帧，将"库"面板中的"彩球"影片剪辑元件拖动到舞台工作区中右侧广告图像白色区域的左下角。调整"彩球"影片剪辑实例的宽和高均为 50 像素，调整其位置，如图 4-5-22 所示。

（5）右击"彩球跳跃"图层第 1 帧，弹出帧快捷菜单，选择该快捷菜单内的"创建传统补间"选项，按住 Ctrl 键，选中"指针钟"图层第 20、40、55、70、80、90、95、100、105、110帧，按 F6 键，创建多个关键帧，并创建"彩球跳跃"图层第 1 帧～第 110 帧的传统补间动画。

（6）选中"指针钟"图层第 110 帧，将该帧内的"彩球"影片剪辑实例水平移到广告图像白色区域的右下角，如图 4-5-23 所示。选中"指针钟"图层其他关键帧，将该帧内的"彩球"影片剪辑实例移到不同位置，产生"彩球"影片剪辑实例跳跃并逐渐变快的效果。

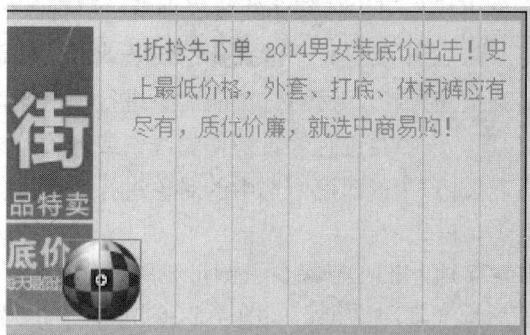

图 4-5-22　调整"彩球"影片剪辑实例的位置　　　　图 4-5-23　第 110 帧的位置

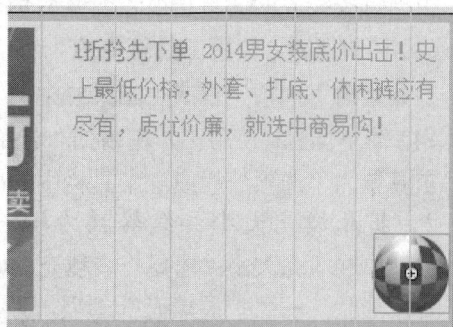

至此，"早买早便宜 Banner"动画制作完毕，该动画的时间轴如图 4-5-24 所示。

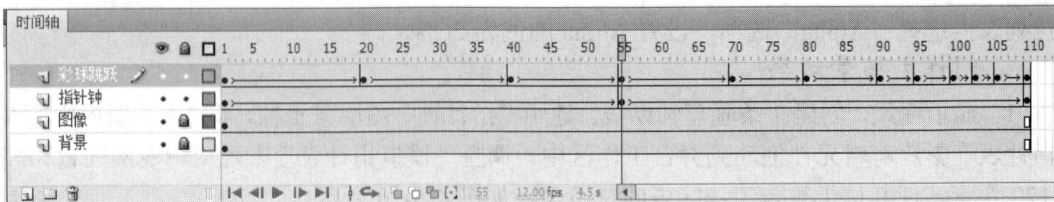

图 4-5-24 "早买早便宜 Banner"动画的时间轴

4.5.3 知识链接

1. 平滑和伸直

可以通过平滑和伸直线来改变线的形状。平滑操作使曲线变柔，并减少曲线整体方向上的突起或其他变化，也能减少曲线中的线段数。平滑只是相对的，它并不影响直线段。如果在改变大量非常短的曲线段的形状时遇到困难，则该操作非常实用。选择所有线段并对它们进行平滑操作，可以减少线段数量，从而得到一条更易于改变形状的柔和曲线。

伸直操作可以使已经绘制的线条和曲线稍微变直，它不影响已经伸直的线段。

（1）高级平滑：使用工具箱内的"选择工具" ，选中要进行平滑操作的线条，选择"修改"→"形状"→"高级平滑"选项，弹出"高级平滑"对话框，如图 4-5-25 所示。选中"预览"复选框后，随着调整"平滑强度"等数字框内的数值，可以看到线的平滑变化。

（2）高级伸直：使用工具箱内的"选择工具" ，选中要进行伸直操作的线条，选择"修改"→"形状"→"高级伸直"选项，弹出"高级伸直"对话框，如图 4-5-26 所示。选中"预览"复选框后，随着调整"伸直强度"数字框内的数值，可以看到线的伸直变化。

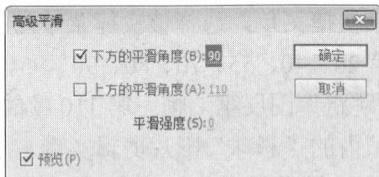

图 4-5-25 "高级平滑"对话框

图 4-5-26 "高级伸直"对话框

根据每条线段的曲直程度，重复应用平滑和伸直操作可以使每条线段更平滑、更直。

（3）简单平滑：使用工具箱内的"选择工具" ，选中要进行平滑操作的线条或形状轮廓，单击工具箱内"选项"栏或主工具栏中的"平滑"按钮 ，即可对选中的对象进行平滑操作。

（4）简单伸直：使用工具箱内的"选择工具" ，选中要进行伸直操作的线条或形状轮廓，单击工具箱内"选项"栏或主工具栏中的"伸直"按钮 ，即可对选中的对象进行平滑操作。

2. 扩展填充大小和线转换为填充

（1）扩展填充大小：选择一个填充，如图 4-5-27 所示的七彩渐变色圆形轮廓线。选择"修改"→"形状"→"扩展填充"选项，弹出"扩展填充"对话框，如图 4-5-28 所示。"距离"文本框用来输入扩充量；"方向"区域内的"扩展"单选按钮表示向外扩充，"插入"单选按钮表示向内扩充。单击"确定"按钮，可使图 4-5-27 所示图形变为图 4-5-29 所示图形。如果填充了轮廓线，则向外扩展填充时，轮廓线会被扩展的填充覆盖。

图 4-5-27　七彩圆形线　　　图 4-5-28　"扩展填充"对话框　　　图 4-5-29　扩展填充效果

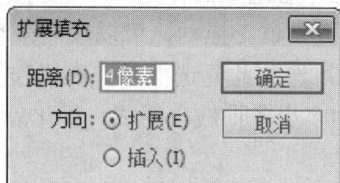

注意

最好在扩展填充以前对图形进行一次优化曲线处理，其方法可参考下面内容。

（2）线条转换为填充：选中一个线条或轮廓线，选择"修改"→"形状"→"将线条转换为填充"选项，即可将选中的线条或轮廓线转换为填充。

3．柔化填充边缘

选择一个填充，选择"修改"→"形状"→"柔化填充边缘"选项，弹出"柔化填充边缘"对话框，按照图 4-5-30 所示设置，单击"确定"按钮，即可将图 4-5-27 所示的图形加工为图 4-5-31 所示的图形。该对话框内各选项的含义如下。

（1）"距离"文本框：输入柔化边缘的宽度，单位为像素。

（2）"步长数"文本框：输入柔化边缘的阶梯数，取值为 0～50。

（3）"方向"区域：用来确定柔化边缘的方向是向内还是向外。

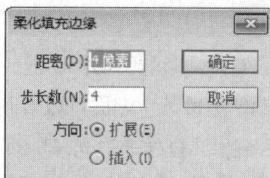

图 4-5-30　"柔化填充边缘"对话框

注意

前面两个对话框中的"距离"和"步长数"数字框中的数据不可太大，否则会破坏图形；在使用柔化时，会使计算机处理的时间太长，甚至出现死机现象。

4．优化曲线

一个线条是由很多"段"组成的，前面介绍了用鼠标拖动来调整线条，实际上一次拖动操作只能调整一"段"线条，而不是整条线。优化曲线就是通过减少曲线"段"数，即通过一条相对平滑的曲线段代替若干相互连接的小段曲线，从而达到使曲线平滑的目的。

通常，在进行扩展填充和柔化操作之前可以进行优化操作，这样可以避免出现因扩展填充和柔化操作而删除部分图形的现象。优化曲线还可以缩小 Flash 文件的字节数。

优化曲线的操作与单击"平滑"按钮 +S 相同，可以针对一个对象进行多次操作。

先选取要优化的曲线，再选择"修改"→"形状"→"优化"选项，弹出"优化曲线"对话框，如图 4-5-32 所示。利用该对话框，进行"伸直强度"等参数设置后，单击"确定"按钮即可将选中的曲线优化。该对话框中各选项的作用如下。

（1）"优化强度"数字框：在数字框上拖动，可以改变平滑操作的力度。

（2）"显示总计消息"复选框：选中此复选框后，在操作完成后会弹出提示对话框，它给出了平滑操作数据，表示原来共由多少条曲线段组成，优化后由多少条曲线段组成，给出缩减百分比。

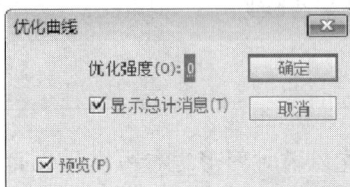

图 4-5-31　柔化填充　　　　图 4-5-32　"优化曲线"对话框

思考练习 4-5

1．制作"彩球倒影"动画，该动画播放后的一幅画面如图 4-5-33 所示。两个彩球在蓝色透明的湖面上上下移动，透过蓝色湖面可以看到两个立体彩球的倒影也在上下移动。

2．制作"自转七彩光环"动画，该动画播放后，有 3 个逆时针自转的七彩光环围着 1 个顺时针自转的七彩光环转圈。3 个逆时针自转的七彩光环间的夹角约为 120°。

3．制作"油画展厅彩球"动画，该动画播放后的一幅画面如图 4-5-34 所示。画厅的地面是黑白相间的大理石，房顶上有明灯倒挂，3 面墙上有油画，两个彩球在画厅内上下跳跃。

图 4-5-33　"彩球倒影"动画画面

图 4-5-34　"油画展厅彩球"动画画面

4．绘制"娱乐世界"图形，它由台球、足球、彩球和球杆组成，如图 4-5-35 所示。

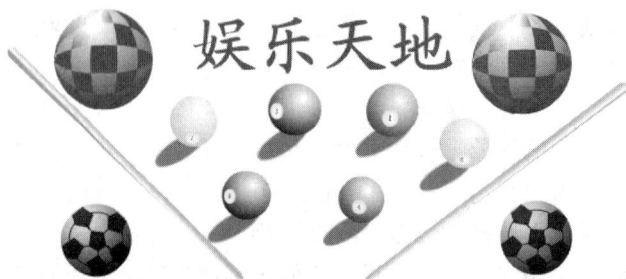

图 4-5-35　"娱乐世界"图形

第5章

矢量绘图和其他绘图

本章介绍了使用钢笔和部分选取工具绘制和编辑矢量图形的方法，介绍了绘制模式、对象绘制、图元对象绘制和合并对象，使用装饰性绘画工具（喷涂刷、Deco 工具）和 3D 工具（3D 旋转、3D 平移工具）绘制图形的方法，使用"变形"面板旋转 3D 对象的方法，调整对象的透视角度和消失点的方法等。

5.1 【动画 13】欧奇儿童 DIY 建筑益智玩具 Banner

5.1.1 动画效果

"欧奇儿童 DIY 建筑益智玩具 Banner"动画是"欧奇儿童 DIY"网站的一个 Banner，该动画播放后的画面如图 5-1-1 所示。可以看到，背景是褐色大地，远处是绿色的山脉，蓝天白云，白云缓慢移动，近处有翠竹、树苗、绿草和兰花，还有两座漂亮的欧式建筑模型；两株兰花中，几朵兰花绽开，几朵兰花含苞欲放，花朵伴绿叶，红绿相映，衬托出兰花的高贵和美丽。欧式建筑模型是儿童可以 DIY 的益智建筑模型玩具。中间偏上处有立体黄色广告标题"欧奇儿童 DIY 建筑益智玩具"，还有蓝色广告词"宝宝聪明依赖父母的关爱"。

图 5-1-1　"欧奇儿童 DIY 建筑益智玩具 Banner"动画画面

5.1.2　制作方法

1．绘制背景图像

（1）新建一个 Flash 文档，设置舞台工作区的宽为 1000 像素，高为 400 像素，背景色为白色。在时间轴内，将"图层 1"图层的名称更改为"背景"，再创建 6 个图层，将这些图层的名称从下到上依次更改为"山脉"、"白云"、"DIY 建筑"、"翠竹"、"兰花"、"绿草"、"树苗"和"文字"图层。再以"欧奇儿童 DIY 建筑益智玩具 Banner.fla"为名保存在"【动画 13】欧奇儿童 DIY 建筑益智玩具"文件夹内。

（2）选中"背景"图层第 1 帧，使用工具箱内的"矩形工具" ，打开"颜色"面板，设置没有轮廓线的、填充色是蓝色到深褐色的线性渐变色，如图 5-1-2 所示。在舞台工作区内拖动绘制一个与舞台工作区大小相同的矩形，如图 5-1-3（a）所示。

（3）使用工具箱内的"填充变形工具" ，单击矩形填充，弹出其控制柄，拖动这些控制柄将填充旋转 90°，如图 5-1-3（b）所示，隐藏"背景"图层。

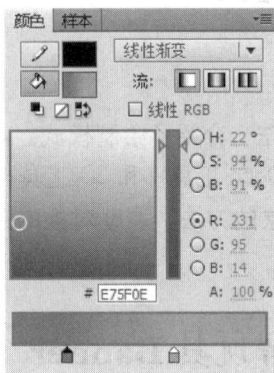

图 5-1-2　"颜色"面板　　　　　　　　　图 5-1-3　绘制一个矩形并填充

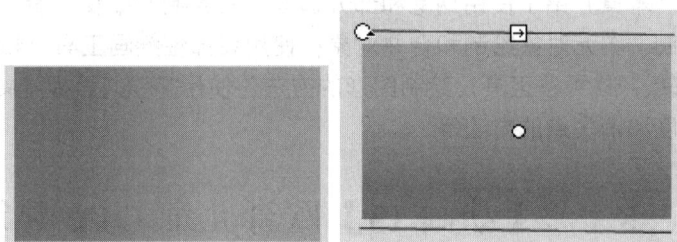

（4）选中"山脉"图层第 1 帧，使用工具箱内的"钢笔工具" ，在其"属性"面板内设置笔触颜色为黑色、笔触高度为 1 点，在"样式"下拉列表内选择"实线"选项，单击要绘制的山脉的一个端点（锚点），创建路径的起始端点，单击下一个转折角点端点，创建一条直线路径，再单击下一个转折角点端点，如此继续，在路径终点锚点处双击，即可创建直线折线路径，如图 5-1-4 所示。

（5）使用工具箱内的"转换锚点工具" ，水平向左拖动路径上边的 5 个方形锚点，使角点锚点转换为平滑点锚点，调整直线路径为曲线路径，如图 5-1-5 所示。

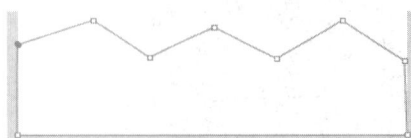

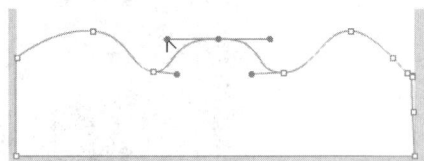

图 5-1-4　山脉轮廓路径　　　　　　　图 5-1-5　使用"转换锚点工具"调整路径

（6）使用工具箱内的"颜料桶工具" ，设置填充色为绿色，在山脉路径轮廓线内单击，给路径填充绿色。显示"背景"图层，使用"部分选择工具" ，拖动选中的山脉，显示其所有锚点和锚点切线，改变路径形状，如图 5-1-6 所示（此时没有绘制白云图形）。

使用工具箱内的"选择工具" ，选中山脉的轮廓线，按 Delete 键，删除轮廓线。

2．绘制浮动的白云

（1）选中"白云"图层第 1 帧，使用工具箱内的"钢笔工具" ，在舞台工作区内绘制白云的轮廓线，填充浅灰色，选择"修改"→"形状"→"柔化填充边缘"选项，弹出"柔化填充边缘"对话框，在该对话框的两个文本框内都输入"4"，单击"确定"按钮，对选中的云图图形进行边缘柔化处理，再将它组成组合。

（2）按住 Alt 键，拖动云图组合 2 次，复制两份云图组合，效果如图 5-1-6 所示。

（3）选中"白云"图层第 1 帧，选择"修改"→"时间轴"→"分散到图层"选项，将该帧的 3 个云图组合对象分配到不同图层的第 1 帧中。新图层是自动增加的，原来"白云"图层第 1 帧内的所有对象消失。删除该图层，新增图层的名称分别为"白云 1""白云 2""白云 3"。

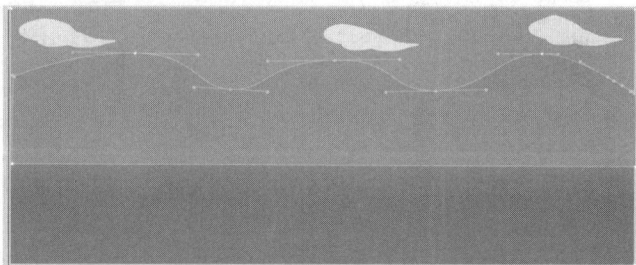

图 5-1-6　使用"部分选择工具"调整山脉

（4）按住 Shift 键，选中"白云 1"和"白云 3"图层第 1 帧，选中"白云 1""白云 2""白云 3"图层第 1 帧，右击选中的帧，弹出帧快捷菜单，选择该快捷菜单内的"创建传统补间"选项，使选中的所有帧具有补间动画属性。

（5）选中"白云 1""白云 2""白云 3"图层第 120 帧，按 F6 键，创建 3 个关键帧，调整这 3 个关键帧内 3 个云图组合对象的位置，使其位于画面的不同处，形成 3 朵白云缓慢漂浮的效果。

3．绘制翠竹

（1）创建并进入"竹叶"影片剪辑元件的编辑状态，选中"图层 1"图层第 1 帧，使用工具箱内的"钢笔工具" ，在其"属性"面板内设置"笔触样式"为"极细线"，笔触颜色为深绿色。打开"颜色"面板，设置从绿色到深绿色、浅绿色到绿色的线性渐变，如图 5-1-7 所示。

（2）将鼠标指针移到舞台工作区内并单击，按住鼠标左键同时拖动鼠标，产生曲线，如图 5-1-8 所示。其中的直线为曲线的切线。

（3）调整切线的方向，从而调整曲线的形状。曲线调整好后，松开鼠标左键，再单击曲线的起点，此时会产生新的曲线和切线，如图 5-1-9 所示。松开鼠标左键后，形成的曲线内就填充了线性渐变颜色。使用工具箱内的"填充变形工具" ，调整线性渐变填充，使其成为图 5-1-10 所示的竹叶的初步形状。

（4）使用工具箱内的"部分选取工具" ，拖动出一个选中竹叶初步图形的矩形，显示曲线的全部节点（或称锚点），如图 5-1-11（a）所示。拖动节点或节点处切线两端的控制柄，调整曲线的形状，如图 5-1-11（b）所示。选中整个竹叶图形将它们组成组合并回到主场景。

（5）创建并进入"竹子"影片剪辑元件的编辑状态，使用工具箱内的"矩形工具" ，在舞台工作区中拖动绘制一个深绿色轮廓线、填充色为深绿色到绿色再到白色的长条矩形。使用工具箱内的"填充变形工具" ，调整长条矩形对象的填充，如图5-1-12（a）所示。

（6）使用工具箱内的"选择工具" ，按住 Shift 键，选中"竹节"图形左右的轮廓线，按 Delete 键，将它们删除。按住 Shift 键，选中"竹节"图形上下的轮廓线，在"属性"面板内设置线条样式为锯齿线。此时，竹节图形如图5-1-12（b）所示。

（7）使用工具箱内的"选择工具" ，拖动选中"竹节"图形。按住 Ctrl 键，向上拖动"竹节"图形，再复制10个"竹节"图形，把它们排列成"竹竿"图形，如图5-1-13所示。

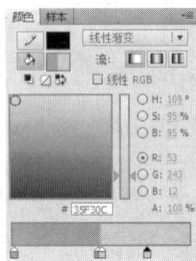

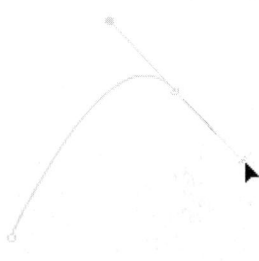

图5-1-7 "颜色"面板   图5-1-8 绘制曲线   图5-1-9 新的曲线和切线   图5-1-10 竹叶初步形状

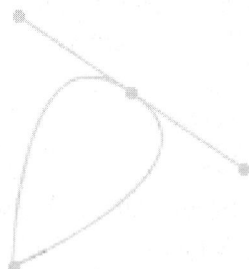

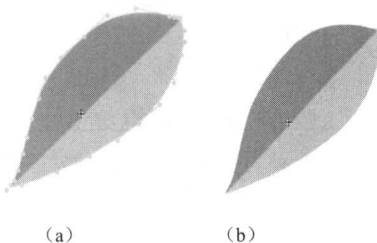

（a）   （b）   （a）   （b）

图5-1-11 调整竹叶图形和竹叶图形效果   图5-1-12 矩形和竹节   图5-1-13 竹竿图形

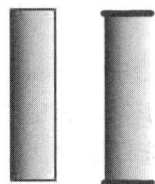

（8）将"库"面板内的"竹叶"影片剪辑元件拖动到舞台工作区内，选中"竹叶"影片剪辑实例，在"变形"面板的"旋转"数字框中输入"-90"，如图5-1-14所示。单击该面板内的"复制选区和变形"按钮 ，复制一份旋转了-90°的竹叶，如图5-1-15所示。

（9）向右拖动复制的竹叶，将它与原来的竹叶分开。按照上述方法复制几片竹叶。使用工具箱内的"任意变形工具" ，分别调整其大小和位置，使竹叶与竹竿组合成完整的翠竹图形，如图5-1-16所示。

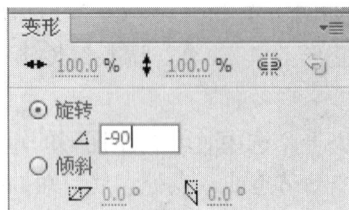

图5-1-14 "变形"面板设置   图5-1-15 复制竹叶   图5-1-16 翠竹图形

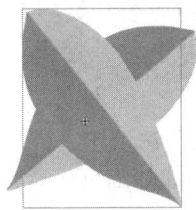

（10）选中主场景"翠竹"图层第1帧，多次将"库"面板内的"竹子"影片剪辑元件拖

动到舞台工作区内，形成多个"竹子"影片剪辑实例，如图 5-1-1 所示。

4．绘制绿草和树苗

（1）选中"绿草"图层第 1 帧，使用工具箱内的"线条工具" ✎ ，打开其"属性"面板，设置笔触颜色为绿色，"样式"为"斑马线"，笔触高度为"10"，如图 5-1-17 所示。

（2）单击"属性"面板内的"编辑笔触样式"按钮 ✎ ，弹出"笔触样式"对话框，各参数设置如图 5-1-18 所示。在舞台工作区底部水平拖动，绘制小草图形，如图 5-1-19 所示。

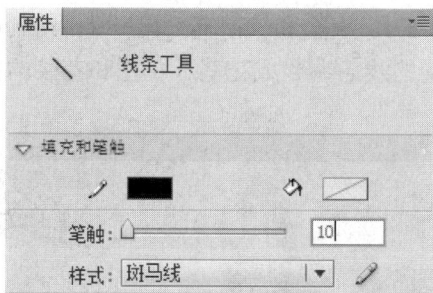

图 5-1-17　线条工具的"属性"面板设置　　　　图 5-1-18　"笔触样式"对话框

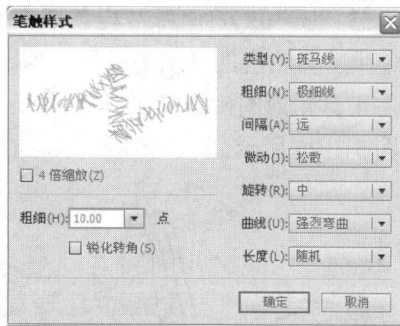

图 5-1-19　小草图形

（3）创建并进入"树苗"影片剪辑元件的编辑状态，按照绘制竹叶图形的方法绘制一个绿叶图形。再使用工具箱内的"线条工具" ✎ 绘制几条叶脉线段，如图 5-1-20 所示。

（4）按住 Ctrl 键，拖动树叶图形，复制一个树叶图形，再将复制的树叶图形水平翻转，如图 5-1-21 所示。按照上述方法，再复制几片树叶，并调整其大小。

（5）使用工具箱中的"铅笔工具" ✎ ，在"属性"面板内设置笔触高度为"3"，绘制叶干和叶茎，设置线宽为"5"，重绘下边的叶干，形成一棵树苗，组成一个组合，如图 5-1-22 所示。

将图 5-1-22 所示组合复制一份，再将复制的图形水平翻转，形成双树苗图形，如图 5-1-23 所示。

（6）选中"树苗"图层第 1 帧，将"库"面板中的"树苗"影片剪辑元件拖动到舞台工作区中，调整其大小，再复制多份，使其排成一行，效果如图 5-1-1 所示。

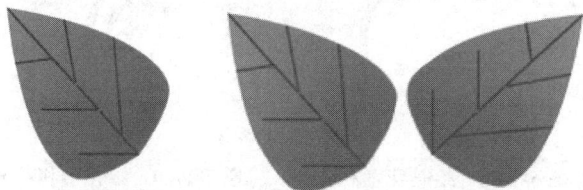

图 5-1-20　叶和叶脉线　　图 5-1-21　复制和旋转树叶　　图 5-1-22　树苗图形　　图 5-1-23　双树苗图形

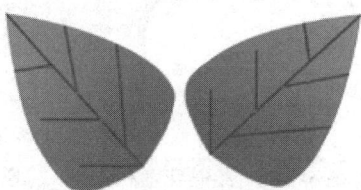

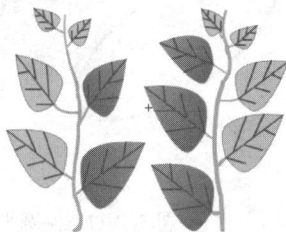

5．制作"兰花"影片剪辑元件

（1）创建并进入"兰花"影片剪辑元件的编辑状态。使用工具箱内的"铅笔工具" ✎ 或

"钢笔工具" ，在其"属性"面板内设置笔触宽 1.5pts，线型为实线，笔触颜色为黑色。使用工具箱内的"铅笔工具" ，单击"选项"栏中的"铅笔模式"按钮 ，弹出其快捷菜单，选择菜单内的"平滑"选项，拖动绘制兰花叶片的轮廓线。再使用工具箱内的"选择工具" 细心修改轮廓线，如图 5-1-24 所示。

（2）使用工具箱内的"颜料桶工具" ，在"颜色"面板内将颜色类型设置为"纯色"，设置填充色为青绿色（R=51、G=204、B=102），给叶片两边填充颜色，再设置填充色为蓝绿色（R=0、G=153、B=102），给叶片内条填充颜色，完成叶片的绘制，如图 5-1-25 所示。

（3）使用工具箱内的"线条工具" 、"铅笔工具" 和"钢笔工具" ，绘制出几条线段。再使用工具箱内的"选择工具" ，将绘制的线条调整成花茎、花托和花朵的样子。最终效果如图 5-1-26 所示。

图 5-1-24　修改叶片的轮廓线　　　　图 5-1-25　叶片　　　图 5-1-26　花茎和花朵最终效果

（4）绘制花朵也可以采用套封调整椭圆的方法，使用工具箱中的"椭圆工具" ，在其"属性"面板内设置笔触颜色为黑色，填充色为无色，然后在舞台工作区内拖动绘制一个椭圆，再旋转约 45°，效果如图 5-1-27（a）所示。

使用工具箱内的"选择工具" ，选中刚绘制的椭圆，选择"修改"→"变形"→"封套"选项，用封套将椭圆调整成花瓣的形状，效果如图 5-1-27（b）所示。

（5）使用工具箱内的"颜料桶工具" ，给花茎和花托的内部填充墨绿色，完成花茎和花托的绘制，效果如图 5-1-28 所示。再使用"颜料桶工具" ，给花瓣填充粉色和红色渐变色；给花蕊填充黄色，效果如图 5-1-29 所示。

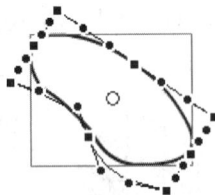

（a）　　　　　　　（b）
图 5-1-27　椭圆调整成花瓣形状　　　图 5-1-28　绘制花茎和花托　　图 5-1-29　给花瓣和花蕊填充颜色

（6）在给花瓣填充红色渐变色以前，需要打开"颜色"面板，单击"填充颜色"按钮 ，在"颜色类型"下拉列表中选择"线性渐变"选项，设置颜色编辑栏内左边的关键点的颜色为红色（R=221、G=19、B=45），如图 5-1-30 所示，右边的关键点的颜色为红色（R=254、G=184、B=232）。

（7）使用工具箱内的"渐变变形工具" ，单击填充渐变色的花瓣，再拖动控制柄，调整填充色的渐变角度、渐变宽度等。使用工具箱内的"选择工具" ，双击绘制好的如兰花花茎和花朵图形的所有轮廓线，按 Delete 键，删除选中的轮廓线；再双击绘制好的叶片图形的轮廓线，按 Delete 键，删除选中的轮廓线。

（8）将绘制好的兰花图形和绘制好的叶片图形组合起来，最终效果如图 5-1-31 所示。

图 5-1-30　"颜色"面板　　　　　　　图 5-1-31　兰花图形最终效果

6．制作主场景

（1）选中"兰花"图层第 1 帧，使用工具箱内的"选择工具" ，将"库"面板内的"兰花"影片剪辑元件拖动到舞台工作区内，形成一个"兰花"影片剪辑实例。使用工具箱内的"任意变形工具" ，适当调整"兰花"影片剪辑实例的大小和位置。

（2）使用工具箱内的"选择工具" ，按住 Alt 键，水平拖动"兰花"影片剪辑实例，将其复制一份。选中复制的"兰花"影片剪辑实例，选择"修改"→"变形"→"水平翻转"选项，将选中的"兰花"影片剪辑实例水平翻转。

（3）选中"DIY 建筑"图层第 1 帧，选择"文件"→"导入"→"导入到舞台"选项，弹出"导入"对话框。利用该对话框，导入"DIY 建筑玩具 1.jpg"和"DIY 建筑玩具 2.jpg"图像文件。将这两幅图像分离，删除背景白色。

（4）将两幅分离的图像分别组成组合，使用工具箱内的"任意变形工具" ，适当调整两幅图像组合的大小和位置，效果如图 5-1-1 所示。

至此，整个动画制作完毕，该动画的时间轴如图 5-1-32 所示。

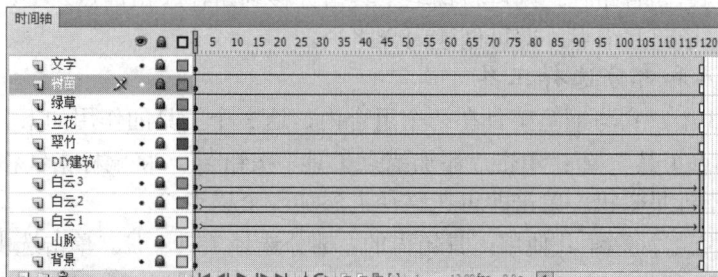

图 5-1-32　"欧奇儿童 DIY 建筑益智玩具 Banner"动画的时间轴

5.1.3 知识链接

1．关于路径

在 Flash 中绘制有线条的图形时，会创建一个路径。路径由一条或多条直线和曲线路径段（简称线段）组成。路径的起始点和结束点都有锚点标记，锚点也称节点。路径可以是闭合的（如矩形图形），也可以是开放的，有明显的终点（如波浪线）。

使用工具箱内的"部分选取工具" ，拖动选中路径对象，拖动路径的锚点、锚点切线的端点，可以改变路径的形状。路径端点就是路径突然改变方向的点，路径的锚点可分为两种，即角点和平滑点。在角点处，可以连接任何两条直线路径或一条直线路径和一条曲线路径；在平滑点处，路径段连接为连续曲线。可以使用角点和平滑点的任意组合绘制路径，可以连接两条曲线段。锚点切线始终与锚点处的曲线路径相切（与半径垂直）。每条锚点切线的角度决定了曲线路经的斜率，而每条锚点切线的长度决定了曲线路径的高度或深度。关于路径的基本名词如图 5-1-33 所示。

应用到开放或闭合路径内部区域的颜色、渐变色或位图都可以称为填充。笔触有粗细、颜色和图案。创建路径或图形后，可以更改其路径轮廓线和填充的属性。

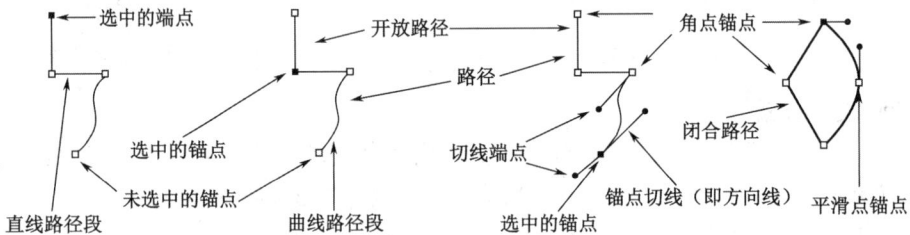

图 5-1-33　路径、锚点和锚点切线

2．用钢笔工具绘制直线路径

（1）使用工具箱内的"钢笔工具" ，将鼠标指针移到舞台工作区内，此时的鼠标指针呈 ×状，单击即可创建路径的起始锚点。

（2）将鼠标指针移到路径终点处，双击即可创建一条直线路径；或者单击路径终点处，再使用工具箱内的其他工具；或者按住 Ctrl 键，同时单击路径外的任意位置。

（3）在创建路径的起始锚点后，单击下一个转折角点锚点，创建一条直线路径，再单击下一个转折角点锚点，如此继续，在路径终点锚点处双击，即可创建直线折线路径。另外，按住 Shift 键的同时单击，则可以使新创建的直线路径的角度限制为 45° 的倍数。

（4）如果要创建闭合路径，则可将钢笔工具指针移到路径起始锚点之上，当钢笔工具指针呈 状时，单击路径起始锚点，即可创建闭合路径。

3．锚点工具和部分选择工具

锚点工具有 3 个，它与钢笔工具在一个组合内，这 3 个工具的作用如下。

（1）"添加锚点工具" ：单击"添加锚点工具"按钮 ，将鼠标指针移到路径之上没有锚点处，该鼠标指针呈 +状。单击即可在路径上添加一个锚点。

（2）"删除锚点工具" ：使用工具箱内的"部分选择工具" ，单击选中路径。单击"删除锚点工具"按钮 ，将鼠标指针移到路径的锚点处，鼠标指针呈 +状。单击即可删除锚点。用鼠标拖动锚点，也可以删除该锚点。

✔注意_____

不要使用 Delete、Backspace 键，或者选择"编辑"→"剪切"或"编辑"→"清除"选项来删除锚点，这样会删除锚点及与之相连的路径。

_____

（3）"转换锚点工具" ⌐：使用工具箱内的"部分选择工具" ⌐，单击选中路径。单击"转换锚点工具"按钮 ⌐，将鼠标指针移到平滑点锚点处，单击锚点即可将平滑点锚点转换为角点锚点。如果拖动角点锚点，则可以将角点锚点转换为平滑点锚点。在使用平滑点的情况下，按 Shift+C 组合键，可以将"钢笔工具" ⌐ 切换为"转换锚点工具" ⌐。

（4）"部分选择工具" ⌐：利用该工具可以改变路径和矢量图形的形状。使用工具箱内的"部分选择工具" ⌐，再选中线条或有轮廓线的图形，可以看到，图形轮廓线之上显示了路径线，路经线上会有一些绿色亮点，这些绿色亮点是路径的锚点，如图 5-1-34 所示。拖动锚点，可以改变线和轮廓线（及相应的图形）的形状，如图 5-1-35 所示。

使用工具箱内的"部分选择工具" ⌐，再拖动出一个矩形框，将线条或轮廓线的图形全部围起来，会显示路径和矢量图形的锚点和锚点切线。拖动移动切线端点可以调整切线，同时改变与该锚点连接的路径和图形形状，如图 5-1-36 所示。

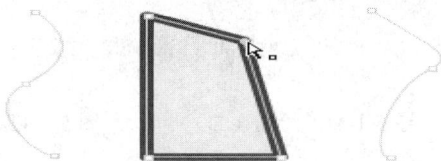

图 5-1-34　锚点　　　　　图 5-1-35　改变图形形状　　　　图 5-1-36　路径锚点和切线调整

平滑点锚点处始终有两条锚点切线；角点锚点处可以有两条、一条或者没有锚点切线，这取决于它分别连接两条、一条还是没有连接曲线段。连接直线路经的端点锚点处没有锚点切线，连接曲线路经的端点锚点处有一条锚点切线。调整角点锚点的切线时，只调整与锚点切线同侧的曲线路径。调整平滑点锚点的切线时，两条切线呈一条直线，同时旋转移动，与锚点连接的两侧曲线路经同步调整，保持该锚点处的连续曲线。如果使用工具箱内的"转换锚点工具" ⌐ 拖动调整锚点切线的端点，则只可以调整与该端点连接的切线。另外，按住 Alt 键的同时拖动调整锚点切线的端点，也可以只调整与该端点连接的锚点切线。

4．用钢笔工具绘制曲线

利用钢笔工具可以绘制矢量直线与曲线。绘制直线时，只要单击直线的起点与终点即可。绘制曲线时采用贝赛尔绘图方式，它通常有如下两种方法。

（1）先绘曲线再定切线：使用工具箱中的"钢笔工具" ⌐，在舞台工作区中，单击要绘制的曲线的起点处；再单击下一个锚点处，则在两个锚点之间会产生一条线段；在不松开鼠标左键的情况下拖动鼠标，会出现两个控制点和它们之间的蓝色直线，如图 5-1-37 所示，蓝色直线是曲线的切线；再拖动鼠标，可改变切线的位置，以确定曲线的形状。

如果曲线有多个锚点，则应依次单击下一个锚点，并在不松开鼠标左键的情况下拖动鼠标以产生两个锚点之间的曲线，如图 5-1-38 所示。直线或曲线绘制完成后双击，即可结束该线的绘制。绘制完成后的曲线如图 5-1-39 所示。

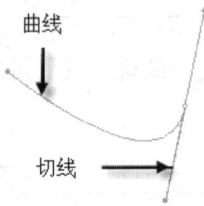

图 5-1-37　贝赛尔绘图方式（一）　　图 5-1-38　绘图（一）　　图 5-1-39　绘制完成的曲线（一）

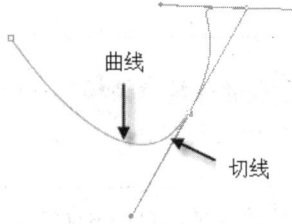

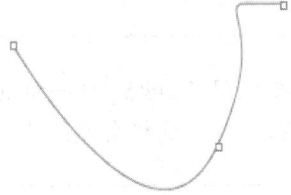

（2）先定切线再绘曲线：使用工具箱内的"钢笔工具"，在舞台工作区中，单击要绘制曲线的起点，不松开鼠标左键，拖动鼠标以形成方向合适的蓝色直线切线，然后松开鼠标左键，此时会产生一条直线切线。再单击下一个锚点处，则该锚点与起点锚点之间会产生一条曲线，如图 5-1-40 所示。按住鼠标左键不放，拖动鼠标，即可产生第二个锚点的切线，如图 5-1-41 所示。松开鼠标左键，即可绘制一条曲线，如图 5-1-42 所示。

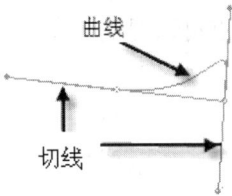

图 5-1-40　贝赛尔绘图方式（二）　　图 5-1-41　绘图（二）　　图 5-1-42　绘制完成的曲线（二）

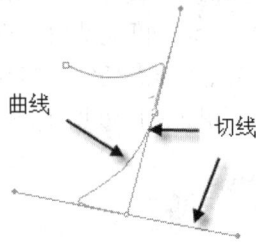

如果曲线有多个锚点，则应依次单击下一个锚点，并在不松开鼠标左键的情况下拖动鼠标以产生两个锚点之间的曲线。曲线绘制完成后双击，即可结束该曲线的绘制。

5．钢笔工具指针

使用"钢笔工具"可以绘制精确的路径（如直线或平滑流畅的曲线）。将"钢笔工具"的指针移到路径线或墨点之上时，会显示不同形状的指针，反映了当前的绘制状态。

（1）初始锚点指针：使用工具箱内的"钢笔工具"，将指针移到舞台，可以看到该鼠标指针。该指针指示了单击舞台后将创建初始锚点，它是新路径的开始，终止现有的绘图路径。

（2）连续锚点指针：该指针指示下一次单击时将创建一个新锚点，并用一条直线路径与前一个锚点相连接。在创建所有定义的锚点（路径的初始锚点除外）时，显示此指针。

（3）添加锚点指针：使用工具箱内的"部分选择工具"选择路径，将鼠标指针移到路径之上没有锚点处，会显示该鼠标指针。单击即可在路径上添加一个锚点。

（4）删除锚点指针：使用工具箱内的"部分选择工具"选择路径，将鼠标指针移到路径上的锚点处，会显示该鼠标指针。单击即可删除路径上的这个锚点。

（5）继续路径指针：使用工具箱内的"部分选择工具"选择路径，将鼠标指针移到路径上的端点锚点处，会显示该鼠标指针，可以继续在原路径基础之上创建路径。

（6）闭合路径指针：在绘制完路径后，将鼠标指针移到路径的起始锚点处，单击即可使路径闭合，形成闭合路径。生成的路径没有将任何指定的填充设置应用于封闭路径内。如果要给路径内部填充颜色或位图，则应使用"颜料桶工具"。

（7）连接路径指针 🖐□ ：在绘制完一条路径后，不选中该路径。再绘制另一条路径后，将鼠标指针移到另一条路径的起始锚点处，单击即可将两条路径连成一条路径。

（8）回缩贝塞尔手柄指针 🖐▸ ：使用工具箱内的"部分选择工具" ▹ 选择路径，将鼠标指针移到路径上的平滑点锚点处单击，可将它转换为角点锚点，并使与该锚点连接的曲线改为直线。

思考练习 5-1

1．绘制"熊猫"图形，如图 5-1-43 所示。

2．制作"小花"图形，如图 5-1-44 所示，在上面画几朵小花。

3．制作"双花"动画，该动画播放后的一幅画面如图 5-1-45 所示。可以看到，有两束光不断来回扫射，照射着两束小花。

图 5-1-43 "熊猫"图形　　　图 5-1-44 "小花"图形　　　图 5-1-45 "双花"动画画面

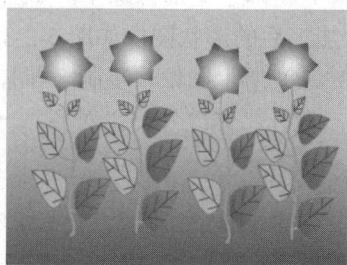

4．绘制"兰花"图形，如图 5-1-46 所示。

5．制作"映日荷花"图形，如图 5-1-47 所示。它由红色的鲜花、绿色的荷叶和叶茎组成，显得美丽、清新，一派欣欣向荣。

图 5-1-46 "兰花"图形　　　图 5-1-47 "映日荷花"图形

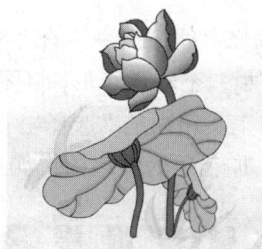

5.2 【动画 14】中国古建筑 Logo

5.2.1 动画效果

"中国古建筑 Logo"图像如图 5-2-1 所示，它是"中国古建筑"网页的 Logo。在该图像中，蓝色的城墙代表长城，红色建筑代表中国古建筑，绿色树叶象征绿色环保。

5.2.2　制作方法

1．制作城墙

（1）新建一个 Flash 文档，设置舞台工作区的宽为300 像素，高为 260 像素，背景色为白色。选择"视图"→"网格"→"编辑网格"选项，弹出"网格"对话框，选中"显示网格"复选框，设置网格宽和高均为 15 像素。单击"确定"按钮，在舞台工作区内显示网格。

（2）使用工具箱内的"矩形工具" 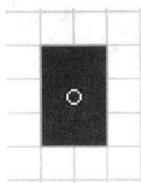，设置无轮
廓线，填充色为蓝色。单击"选项"栏中的"对象绘制"按钮 ⊙，进入"对象绘制"模式。绘制一个宽 270 像素、高 45 像素的矩形，如图 5-2-2 所示。再绘制一个宽 15 像素、高 45 像素的红色矩形，将红色矩形移到蓝色矩形之上，使它们的一部分相交，如图 5-2-3（a）所示。

（3）使用工具箱内的"选择工具" ▶，将两个矩形都选中，如图 5-2-3（a）所示。选择"修改"→"合并对象"→"打孔"选项，加工后的形状图像如图 5-2-3（b）所示。

（4）按住 Alt 键，8 次拖动图 5-2-3（b）所示图像，复制 8 幅图像。将它们在水平方向排齐，水平间距为 0。将 9 幅图像都选中，选择"修改"→"对齐"→"顶对齐"选项，将 9 幅图像顶部对齐，如图 5-2-4 所示。

图 5-2-1　"中国古建筑 LOGO"图像

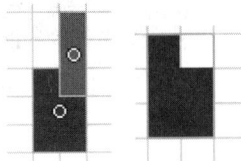
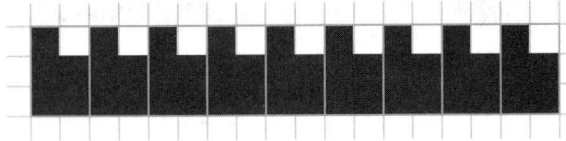

　　图 5-2-2　蓝色矩形　　　图 5-2-3　打孔效果　　　　　图 5-2-4　复制 8 个图像

（5）选择"修改"→"合并对象"→"联合"选项，将选中图像联合成一幅图像。

（6）绘制一个红色矩形，将图 5-2-5 所示图像右边的 15 个像素宽的矩形遮盖住，如图 5-2-7 所示。使用工具箱内的"选择工具" ▶ 将所有图像都选中，选择"修改"→"合并对象"→"打孔"选项，加工后的城墙图像如图 5-2-6 所示。

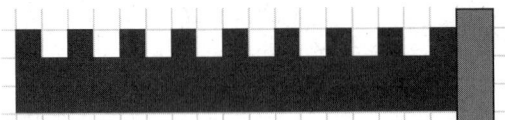

　　　　图 5-2-5　红色矩形　　　　　　　　　　图 5-2-6　城墙形状图像

2．制作房屋和绿叶

（1）使用工具箱内的"矩形工具" ▢，设置无轮廓线，填充色为棕色。单击"选项"栏中"对象绘制"按钮 ⊙，绘制一个宽 220 像素、高 130 像素的矩形，如图 5-2-7 所示。

（2）使用工具箱内的"椭圆工具" ⬭，设置无轮廓线，填充色为绿色。在舞台工作区外

边绘制一个直径 120 像素的圆形。使用工具箱内的"矩形工具"，绘制一个宽 120 像素、高 80 像素的蓝色矩形。再使用工具箱内的"选择工具"，将矩形移到圆形下半圆处，如图 5-2-8 所示。

（3）将圆形和矩形都选中，选择"修改"→"合并对象"→"联合"选项，将选中的图像联合。再将联合的图像移到图 5-2-7 所示的矩形图像之上，如图 5-2-9（a）所示。

（4）将图 5-2-9（a）所示图像都选中，选择"修改"→"合并对象"→"打孔"选项，效果如图 5-2-9（b）所示。

（a）　　　　　　　　　　（b）

图 5-2-7　绘制红色矩形　　　图 5-2-8　圆形和矩形　　　　　图 5-2-9　打孔过程与效果

（5）设置笔触颜色为黄色，笔触高度为 2 点，使用工具箱内的"钢笔工具"，依次单击三角形的各个顶点，最后单击起点，绘制一个三角形图像，如图 5-2-10 所示。

（6）使用工具箱内的"椭圆工具"，设置无轮廓线，填充色为绿色。单击"选项"栏中的"对象绘制"按钮。绘制一个椭圆形，再复制一份，如图 5-2-11（a）所示。

（7）选择"修改"→"合并对象"→"裁切"选项，或者选择"修改"→"合并对象"→"交集"选项，加工后的树叶图像如图 5-2-11（b）所示。

（8）使用工具箱内的"任意变形工具"，调整该图像的大小，逆时针旋转一定角度，再复制一份并移到右边。将复制的叶子图像水平翻转，效果如图 5-2-12 所示。

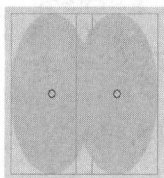

（a）　　　　（b）

图 5-2-10　三角形图像　　　图 5-2-11　两个椭圆交集效果　　　图 5-2-12　叶子图像水平翻转

（9）将城墙和房屋、绿叶图像分别转换为影片剪辑实例，再添加"斜角"滤镜效果。调整绘制的各图像对象的位置和大小，组成如图 5-2-1 所示的中国古建筑 Logo。

知识链接

1．绘制模式

Flash 有两种绘制模式，一种是"合并绘制"模式，另一种是"对象绘制"模式，使用不同模式绘制的图形具有不同的特点。选择绘图工具后，工具箱的"选项"栏中有一个"对象绘制"按钮，当它处于弹起状态时，表示"合并绘制"模式；当它处于按下状态时，表示"对象绘制"模式。这两种绘制模式的特点如下。

（1）"合并绘制"模式：此时绘制的图形在选中时，图形上有一层小白点，如图 5-2-13 所示。重叠绘制的图形，会自动进行合并。使用合并对象的"联合"操作可以转换为形状。

（2）"对象绘制"模式：此时绘制的图形被选中时，图形四周有一个浅蓝色矩形框，如图 5-2-14 所示。在该模式下，绘制的图形是一个独立的对象，且在叠加时不会自动合并，分开重叠图形时，也不会改变其外形，还可以使用合并对象的所有操作。

在两种模式下都可以使用"选择工具" ↖ 和"橡皮擦工具" ✏ 来改变图形的形状等。

为了将这两种不同绘图模式下绘制的图形进行区分，可以将在"合并绘制"模式下绘制的图形称为图形，在"对象绘制"模式下绘制的图形称为形状。

2．绘制图元图形

除了"合并绘制"和"对象绘制"绘制模式外，Flash 还提供了图元对象绘制模式。使用工具箱内的"基本矩形工具" ▢ 和"基本椭圆工具" ⊘ （即"图元矩形工具"和"图元椭圆工具"）创建图元矩形或图元椭圆形时，不同于在"合并绘制"模式下绘制的图形，也不同于在"对象绘制"模式下绘制的形状，它绘制的是由轮廓线和填充组成的一个独立的图元对象。

（1）绘制图元矩形图形：使用工具箱内的"基本矩形工具"，其"属性"面板与"矩形工具"的"属性"面板一样，在该面板内进行设置后，即可通过拖动绘制图元矩形。

使用工具箱内的"基本矩形工具"按钮 ▢，拖动出一个图元矩形图形，在不松开鼠标左键的情况下，按 ↑ 键或 ↓ 键，即可改变矩形的四角圆角半径。当圆角达到所需角度时，松开鼠标左键即可，如图 5-2-15（a）所示。

在绘制完如图 5-2-15（b）所示的图元矩形后，使用工具箱内的"选择工具" ↖，拖动图元矩形图形四角的手柄，可以改变矩形图形四角圆角半径，如图 5-2-15（c）所示。

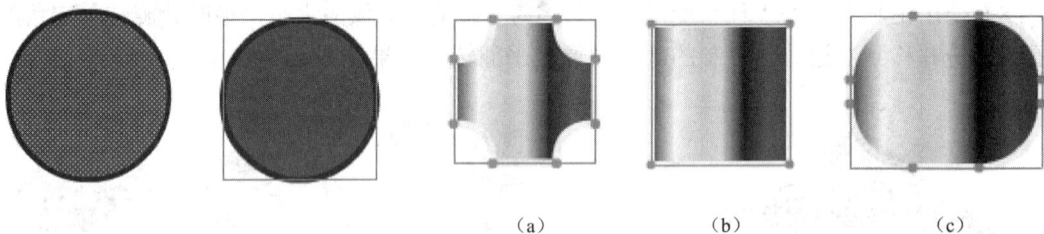

(a)　　　　　　(b)　　　　　　(c)

图 5-2-13　"合并　　图 5-2-14　"对象
绘制"模式图形　　绘制"模式形状　　　　　　图 5-2-15　图元矩形调整

（2）绘制图元椭圆图形：使用工具箱内的"基本椭圆工具" ⊘，其"属性"面板与"椭圆工具" ◯ 的"属性"面板一样，进行设置后，可通过拖动绘制图元椭圆，如图 5-2-16（a）所示。

绘制完图元椭圆后，使用工具箱内的"选择工具" ↖，拖动图元椭圆内手柄，可调整椭圆内径大小，如图 5-2-16（b）所示；拖动图元椭圆轮廓线上的手柄，可调整扇形角度，如图 5-2-16（c）所示；拖动图元椭圆中心点手柄，可调整内圆大小，如图 5-2-16（d）所示。

双击图元对象，弹出"编辑对象"对话框，提示要编辑图元对象必须将图元对象转换为绘制对象，单击"确定"按钮，即可完成转换，并进入"绘制对象"编辑状态。

双击在"对象绘制"模式下绘制的形状，可以进入对象的编辑状态，如图 5-2-17 所示。进行编辑修改后，单击 ⇦ 按钮，回到主场景。双击绘制的图元图形，会弹出提示对话框，单击"确定"按钮后，将图元图形转换为形状对象，再进入对象的编辑状态。

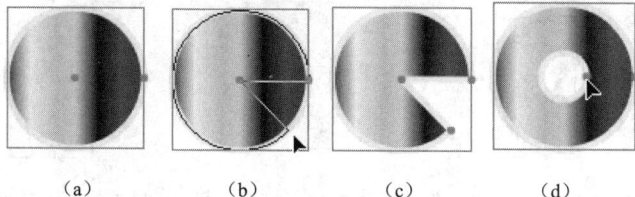

图 5-2-16 图元图形和调整

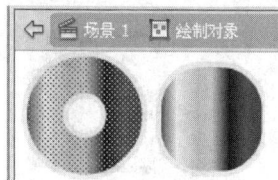

图 5-2-17 形状对象的编辑状态

3．两类 Flash 对象的特点

Flash 可以创建多种类型的对象，如"合并绘制"模式下绘制的图形、"对象绘制"模式下绘制的形状、图元图形、导入的位图、文字、组合、由"库"面板内元件产生的实例等。

从选中后是否蒙上一层小黑点，可以将对象分为两大类，一类是"合并绘制"模式下绘制的图形和分离后的对象，另一类是"对象绘制"模式下绘制的形状、图元图形、位图、文字、元件实例和组合等。

第一类对象选中后其上会蒙上一层小黑点，可以用"橡皮擦工具" 🖊 擦除，可以使用"套索工具" 🔾 或"选择工具" 🔖 选中部分对象，可以进行扭曲和封套变形调整，可以创建形状动画（即变形动画，以后将介绍）等；当两幅图形重叠后，利用"选择工具" 🔖 移开其中一幅图形时会将另一个图形的重叠部分删除。

第二类对象选中后，对象四周会出现蓝色的矩形或由白点组成的矩形（位图对象），上述操作基本不能执行（对于形状，可以用"橡皮擦工具" 🖊 擦除）。

选中第一类对象后，选择"修改"→"组合"选项，可将对象转换为第二类对象。选中第二类对象后，选择"修改"→"分离"选项，可将这类对象（文字对象应为单个对象）分离为第一类对象。

4．合并对象

合并对象有联合、交集、打孔和裁切 4 种方式。选中多个对象，选择"修改"→"合并对象"→"××××"选项，可以合并选中对象。如果选中的是形状和图元等对象，则"××××"选项有 4 种；如果选中的对象中有图形，则"××××"选项只有"联合"。

（1）对象联合：可以进行联合操作的对象有图形、分离的文字、形状（"对象绘图"模式下绘制的图形，或者是进行了一次联合操作后的对象）和分离的图像，不可以对文字、位图图像和组合对象进行联合操作。进行联合操作后的对象变为一个对象，它的四周有一个蓝色矩形框。选中两个或多个对象，选择"修改"→"合并对象"→"联合"选项，可以将一个或多个对象合并为单个形状对象。

（2）对象交集：选中两个或多个形状对象（如图 5-2-18 所示，两个形状对象重叠了一部分），选择"修改"→"合并对象"→"交集"选项，可创建它们的交集（相互重叠部分）对象，如图 5-2-19 所示。最上面的形状对象的颜色决定了交集后形状的颜色。

（3）对象打孔：选中两个或多个形状对象（图 5-2-18），选择"修改"→"合并对象"→"打孔"选项，可以创建它们的打孔对象，如图 5-2-20 所示。通常按照上边形状对象的形状删除其下边形状对象的相应部分。

（4）对象裁切：选中两个或多个形状对象（图 5-2-18），选择"修改"→"合并对象"→"裁切"选项，可以创建它们的裁切对象，如图 5-2-21 所示。裁切对象的形状由它们相互重叠部分的轮廓线和填充及下边形状的对象决定。

135

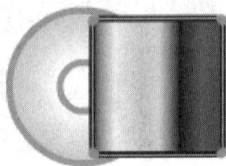 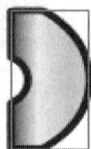  

图 5-2-18　两个形状对象　　　图 5-2-19　交集对象　　图 5-2-20　打孔对象　　图 5-2-21　裁切对象

思考练习 5-2

1．制作"滚动风景图像"动画，该动画是"中华美景"网站中的一个动画，该动画播放后的一幅画面如图 5-2-22 所示。背景是黑色胶片状图形，多幅风景图像不断从右向左移动，形成电影图片效果；一幅小花图像位于滚动风景图像的右则，花朵围绕中心不断转圈。

提示

在"对象绘制"模式下，绘制如图 5-2-23 所示的红色小正方形和黑色矩形，选中所有图形，选择"修改"→"合并对象"→"打孔"选项，用右下角的红色小正方形将黑色矩形打出一个小正方形小孔。打开"历史记录"面板，选择"打孔"选项。单击"重放"按钮（相当于选择"修改"→"合并对象"→"打孔"选项），将右下角的第 2 个红色小正方形打孔。

图 5-2-22　"滚动风景图像"动画画面　　　　图 5-2-23　两行红色小正方形和黑色矩形

2．绘制"标志"图形，如图 5-2-24 所示。绘制"卡通"图像，如图 5-2-25 所示。

3．绘制"机器猫"图形和"汽车徽标"图形，如图 5-2-26 所示。

　　　　　　　　　　　　　　　　　　　　　　　　　（a）　　　　　　（b）

图 5-2-24　"标志"图形　　图 5-2-25　"卡通"图像　　图 5-2-26　"机器猫"和"汽车徽标"图形

5.3 【动画 15】欢乐蝴蝶园 Banner

5.3.1 动画效果

"欢乐蝴蝶园 Banner"动画是"欢乐蝴蝶园"网页内的广告 Banner。该动画运行后的一幅画面如图 5-3-1 所示，可以看到，画面中有鲜花、绿树和许多飞舞的蝴蝶，在画面的左上角有两个指针表来回摆动，象征着欢快。指针表和【动画 12】"早买早便宜 Banner"动画中的指针表一样，只是制作方法不同。左边指针表摆起后再摆回原处，撞击中间的指针表，右边指针表摆起，当右边指针表摆回原处后撞击中间的指针表，左边指针表再次摆起。周而复始，不断运动。右上角是立体标题文字"欢乐蝴蝶园"，其下是宣传口号"欢欢乐乐宝宝园地"。

图 5-3-1 "欢乐蝴蝶园 Banner"动画播放后的一幅画面

5.3.2 制作方法

1. 制作几个影片剪辑元件

（1）新建一个 Flash 文档。设置舞台工作区的宽为 1000 像素、高为 400 像素。以"欢乐蝴蝶园 Banner.fla"为名保存在"【动画 15】欢乐蝴蝶园 Banner"文件夹内。

（2）创建并进入"红彩珠"影片剪辑元件的编辑状态，在舞台中心绘制一幅宽和高均为 15 像素的圆形，圆形内填充白色到红色的径向渐变色，无轮廓线，再回到主场景。

（3）将"库"面板内的"红彩珠"元件直接复制 4 次，其名称分别为"绿彩珠"、"蓝彩珠"、"紫彩珠"和"棕彩珠"。

（4）双击"库"面板内的"绿彩珠"影片剪辑元件，进入其编辑状态。将彩球的填充改为白色到绿色。再分别将"库"面板内的"蓝彩珠"、"紫彩珠"和"棕彩珠"影片剪辑元件内的彩球颜色更换为白色到蓝色、白色到紫色和白色到棕色。

（5）按照【动画 12】"早买早便宜 Banner"动画中介绍的方法，制作"七彩环 1"影片剪辑元件，其内圆环宽度为 10 点，颜色为七彩色，无填充，宽和高均为 100 像素，如图 5-3-2 所示。将"七彩环 1"影片剪辑元件复制 1 次，创建一个名称为"七彩环 2"的影片剪辑元件，将其内的七彩圆环宽度改为 3 点，宽和高均为 100 像素。

（6）创建并进入"逆时针自转七彩环"影片剪辑元件的编辑状态。选中"图层 1"图层第 1 帧，将"库"面板内的"七彩环 1"影片剪辑元件拖动到舞台正中心，制作"图层 1"图层第

1 帧～第 120 帧传统补间动画。选中第 1 帧，在其"属性"面板内的"旋转"下拉列表中选择"逆时针"选项，在其右边的文本框中输入"1"，回到主场景。

（7）按照上述方法，制作一个"顺时针自转七彩环"影片剪辑元件，其中心位置放置"七彩环 2"影片剪辑元件的实例。制作"图层 1"图层第 1 帧～第 120 帧动画。选中"图层 1"图层第 1 帧，在其"属性"面板的"旋转"下拉列表框中选择"顺时针"选项，回到主场景。

（8）创建并进入"横杆"影片剪辑元件的编辑状态，绘制一幅无轮廓线、填充七彩渐变色、宽 586 像素、高 11 像素的水平条状矩形，回到主场景。

2．制作"表盘"影片剪辑元件

（1）创建并进入"表盘"影片剪辑元件的编辑状态，使用工具箱内的"Deco 工具" ，在"属性"面板的"绘图效果"下拉列表中选择"对称刷子"选项，在"高级选项"下拉列表框内选择"旋转"选项，选中"测试冲突"复选框。

（2）单击"编辑"按钮，弹出"选择元件"对话框，选择"红彩珠"影片剪辑元件，如图 5-3-3 所示。单击"确定"按钮，用"红彩珠"影片剪辑元件替换默认元件，同时关闭"选择元件"对话框。此时的"属性"面板如图 5-3-4 所示。

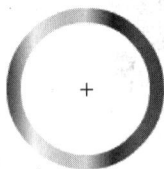

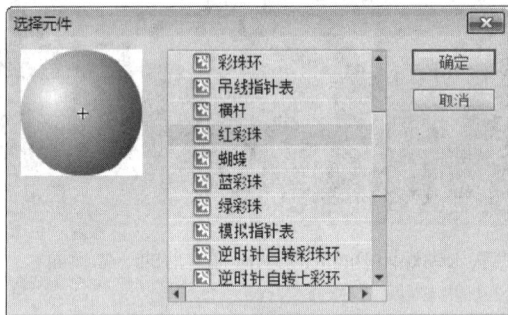

图 5-3-2　七彩环　　　　图 5-3-3　"选择元件"对话框　　　　图 5-3-4　Deco 工具的"属性"面板

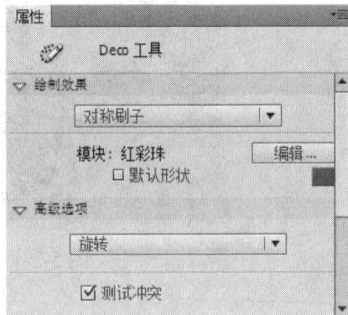

（3）在中心点外单击，创建一个由"红彩珠"影片剪辑实例组成的圆环图形，移动鼠标指针，调整圆环图形的大小，它的中心点始终在十字中心线处。逆时针或顺时针拖动数量控制柄，调整圆环图形中的"红彩珠"影片剪辑实例的个数，如图 5-3-5 所示。

（4）弹出"选择元件"对话框，选择"绿彩珠"影片剪辑元件，单击"确定"按钮。在红彩珠圆环图形外单击，创建一个由绿彩珠组成的圆环图形，如图 3-3-6 所示。

（5）按照上述方法，再制作 3 个其他颜色的彩珠圆环图形，如图 3-3-7 所示。

（6）制作"图层 1"图层第 1 帧～第 120 帧的动作动画。选中第 1 帧，在其"属性"面板的"旋转"下拉列表中选择"顺时针"选项，在其右边的文本框中输入"1"。回到主场景，完成"表盘"影片剪辑元件的制作。

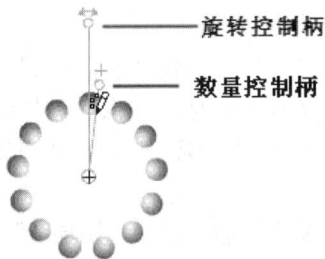

图 5-3-5　红彩珠圆形　　　　图 3-3-6　绿彩珠圆环　　　　图 3-3-7　彩珠圆环图形

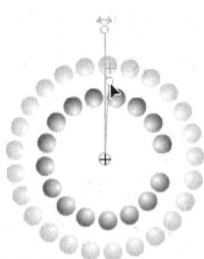

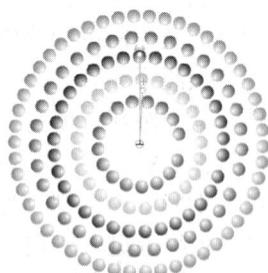

3．制作"模拟指针表"影片剪辑元件

（1）创建并进入"模拟指针表"影片剪辑元件的编辑状态。选中"图层 1"图层第 1 帧，将"库"面板中的"表盘"影片剪辑元件拖动到舞台工作区中，形成一个"表盘"影片剪辑实例。在"属性"面板内设置其宽和高均为 300 像素，"X"和"Y"均为"0"。

（2）将"库"面板中的"逆时针自转七彩环"影片剪辑元件拖动到舞台工作区中，形成一个影片剪辑实例。调整其宽和高均为 60 像素，使该实例位于舞台工作区的正中心。

（3）再将"库"面板中的"顺时针自转七彩环"影片剪辑元件拖动到舞台工作区中，形成一个实例，利用"属性"面板调整其宽和高均为 310 像素，"X"和"Y"均为"0"。

（4）在"图层 1"图层之上添加"图层 2"图层，选中该图层第 1 帧。使用工具箱内的"线条工具" ，在其"属性"面板内设置笔触高为 3pts，笔触颜色为红色。按住 Shift 键，从中心垂直向上拖动出一条垂直直线。在其"属性"面板的"高"文本框中输入"110"。

（5）使用工具箱内的"椭圆工具" ，在直线下端绘制一个直径为 10 像素的圆形，表示时针，在其"属性"面板内，设置 X 和 Y 的值均为"-5"。使用工具箱内的"任意变形工具" ，选中绘制的垂直线条和小圆形，拖动它们的中心点，使其移到小圆形的中心处，如图 5-3-8 所示。

（6）制作"图层 2"图层第 1 帧～第 120 帧的动作动画。选中第 1 帧，在其"属性"面板的"旋转"下拉列表中选择"顺时针"选项，在其右边的文本框中输入"1"。

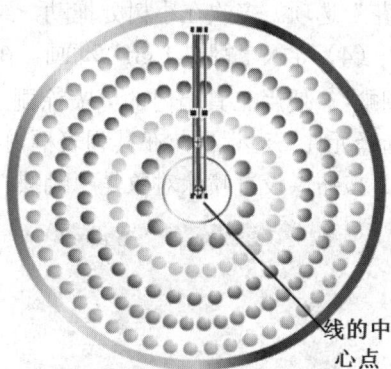

线的中心点

图 5-3-8　调整线的中心点

注意

制作完动画后，必须保证第 1 帧和第 120 帧内垂直线条的中心点不变。

（7）在"图层 2"图层之上新建"图层 3"图层，选中该图层第 1 帧。按照上述方法绘制一条线宽为 2pts 的蓝色垂直线条，在直线下端绘制一个小圆形，表示时针。使用工具箱内的"任意变形工具" ，选中垂直线条和小圆形，拖动中心点到小圆形中心处。在其"属性"面板内，设置"宽"为"2"，"高"为"160"，X 和 Y 的值均为"0"。

（8）制作"图层 3"图层第 1 帧～第 120 帧的传统补间动画。选中第 1 帧，在其"属性"面板的"旋转"下拉列表中选择"顺时针"选项，在其右边的文本框中输入"12"。

（9）选中"图层 1"图层第 120 帧，按 F5 键，创建第 2 帧～第 120 帧的普通帧。至此，"模拟指针表"影片剪辑元件制作完毕，其时间轴如图 5-3-9 所示，回到主场景。

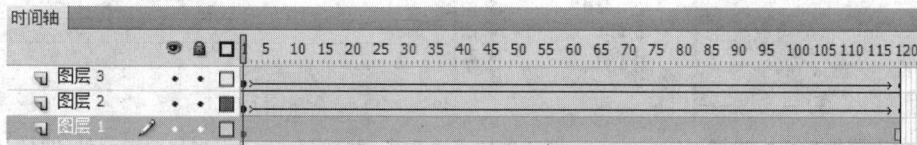

图 5-3-9　"模拟指针表"影片剪辑元件的时间轴

4．制作园林花树和蝴蝶图形

（1）将主场景"图层1"图层的名称更改为"背景"，在该图层的上边创建7个图层，从下至上将它们的名称更改为"花园"、"蝴蝶"、"中指针表"、"左指针表"、"右指针表"、"横杆"和"文字"。选中"背景"图层第1帧，导入一幅"风景.jpg"图像，在其内调整它的宽为1000像素，高为400像素，X和Y的值均为0，如图5-3-1所示。

（2）选中"花园"图层第1帧，使用工具箱内的"Deco工具" ，在"属性"面板的"绘图效果"下拉列表中选择"树刷子"选项，在"高级选项"下拉列表内选择"园林植物"选项，在"树比例"文本框内输入"100"，如图5-3-10所示。多次在舞台工作区下边垂直向上拖动，绘制几棵有红花的小树图形，如图5-3-1所示。

（3）在"绘图效果"下拉列表中选择"花刷子"选项，在"高级选项"下拉列表内选择"园林花"选项。多次在小树处拖动，绘制一些小花图形，如图5-3-1所示。

（4）导入"蝴蝶1.gif"动画，在"库"面板内生成一个影片剪辑元件，将它的名称更改为"蝴蝶"。使用工具箱内的"喷涂刷工具" ，单击其"属性"面板内的"编辑"按钮，弹出"选择元件"对话框，在其列表框内选择"蝴蝶"影片剪辑元件，如图5-3-11所示。单击"确定"按钮，设置喷涂对象是"蝴蝶"影片剪辑元件的实例。

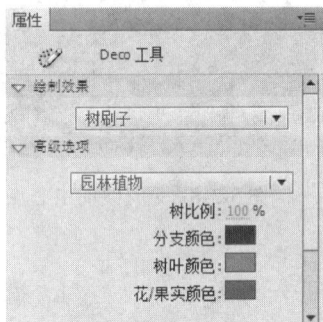

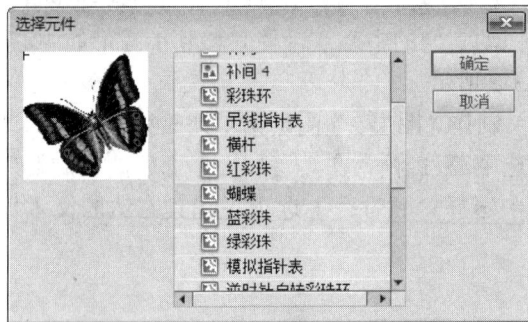

图 5-3-10　"属性"面板　　　　　　　图 5-3-11　"选择元件"对话框

（5）在"属性"面板内设置"缩放宽度"和"缩放高度"为"5"，其他设置如图5-3-12所示。单击舞台工作区，创建多个"蝴蝶"影片剪辑实例罗列在一起形成的组合。双击该组合，进入其编辑状态，将罗列在一起的"蝴蝶"影片剪辑实例移到不同的位置，再回到主场景，如图5-3-1所示。

至此，该影片剪辑元件制作完毕，其时间轴如图5-3-13所示。

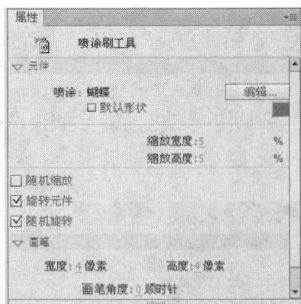

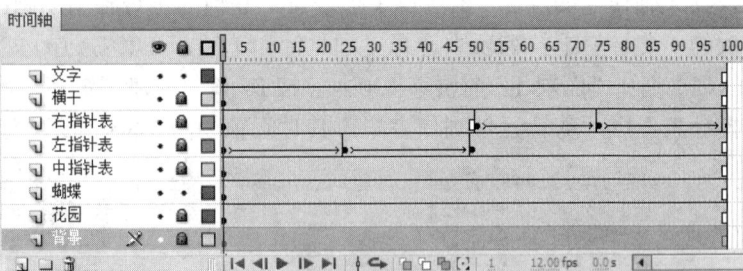

图 5-3-12　"属性"面板设置　　　　图 5-3-13　"欢乐蝴蝶园 Banner"影片剪辑元件的时间轴

5.3.3 知识链接

1．使用喷涂刷工具创建图案

在默认情况下，利用"喷涂刷工具"🖼可以使用当前设置的填充颜色喷射粒子点。在设置的图形或影片剪辑元件内的图形、图像或动画等为喷涂后，使用喷涂刷工具可以将设置的图形或影片剪辑元件内的图形、图像或动画等喷涂到舞台工作区内。其基本方法如下。

（1）制作影片剪辑元件或图形元件，其内可以绘制各种图形、导入图像、制作动画等。例如，创建一个名称为"象"的影片剪辑元件，其内是一个名称为"象.gif"的 GIF 格式动画的各帧图像，其中一帧图像如图 5-3-14（a）所示；再制作了一个名称为"米老鼠"的影片剪辑元件，其中一帧画面如图 5-3-14（b）所示。

（2）使用工具箱内的"喷涂刷工具"🖼，打开"喷涂刷工具"的"属性"面板，这里采用了默认喷涂粒子（小圆点）的喷涂刷工具的"属性"面板，如图 5-3-15 所示。

（3）单击"编辑"按钮，即可弹出"选择元件"对话框，如图 5-3-16 所示。其内的列表框中列出了本影片

（a）　　　　（b）

图 5-3-14　"象"和"米老鼠"影片剪辑
元件影片剪辑元件一帧的图像

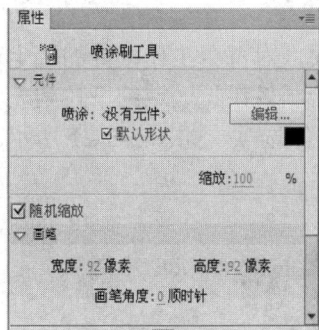

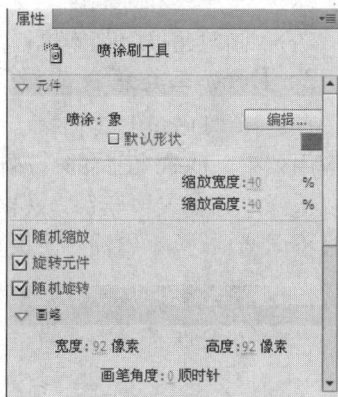

所有元件的名称和相应的图标，选中其中的元件后（如选中"象"影片剪辑元件），如图 5-3-17 所示。单击该对话框内的"确定"按钮，即可设置喷涂形状是"象"影片剪辑元件内的动画。

图 5-3-15　"属性"面板　　图 5-3-16　"选择元件"对话框　图 5-3-17　喷涂刷工具"属性"面板

（4）需要在喷涂刷工具的"属性"面板内设置喷涂点填充色（采用默认喷涂粒子、黑色、圆形时）、大小、随机特点、画笔宽度和高度等。

（5）在舞台工作区内要显示图案的位置单击或拖动，即可创建动画或图像。

按照图 5-3-15 进行设置（颜色为黑色）后，单击几次舞台工作区后的效果如图 5-3-18 所示。按照图 5-3-17 所示设置后，喷涂效果如图 5-3-19（a）所示。如果在"选择元件"对话框内选择了"米老鼠"影片剪辑元件，则喷涂效果如图 5-3-19（b）所示。

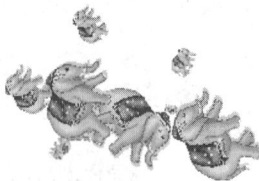

(a)   (b)

图 5-3-18 喷涂黑色圆点   图 5-3-19 喷涂"象"或"米老鼠"影片剪辑元件实例

2．喷涂刷工具参数设置

喷涂刷工具的"属性"面板中"元件"和"画笔"区域内各选项的作用如下。

（1）颜色选取器   ：在选中"默认形状"复选框（采用默认喷涂）后，单击此按钮可以打开"颜色"面板，用来设置默认粒子的填充色。使用元件作为喷涂粒子时，需禁用此复选框。

（2）"缩放"文本框：在选中"默认形状"复选框后，该文本框会出现，它用来缩放用做喷涂粒子的圆形的直径。

（3）"缩放宽度"文本框：用来缩放用做喷涂粒子的元件实例宽度为原宽度的百分数。例如，若输入值为 10%，则将使实例宽度缩小为原宽度的 10%。

（4）"缩放高度"文本框：用来缩放用做喷涂粒子的元件实例高度为原高度的百分数。

（5）"随机缩放"复选框：用来指定按随机缩放比例将每个喷涂粒子放置在舞台上。

（6）"旋转元件"复选框：确定围绕中心点旋转基于元件的喷涂粒子。

（7）"随机旋转"复选框：用来指定按随机旋转角度喷涂基于元件的喷涂粒子。

（8）"宽度"和"高度"文本框：用来确定画笔的宽度和高度。

（9）"画笔角度"文本框：用来确定画笔顺时针旋转的角度。

3．Deco 工具藤蔓式效果

在选择"Deco 工具"   后，可以从"属性"面板中选择效果，对舞台工作区内的选定对象应用效果。Deco 工具的"属性"面板如图 5-3-20 所示。在"绘制效果"区域的下拉列表中可以选择"藤蔓式填充"、"网格填充"、"对称刷子"、"3D 刷子"等选项，如图 5-3-21 所示。选择不同选项时，"属性"面板内的参数会不同，如图 5-3-20 所示。

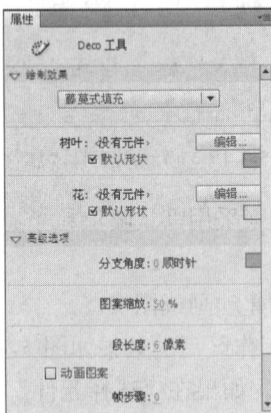

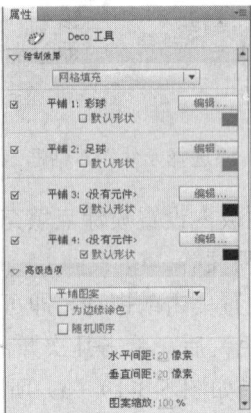

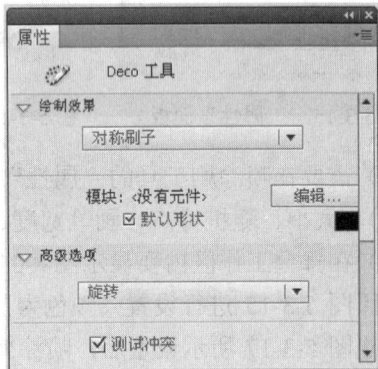

(a)   (b)   (c)

图 5-3-20 Deco 工具的"属性"面板

利用藤蔓式填充效果，可以用藤蔓式图案填充舞台工作区、元件实例或封闭区域。藤蔓式图案由叶子、花朵和花茎 3 部分组成，叶子和花朵可以用元件替代，花茎可以更换颜色；在采用默认形状（默认叶子和花朵）时，叶子和花朵的颜色可以更换。使用工具箱内的"Deco 工具"，在"属性"面板中的"绘制效果"下拉列表中选择"藤蔓式填充"选项，此时的"属性"面板如图 5-3-20（a）所示。其内各选项的作用如下。

（1）"默认形状"复选框：选中"树叶"和"花"区域内的"默认形状"复选框后，藤蔓式图案中的叶子和花采用默认的叶子和默认的花。此时可以更换叶子和花的颜色。

（2）"编辑"按钮：单击"编辑"按钮，可以弹出"选择元件"对话框，选择一个自定义元件，单击"确定"按钮，用选定的元件替换默认花朵元件和叶子元件。

（3）"分支角度"文本框：用来设置花茎的角度。

（4）"分支颜色"图标：设置花茎的颜色。

（5）"图案缩放"文本框：设置藤蔓式图案的缩放比例。

（6）"段长度"文本框：设置叶子节点和花朵节点之间的段长度。

（7）"动画图案"复选框：选中它后，按一定的时间间隔，将绘制的图案保存在新关键帧中。在绘制图案时，可以创建花朵图案的逐帧动画。

（8）"帧步骤"文本框：设置绘制图案时每秒新产生关键帧的数量。

使用工具箱内的"Deco 工具"，在"属性"面板内设置花的颜色为红色后，单击舞台，绘制效果如图 5-3-21 所示。

创建"叶"和"花"影片剪辑元件，在其内分别绘制一幅叶子和一幅花图案，宽和高均为 20 像素。在 Deco 工具的"属性"面板内用"叶"和"花"影片剪辑元件分别替代默认的叶子和花，

图 5-3-21　图形效果

设置有关参数。例如，"分支角度"值为"6"，"图案缩放"值为"50%"，"段长度"值为"0.5"。多次单击舞台工作区内的空白处，可以利用绘制的叶子和花绘制图案。当元件内的图案变化，选择的参数不同时，单击舞台工作区后形成的图案会不同。

4．Deco 工具网格效果

可以使用默认元件图案（宽度和高度均为 25 像素、无笔触的黑色正方形）给舞台工作区、元件实例或封闭区域进行网格填充，创建棋盘图案。也可以使用"库"面板中的元件图案替代默认的元件图案进行网格填充。移动填充的元件图案或调整元件图案大小，则网格填充也会随之进行相应的调整。可以设置填充形状的水平间距、垂直间距和缩放比例。应用网格填充效果后，将无法更改"属性"面板中的高级选项。

使用工具箱内的"Deco 工具"，在"属性"面板中的"绘制效果"下拉列表中选择"网格填充"选项。此时的"属性"面板如图 5-3-20（b）所示。各选项的作用如下。

（1）4 个平铺区域：可以用来确定 4 个基本图案，用这 4 个基本图案进行平铺。

（2）"默认形状"复选框：选中该复选框后，使用默认元件图案进行网格填充。

（3）"编辑"按钮：单击"编辑"按钮，可以弹出"选择元件"对话框。

（4）"水平间距"文本框：设置网格填充中所用元件图案之间的水平距离。

（5）"垂直间距"文本框：设置网格填充中所用元件图案之间的垂直距离。

（6）"图案缩放"文本框：设置元件图案放大和缩小的百分比。

例如，在 4 个"平铺"区域中均选中"默认形状"复选框，将"水平间距"和"垂直间距"

设置为 5 像素，"图案缩放"设置为 50%，单击红色矩形内左上角，创建的图形如图 5-3-22 所示；在"平铺 1"区域内设置"象"影片剪辑元件为图案，在"平铺 2"区域内设置"花"影片剪辑元件为图案，"水平间距"和"垂直间距"设置为 6 像素，"图案缩放"设置为 50%，单击舞台工作区内左上角，创建的图形如图 5-3-23 所示。

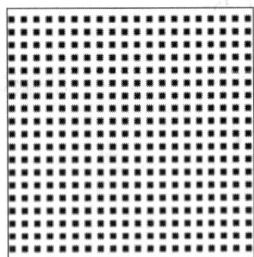

图 5-3-22　图形效果（红色矩形）

图 5-3-23　图形效果（花和象）

5．Deco 工具对称刷子效果

使用"对称刷子"选项，可以围绕中心点对称排列元件。使用工具箱内的"Deco 工具"后，在其"属性"面板内"绘制效果"下拉列表内选择"对称刷子"选项，再进行设置，单击舞台工作区，即可创建由元件图案组成的对称图案。同时会显示两个手柄，拖动并调整手柄可调整元件图案的大小和个数等。此时，Deco 工具的"属性"（选择对称刷子绘制效果）面板内各选项的作用如下。

（1）"默认形状"复选框：选中该复选框后，对称效果的默认元件是宽和高均为 25 像素、无笔触的黑色正方形。此时可以更换颜色。

（2）"编辑"按钮：单击"编辑"按钮，可以弹出"选择元件"对话框，选择一个自定义元件，单击"确定"按钮，可用选定的元件替换默认元件（正方形图形）。

（3）"高级选项"下拉列表：其中有 4 个选项，各选项的作用如下。

①"绕点旋转"选项：创建围绕中心点对称旋转的图形。单击中心点外即可产生一圈元件图案，在不松开鼠标左键的情况下，按圆形轨迹拖动，可围绕中心点旋转图形，如图 5-3-24 所示。拖动旋转手柄，可围绕中心旋转图形；拖动数量手柄，可调整一圈中图案的个数，如图 5-3-25 所示。拖动中心点，可移动中心点，平移整个图形。

②"跨线反射"选项：单击中心点外，可创建按照不可见线条等距离镜像元件实例的图形，如图 5-3-26 所示。不松开鼠标左键拖动可以调整两个元件图案的间距；拖动并旋转手柄，可围绕中心旋转图形；拖动移动中心点，可平移整个图形。

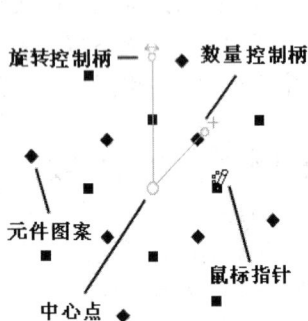

图 5-3-24　绕中心点旋转图形

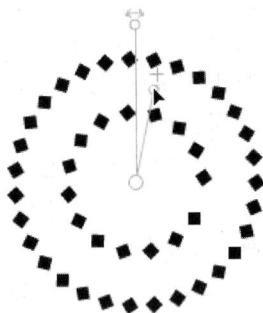

图 5-3-25　调整元件图案的个数

图 5-3-26　跨线反射图形

③"跨点反射"选项：创建围绕固定点等距离镜像元件图案的图形。单击中心点外即可产生对称图形，如图 5-3-27 所示。调整设置与"跨线反射"基本相同。

④"网格平移"选项：创建按对称效果绘制的网格图形，如图 5-3-28 所示。单击后即可创

建形状网格。拖动控制手柄，可以旋转图形，改变图案个数，调整图形的高度和宽度。

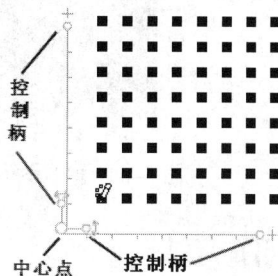

图 5-3-27　跨点反射图形　　　　　　图 5-3-28　网格平移图形

（4）"测试冲突"复选框：选中该复选框后，不管增加多少元件图案，都可以防止元件图案重叠。若不选中该复选框，则允许元件图案重叠。

 思考练习 5-3 ....

1．使用喷涂刷工具，制作星空图形，制作火焰动画。

2．使用 Deco 工具，制作棋盘图形，制作如图 5-3-29 所示的图形。

图 5-3-29　建筑物图形

3．选择"花刷子"和"树刷子"灯绘制效果，绘制有鲜花、绿树和小草的花园。

5.4　【动画 16】摄影展厅 Banner

5.4.1　动画效果

"摄影展厅 Banner"动画是"摄影"网站的 Banner，该动画播放后的一幅画面如图 5-4-1 所示。展厅的地面是黑白相间的大理石，房顶明灯倒挂，3 面墙有摄影图像，给人富丽堂皇的感觉；中间的鲜花摄影图像不断切换，左下边有两个儿童不断挥手并撒花欢迎参观者，一个儿童不断地上下跳跃，表示欢迎；两边的摄影图像和黑白相间的地面图像具有透视效果。

图 5-4-1　"摄影展厅 Banner"动画播放后的一幅画面

5.4.2　制作方法

1．绘制线条和填充"灯"图像

（1）新建一个 Flash 文档。设置舞台工作区的宽为 1000 像素，高为 400 像素，背景色为黄色。以"摄影展厅 Banner.fla"为名保存在"【动画 16】摄影展厅 Banner"文件夹内。

（2）选择"视图"→"网格"→"标尺"选项，显示标尺，创建 4 条垂直辅助线和 2 条水平辅助线。将"图层 1"图层的名称改为"背景和顶部"，在"背景和顶部"图层之上创建 6 个图层，从下向上依次命名为"地面"、"左图"、"右图"、"正面图"、"儿童跳跃"和"儿童欢迎"。

（3）选中"背景和顶部"图层第 1 帧，使用工具箱内的"矩形工具" ▭ ，设置无填充，轮廓线颜色为黑色，在其"属性"面板内设置笔触高度为"2"。沿着舞台工作区边缘绘制一条矩形轮廓线，在其"属性"面板内设置宽为 1000 像素、高 300 像素，X 和 Y 的值均为"0"。再绘制一条矩形轮廓线，如图 2-2-2 所示。

（4）使用工具箱内的"线条工具" ╱ ，在两幅矩形图形的顶角之间绘制 4 条斜线，在中间矩形内绘制 2 条垂直线，绘制展厅的布局线条图形，如图 5-4-2 所示。

（5）将"灯.jpg"图像、"TU1.jpg"～"TU8.jpg"、"鲜花 1.jpg"、"风景 1.jpg"、"建筑 1.jpg"和"建筑 2.jpg"图像，以及"儿童 1.gif"和"儿童 2.gif"动画导入到"库"面板中。打开"颜色"面板，在"样式"下拉列表中选中"位图填充"选项，如图 5-4-3 所示。

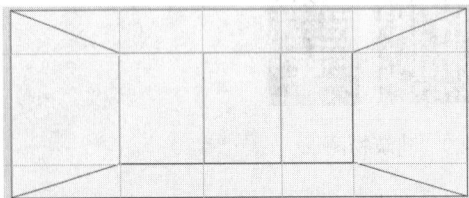

图 5-4-2　绘制展厅的线条

图 5-4-3　"颜色"面板

（6）选中"颜色"面板中的"灯"图像，再使用工具箱内的"颜料桶工具" ▨ ，单击上边的梯形内部，在梯形内部填充"灯"图像。填充后的效果如图 5-4-4 所示。

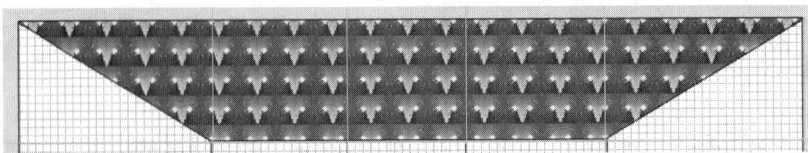

图 5-4-4　给展厅房顶填充"灯"图像

（7）使用工具箱内的"渐变变形工具"按钮 ↔ ，单击填充的图像，使图像出现一些控制柄。用鼠标拖动并调整这些控制柄，形成展厅房顶的吊灯图像，如图 5-4-5 所示。

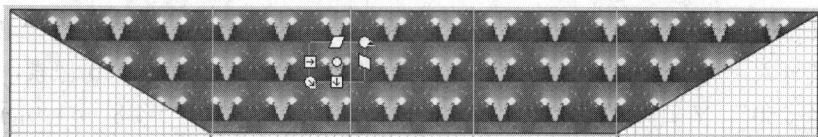

图 5-4-5　展厅房顶吊灯图像效果

2．制作正面画面

（1）创建并进入"图像切换"影片剪辑元件的编辑状态，按住 Ctrl 键，选中第 10、20、30、40、50、60、70 帧，按 F7 键，创建 7 个空关键帧。

（2）选中"图层 1"图层的第 1 帧，将"库"面板内的"TU1.jpg"图像元件拖动到舞台工作区内，在其"属性"面板内的"X"和"Y"数字框内均输入"0"，在"宽"和"高"数字框内分别输入"150"和"200"，设置图像左上角位于舞台中心十字线交点处，设置图像大小的宽为 150 像素，高为 200 像素。

（3）选中"图层 1"图层第 10 帧，将"库"面板内的"TU2.jpg"图像元件拖动到舞台工作区内，设置该图像左上角位于舞台中心，图像宽为 150 像素，高为 200 像素。

按照上述方法在"图层 1"图层第 20、30、40、50、60、70 帧中分别插入"TU3.jpg"～"TU8.jpg"图像，调整这些图像大小和位置，使其与舞台中的"TU1.jpg"图像一样。

（4）选中"图层 1"图层第 89 帧，按 F5 键，使第 80 帧～第 89 帧内容一样。此时"图像切换"影片剪辑元件的时间轴如图 5-4-6 所示。

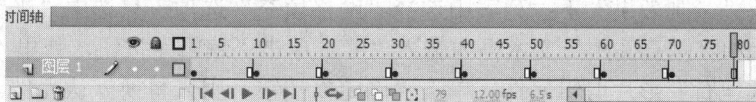

图 5-4-6　"图像切换"影片剪辑元件的时间轴

（5）选中"正面图"图层第 1 帧，将"库"面板中"建筑 1.jpg"和"建筑 2.jpg"图像拖动到舞台工作区中。再使用工具箱内的"任意变形工具" ，调整图像的大小和位置，使它们位于展厅正面左边和右边的矩形框架内。

（6）选中"正面图"图层第 1 帧，将"库"面板中"图像切换"影片剪辑元件拖动到舞台工作区中。再使用工具箱内的"任意变形工具" ，调整图像的大小和位置，使它们位于展厅正面中间的矩形框架内，如图 5-4-7 所示。

图 5-4-7　摄影展厅的正面图像和影片剪辑实例

3．准备影片剪辑实例

（1）在舞台工作区内显示网格。创建一个"左图"影片剪辑元件，为其导入"库"面板内的"风景 1.jpg"图像，调整它的宽为 500 像素，高为 400 像素，X 的值为"-250"，Y 的值为

"-200"，使其位于舞台中心处，如图5-4-8（a）所示。回到主场景，创建一个"右图"影片剪辑元件，为其导入"库"面板内的"鲜花1.jpg"图像，调整它的宽为500像素，高为400像素，X值为"-250"，Y值为"-200"，使其位于舞台中心处，如图5-4-8（b）所示。

（2）创建并进入"大理石"影片剪辑元件编辑状态，使用工具箱内的"矩形工具" ▢ ，绘制一个高和宽均为20像素，X和Y的值均为0的黑色正方形。再在该图形右边绘制一个同样大小的白色正方形，X值为20像素，Y值为0。将它们组成组合，如图5-4-9（a）所示。

（3）将正方形组合复制一份，移到原来正方形组合的下边，如图5-4-9（b）所示。选中复制的正方形组合，在其"属性"面板内设置X值为0，Y值为20像素，再将复制的两个正方形组合并水平翻转，如图5-4-9（c）所示。

（a）　　　　　　　　（b）　　　　　　　　（a）　（b）　（c）

图5-4-8　"左图"和"右图"影片剪辑元件内图像　　　图5-4-9　几个正方形

（4）创建并进入"大理石1"影片剪辑元件编辑状态，使用工具箱内的"Deco工具" ✐ ，在"属性"面板"绘制效果"下拉列表中选择"网格填充"选项。只选中"平铺1"复选框，在"水平间距"和"垂直间距"文本框内输入"0"。单击"编辑"按钮，弹出"选择元件"对话框，选择"大理石"影片剪辑元件，单击"确定"按钮，用来替换默认元件。

（5）单击舞台中心处，生成黑白相间的大理石画面。使用工具箱内的"选择工具" ▶ ，拖动黑白大理石画面，使它的左上角与舞台中心点对齐，如图5-4-10所示。

4．制作透视图像

（1）选中"左图"图层第1帧，将"库"面板内的"左图"影片剪辑元件拖动到舞台内左边的梯形轮廓线处，调整大小和位置；选中"右图"图层第1帧，将"库"面板内的"右图"影片剪辑元件拖动到舞台右边的梯形轮廓线处，调整大小和位置；选中"地面"图层第1帧，将"库"面板内的"大理石1"影片剪辑元件拖动到舞台内，调整其大小和位置，效果如图5-4-11所示。

（2）隐藏"地面"图层。使用工具箱内的"选择工具" ▶ ，选中"左图"图层第1帧内的"左图"影片剪辑实例，使用工具箱内的"3D旋转工具" ● ，使"左图"影片剪辑实例成为3D对象，在"左图"影片剪辑实例之上会叠加一个彩轴指示符，即有红色垂直线（X控件）、绿色水平线（Y控件）、蓝色圆形轮廓线（Z控件），如图5-4-12所示。

图5-4-10　黑白相间大理石画面　　　　　图5-4-11　添加3个影片剪辑实例

（3）将鼠标指针移到绿线之上时，鼠标指针右下方会显示"Y"，上下拖动 Y 轴控件，可以使"左图"影片剪辑实例围绕 Y 轴旋转；在"3D 旋转工具" ⚪ 的"属性"面板内，拖动调整"透视角度" 📷 区域内文本框中的数据，可以改变"左图"影片剪辑实例的透视角度；使用工具箱内的"任意变形工具" ⚐ ，可以调整"左图"影片剪辑实例的大小和倾斜角度。如果在操作中有误，则可以按 Ctrl+Z 组合键，撤销刚刚完成的操作。以调整透视角度为主，辅助进行其他调整，最后调整结果如图 5-4-13 所示。

（4）选中"右图"图层第 1 帧内的"右图"影片剪辑实例，使用工具箱内的"3D 旋转工具" ⚪ ，使"右图"影片剪辑实例成为 3D 对象，在该 3D 对象之上叠加一个彩轴指示符。将鼠标指针移到绿线之上，当鼠标指针右下方显示"Y"时，上下拖动 Y 轴控件，使该 3D 对象围绕 Y 轴旋转。使用工具箱内的"任意变形工具" ⚐ ，调整"右图"影片剪辑实例的大小和倾斜角度。反复调整，使其结果与图 5-4-13 所示相似。在调整"右图"影片剪辑实例时，只可以微调"透视角度"，因为对"右图"影片剪辑实例的透视角度也会有影响。

图 5-4-12　左侧实例调整　　　　图 5-4-13　　"左图"和"右图"影片剪辑元件调整效果

（5）显示"地面"图层。使用工具箱内的"任意变形工具" ⚐ ，将"地面"图层第 1 帧内的"大理石 1"影片剪辑实例在垂直方向上调大一些，再移到图 5-4-14 所示位置。

（6）使用工具箱内的"3D 旋转工具" ⚪ ，使"大理石 1"影片剪辑实例成为 3D 对象，在其上叠加一个彩轴指示符。将鼠标指针移动到彩轴指示符中心位置，拖动调整彩轴指示符到"大理石 1"影片剪辑实例的中心位置。

（7）将鼠标指针移到红线之上时，鼠标指针右下方会显示"X"，表示可以围绕 X 轴旋转 3D 对象，左右拖动 X 轴控件可以围绕 X 轴旋转"大理石 1"影片剪辑实例。调整到与图 5-4-14 所示相似为止。

（8）使用工具箱内的"任意变形工具" ⚐ ，调整"大理石 1"影片剪辑实例的倾斜角度和大小，效果如图 5-4-14 所示。。

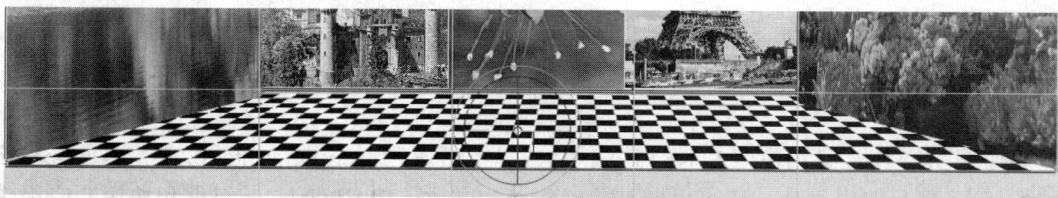

图 5-4-14　　"大理石 1"影片剪辑实例的 3D 旋转调整

5．制作儿童动画

（1）选中"儿童跳跃"图层第1帧，将"库"面板内的"元件1"影片剪辑元件（其内是"儿童1.gif"动画各帧画面）的名称改为"儿童1"，拖动"儿童1"影片剪辑元件到展厅内的左边偏上一些，如图5-4-15（a）所示。

（2）创建"儿童跳跃"图层第1帧到第30帧再到第60帧的传统补间动画，选中第30帧，垂直向上拖动调整该帧内"儿童1"影片剪辑实例的位置，如图5-4-15（b）所示，从而制作出"儿童1"影片剪辑实例上下跳跃的动画。

（3）选中"儿童欢迎"图层第1帧，将"库"面板内的"元件2"影片剪辑元件（其内是"儿童2.gif"动画各帧画面）的名称改为"儿童2"，拖动"儿童2"影片剪辑元件到展厅内的左边，如图5-4-16所示。

（a） （b）

图5-4-15 第1帧和第30帧"儿童1"影片剪辑实例的位置 图5-4-16 "儿童2"影片剪辑实例

（4）显示所有图层。按住Ctrl键，选中除了"儿童跳跃"图层外所有图层的第60帧，按F5键，使这些图层所有帧的内容都与第1帧的内容相同。该动画的时间轴如图5-4-17所示。

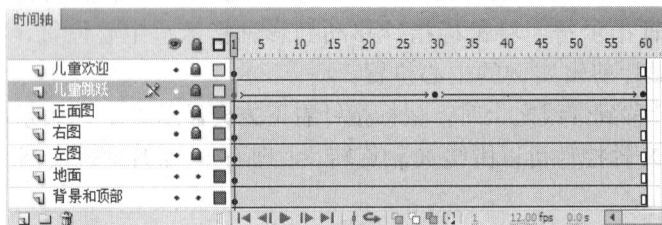

图5-4-17 "摄影展厅Banner"动画的时间轴

5.4.3 知识链接

1．3D空间

要使用3D功能，必须使用Flash Player 10或以上版本和ActionScript 3.0。使用ActionScript 3.0时，除了影片剪辑之外，还可以向其他对象（如文本、FLVPlayback组件和按钮）应用3D属性。在3D术语中，在3D空间中移动一个对象称为平移，在3D空间中旋转一个对象称为变形。将这两种效果中的任意一种应用于影片剪辑实例后都会将其视为一个3D影片剪辑实例，每当选择它时就会显示一个重叠在其上面的彩轴指示符。

Flash CS 5.5 借助于简单易用的全新 3D 旋转工具和 3D 平移工具,允许在舞台工作区内的 3D 空间中旋转和平移影片剪辑实例,从而创建 3D 效果。在 3D 空间中,每个影片剪辑实例的属性中不但有 X 轴和 Y 轴参数,还有 Z 轴参数。使用 3D 旋转工具和 3D 平移工具可以使影片剪辑实例沿着 Z 轴旋转和平移,给影片剪辑实例添加 3D 透视效果。

使用工具箱内的"3D 旋转工具" 或"3D 平移工具" ,单击舞台工作区内的影片剪辑实例,即可使该影片剪辑实例成为 3D 影片剪辑实例,即 3D 对象。使用工具箱内的"选择工具" ,选中舞台工作区内的影片剪辑实例,再利用"3D 旋转工具" 或"3D 平移工具" ,也可以使选中的影片剪辑实例成为 3D 影片剪辑实例。使用 3D 工具选中对象后,3D 对象之上会叠加显示彩轴指示符。

使用工具箱内"选项"栏中的"全局转换"按钮 ,则 3D 平移和 3D 旋转工具会处于全局 3D 空间模式,"3D 平移工具"控制器和"3D 旋转工具"控制器叠加在选中的 3D 对象之上,如图 5-4-18;如果工具箱"选项"栏中的"全局转换"按钮 呈抬起状态,则 3D 平移和 3D 旋转工具处于局部 3D 空间模式,"3D 平移工具"控制器和"3D 旋转工具"控制器叠加在选中的 3D 对象之上,如图 5-4-19 所示。

注意

每个 Flash 文档只有一个"透视角度"和"消失点"。另外,不能对遮罩层上的对象使用 3D 工具,包含 3D 对象的图层也不能用做遮罩层。

   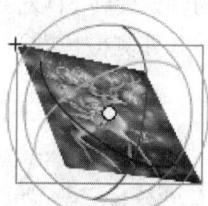

| （a） | （b） | （a） | （b） |

图 5-4-18　全局 3D 平移和 3D 旋转工具叠加　　　图 5-4-19　局部 3D 平移和 3D 旋转工具叠加

2.3D 平移调整

在使用工具箱内的"3D 平移工具" 后,选中影片剪辑实例,可以在 3D 空间中移动影片剪辑实例。该影片剪辑实例之上会叠加显示一个彩轴指示符,即显示 X、Y 和 Z(表示垂直于画面的箭头)3 个轴。X 轴为红色箭头,Y 轴为绿色箭头,而 Z 轴为黑色点或蓝色箭头。将鼠标指针移到红色箭头之上时,可以沿 X 轴拖动移动 3D 对象;将鼠标指针移到绿色箭头之上时,可以沿 Y 轴拖动移动 3D 对象;将鼠标指针移到黑色点或蓝色箭头之上时,可以沿 Z 轴(通过中心点垂直于画面的轴)拖动移动 3D 对象,而使 3D 对象变大或变小。

如果要使用"属性"面板移动 3D 对象,则可在"属性"面板的"3D 定位和查看"区域内输入 X、Y 或 Z 的值。在 Z 轴上移动 3D 对象时,对象的外观尺寸将发生变化。外观尺寸在"属性"面板中显示为"3D 位置和查看"区域内的"宽度"和"高度"的值。这些值是只读的。

在选中多个 3D 对象时，可以使用工具箱内的"3D 平移工具" ↙移动其中一个选定对象，其他对象将以相同的方式移动。按住 Shift 键并 2 次单击其中一个选中对象，可将轴控件移动到该对象；双击 Z 轴控件，可以将轴控件移动到多个所选对象的中间。

✓注意

如果更改了 3D 影片剪辑的 Z 轴位置，则该影片剪辑实例在显示时也会改变其 X 和 Y 轴的位置。这是因为，Z 轴上的移动是沿着从 3D 消失点（在 3D 对象"属性"面板中设置）辐射到舞台工作区边缘的不可见透视线执行的。

3．3D 旋转调整

使用"3D 旋转工具" 🔵可以在 3D 空间中旋转影片剪辑实例。3D 旋转控件出现在舞台工作区上的选中对象之上。使用橙色的自由旋转控件可同时绕 X 轴和 Y 轴旋转。

使用工具箱内的"3D 旋转工具" 🔵，选中影片剪辑实例，可以在 3D 空间中旋转影片剪辑实例。在使用该工具选择影片剪辑实例后，影片剪辑实例之上会叠加显示一个彩轴指示符，即显示 X、Y 和 Z 3 个控件。X 控件为红色线、Y 控件为绿色线、Z 控件为蓝色圆。

在使用工具箱内的"3D 旋转工具"后，将鼠标指针移到红色线之上时，鼠标指针右下方会显示"X"，表示可围绕 X 轴旋转 3D 对象，左右拖动 X 轴控件可以围绕 X 轴旋转 3D 对象，如图 5-4-20 所示；将鼠标指针移到绿色线之上时，鼠标指针右下方会显示"Y"，表示可围绕 Y 轴旋转 3D 对象，上下拖动 Y 轴控件可以围绕 Y 轴旋转 3D 对象，如图 5-4-21 所示；将鼠标指针移到蓝色圆之上时，鼠标指针右下方会显示"Z"，表示可以围绕 Z 轴（通过中心点垂直于画面的轴）旋转 3D 对象，拖动 Z 轴控件，可以围绕 Z 轴旋转，如图 5-4-22 所示。拖动自由旋转控件（外侧橙色圈）可同时围绕 X 轴和 Y 轴旋转。

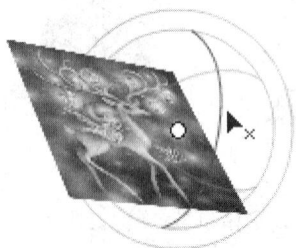

图 5-4-20　围绕 X 轴旋转　　　图 5-4-21　围绕 Y 轴旋转　　　图 5-4-22　围绕 Z 轴旋转

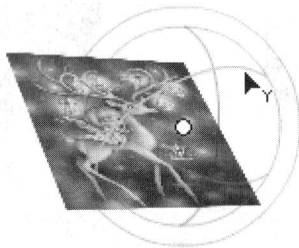

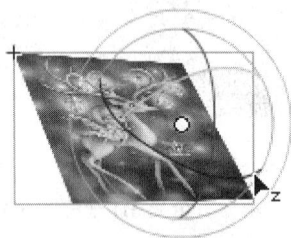

如果要相对于影片剪辑实例重新定位旋转控件中心点，则可拖动中心点。如果要按 45°约束中心点的移动，则可在按住 Shift 键的同时拖动。移动旋转中心点可以控制旋转对于对象及其外观的影响。双击中心点可将其移回所选影片剪辑的中心。所选 3D 对象的旋转控件中心点的位置在"变形"面板中显示为"3D 中心点"属性，可以在该面板中修改。

选中多个 3D 对象，3D 旋转控件（彩轴指示符）将显示为叠加在最近所选对象上的图像。所有选中的影片剪辑都将围绕 3D 中心点旋转，该中心点显示在旋转控件的中心。通过更改 3D 旋转中心点位置可以控制旋转对于对象的影响。如果要将中心点移到任意位置，则可拖动中心点。如果要将中心点移动到一个选定的影片剪辑中心处，则可以按住 Shift 键并两次单击该影片剪辑实例。如果要将中心点移到选中影片剪辑实例组的中心，则可以双击该中心点。

4．使用"变形"面板旋转 3D 对象

打开"变形"面板，在舞台工作区上选择一个或多个 3D 对象。在该面板中的"3D 旋转"区域内的 X、Y 和 Z 文本框中输入所需的值，或拖动该数值，即可旋转选中的 3D 对象。

如果要移动 3D 旋转点，则可以在"变形"面板内的"3D 中心点"区域中的 X、Y 和 Z 文本框中输入所需的值，或者通过拖动这些值进行更改。

5．透视和调整透视角度

（1）透视：离得近的物体看起来大（既宽又高）和实（清晰），而离得远的物体看起来小（既窄又矮）和虚（模糊），这种现象就是透视现象。

（2）消失点：站在马路的中心，沿着路线去看路面和两旁的楼房，会发现它们都渐渐集中到眼睛前方的一个点上，如图 5-4-23 所示。这个点在透视图中称为消失点。

（3）调整透视角度：透视角度就是控制 3D 影片剪辑实例在舞台工作区中的外观视角。减小透视角度可以使 3D 影片剪辑实例看起来更远离观察者。增大透视角度可以使 3D 影片剪辑实例看起来更接近观察者。调整透视角度与通过镜头更改视角的照相机镜头的缩放类似。

如果要在"属性"面板中查看或设置透视角度，则需选中一个 3D 影片剪辑实例（即 3D 对象）。在"属性"面板的"透视角度" 文本框内输入一个新值，或拖动这些值进行更改，如图 5-4-24 所示。对透视角度所做的更改，在舞台工作区内可以立即看到效果。透视角度值改为"132"，消失点的 X 改为"275"、Y 改为"200"，则 3D 影片剪辑实例如图 5-4-25 所示。

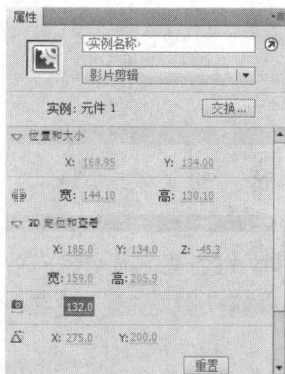

图 5-4-23　透视现象　　　图 5-4-24　3D 对象"属性"面板　　　图 5-4-25　透视角度为"132"时的效果

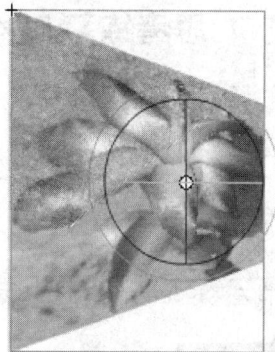

调整透视角度的数值，会影响应用 3D 平移和旋转的所有 3D 影片剪辑实例，不会影响其他影片剪辑实例。透视角度的值为 1°～180°，默认值为 55°，类似于普通照相机的镜头。

6．调整消失点

在舞台工作区上选中一个 3D 影片剪辑实例（即 3D 对象），在"属性"面板中的"消失点" 区域内的"X"或"Y"数字框内输入数值，或者拖动框内的值来改变其数值，可以改变选中的 3D 影片剪辑实例透视的消失点的位置，调整 3D 影片剪辑实例的 Z 轴方向，更改沿 Z 轴平移 3D 影片剪辑实例时的移动方向。对消失点所做的更改在舞台工作区上立即可见。

消失点的 X 值减小时，垂直辅助线水平向左移动，3D 影片剪辑实例水平拉长；消失点的 Y 值减小时，水平辅助线水平向上移动，则 3D 影片剪辑实例左边缘向上倾斜。消失点的 X 值增加时，垂直辅助线水平向右移动，3D 影片剪辑实例水平压缩；消失点的 Y 值增加时，水平辅助线水平向下移动，3D 影片剪辑实例左边缘向下倾斜。

调整"属性"面板内消失点 区域内的 X 值为"169"，Y 值为"122"，将透视角度值改为"132"时，则 3D 影片剪辑实例的消失点如图 5-4-27 所示；透视角度值不改变，消失点 X 值为"333"，Y 值为"292"时，3D 影片剪辑实例的消失点如图 5-3-28 所示。

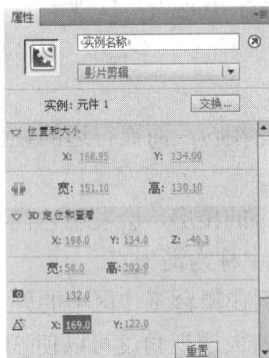

图 5-4-26　3D 对象"属性"面板　　图 5-4-27　消失点（一）　　图 5-4-28　消失点（二）

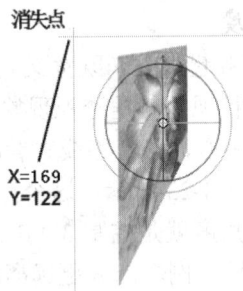

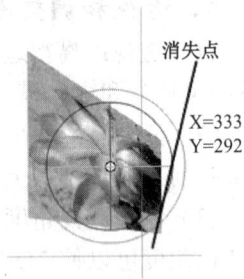

消失点属性会影响应用了 Z 轴平移或旋转的所有影片剪辑，不会影响其他影片剪辑。若要将消失点移回舞台工作区中心（默认位置），则可单击"属性"面板中的"重置"按钮。

思考练习 5-4

1．使用工具箱内的"3D 旋转工具" 、"3D 平移工具" 及"任意变形工具" ，分别加工两幅动物图像，效果如图 5-4-29 所示。

2．制作"绿色家园"动画，该动画播放后的一幅画面如图 5-4-30 所示。可以看到，蓝天白云中有飞鸟自由向左飞翔，绿地之上有高楼耸立，绿树成荫，鲜花遍地，还有 6 个彩球旋转落下，花丛中还有一簇火焰。

图 5-4-29　旋转变形图像　　　　图 5-4-30　"绿色家园"动画画面

第6章

补间动画和制作网页动画

在网页中有文字、链接文字、表格、图形、图像、动画、视频、音频、按钮等多种元素，最常见的元素就是动画。Flash 中可以制作多种类型的动画，最常见的动画是补间动画。Flash 的补间动画包括传统补间、补间和补间形状动画，传统补间动画中又包括引导动画。本章介绍了 Flash 动画的种类、特点，以及制作各种补间动画的方法。本章将进一步介绍制作传统补间动画、补间动画的方法和技巧，特别是制作旋转、摆动动画及引导动画的方法和技巧等。

6.1 【动画 17】家居设计翻页画册

6.1.1 动画效果

"家居设计翻页画册"动画是"家居设计"网站中的一个动画，该动画以画册翻页的形式展示各种家居设计效果图。该动画播放后，画册第 1 幅图像从右向左翻开后，第 2 幅图像也从右向左翻开。其中的 4 幅画面如图 6-1-1 所示。当翻页到背面后，背面与正面图像不一样。

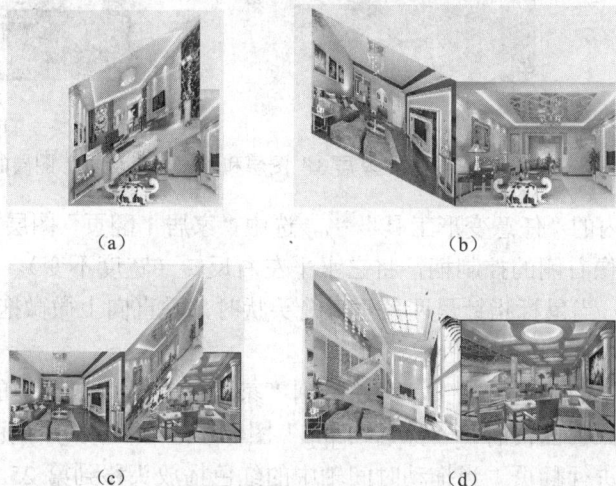

(a)　　　　　　　　　　　(b)

(c)　　　　　　　　　　　(d)

图 6-1-1　"家居设计翻页画册"动画播放后的 4 幅画面

6.1.2　制作方法

1．制作动画前的准备

（1）新建一个 Flash 文档，设置舞台工作区宽为 600 像素，高为 400 像素，背景为黄色。显示标尺，创建 3 条垂直辅助线和两条水平辅助线。以"家居设计翻页画册.fla"为名保存在"【动画 17】家居设计翻页画册"文件夹内。

（2）导入"家居 1.jpg"～"家居 5.jpg"5 幅图像到"库"面板内，在"库"面板内将 5 个图像元件命名为"家居 1.jpg"～"家居 5.jpg"。

（3）将"图层 1"图层的名称改为"家居 5"，在"家居 5"图层之上创建 5 个新图层。将新创建的图层从下到上依次更名为"家居 3"、"家居 1 翻页"、"家居 2 翻页"、"家居 3 翻页"和"家居 4 翻页"图层，如图 6-1-2 所示。

（4）选中"家居 3"图层第 1 帧，将"库"面板中的"家居 3.jpg"图像拖动到舞台工作区内，选中该图像，在其"属性"面板内设置"家居 3.jpg"图像的"宽"为 250 像素，"高"为 190 像素，"X"值为 425 像素，"Y"值为 295 像素，效果如图 6-1-3（a）所示。

（5）选中"家居 1 翻页"图层第 1 帧，将"库"面板中的"家居 1.jpg"图像拖动到舞台工作区内。在其"属性"面板内设置"家居 1.jpg"图像的大小和位置与"家居 3"图层第 1 帧内"家居 3.jpg"图像的大小和位置完全一样，效果如图 6-1-3（b）所示。

2．制作前两页的翻页动画

（1）创建"家居 1 翻页"图层的第 1 帧～第 50 帧的传统补间图像。使用工具箱内的"任意变形工具" ，选中该图层第 50 帧的图像，将该帧图像的中心标记 拖动到如图 6-1-3（b）所示的位置。再将第 50 帧复制粘贴到第 1 帧，第 1 帧图像的中心标记 位置也如图 6-1-3（b）所示。

图 6-1-2　时间轴图层　　　　图 6-1-3　"家居 3"图层和"家居 1 翻页"图层的第 1 帧画面

（2）使用工具箱内的"任意变形工具" ，选中"家居 1 翻页"图层第 50 帧"家居 1.jpg"图像，向左拖动该图像右侧的控制柄，将它水平左右反转（宽度不变）。将鼠标指针移到"家居 1"图像左边缘处，当鼠标指针呈两条垂直箭头状时，垂直向上微微拖动，使"家居 1"图像左边微微向上倾斜，如图 6-1-4 所示。

（3）拖动时间轴中的红色播放头，可以看到"家居 1 翻页"图层中的"家居 1.jpg"图像从上边进行翻页。如果前面没有将"家居 1.jpg"图像左边缘微微向上倾斜，则很可能"家居 1.jpg"图像会从下边进行翻页。当拖动时间轴中的红色播放头移到第 25 帧时，可以看到"家居 1.jpg"图像已经翻到垂直位置，如图 6-1-5 所示。

图 6-1-4 第 50 帧画面

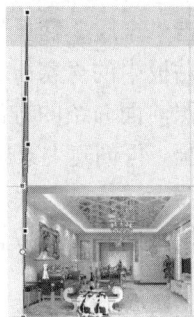

图 6-1-5 第 25 帧画面

（4）按照上述方法创建"家居 2 翻页"图层第 1 帧～第 50 帧的"家居 2.jpg"图像翻页动作动画。按住 Ctrl 键，选中"家居 1 翻页"图层第 25 帧和"家居 2 翻页"图层第 26 帧，按 F6 键，创建两个关键帧。

（5）选中"家居 3"图层第 50 帧，按 F5 键，使该图层第 1 帧～第 50 帧内容相同。按住 Shift 键，选中"家居 2 翻页"图层第 1 帧～第 25 帧，如图 6-1-6（a）所示。右击选中的帧，弹出帧快捷菜单，选择该快捷菜单中的"删除帧"选项，将选中的帧删除，效果如图 6-1-6（b）所示。

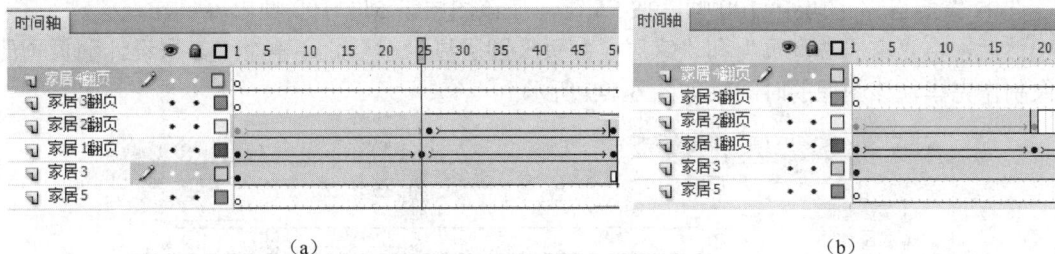

（a）

（b）

图 6-1-6 删除时间轴内的一些帧

（6）水平向右拖动选中的"家居 2 翻页"图层第 1 帧～第 25 帧，移到第 26 帧～第 50 帧处，如图 6-1-7（a）所示。按住 Shift 键，选中"家居 1 翻页"图层第 26 帧～第 50 帧，右击选中的帧，弹出帧快捷菜单，选择该快捷菜单中的"删除帧"选项，将选中的帧删除，如图 6-1-7（b）所示。

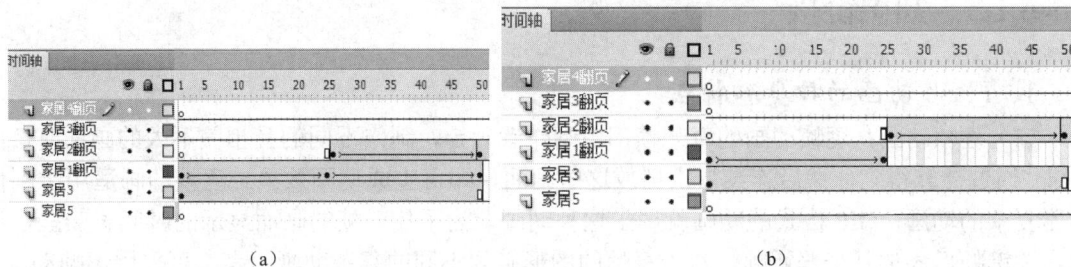

（a）

（b）

图 6-1-7 移动和删除时间轴内的一些帧

3．制作其他页翻页图像

（1）右击"家居 3"图层第 1 帧，弹出帧快捷菜单，选择该快捷菜单中的"复制帧"选项，将该帧内容（"家居 3.jpg"图像）复制到剪贴板中。

（2）右击"家居 3 翻页"图层第 51 帧，弹出帧快捷菜单，选择该快捷菜单中的"粘贴帧"选项，将剪贴板中的"家居 3"图层第 1 帧的内容粘贴到"家居 3 翻页"图层的第 51 帧内。

（3）按照前面介绍的方法，创建"家居 3 翻页"图层第 51 帧～第 100 帧"家居 3.jpg"图像的翻页动画。再创建"家居 4 翻页"图层第 51 帧～第 100 帧"家居 4.jpg"图像的翻页动画。

（4）按照上述方法，将"家居 4 翻页"图层的第 51 帧～第 75 帧图像删除，原来的第 76 帧～第 100 帧移回到原来位置。将"家居 3 翻页"图层的第 76 帧～第 100 帧删除。

（5）选中"家居 1 翻页"图层第 100 帧，按 F5 键，使该图层第 50 帧～第 100 帧内容相同。右击"家居 1 翻页"图层第 50 帧，弹出帧快捷菜单，选择该快捷菜单中的"删除补间"选项，删除该帧的补间动画属性，使其右边的帧成为普通帧。

（6）将"家居 2 翻页"图层和"家居 3 翻页"图层隐藏，选中"家居 5"图层的第 51 帧，按 F7 键，创建一个空关键帧。将"库"面板内的"家居 5.jpg"图像拖动到舞台内，调整该图像宽为 250 像素，高为 190 像素，X 值为 425 像素，Y 值为 295 像素，效果如图 6-1-8 所示。

图 6-1-8　"家居 5.jpg"图像在舞台的效果

选中"家居 5"图层第 100 帧，按 F5 键，使该图层第 51～100 帧内容一样。

然后，将"家居 2 翻页"和"家居 3 翻页"图层显示。至此，整个"家居设计翻页画册"图像制作完毕，该图像的时间轴如图 6-1-9 所示。

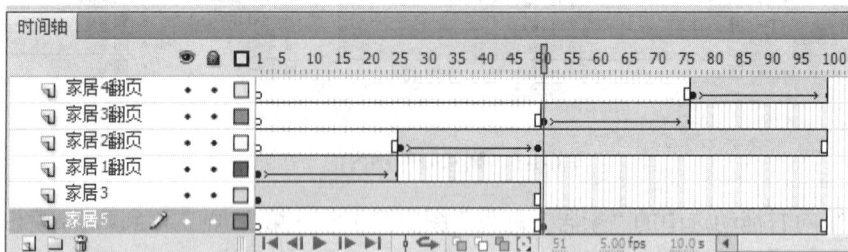

图 6-1-9　"家居设计翻页画册"图像的时间轴

6.1.3　知识链接

1．Flash 动画的种类和特点

（1）逐帧动画：逐帧动画的每一帧都由制作者确定，制作不同的且相差不大的画面时，由 Flash 通过计算得到，然后连续依次播放这些画面，即可生成动画效果。逐帧动画适用于制作非常复杂的动画，GIF 格式的动画就属于这种动画。为了使一帧的画面显示的时间长一些，可以在关键帧后添加几个普通帧。对于每帧的图形必须不同的复杂动画而言，可采用逐帧动画。

第 5 章【动画 16】"摄影展厅 Banner"动画中制作的"图像切换"影片剪辑元件内的动画就属于逐帧动画。

（2）传统补间动画：制作若干关键帧画面，由 Flash 计算生成各关键帧之间的各帧画面，使画面从一个关键帧过渡到另一个关键帧。传统补间动画在时间轴中显示为深蓝色背景。传统补间所具有的一些功能是补间动画不具有的。

在前面 5 章中制作的动画大部分都属于传统补间动画。

（3）补间动画：由若干属性关键帧和补间范围组成的动画。补间范围在时间轴中是单个图层中浅蓝色背景的一组帧，属性关键帧保存了目标对象的多个属性值。Flash 可以根据各属性关键帧提供的补间目标对象的属性值，计算生成各属性关键帧之间的各帧中补间目标对象的大小和位置等属性值，使对象从一个属性关键帧过渡到另一个属性关键帧。

补间动画在时间轴中显示为连续的帧范围（补间范围），默认情况下可以作为单个对象进行选择。补间动画功能强大，易于创建，可最大程度地减小文件。与传统补间动画相比，在某种程度上，补间动画创建起来更简单、更灵活。

第 2 章中【动画 2】"海中游鱼"就是采用补间动画的制作方法制作的。

（4）补间形状动画：在补间形状动画中，可以在时间轴中的关键帧上绘制一幅图形，再在另一个关键帧内更改该图形形状或绘制另一幅图形。Flash 将计算出两个关键帧之间各帧的画面，创建一个图形形状变形为另一个图形形状的动画。

本章中的【动画 22】和【动画 23】将详细介绍补间形状动画的制作方法和制作技巧。

（5）IK（反向运动）动画：可以伸展和弯曲形状对象及链接元件实例组，使它们以自然方式一起移动，使用骨骼的有关节结构对一个对象或彼此相关的一组对象进行复杂而自然的移动。例如，通过 IK 可以轻松地创建人物的胳膊和腿等都位的动作动画。可以在不同帧中以不同方式放置形状对象或链接的实例，Flash 将计算出两个关键帧之间各帧的画面。

在 Flash 中可以创建出丰富多彩的动画效果，可以制作围绕对象中心点顺时针或逆时针转圈，或者来回摆动的动画，可以制作沿着引导线移动的动画，可以制作变换对象大小、形状、颜色、亮度和透明度的动画。各种变化可以独立进行，也可合成复杂的动画，如一个对象在自转的同时水平移动。另外，各种动画都可以借助遮罩层的作用，产生千变万化的动画效果。

Flash 可以使用实例、图形、图像、文本和组合等对象创建传统补间动画和补间动画。创建传统补间动画后，自动将对象转换成补间的实例，"库"面板中会增加名为"补间 1"的元件。创建补间动画后，自动将对象转换成影片剪辑实例，"库"面板中会增加名为"元件 1"的元件。

第 7 章中将详细介绍 IK 动画的制作方法和制作技巧。

2．传统补间动画的制作方法

（1）制作传统补间动画方法一：按照如下操作步骤完成。

① 选中起始关键帧，创建传统补间动画起始关键帧内的对象。右击起始关键帧，弹出帧快捷菜单，选择该快捷菜单中的"创建传统补间"选项，使该关键帧具有传统补间动画的属性。另外，选择"插入"→"传统补间"选项，也可以使该关键帧具有传统补间动画的属性。

② 单击动画的终止关键帧，按 F6 键。修改终止关键帧内对象的位置、大小、旋转或倾斜角度，改变颜色、亮度、色调或 Alpha 透明度等。

（2）制作传统补间动画方法二：按照如下操作步骤完成。

① 创建动画起始关键帧内的对象。选中动画的终止帧，按 F6 键，创建动画终止关键帧。

② 选中动画终止帧，修改该帧内的对象。右击起始关键帧到终止关键帧内的任意一帧，弹出帧快捷菜单，选择该快捷菜单内的"创建传统补间"选项或者选择"插入"→"传统补间"选项。

动画创建成功后，在关键帧之间有一条水平指向右边的带箭头的直线，帧为浅蓝色背景。如果动画创建不成功，则该直线会变为虚线。

3．传统补间动画关键帧的"属性"面板

选中传统补间动画关键帧，打开"属性"面板，如图 6-1-10 所示。该对话框内有关选项的作用如下（关于"声音"区域的选项参看 3.3 节）。

（1）"名称"文本框：它在"标签"区域中，用来输入关键帧的标签名称。

（2）"旋转"下拉列表：选择"无"选项表示不旋转；选择"自动"选项表示按照尽可能少运动的情况旋转；选择"顺时针"选项表示围绕对象中心点顺时针旋转；选择"逆时针"选项表示围绕对象中心点逆时针旋转。在其右边文本框内可输入旋转圈数。

（3）"调整到路径"复选框：在制作引导动画后，选中此复选框后，可以将运动对象的基线调整到运动路径，即使运动对象在运行时自动调整其倾斜角度，也总与引导线切线平行。

（4）"同步"复选框：选中复选框后，可使图形元件实例的动画与时间轴同步。如果元件中动画序列的帧数不是主场景中图形实例占用帧数的偶数倍，则需要选中"同步"复选框。

（5）"贴紧"复选框：选中此复选框后，可使运动对象的中心点标记与引导线路径对齐。

图 6-1-10 动画关键帧"属性"面板

（6）"缩放"复选框：在对象的大小属性发生变化时，应该选中此复选框。

（7）"缓动"文本框：可输入数据或调整"缓动"值（数值为-100～100），以调整动画补间帧之间的变化速率。其值为负数时，表示动画在结束时加速；其值为正数时，表示动画在结束时减速。对传统补间动画应用缓动，可以产生更逼真的动画效果。

（8）"编辑缓动"按钮 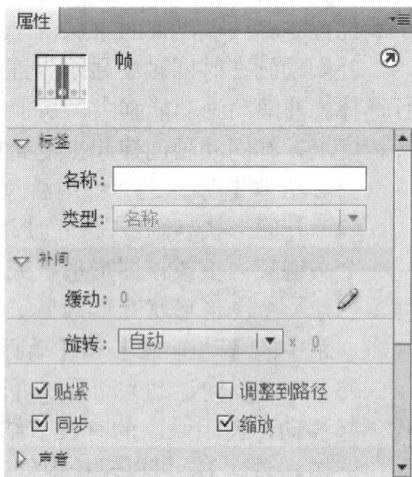：单击该按钮，可以弹出"自定义缓入/缓出"对话框，如图 6-1-11 所示（曲线此时还未调整，是一条斜线）。使用"自定义缓入/缓出"对话框可以更精确地控制传统补间动画的速度。选中"为所有属性使用一种设置"复选框后，缓动设置适用于所有属性，如图 6-1-11 所示。不选中"为所有属性使用一种设置"复选框，则"属性"下拉列表变为有效，可以选择"位置"、"旋转"、"缩放"、"颜色"和"滤镜"选项，如图 6-1-12 所示。缓动设置适用于"属性"下拉列表内选中的属性选项。也可以通过拖动斜线来调整动画速率的变化。

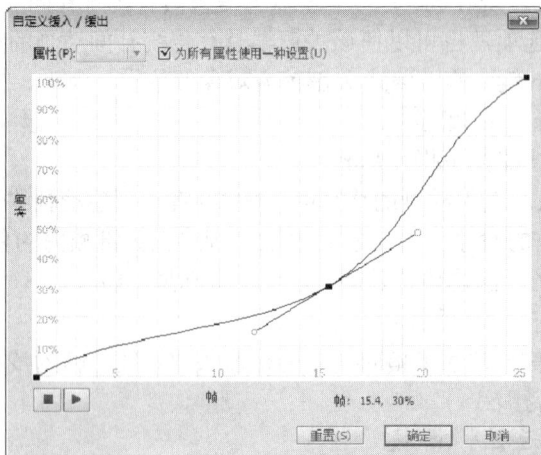

图 6-1-11　"自定义缓入/缓出"对话框

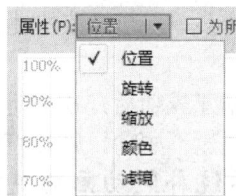

图 6-1-12　"属性"下拉列表

思考练习 6-1

1．制作"动画翻页"动画，该动画播放后，第 1 幅动画画面慢慢地从右向左翻开，第 2 幅动画画面再慢慢地从右向左翻开。其中一幅画面如图 6-1-13 所示。当翻页翻到背面后，背面动画画面与正面动画画面不同。在翻页中动画画面内的动画一直变化。

2．制作"双翻页"动画，该动画运行后的一幅画面如图 6-1-14 所示。左边和右边 2 幅图像分别向两边翻开，中间一幅图像不动，背面的图像与正面的图像不同。

3．制作"彩球彩环"动画，该动画播放后的一幅画面如图 6-1-15 所示。3 个自转彩环围绕一个彩球转圈，彩环之间的夹角为 120°。

图 6-1-13 "动画翻页"动画画面   图 6-1-14 "双翻页"动画画面   图 6-1-15 "彩球彩环"动画画面

6.2 【动画 18】海底世界

6.2.1 动画效果

"海底世界"动画是"海洋世界"网站网页内的一个展示海底游鱼美景的动画，它是在【动画 2】"海中游鱼"基础之上改进制作而成的。该动画播放后的两幅画面如图 6-2-1 所示。可以看到，在蓝色的水底下，一些颜色不同、大小不同的小鱼从右向左或从左向右沿直线或曲线来回游动，水中还有浮动的水草，13 个透明气泡沿着不同的曲线路径从下向上缓慢漂移。

(a)   (b)

图 6-2-1 "海底世界"动画播放后的两幅画面

6.2.2 制作方法

1. 制作"水草"动画和调整时间轴

（1）打开【动画2】"海中游鱼"文件夹中的"海中游鱼.fla" Flash 文档，设置舞台工作区的宽为 800 像素，高为 600 像素，背景为白色。以"海底世界.fla"为名保存在"【动画18】海底世界"文件夹内。

（2）创建并进入"水草"影片剪辑元件编辑状态，选中"图层1"图层第1帧，在舞台中间绘制一幅水草图形，如图 6-2-2（a）所示。选中"图层1"图层第15帧，按 F6 键。使用工具箱内的"任意变形工具" ⊞，单击"选项"栏中的"封套"按钮 ⊙，图形周围出现许多控制柄，如图 6-2-2（b）所示。拖动控制柄，调整图形形状，如图 6-2-2（c）所示。

（3）选中"图层1"图层第30帧，按 F6 键，调整该帧水草的形状，如图 6-2-3（a）所示。选中该图层第45帧，按 F6 键，调整该帧水草的形状，如图 6-2-3（b）所示。选中该图层第60帧，按 F6 键，调整该帧水草的形状，如图 6-2-3（c）所示。

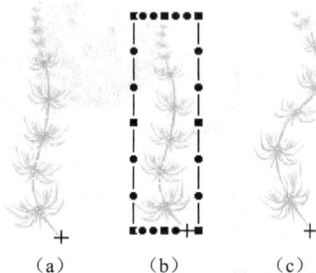

（a）	（b）	（c）		（a）	（b）	（c）

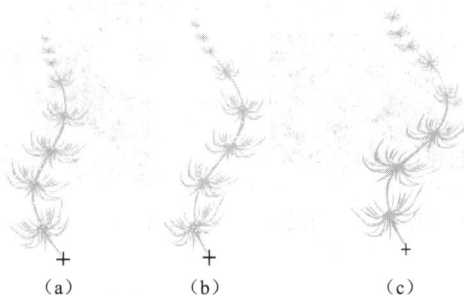

图 6-2-2　水草图形　　　　　　　　　　　　图 6-2-3　调整水草形状

（4）选中该图层第75帧，按 F5 键，创建一个普通帧。此时"水草"影片剪辑元件的时间轴如图 6-2-4 所示，回到主场景。

（5）在主场景"海底"图层之上新增一个图层，将该图层的名称改为"水草"。选中"水草"图层第1帧，将"库"面板内的"水草"影片剪辑元件拖动到舞台工作区中 23 次。适当调整 23 个"水草"影片剪辑实例的大小和位置。

图 6-2-4　"水草"影片剪辑元件的时间轴

（6）在"水草"图层上的"游鱼1"～"游鱼6"图层内补间动画的位置和每个图层动画的帧数，如图 6-2-5 所示。再在"游鱼6"图层之上创建一个图层，更名为"游鱼7"。选中"游鱼7"图层，两次单击时间轴内的"新建文件夹"按钮 ▭，在"游鱼7"图层之上增加两个图层文件夹，将它们的名称分别改为"游鱼"和"气泡移动"。

选中"游鱼1"～"游鱼7"图层，将它们拖动到"游鱼"文件夹之上，这些图层会自动向右缩进，表示放置到"游鱼"文件夹内，如图 6-2-5 所示。

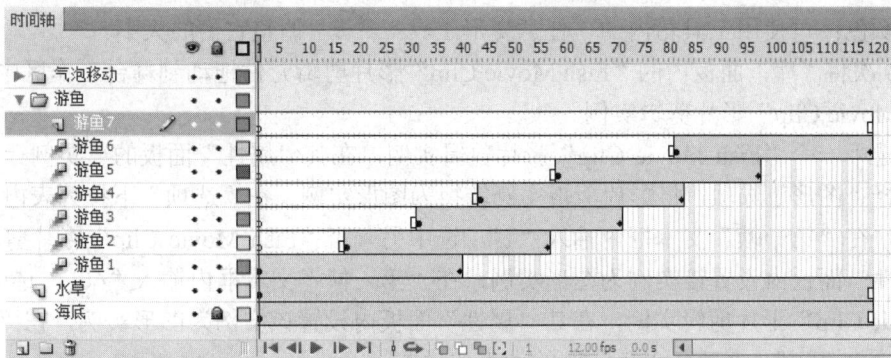

图 6-2-5 "海底世界"动画的时间轴

2．制作游鱼动画

（1）创建并进入"小鱼游动 1"影片剪辑元件的编辑状态，将"库"面板中的"游鱼 1"影片剪辑元件拖动到舞台工作区右边。右击"图层 1"图层第 1 帧，弹出帧快捷菜单，选择该快捷菜单内的"创建补间动画"选项，创建补间动画。

（2）使用工具箱内的"选择工具" ，将第 12 帧拖动到第 110 帧。选中第 120 帧（将播放指针移到第 120 帧），水平向左拖动"游鱼 1"影片剪辑实例到左边，此时会出现一条从起点到终点的辅助线。将鼠标指针移到引导线处，当鼠标指针右下方出现一个小弧线时拖动，可以调整引导线成为曲线，多次调节的结果如图 6-2-6 所示。

图 6-2-6 调整引导线成为曲线

（3）创建并进入"小鱼游动 2"影片剪辑元件的编辑状态，将"库"面板中的"游鱼 2"影片剪辑元件拖动到舞台工作区左边，选择"修改"→"变形"→"水平翻转"选项，使选中的"游鱼 2"影片剪辑实例水平翻转。

（4）按照上述方法，创建第 1 帧～第 120 帧的补间动画，选中第 120 帧，水平向右拖动"游鱼 1"影片剪辑实例到右边，调整引导线成为曲线。

（5）打开"【动画 18】海底世界"文件夹内的"游鱼.fla" Flash 文档，将该文档"库"面板内的"Fish Movie Clip"影片剪辑元件和其他相关元件复制粘贴到"海底世界.fla" Flash 文档的"库"面板内。

（6）选中"游鱼 7"图层第 1 帧，连续 6 次将"库"面板内的"小鱼游动 1"影片剪辑元件拖动到舞台工作区右边，形成 6 个"小鱼游动 1"影片剪辑实例，并调整它们的大小。连续 5 次将"库"面板内的"小鱼游动 2"影片剪辑元件拖动到舞台工作区左边，形成 5 个"小鱼游动 2"影片剪辑实例。

（7）依次选中"小鱼游动 1"影片剪辑实例，在其"属性"面板的"样式"下拉列表中选择"色调"选项，调整它们的颜色；再使用工具箱内的"任意变形工具" ，调整它们的大小。

依次选中"小鱼游动 2"影片剪辑实例，在其"属性"面板内添加"调整颜色"滤镜，调整它们的颜色；再使用工具箱内的"任意变形工具" ，调整它们的大小。

（8）3次将"库"面板内的"Fish Movie Clip"影片剪辑元件拖动到舞台工作区中，形成3个"Fish Movie Clip"影片剪辑实例。

（9）选中一个"Fish Movie Clip"影片剪辑实例，在其"属性"面板的"实例行为"下拉列表内选择"图形"选项，将影片剪辑实例转换为图形实例。在"选项"下拉列表内选择"循环"选项，在"第一帧"文本框内输入"1"。选中另一个"Fish Movie Clip"影片剪辑实例，在其"属性"面板内设置该实例为图形实例，在"第一帧"文本框内输入"60"。选中第3个"Fish Movie Clip"影片剪辑实例，在其"属性"面板内设置该实例为图形实例，在"第一帧"文本框内输入"80"。调整各小鱼实例的大小和位置。

3．制作"气泡"上升动画

（1）设置舞台工作区的背景为黑色。创建并进入"气泡"影片剪辑元件的编辑状态，在舞台内绘制一幅无轮廓线、填充径向渐变色的圆形图形。

打开"颜色"面板，在该面板的颜色编辑栏内设置6个关键色块，它们的颜色都为白色，只是透明度不同，如图6-2-7所示。6个关键色块从左到右将Alpha值依次设置为100%、15%、5%、5%、15%、92%。绘制好的气泡如图6-2-8所示。

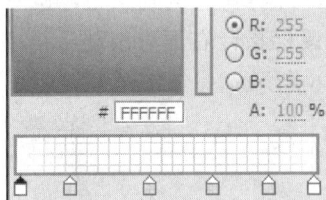

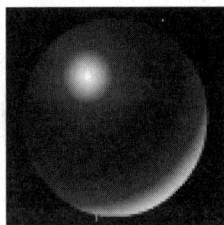

图6-2-7 "颜色"面板　　　　　　图6-2-8 "气泡"影片剪辑元件

（2）隐藏"水底"、"水草"和"游鱼"图层，选中"气泡"图层第1帧，连续13次将"库"面板内的"气泡"影片剪辑元件拖动到舞台工作区的下边，如图6-2-9所示。

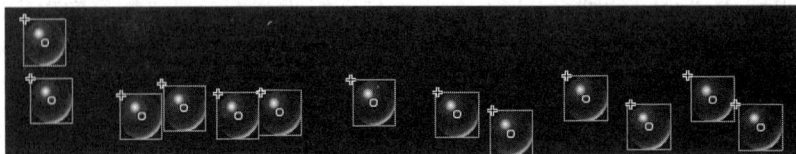

图6-2-9 13个"气泡"影片剪辑实例

（3）拖动选中13个"气泡"影片剪辑实例，打开"对齐"面板，单击"底对齐"按钮 和"水平平均间隔"按钮 ，使选中的对象水平等间距且底部对齐。选中"气泡"图层第1帧，选择"修改"→"时间轴"→"分散到图层"选项，将"气泡"图层第1帧内的13个对象分配到不同图层的第1帧中，原来的"气泡"图层第1帧清空。将"气泡"图层删除，各图层的名称分别更改为"气泡1"～"气泡13"。

（4）选中"气泡1"～"气泡13"图层的所有帧。右击选中的帧，弹出帧快捷菜单，选择该快捷菜单中的"创建传统补间"选项。选中"气泡1"～"气泡13"图层的第120帧，按F6键，创建13个图层的传统补间动画。

（5）隐藏"气泡1"和"气泡12"图层，选中"气泡13"图层，右击"气泡13"图层，弹出图层快捷菜单，选择该快捷菜单内的"添加传统运动引导层"选项，在"气泡 13"图层之上创建一个传统运动引导层 引导层：水泡13 ，再将该图层名称更改为"引导图层"。

（6）选中"引导图层"第 1 帧，使用工具箱内的"铅笔工具" ，在其"选项"栏的下拉列表中选择"平滑"选项 ，再从"气泡 13"图层内的"气泡"影片剪辑实例处向上方绘制一条曲线。

（7）选中"气泡 1"～"气泡 12"图层，再将选中的图层向右上方微微移动，使它们成为引导图层的被引导图层（向右缩进）。

（8）选中"气泡 13"图层第 1 帧内的"气泡"影片剪辑实例，移到引导线起点处或附近的引导线上，如图 6-2-10（a）所示。将"气泡 13"图层第 120 帧内的"气泡"影片剪辑实例移到引导线终点处或附近的引导线上，如图 6-2-10（b）所示。

（9）将"气泡 13"图层隐藏。选中"引导图层"图层，从"气泡 12"图层内"气泡"影片剪辑实例处向左上角绘制第 2 条细曲线。将该图层第 1 帧"气泡"影片剪辑实例移到引导线起点附近的引导线上，如图 6-2-11（a）所示。将"气泡 12"图层第 120 帧内"气泡"影片剪辑实例移到引导线终点附近的引导线上，如图 6-2-11（b）所示。

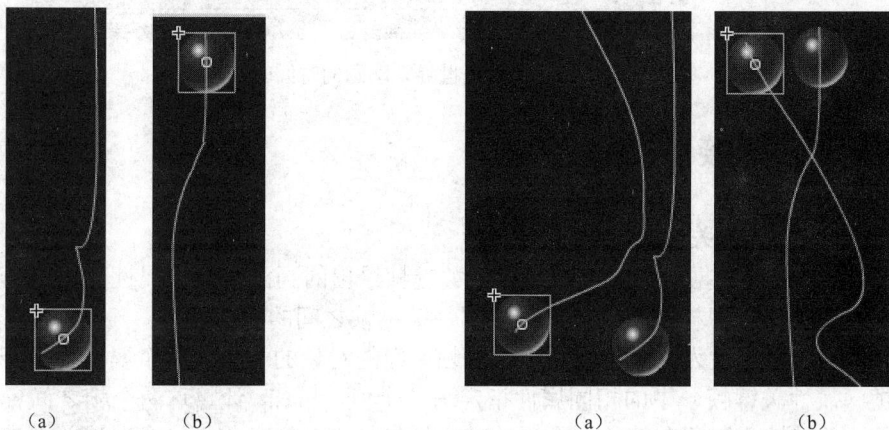

（a） （b） （a） （b）

图 6-2-10 "气泡 13"图层第 1 帧和第 120 帧 图 6-2-11 "气泡 1"图层第 1 帧和"气泡 12"图层第 110 帧

（10）按上述方法，使"气泡 1"…"气泡 11"图层依次沿着第 1…11 条引导线移动，各引导线起点和终点都不同。

（11）显示所有气泡图层和"引导图层"，选中各气泡图层第 1 帧，舞台工作区如图 6-2-12（a）所示；选中各气泡图层第 110 帧，舞台工作区如图 6-2-12（b）所示。

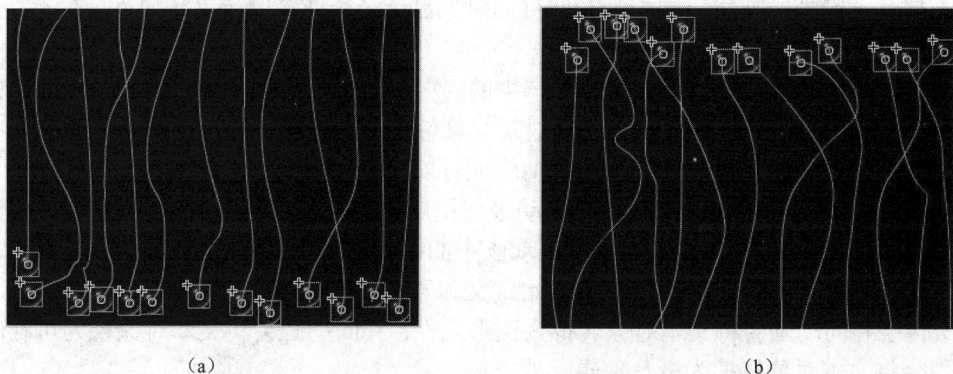

（a） （b）

图 6-2-12 "游鱼和气泡"动画第 1 帧和第 110 帧引导线和 13 个气泡

（12）将所有图层显示，选中"引导图层"和其下的"气泡 1"～"气泡 13"图层，将它们移到"气泡移动"文件夹中，使它们成为"气泡移动"文件夹内的图层。单击"游鱼"文件夹左边的按钮▼，收缩该文件夹。此时，"海底世界"动画的时间轴如图 6-2-13 所示。

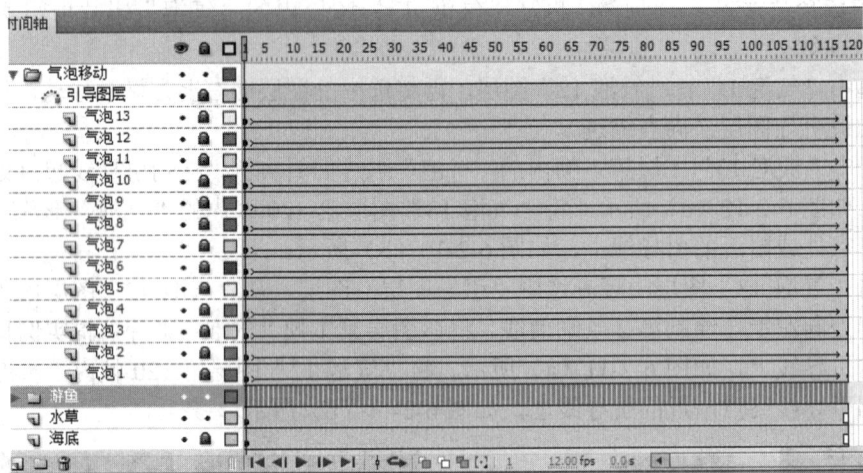

图 6-2-13 "海底世界"动画的时间轴

6.2.3 知识链接

1．补间动画的相关名词

（1）补间：Flash 根据两个关键帧或属性关键帧给出的画面或对象属性计算这两个帧之间的画面或对象属性值，即补充两个关键帧或属性关键帧之间的所有帧。

（2）补间动画：通过为一个帧（属性关键帧）中的对象的一个或多个属性指定一个值，并为另一个帧（属性关键帧）中的相同属性指定另一个值，Flash 计算这两个帧之间各帧的属性值，创建属性关键帧之间所有帧的每个属性的内插属性值，使对象从一个属性关键帧过渡到另一个属性关键帧。如果补间对象在补间过程中更改了位置，则会自动产生运动引导线。

（3）补间范围：时间轴中的一组帧，目标对象的一个或多个属性可以随着时间而改变。补间范围在时间轴中显示为具有蓝色背景的单个图层中的一组帧。可以将一个补间范围作为单个对象进行选择，并从时间轴中的一个位置拖动到另一个位置。在每个补间范围中，只能对舞台上的一个对象进行动画处理，此对象称为补间范围的目标对象。

（4）属性关键帧：补间范围中为补间目标对象显示一个或多个定义了属性值的帧。

2．补间和传统补间动画间的差异

（1）传统补间动画是针对画面变化而产生的，它在创建传统补间时将关键帧画面中的所有对象转换为图形元件实例。补间动画是针对对象属性变化而产生的，在创建补间时将所有不允许的对象（类型不允许）自动转换为影片剪辑元件实例。

（2）传统补间动画使用关键帧，补间动画使用属性关键帧。"属性关键帧"和"关键帧"的概念有所不同，"关键帧"是指传统补间动画中的起始、终止和各转折画面对应的帧，"属性关键帧"是指在补间动画中对象属性值初始定义和发生变化的帧。

（3）传统补间动画会将文本对象转换为图形元件；补间动画会将文本对象视为可补间的类型，而不会将文本对象转换为影片剪辑元件。

166

（4）在传统补间动画的关键帧中可以添加帧脚本，在属性关键帧中不允许添加帧脚本。

（5）传统补间动画由关键帧和关键帧之间的过渡帧组成，过渡帧是可以分别选择的独立帧。补间动画由属性关键帧和补间范围组成，可以视为单个对象。

（6）如果要在补间动画范围中选择单个帧，则必须在按住 Ctrl 键的同时单击要选择的帧。

（7）只有补间动画可以创建 3D 对象动画，才能保存为动画预设。但是，补间动画无法交换元件或设置属性关键帧中显示的图形元件的帧数。

3．创建传统补间引导动画

（1）按照上述方法，在"图层 1"图层第 1 帧～第 25 帧创建一个沿直线移动的传统补间动画，如一个彩球从左向右移动的动画。

（2）右击"图层 1"图层，弹出图层菜单，选择该快捷菜单内的"添加传统运动引导层"选项，在"图层 1"图层之上生成一个"引导层：图层 1"传统运动引导层，"图层 1"图层成为该图层的被引导图层，它的名称向右缩进，表示它是被引导图层，如图 6-2-14 所示。

（3）选中传统运动引导层"引导层：图层 1"图层，在舞台工作区内绘制路径曲线（引导线），如图 6-2-15 所示。

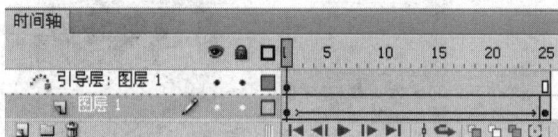

图 6-2-14　转换为传统运动引导层　　图 62-15　传统运动引导层动画的舞台工作区

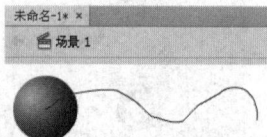

（4）选中"图层 1"图层第 1 帧，选中"属性"面板内的"贴紧"复选框，拖动对象（圆球）到引导线起始端或线上，使对象的中心与引导线重合。再选中终止帧，拖动圆球到引导线终止端或线上，使对象的中心与引导线重合。

（5）按 Enter 键，播放动画，可以看到彩球沿引导线移动。按 Ctrl+Enter 组合键，播放动画，此时引导线不会显示出来。

4．补间的引导动画

（1）选中"图层 1"图层第 1 帧，其内有要移动的影片剪辑实例对象。

（2）右击"图层 1"图层第 1 帧（也可以右击对象），弹出帧快捷菜单，选择该快捷菜单内的"创建补间动画"选项，即可创建补间动画。该帧成为属性关键帧，第 1 帧～第 12 帧（此帧数由设置的帧频数决定）形成一个补间范围，它显示为浅蓝色背景，如图 6-2-16 所示。

（3）使用工具箱内的"选择工具" ，拖动第 12 帧～第 18 帧，使补间范围增加。选中第 18 帧（即将鼠标指针移到第 18 帧），拖动彩球到终点位置，此时会出现一条从起点到终点的引导线，即运动引导线，如图 6-2-17 所示。

（4）将鼠标指针移到运动引导线之上，当鼠标指针右下方出现一个小弧线时拖动鼠标，可以调整直线运动引导线成为曲线运动引导线，如图 6-2-18 所示。

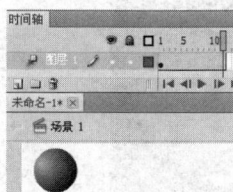

图 6-2-16　创建补间动画　　　图 6-2-17　调整对象终止位置　　　图 6-2-18　调整引导线

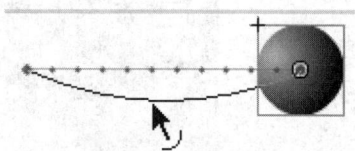

还可以采用相同的方法，继续调整该曲线运动引导线的形状。在补间范围的任何帧中，都可以利用"选择工具" ![图标] 来更改对象的位置，也可以改变运动引导线的形状。另外，可以将其他图层内的曲线（不封闭曲线），复制粘贴到补间范围，替换原来的运动引导线。

思考练习 6-2

1．制作"枫叶"动画，该动画运行后，在一幅图像之上会有一些枫叶不断地飘落下来。

2．制作"美丽的童年"动画，该动画运行后的两幅画面如图 6-2-19 所示。可以看到，在儿童图像之上，"美"、"丽"、"的"、"童"和"年"5 个汉字在苹果内旋转着沿着 5 条不同曲线轨迹，依次从上向下移动到底部，成一字形排成一行；同时，一只蝴蝶沿着一条曲线飞舞。

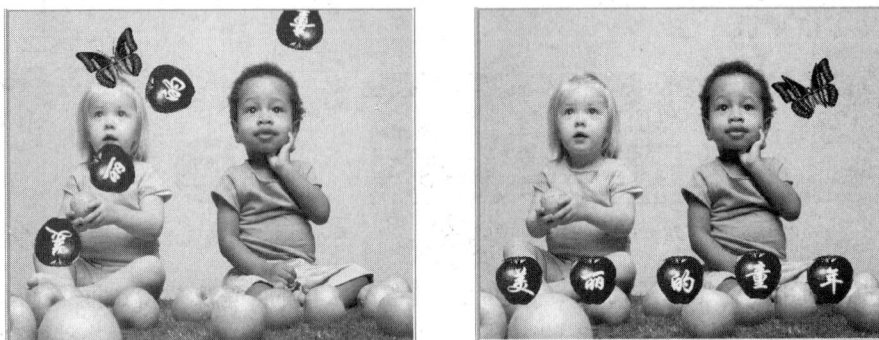

图 6-2-19 "美丽的童年"动画运行后的两幅画面

6.3 【动画 19】托马斯玩具城 Banner

6.3.1 动画效果

"托马斯玩具城 Banner"动画是"儿童玩具"网站中的一个动画，该动画播放后的一幅画面如图 6-3-1 所示。可以看到，一列精致的玩具小火车，沿着地板上的椭圆形轨道行驶，椭圆轨道内有 6 幅"托马斯玩具城"促销的玩具图像。

图 6-3-1 "托马斯玩具城 Banner"动画播放后的一幅画面

6.3.2 制作方法

1．制作轨迹和轨道

（1）新建一个 Flash 文档，设置舞台工作区宽为 1000 像素，高为 400 像素，背景为浅蓝色。再以"托马斯玩具城 Banner.fla"为名保存在"【动画 19】托马斯玩具城 Banner"文件夹内。

（2）将"图层 1"图层的名称改为"轨基"，选中该图层第 1 帧。使用工具箱内的"椭圆工具" ◯，设置笔触颜色为黑色，无填充色。按住 Shift 键，在舞台工作区中绘制一个圆形。再复制一个圆形，水平移到原圆形图形的右边，如图 6-3-2 所示。

（3）使用工具箱内的"选择工具" ，单击舞台工作区的空白处，拖动出如图 6-3-3 所示的矩形，选中两个圆形的各半个图形，如图 6-3-3 所示。按 Delete 键，删除选中的两个半圆图形。

（4）使用工具箱内的"钢笔工具" ，绘制两条直线，将两个半圆图形连接到一起。使用工具箱内的"橡皮擦工具" ，将曲线擦除一个小口，形成轨道曲线，如图 6-3-4 所示。

注意

要将两条线对象连接成为一条线对象，单击两条线对象中的任何一条线对象，都可以将另外一条线对象选中，选中的线对象上边会蒙上一层白点。另外，在调整线条形状和位置时，可以将舞台工作区的显示比例放大，这样有利于线的调整。

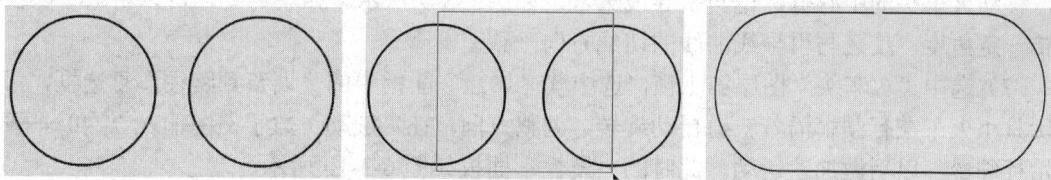

图 6-3-2　绘制两个圆形　　图 6-3-3　选中两个圆形的各半个图形　　图 6-3-4　轨道曲线

（5）在"轨基"图层之上新建一个名称为"轨道"的图层。将"轨基"图层第 1 帧中的轨道曲线复制粘贴到"轨道"图层第 1 帧。"轨道"图层第 1 帧～第 200 帧内容相同。

（6）选中"轨道"图层第 1 帧，选中该图层中的轨道曲线，利用线的"属性"面板，设置笔触高度为 10 点，颜色为黑色，笔触样式为"斑马线"。笔触改为 10 点粗的斑马线，如图 6-3-5 所示。

（7）选中"轨基"图层第 1 帧，选中该图层中的轨道曲线。将线条加粗为 20 点，颜色调整为褐色。选择"修改"→"转换为元件"选项，弹出"转换为元件"对话框，在"名称"文本框中输入"轨基"，再单击"确定"按钮，将轨道曲线转换为"轨基"影片剪辑元件的实例。

（8）选中该"轨基"影片剪辑实例，在"属性"面板中，单击"滤镜"区域内的"添加滤镜"按钮 ，弹出添加滤镜菜单，选择该菜单内的"斜角"选项，添加"斜角"滤镜，设置"品质"为"低"，"距离"为 2 像素，"强度"为 40%，其他采用默认值。添加了"斜角"滤镜效果后的"轨基"和"轨道"图层内的影片剪辑实例和轨道图形如图 6-3-6 所示。

图 6-3-5 "轨道"图层图形　　　　　　　图 6-3-6 "轨基"和"轨道"图层图形

2．制作火车头动画

（1）创建"火车头"和"车厢"图形元件，在这两个图形元件内分别导入"火车头"和"车厢"两幅图像（图 6-3-7），将图像分离，删除背景色，再分别组成组合。

（2）在"轨道"图层之上新建一个名称为"火车头"的图层。选中该图层第 1 帧，将"库"面板中的"火车头"图形元件拖动到舞台工作区中，调整其大小和位置。

（3）右击"火车头"图层，弹出图层快捷菜单，选择该快捷菜单内的"添加传统运动引导层"选项，在"火车头"图层上会增加一个名称为"引导层：火车头"的引导图层。

（4）将"轨道"图层第 1 帧中的轨道图形复制粘贴到"引导层：火车头"图层的第 1 帧。该图层第 1 帧～第 200 帧内容相同。选中"引导层：火车头"图层第 1 帧内的轨道图形，在其"属性"面板内设置笔触高度为 2 点，笔触样式为"实线"，将轨道图形改为实线的引导线。

（5）将"轨基"和"轨道"图层隐藏。使用工具箱内的"任意变形工具" ，移动火车头与引导线重合，火车头的中心点标记应在引导线上，如图 6-3-8 所示。

（6）创建"火车头"图层中的第 1 帧～第 200 帧的运动动画。选中"火车头"图层第 200帧，移动火车头的中心点标记与引导线重合，如图 6-3-9 所示。如果需要，可以将火车头图像旋转一定角度，使之与引导线曲线的切线方向一致。

（7）选中"火车头"图层第 1 帧，选中其"属性"面板中的"调整到路径"复选框，可以使玩具小火车在行驶中沿着轨道自动旋转、调整方向；在"缓动"数字框中输入"-40"，表示开始行驶慢，以后做加速运动。此时的"属性"面板如图 6-3-10 所示。

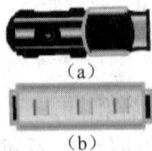

　　(a)

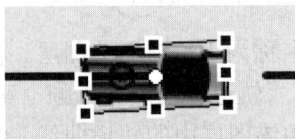

　　(b)

图 6-3-7 火车头和车厢　　　图 6-3-8 第 1 帧火车头位置　　　图 6-3-9 第 200 帧火车头位置

3．制作车厢动画和背景

（1）为了使火车头和车厢在从第 200 帧回到第 1 帧时没有跳跃，有连贯性，使用工具箱内的"选择工具" 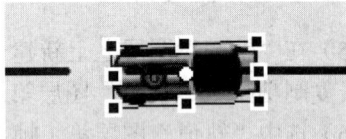，将"引导层：火车头"图层第 1 帧内的引导线终止端向左移动一段距离，如图 6-3-11 所示。选中"火车头"图层第 1 帧，移动火车头向左一段距离，其目的是添加车厢动画。

（2）选中"火车头"图层，在该图层的下边添加一个名称为"车厢 1"的图层，在该图层制作"车厢 1"图像沿引导线移动的动画。在"车厢 1"图层下边添加"车厢 2"、"车厢 3"、"车厢 4"图层，分别创建它们沿引导线移动的动画。

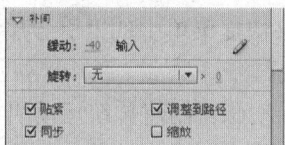

图 6-3-10　动画帧的"属性"面板　　　　　　图 6-3-11　调整引导线

（3）调整"车厢 1"、"车厢 2"、"车厢 3"、"车厢 4"图层第 1 帧内火车头和各车厢的位置，如图 6-3-12 所示；调整"车厢 1"、"车厢 2"、"车厢 3"、"车厢 4"图层第 200 帧内火车头和各车厢的位置，如图 6-3-13 所示。

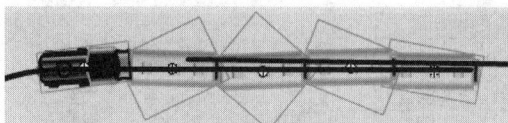

图 6-3-12　第 1 帧火车头和各车厢的位置　　图 6-3-13　第 200 帧火车头和各车厢的位置

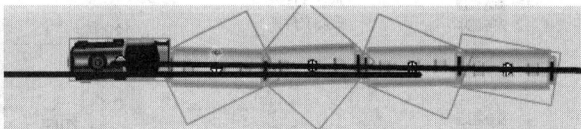

（4）在"轨基"图层下边创建一个名称为"背景图"的图层，选中"背景图"图层第 1 帧，导入两幅地砖图像，再复制多份，将整个舞台工作区铺满，再将它们组成组合，然后将该组合转换为"背景图像"影片剪辑元件的实例。

（5）选中"背景图像"影片剪辑实例，打开其"属性"面板，在"样式"下拉列表中选择"Alpha"选项，设置 Alpha 值为"36"，使"背景图像"影片剪辑实例有一定的透明度。

（6）在"背景图"图层之上创建"托马斯"和"文字"图层，选中"托马斯"图层第 1 帧，导入 6 幅关于托马斯玩具的图像，调整它们的大小和位置。选中"文字"图层第 1 帧，输入一些标题文字和说明文字，构成"托马斯玩具城"广告 Banner。

至此，"托马斯玩具城 Banner"动画制作完毕。该动画的时间轴如图 6-3-14 所示。

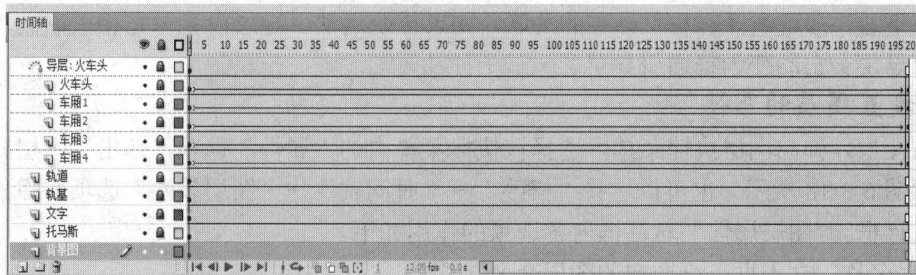

图 6-3-14　"托马斯玩具城 Banner"动画的时间轴

6.3.3　知识链接

1. 两种引导层

可以在引导层内创建图形等，这在绘制图形时能起到辅助作用，以及运动路径的引导作用。引导层中的图形只能在舞台工作区内看到，在输出的电影中不会出现。另外，可以把多个普通图层关联到一个引导层上。在时间轴窗口中，引导层名称的左边有 图标（传统运动引导层）或 图标（普通引导层）。它们代表了不同的引导层，有着不同的作用。

（1）普通引导层：仅起到辅助绘图的作用。创建普通引导层的方法：创建一个普通图层；

右击该图层名称，弹出图层快捷菜单，如图 6-3-15 所示；再选择该快捷菜单中的"引导层"选项，即可将右击的图层转换为普通引导层，其结果如图 6-3-16 所示。

（2）传统运动引导层：可以引导对象沿引导线移动，创建引导动画。创建传统运动引导层的方法：创建一个普通图层（如"图层 1"图层），右击图层名称，弹出图层快捷菜单，选择该快捷菜单内的"添加传统运动引导层"命令，即可在右击的图层（如"图层 1"图层）之上生成一个传统运动引导层，使右击的图层成为被引导图层，其结果如图 6-3-17 所示。

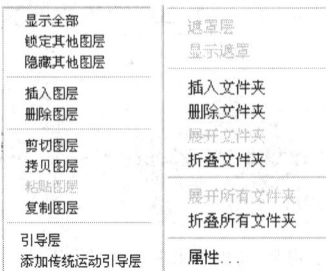

图 6-3-15　图层快捷菜单　　　　图 6-3-16　普通引导层　　　图 6-3-17　传统运动引导层

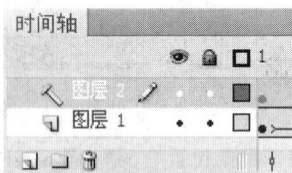

如果将图 6-3-16 所示普通图层"图层 1"图层向右上方的普通引导层拖动，则可以使普通引导层转换为传统运动引导层，被拖动的图层成为被引导图层，如图 6-3-17 所示。

2．引导层与普通图层的关联

（1）引导层转换为普通图层：选中引导层，再选择图层快捷菜单中的"引导层"选项，使其左边的对勾消失，这时即可转换为普通图层。

（2）引导层与普通图层的关联：把一个普通图层拖动到引导层（传统运动引导层或普通引导层）的右下边，如果原来的引导层是普通引导层，则与普通图层关联后会自动变为传统运动引导层。一个引导层可以与多个普通图层关联。把图层控制区域内的、已关联的图层拖动到引导层的左下边，即可断开它与引导层的关联。如果传统运动引导层没有与它相关联的图层，则该运动引导层会自动变为普通引导层。

3．设置图层的属性

右击图层，弹出图层快捷菜单，选择该快捷菜单内的"属性"选项，弹出"图层属性"对话框，如图 6-3-18 所示。也可以选择"修改"→"时间轴"→"图层属性"选项，弹出"图层属性"对话框。"图层属性"对话框内各选项的作用如下。

（1）"名称"文本框：给选定的图层命名。

（2）"显示"复选框：选中此复选框后，表示该层处于显示状态，否则处于隐藏状态。

（3）"锁定"复选框：选中此复选框后，表示该层处于锁定状态，否则处于解锁状态。

（4）"类型"区域：用来确定选定图层的类型。

（5）"轮廓颜色"按钮：单击此按钮可打开"颜色"面板，用来设置在以轮廓线显示图层对象时轮廓线的颜色。它仅在"轮廓线方式查看图层"复选框被选中时有效。

（6）"将图层视为轮廓"复选框：选中此复选框后，将以轮廓线方式显示该图层内的对象。

（7）"图层高度"下拉列表：用来选择一个百分数，在时

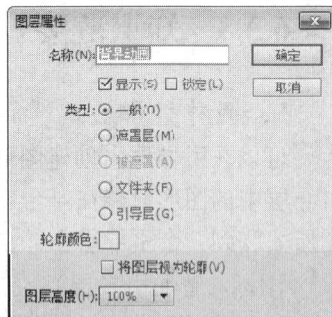

图 6-3-18　"图层属性"对话框

172

间轴窗口中可以改变图层帧单元格的高度,它在观察声波图形时非常有用。

思考练习 6-3

1.制作"云中飞鸟"动画,该动画运行后,3 只飞鸟(GIF 格式)沿着不同的曲线在白云中飞翔,时而隐藏到白云中,时而从白云中飞出;地上有一只豹子在草地上来回奔跑。

2.制作"玩具小火车"动画,动画播放后的一幅画面如图 6-3-19 所示。

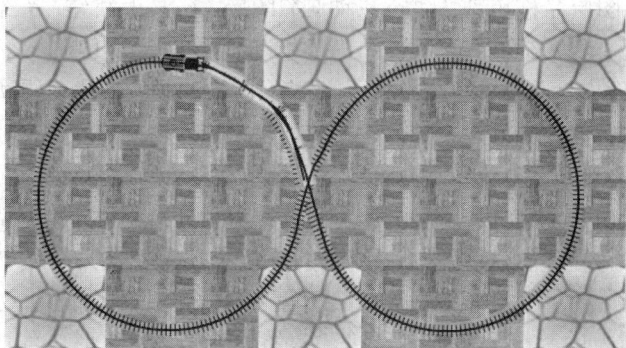

图 6-3-19 "玩具小火车"动画画面

6.4 【动画 20】圣诞的欢乐

6.4.1 动画效果

"圣诞的欢乐"动画是网站在庆祝圣诞节时,添加到网页内的动画。该动画运行后的一幅画面如图 6-4-1 所示。画面的左边是米老鼠和圣诞老人在玩跷跷板,米老鼠和圣诞老人不断弹起和落下,跷跷板也随之上下摆动;米老鼠和圣诞老人的动作与跷跷板上下摆动的动作协调、统一、有序;中间是一些翩翩起舞动的人,右边有圣诞树和庆祝圣诞节的人。

图 6-4-1 "圣诞的欢乐"动画运行后的一幅画面

6.4.2 制作方法

1．制作跷跷板运动

（1）新建一个 Flash 文档，设置舞台工作区为宽为 560 像素，高为 260 像素。以"圣诞的欢乐.fla"为名保存在"【动画 20】圣诞的欢乐"文件夹内。导入"风景 1.gif"、"米老鼠.gif"、"圣诞老人.gif"、"儿童 1.gif"、"儿童 2.gif"、"女孩.gif"、"贝蒂.gif"和"圣诞树.gif"等 GIF格式的动画到"库"面板内，将自动生成的 8 个影片剪辑元件名称分别更改为"背景动画"、"米老鼠"、"圣诞老人"、"儿童 1"、"儿童 2"、"女孩"、"贝蒂"和"圣诞树"。

（2）将"图层 1"图层名称更改为"背景动画"图层，在其上新建"支架"、"跷跷板"、"米老鼠"、"圣诞老人"和"女孩"图层。选中"背景动画"图层第 1 帧，将"库"面板内的"背景动画"影片剪辑元件拖动到舞台工作区内，调整"背景动画"影片剪辑实例的宽为 800 像素，高为 300 像素，X 和 Y 值均为 0。

（3）选中"支架"图层第 1 帧，在舞台工作区内绘制一个绿色支架。选中"支架"图层第140 帧，按 F5 键。选中"跷跷板"图层第 1 帧，在舞台工作区内绘制一条绿色轮廓线、一个棕色填充的矩形图形，作为跷跷板图形。将绘制的支架和跷跷板图形分别转换为影片剪辑实例，再分别应用"斜角"滤镜，使图形呈立体状。再创建 4 条辅助线。此时效果如图 6-4-2 所示。

（4）使用工具箱内的"任意变形工具" ，选中跷跷板图形，将中心点标记移到跷跷板图形的中心处。顺时针旋转跷跷板图形使跷跷板与水平线成一定角度，如图 6-4-2 所示（此时还没有米老鼠和圣诞老人）。

（5）右击"跷跷板"图层第 1 帧，弹出帧快捷菜单，选择该快捷菜单内的"创建补间动画"选项，使该属性关键帧具有补间动画属性，同时，该图层第 1 帧到第 24 帧变为补间动画帧，颜色为浅蓝色，如图 6-4-3 所示（此时"跷跷板"图层上的各图层还没有内容）。

图 6-4-2　第 1 帧和第 140 帧画面和中心点标记　　　　图 6-4-3　创建补间动画帧

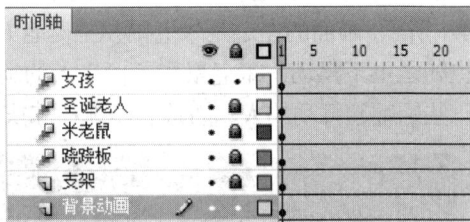

（6）将鼠标指针移到补间动画帧的第 24 帧，当鼠标指针呈水平双箭头 状时，水平拖动到第 140 帧，创建第 1 帧～第 140 帧的补间动画帧。选中第 30 帧，按 F6 键，创建一个补间动画属性关键帧，再依次创建第 40、100、110 帧为补间动画属性关键帧。

（7）"跷跷板"图层第 30、110 帧画面如图 6-4-4 所示。选中"跷跷板"图层第 40 帧，逆时针旋转跷跷板，效果如图 6-4-5 所示。将"跷跷板"图层第 40 帧复制粘贴到"跷跷板"图层第 110 帧。

图 6-4-4　第 30 帧和第 110 帧的画面

图 6-4-5　第 40 帧和第 100 帧的画面

2．制作米老鼠和圣诞老人等动画

（1）选中"米老鼠"图层第 1 帧，将"库"面板内的"米老鼠"影片剪辑元件拖动到舞台工作区的左上角辅助线交点处，如图 6-4-2 所示。选中"圣诞老人"图层第 1 帧，将"库"面板内的"圣诞老人"影片剪辑元件拖动到舞台工作区的右下角辅助线交点处，如图 6-4-2 所示。

（2）按住 Ctrl 键，选中"米老鼠"图层和"圣诞老人"图层第 1 帧，右击选中的帧，弹出帧快捷菜单，选择该快捷菜单内的"创建补间动画"选项，使这两个关键帧具有补间动画属性。创建"米老鼠"图层和"圣诞老人"图层第 1 帧～第 140 帧的补间动画。

（3）在"米老鼠"和"圣诞老人"图层的第 30、40、100、110 帧创建补间动画属性关键帧，在"圣诞老人"图层第 70 帧创建补间动画属性关键帧，在"米老鼠"图层第 140 帧创建补间动画属性关键帧。

（4）调整各关键帧的"米老鼠"和"圣诞老人"影片剪辑实例的位置。第 1 帧和第 140 帧画面如图 6-4-2 所示，第 30 帧和第 110 帧画面如图 6-4-4 所示，第 40 帧和第 100 帧画面如图 6-4-5 所示，第 70 帧画面如图 6-4-6 所示。

（5）选中"背景动画"图层第 1 帧，将"库"面板内的"儿童 1"、"儿童 2"、"贝蒂"和"圣诞树"影片剪辑元件拖动到舞台工作区内相应的位置，调整这些影片剪辑实例的大小和位置，如图 6-4-1 所示。

图 6-4-6　第 70 帧的画面

（6）选中"女孩"图层第 1 帧，将"库"面板内的"女孩"影片剪辑元件拖动到舞台工作区内的右上角，右击"女孩"图层第 1 帧，弹出帧快捷菜单，选择该快捷菜单内的"创建补间动画"选项。创建该图层第 1 帧～第 140 帧的补间动画，在该图层第 70 帧和第 71 帧创建关键帧。

（7）选中"女孩"第 70 帧，按 F6 键，创建关键帧。水平拖动该帧内的"女孩"影片剪辑实例到舞台工作区内的左上角。

（8）选中"女孩"第 71 帧，选择"修改"→"变形"→"水平翻转"选项，将该帧内的"女孩"影片剪辑实例水平翻转。选中"女孩"第 140 帧，选择"修改"→"变形"→"水平翻转"选项，将该帧内的"女孩"影片剪辑实例水平翻转。

至此，"圣诞的欢乐"动画制作完毕，其时间轴如图 6-4-7 所示。

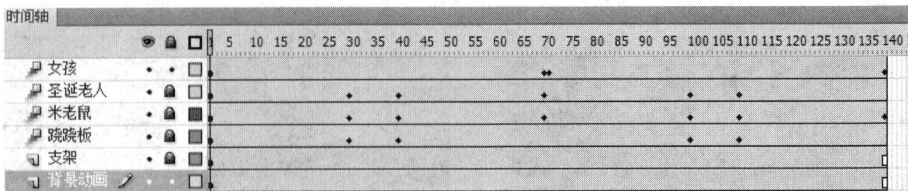

图 6-4-7　"圣诞的欢乐"动画的时间轴

6.4.3　知识链接

1．创建补间动画

在创建补间动画时，通常先在时间轴中创建属性关键帧和补间范围，对各图层帧中的对象进行初始排列，再在"属性"或"动画编辑器"面板中编辑各属性关键帧的属性。具体方法如下。

（1）选中图层（可以是普通图层、引导层、被引导层、遮罩层或被遮罩层）的一个空关键帧或关键帧，创建一个或多个对象。

（2）如果要将关键帧内多个对象（图形和位图）作为一个对象来创建补间动画，可以右击关键帧或先选中该关键帧内的所有对象，再右击选中的对象，弹出其快捷菜单，选择该快捷菜单内的"创建补间动画"选项，会弹出提示对话框。单击该提示对话框内的"确定"按钮，即可将对象转换为影片剪辑元件的实例，再以该实例为对象创建补间动画。原来的关键帧转换为补间属性关键帧。如果关键帧内的对象是元件的实例或文本块，则在创建补间动画后，不会将对象再转换为元件的实例。

（3）如果要为关键帧内多个对象中的一个对象创建补间动画，则可右击该对象，弹出其快捷菜单，选择该快捷菜单内的"创建补间动画"选项，即可创建一个新的补间图层，并右击图层的第 1 帧，同时在该图层创建补间动画，其他对象会保留在原图层或新建图层的第 1 帧内。

读者可以在"图层 1"图层第 1 帧的舞台工作区中创建不同类型的对象，然后逐一进行操作，观察时间轴的变化和各关键帧内对象的变化情况。

（4）如果原对象只在第 1 帧（关键帧）内存在，则补间范围的长度等于一秒的持续时间。如果帧速率是 24 帧/秒，则补间范围包含 24 帧。如果原对象在多个连续帧内存在，则补间范围将包含该原始对象占用的帧数。拖动补间范围的任一端，可以调整补间范围所占的帧数。

（5）如果原图层是普通图层，则创建补间动画后，该图层将转换为补间图层。如果原图层是引导层、遮罩层或被遮罩层，则它将转换为补间引导层、补间遮罩层或补间被遮罩层。

（6）将播放头放在补间范围内的某个帧上，再利用"属性"或"动画编辑器"面板修改对象属性。可以修改的属性有宽度、高度、水平坐标 X、垂直坐标 Y、Z（仅限影片剪辑，3D 空间）、旋转角度、倾斜角度、Alpha、亮度、色调、滤镜属性值（不包括应用于图形元件的滤镜）等。

注意

要一次创建多个补间动画，需在多个图层第 1 帧中分别创建可以直接创建补间动画的对象（元件的实例和文本块），选择所有图层的第 1 帧，右击选中的帧，弹出帧快捷菜单，选择该快捷菜单内的"创建补间动画"选项或选择"插入"→"补间动画"选项。

2．补间基本操作

（1）选中整个补间范围：单击该补间范围。

（2）选中多个不连续的补间范围：按住 Shift 键的同时单击每个补间范围。

（3）选中补间范围内的单个帧：按住 Ctrl 键的同时单击该补间范围内的帧。

（4）选中补间范围中的单个属性关键帧：按 Ctrl 键的同时单击该属性关键帧。

（5）选中范围内的多个连续帧：按住 Ctrl 键的同时在补间范围内拖动。

（6）选中不同图层上多个补间范围中的帧：按 Ctrl 键的同时跨多个图层拖动。

（7）移动补间范围：将补间范围拖动到其他图层，或剪切、粘贴补间范围到其他图层。如果将某个补间范围移到另一个补间范围之上，则会占用第 2 个补间范围的重叠帧。

（8）复制补间范围：按住 Alt 键，并将补间范围拖动到新位置，或复制粘贴到新位置。

（9）删除补间范围，右击要删除的补间范围，弹出其快捷菜单，选择该快捷菜单内的"删除帧"或"清除帧"选项。

（10）删除帧：按住 Ctrl 键的同时拖动选中的帧，再右击以弹出其快捷菜单，选择该快捷菜单内的"删除帧"选项。

3．编辑相邻的补间范围

（1）移动两个连续补间范围之间的分隔线：拖动该分隔线，Flash 将重新计算每个补间。

（2）按住 Alt 键，同时拖动第 2 个补间范围的起始帧，可以在两个补间范围之间添加一些空白帧，用来分隔两个连续的补间范围。

（3）拆分补间范围：按住 Ctrl 键同时选中补间范围中的单个帧，再右击选中的帧，弹出帧快捷菜单，选择该快捷菜单内的"拆分动画"选项。

如果拆分的补间已应用了缓动，则拆分后的补间可能不会与原补间具有完全相同的动画。

（4）合并两个连续的补间范围：选择这两个补间范围，右击选中的帧，弹出帧快捷菜单，选择该快捷菜单内的"合并动画"选项。

（5）更改补间范围的长度：拖动补间范围的右边缘或左边缘。也可以选择位于同一图层中的补间范围之后的某个帧，再按 F6 键。Flash 扩展补间范围并向选中的帧添加一个适用于所有属性的属性关键帧。如果按 F5 键，则 Flash 添加帧，但不会将属性关键帧添加到选定帧中。

 **思考练习6-4**

1．修改【动画 20】，将其中的米老鼠和圣诞老人更换成彩球，更换背景动画，将补间动画改为传统补间动画。

2．采用补间动画的制作方法，制作【动画 18】和【动画 19】。

3．采用补间动画的制作方法，制作"昼夜轮回"动画，该动画运行后开始的画面如图 6-4-8（a）所示，然后画面逐渐变暗，月亮和星星逐渐显示出来，还能看到月亮的倒影，如图 6-4-8（b）所示，接着月亮和其倒影从右向左缓慢移动。

（a）　　　　　　　　　　　　　　　　　（b）

图 6-4-8　"昼夜轮回"动画运行后的两幅画面

6.5　【动画 21】世界美景浏览

6.5.1　动画效果

　　"世界美景浏览"动画是"世界美景旅游胜地"网站中的一个动画，该动画运行后的 3 幅画面如图 6-5-1 所示。可以看到，第 1 幅风景图像和绿色的"世界美景浏览"文字显示一会儿后，向右上角倾斜漂移出画面，将第 2 幅风景图像显示出来；第 2 幅图像也像第 1 幅图像一样显示后移出画面。如此不断，一共有 7 幅风景图像如第 1 幅图像一样显示后移出画面，最后显示第 1 幅图像。

（a）　　　　　　　　　　　　　（b）　　　　　　　　　　　　　（c）

图 6-5-1　"世界美景浏览"动画运行后的 3 幅画面

6.5.2　制作方法

1．制作第 1 幅图像的漂浮切换

　　（1）新建一个 Flash 文档。设置舞台工作区的宽为 400 像素，高为 300 像素，背景色为白色。以"世界美景浏览.fla"为名保存在"【动画 21】世界美景浏览"文件夹内。

　　（2）将 7 幅风景图像导入"库"面板内，其内的 7 个图像元件的名称分别为"风景 1.jpg"～"风景 7.jpg"。创建"元件 1"～"元件 7"影片剪辑元件，其内分别导入"风景 1.jpg"～"风景 7.jpg"图像，调整这些图像，使其宽为 400 像素，高为 300 像素，X 和 Y 的值均为 0。

　　（3）选中"图层 1"图层第 1 帧，选中"库"面板内的"元件 1"～"元件 7"影片剪辑元件并拖动到舞台内。7 幅图像均将整个舞台工作区完全覆盖。

　　（4）选中"图层 1"图层第 1 帧，选择"修改"→"时间轴"→"分散到图层"选项，将

7 幅图像分别移到不同图层第 1 帧，原来的"图层 1"图层第 1 帧成为空关键帧，将它移到最下边，名称改为"背景"，其他图层名称分别是"库"面板内元件的名称，即"风景 1"～"风景 7"，如图 6-5-2 所示。

（5）输入绿色、隶书、60 点的文字"世界美景浏览"，置于图像中间位置，添加滤镜，使文字立体化。将"风景 1"图层第 1 帧复制粘贴到"背景"图层第 1 帧中，如图 6-5-2 所示。

（6）选中"风景 1"图层第 21 帧，按 F6 键，创建一个关键帧，使该图层第 1 帧～第 21 帧内容相同。右击"风景 1"图层第 21 帧，弹出帧快捷菜单，选择该快捷菜单内的"创建补间动画"选项，使该帧具有补间动画属性。选中"风景 1"图层第 40 帧，按 F6 键，创建"风景 1"图层第 21 帧～第 40 帧的补间动画，第 40 帧是属性关键帧。

（7）使用工具箱内的"3D 旋转工具"，选中"风景 1"图层第 40 帧内的"元件 1"影片剪辑实例（其内是"风景 1.jpg"图像），调整该实例围绕各轴旋转一定角度，使用工具箱内的"3D 平移工具"将该实例移到舞台工作区外右上角，如图 6-5-3 所示。

图 6-5-2　时间轴图层

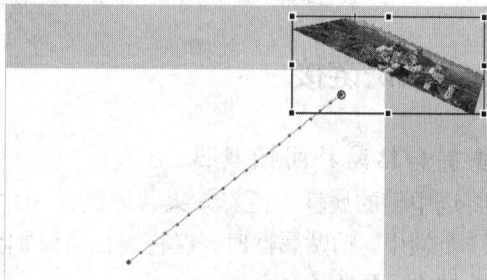

图 6-5-3　"风景 1"图层第 40 帧画面

再使用工具箱内的"任意变形工具"，适当调整图像的大小。"元件 1"影片剪辑实例（其内是"风景 1.jpg"图像）显示一段时间后向右上方漂浮移出的动画制作完毕。

2．制作其他图像的漂浮切换

（1）按住 Shift 键，选中"风景 2"和"风景 7"图层第 21 帧，选中它们之间的 6 个图层的第 21 帧，按 F6 键，创建 6 个关键帧。选中除了"背景"图层之外所有图层的第 40 帧，以及"背景"图层的第 20 帧，按 F5 键，效果如图 6-5-4 所示。

（2）右击"风景 1"图层内补间动画的补间范围，弹出其快捷菜单，选择该快捷菜单内的"复制动画"选项，将"风景 1"图层内的补间动画帧复制到剪贴板内。

（3）右击"风景 2"图层第 21 帧，弹出其快捷菜单，选择该快捷菜单内的"粘贴动画"选项，将"风景 1"图层内补间动画的属性粘贴到"风景 2"图层第 21 帧～第 40 帧中，"风景 2"图层第 21 帧～第 40 帧已经具有和"风景 1"图层第 21 帧～第 40 帧一样的补间动画。

（4）按照上述方法，将其他图层（除了"背景"图层）第 21 帧～第 40 帧均制作成具有相同特点的补间动画，只是图像更换了。此时的时间轴如图 6-5-5 所示。

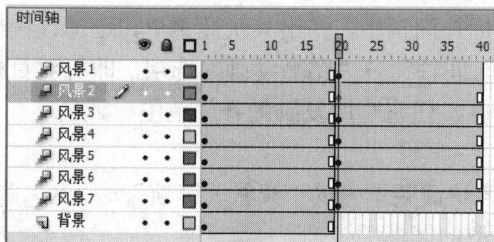

图 6-5-4　选中帧和创建关键帧

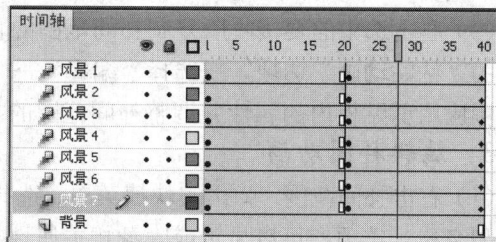

图 6-5-5　具有相同特点补间动画的时间轴

（5）按住 Shift 键，选中"风景 2"图层第 1 帧和第 20 帧，再选中该图层的补间范围内的任何一帧，选中该图层第 1 帧～第 40 帧，水平向右拖动到第 21 帧～第 60 帧。按照相同的方法和移动规律，调整其他图层（不含"背景"图层）的第 1 帧～第 40 帧，效果如图 6-5-6 所示。

（6）按住 Shift 键，选中"背景"图层第 1 帧和第 20 帧，选中"背景"图层第 1 帧～第 20 帧，水平向右拖动到第 141 帧～第 160 帧，其时间轴如图 6-5-6 所示。

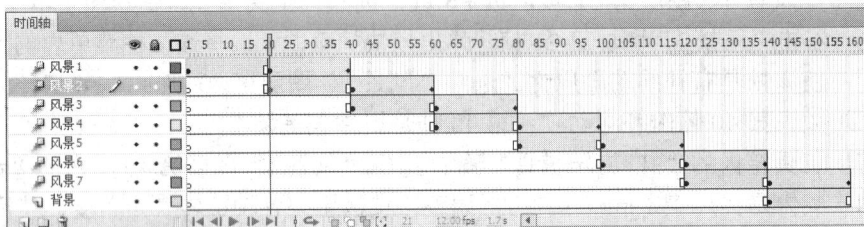

图 6-5-6　"世界美景浏览"动画的时间轴

6.5.3　知识链接

1．复制和粘贴补间帧属性

可以将选中帧的属性（色彩效果、滤镜或 3D 等）复制粘贴到同一补间范围或其他补间范围内的另一个帧中。粘贴属性时，仅将属性值添加到目标帧中。2D 位置属性不能粘贴到 3D 补间范围内的帧中。操作方法如下。

（1）按住 Ctrl 键的同时选中补间范围中的一个帧。右击选中的帧，弹出帧快捷菜单，选择该快捷菜单内的"复制属性"选项。

（2）按住 Ctrl 键的同时选中补间范围内的目标帧。右击目标补间范围内的选定帧，弹出帧快捷菜单，选择该快捷菜单内的"粘贴属性"选项。如果仅粘贴已复制的某些属性，则可以右击目标补间范围内的选定帧，选择该快捷菜单内的"选择性粘贴属性"选项，弹出"选择特定属性"对话框，选择要粘贴的属性，再单击"确定"按钮。

2．复制和粘贴补间动画

可以将补间属性从一个补间范围复制到另一个补间范围，原补间范围的补间属性应用于目标补间范围内的目标对象，但目标对象的位置不会发生变化。这样，可以将舞台上某个补间范围内的补间属性应用于另一个补间范围内的目标对象，而无需重新定位目标对象。操作方法如下。

（1）选中包含要复制的补间属性的补间范围。

（2）右击选中的补间范围，弹出其快捷菜单，选择该快捷菜单内的"复制动画"选项，或选择"编辑"→"时间轴"→"复制动画"选项，将选中的补间动画复制到剪贴板内。

（3）右击选中的要接收所复制补间范围的目标补间范围，弹出其快捷菜单，选择该快捷菜单内的"粘贴动画"选项，或选择"编辑"→"时间轴"→"粘贴动画"选项，即可对目标补间范围应用剪贴板内的属性并调整补间范围的长度，使它与所复制的补间范围一致。

3．编辑补间动画

（1）右击补间范围，弹出其快捷菜单，选择该快捷菜单内的"查看关键帧"→"××"（属性类型名称）选项，可以显示或隐藏相关属性类型的属性关键帧。

（2）如果补间动画中修改了对象位置（X 和 Y 属性值），则会显示一条从起点到终点的引导线。如果要改变对象的位置，可使用工具箱内的"选择工具" <img>，将播放头移到补间范围内的一个帧处，拖动对象到其他位置，即可在补间范围内创建一个新的属性关键帧。

（3）可以使用"属性"面板和"动画编辑器"面板来编辑各属性关键帧内的对象属性。

（4）将其他图层帧内的曲线（不封闭曲线），复制粘贴到补间范围中，可替换原引导线。

（5）将其他元件从"库"面板拖动到时间轴中的补间范围上，或者将其他元件实例复制粘贴到补间范围上，都可以替换补间的目标对象（即补间范围的目标实例）。

另外，选择"库"面板中的新元件或者舞台工作区内的补间的目标实例，然后选择"修改"→"元件"→"交换元件"选项，弹出"交换元件"对话框，利用该对话框可以选择替换元件，用新元件实例替换补间的目标实例。

如果要删除补间范围的目标实例而不删除补间，则可以先选中该补间范围，再按 Delete 键。

（6）右击补间范围，弹出帧快捷菜单，选择该快捷菜单内的"运动路径"→"翻转路径"选项，可以使对象沿路径移动的方向翻转。

（7）可以将静态帧从其他图层拖动到补间图层，在补间图层内添加静态帧中的对象。还可以将其他图层上的补间动画拖动到补间图层，添加补间动画。

（8）如果要创建对象的 3D 旋转或 3D 平移动画，则可以将播放头放置在要先添加 3D 属性关键帧的位置，再使用工具箱内的"3D 旋转工具" <img> 或"3D 平移工具" <img> 进行调整。

（9）右击补间范围，弹出其快捷菜单，选择该快捷菜单内的"3D 补间"选项，如果补间范围未包含任何 3D 的属性关键帧，则将 3D 属性添加到已有的属性关键帧中；如果补间范围已包含 3D 属性关键帧，则 Flash 会将这些 3D 属性关键帧删除。

4．了解"动画编辑器"面板

选中时间轴中的补间范围或者舞台工作区内的补间对象或运动路径，选择"窗口"→"动画编辑器"选项，打开"动画编辑器"面板，如图 6-5-7 所示。

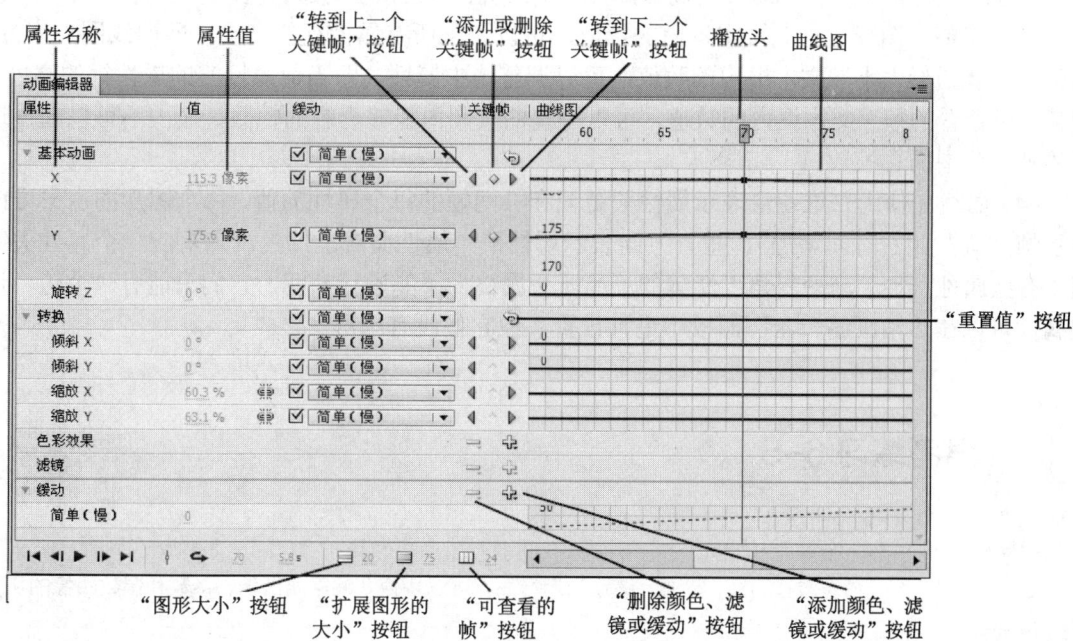

图 6-5-7　"动画编辑器"面板

在该面板中可看到选中的补间动画的各个帧，所有属性关键帧的属性设置，所有补间特点，播放头与时间轴内的播放头完全同步（指向相同的帧编号）；还可以以多种不同的方式来调整补间，调整属性关键帧的属性，增加和删除属性关键帧，将属性关键帧移动到补间内的其他帧中，调整对单个属性的补间曲线形状，创建自定义缓动曲线，将属性曲线从一个属性复制粘贴到另一个属性中，翻转各属性的关键帧，向各个属性、属性类别添加不同的预设缓动和自定义缓动等。

（1）单击属性类别按钮 ▼，可以收缩该类别内的各属性行，如图 6-5-8 所示；单击属性类别按钮 ▶，可以展开该类别内的各属性行，如图 6-5-8 所示。

图 6-5-8　收缩各属性行

（2）单击"转到上一个关键帧"按钮 ◀，可切换到上一个属性关键帧，显示上一个属性关键帧的相关属性；单击"转到下一个关键帧"按钮 ▶，可切换到下一个属性关键帧，显示下一个属性关键帧的相关属性。拖动播放头到要添加属性关键帧的编号处，再单击"添加或删除关键帧"按钮 ，可在播放头指示的帧编号处添加一个属性关键帧控制点（即一个黑色小正方形）；拖动播放头到要删除的属性关键帧处，单击"添加或删除关键帧"按钮 ，可删除播放头指示的属性关键帧。单击"重置值"按钮 ，可将该属性类中的所有属性恢复为默认值。

（3）调整"图形大小"文本框内的数值，可以调整所有属性行的高度（即曲线图高度）；调整"扩展图形大小"文本框内的数值，可以调整选中属性（即当前属性）的属性行的高度；调整"可查看的帧"文本框内的数值，可以调整曲线图内能够查看的帧数，最大不可以超过选中的补间范围的总帧数。

（4）曲线图使用二维图形表示属性关键帧和补间帧的每个属性的值，每个图形的水平方向表示帧（从左到右时间增加），垂直方向表示属性值。属性曲线上的控制点对应一个属性关键帧。有些属性（如"渐变斜角"滤镜的"品质"属性）不能进行补间，它们只能有一个值。这些属性可以在"动画编辑器"面板中进行设置，但它们没有图形。

思考练习 6-5

1．制作另一个"图像漂移切换"动画。该动画运行后，可以切换 8 幅家居图像，奇数和偶数图像的切换方式不一样。

2．制作另一个"动画漂移切换"动画。该动画运行后，可以切换的动画有 10 幅，奇数和偶数图像的切换方式不一样。

3．制作 "旋转变化文字" 动画，该动画运行后，"Adobe Flash CS5" 文字旋转变换并由小变大地展现出来，颜色由蓝色变为绿色，再变为红色。

4．使用 "动画编辑器" 面板，调整【动画 19】"托马斯玩具城 Banner" 动画中小火车的行进速度的变化，再调整【动画 21】动画中各幅图像移出画面的方式。

6.6 【动画 22】梦幻美景翻页画册

6.6.1 动画效果

"世界美景翻页画册" 动画也是 "世界美景旅游胜地" 网站中的一个动画，该动画运行后的效果与【动画 17】动画的播放效果基本一样，只是更逼真，翻页共 4 页，一共 9 幅图像。该动画运行后的两幅画面如图 6-6-1 所示。"世界美景翻页画册" 动画是补间形状动画，而【动画 17】动画采用的是传统补间动画。

(a)　　　　　　　　　　　　　(b)

图 6-6-1　"世界美景翻页画册" 动画播放后的两幅画面

1．制作第 1 页翻页动画

（1）新建一个 Flash 文档，设置舞台工作区的宽为 550 像素，高为 500 像素，背景色为浅蓝色。创建几条辅助线，用来给图像定位。以 "世界美景翻页画册.fla" 为名保存在 "【动画 22】世界美景翻页画册" 文件夹内。

（2）该动画是第 1 页翻页动画，动画分为两段，第 1 段是第 1 页正面翻页动画，第 2 段是第 1页反面翻页动画。为了制作该动画需要创建 4 个图层，此时的时间轴如图 6-6-2 所示。"第 1 页正面" 图层是第 1 页正面图像的翻页动画，"第 1 页反面" 图层是第 1 页反面图像的翻页动画，"第 2页正面" 图层用来放置第 2 页正面图像，"第 2 页反面" 图层用来放置第 2 页反面图像。

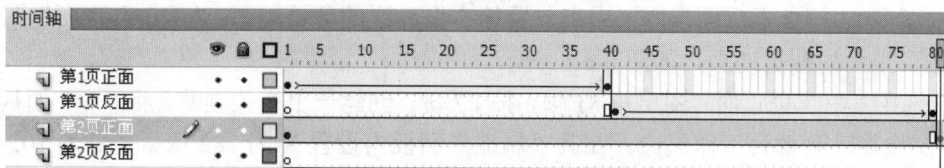

图 6-6-2　制作 "世界美景翻页画册" 动画的时间轴

（3）导入"图01.jpg"～"图09.jpg"9幅梦幻风景图像（宽均为250像素，高均为340像素）到"库"面板内。选中"第2页正面"图层第1帧，将"库"面板内的"图03.jpg"图像拖动到舞台工作区内右边辅助线围成的矩形框内。在其"属性"面板内设置X为282像素，Y为103像素。该帧画面如图6-6-3所示。选中该图层第81帧，按F6键，创建一个关键帧。

（4）选中"第1页正面"图层第1帧，将"库"面板内的"图01.jpg"图像拖动到舞台工作区内右边辅助线围成的矩形框内，在其"属性"面板内设置X为282像素，Y为103像素，使它刚好将"图03.jpg"图像完全覆盖，如图6-6-4（a）所示。将该图像分离。

| （a） | （b） | （a） | （b） |

图6-6-3 "第2页正面"图层第1～81帧画面 　　图6-6-4 "第1页正面"图层第1帧和第40帧画面

（5）右击"第1页正面"图层第1帧，弹出帧快捷菜单，选择该快捷菜单内的"创建补间形状"选项，将该帧设置为补间变形动画帧。选中该图层第40帧，按F6键，创建"第1页正面"图层第1帧～第40帧的补间形状动画。选中第40帧内分离的图像，将它调整为如图6-6-4（b）所示。

（6）选中"第1页反面"图层第41帧，按F7键，创建一个空关键帧。将"库"面板内"图02.jpg"图像拖动到舞台工作区内。在其"属性"面板内设置X为32像素，Y为103像素。再将"图02.jpg"图像分离，如图6-6-5（a）所示。

（7）右击"第1页反面"图层第41帧，弹出帧快捷菜单，选择该快捷菜单内的"创建补间形状"选项，将该帧设置为补间变形动画帧。选中"第1页反面"图层第80帧，按F6键，创建"第1页反面"图层第41帧～第80帧的补间形状动画。

（8）选中"第1页反面"图层第41帧，将该帧图像调整为如图6-6-5（b）所示的状态。

2．制作第2页翻页动画

（1）该动画是第2页翻页动画，动画分为两段，第1段是第2页正面翻页动画，第2段是第2页反面翻页动画。为了制作该动画需要创建4个图层，此时的时间轴如图6-6-6所示。

"第3页正面"图层用来放置第3页正面图像，"左侧第1页反面"图层用来放置左侧第1页反面的图像，"第2页反面"图层用来放置第2页反面的翻页动画，"第2页正面"图层用来放置第2页正面的翻页动画，如图6-6-6所示。

（2）选中"第3页正面"图层第81帧，按F7键，创建一个空关键帧。将"库"面板内"图05.jpg"图像拖动到舞台工作区内。在其"属性"面板内设置X为282像素，Y为103像素，如图6-6-7所示。选中该图层第161帧，按F6键，创建一个关键帧，使该图层第81帧～第161

帧内容相同。

图 6-6-5 "第 1 页反面"图层
第 80 帧和第 41 帧图像

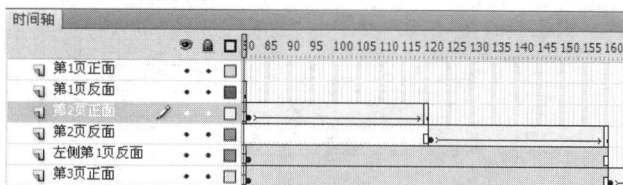

图 6-6-6 第 2 页翻页动画的时间轴

（3）将"第 1 页反面"图层第 80 帧复制粘贴到"左侧第 1 页反面"图层第 81 帧，右击"左侧第 1 页反面"图层第 81 帧，弹出帧快捷菜单，选择该快捷菜单内的"删除补间"选项，使该帧成为普通帧。选中"左侧第 1 页反面"图层第 160 帧，按 F5 键，使该图层第 81 帧～第 160 帧内容相同。

（4）选中"第 2 页正面"图层第 81 帧图像，如图 6-6-3（a）所示。将该图像分离，右击该帧，弹出帧快捷菜单，选择该快捷菜单内的"创建补间形状"选项，将该帧设置为补间变形动画帧。选中该图层第 120 帧，按 F6 键，创建"第 2 页正面"图层第 81 帧～第 120 帧的补间形状动画。

（5）选中"第 2 页正面"图层第 120 帧，将该帧图像调整为如图 6-6-3（b）所示的状态。

（6）选中"第 2 页反面"图层第 121 帧，按 F7 键，创建一个空关键帧，将"库"面板内"图 04.jpg"图像拖动到舞台工作区内。在其"属性"面板内设置 X 为 32 像素，Y 为 103 像素，如图 6-6-8（a）所示。

（7）右击"第 2 页反面"图层第 121 帧，弹出帧快捷菜单，选择该快捷菜单内的"创建补间形状"选项，将该帧设置为补间变形动画帧。选中该图层第 160 帧，按 F6 键，创建"第 2 页反面"图层第 121 帧～第 160 帧的补间形状动画。第 160 帧的画面如图 6-6-8（a）所示。

（8）选中"第 2 页反面"图层第 121 帧，将该帧图像调整为如图 6-6-8（b）所示的状态。

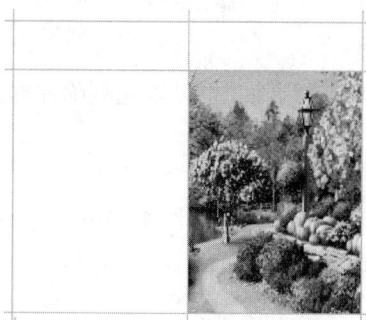

图 6-6-7 "第 3 页正面"图层第 81 帧画面

图 6-6-8 "第 2 页反面"图层第 121 帧
和第 160 帧画面

其他翻页动画参看上述内容由读者自行完成。"世界美景翻页画册"动画的时间轴如图 6-6-9 所示。

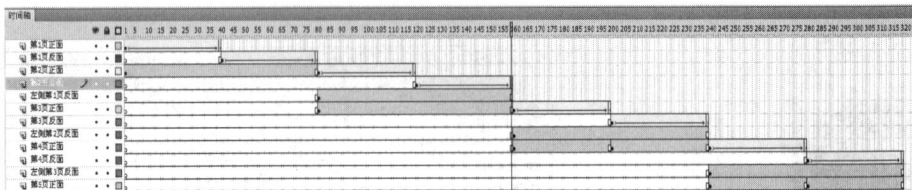

图 6-6-9　"世界美景翻页画册"动画的时间轴

6.6.2　知识链接

1．补间形状动画的基本制作方法

补间形状动画是由一种形状对象逐渐变为另外一种形状对象的动画。Flash CS 5.5 可以将图形、分离的文字、分离后的位图和由位图转换的矢量图形对象进行变形，制作补间形状动画。Flash CS 5.5 不能对实例、未分离的文字、位图图像、群组对象制作补间形状动画。

在补间形状动画中，对象位置和颜色的变换是在两个对象之间发生的；而在动作动画中，变化的是同一个对象的位置和颜色属性。下面通过制作一个彩球变换为六边形的补间形状动画来介绍补间形状动画的制作方法。

（1）选中时间轴内的一个空关键帧（如"图层 1"图层）作为补间形状动画的开始帧。在舞台工作区内创建一个符合要求的对象（图形、分离的文字、分离后的位图等），作为补间形状动画的初始对象。这里绘制一个绿色的球。

（2）右击关键帧（如"图层 1"图层），弹出帧快捷菜单，选择该快捷菜单内的"创建补间形状"选项，使该帧具有补间形状动画属性，此时"属性"面板的有关设置如图 6-6-10 所示。

（3）选中补间形状动画的终止帧，按 F6 键，创建动画终止帧为关键帧。此时，在时间轴上，从第 1 帧到终止帧之间会出现一个指向右边的箭头，帧单元格的背景为浅绿色。

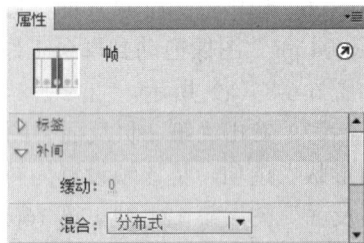

图 6-6-10　"属性"面板设置

（4）在舞台工作区内绘制一个正方形，再将该帧内原彩球删除。也可以先删除原对象，再创建新对象；或者修改原对象，使原对象形状改变。

2．补间形状动画关键帧的"属性"面板

补间形状动画关键帧"属性"面板如图 6-6-10 所示，其中各选项的作用如下。

（1）"缓动"文本框：用来设置补间形状动画的加速度。

（2）"混合"下拉列表：该下拉列表内各选项的作用如下。

①"角形"选项：选择它后，创建的过渡帧中的图形更多地保留了原来图形的尖角或直线的特征。如果关键帧中图形没有尖角，则与选择"分布式"选项的效果一样。

②"分布式"选项：选择它后，可使补间形状动画过程中创建的中间过渡帧的图形较平滑。

1．制作"字母变换"动画，该动画播放后的 3 幅画面如图 6-6-11 所示。屏幕上一个红字母"X"逐渐变形为蓝字母"Y"，蓝字母"Y"再逐渐变形为绿字母"Z"。

2．制作"文字变化"补间形状动画，该动画播放后，绿色文字"Flash CS 5.5 文字变化"逐渐变为红色，文字也逐渐由小变大。

3．制作"弹跳彩球"动画，播放后的 3 幅画面如图 6-6-12 所示。可以看到，背景是 4 幅不断切换的动画，一个彩球上下跳跃，当彩球落到弹性地面时，弹性地面会随之下凹；弹性地面弹起时，将彩球也弹起。彩球的弹跳与弹性地面的起伏动作连贯协调。

| (a) | (b) | (c) |

图 6-6-11 "字母变换"动画的 3 幅画面

| (a) | (b) | (c) |

图 6-6-12 "弹跳彩球"动画的 3 幅画面

6.7 【动画 23】开关门动画切换

6.7.1 动画效果

"开关门动画切换"动画是"世界美景旅游胜地"网站中的一个动画，该动画运行后的 4 幅画面如图 6-7-1 所示。可以看到，第 1 个动画画面以开门方式逐渐消失，逐渐显示第 2 个动画画面；然后第 3 个动画画面以关门方式逐渐闭合，逐渐将第 2 个动画画面遮挡，直到完全遮挡第 2 个动画画面。

| (a) | (b) | (c) | (d) |

图 6-7-1 "开关门动画切换"动画播放后的 4 幅画面

6.7.2　制作方法

1．开门式图像切换方法

（1）新建一个 Flash 文档。设置舞台工作区宽为 240 像素，高为 320 像素。从下到上创建"动画 2"、"动画 1"、"遮罩 1"、"动画 3"和"遮罩 2"图层。以"开关门动画切换 1.fla"为名保存在"【动画 23】开关门动画切换"文件夹内。

（2）将"动画 1.gif"～"动画 3.gif" 3 个 GIF 格式动画（它们的宽均为 240 像素，高均为 320 像素）导入到"库"面板内。"库"面板内将新增加 3 个影片剪辑元件，将它们的名称分别更改为"动画 1"、"动画 2"和"动画 3"。

（3）选中"动画 2"图层第 1 帧，将"库"面板内的"动画 2"影片剪辑元件拖动到舞台中，刚好将舞台工作区完全覆盖，如图 6-7-2（a）所示。"动画 2"影片剪辑元件的另一幅画面如图 6-7-2（b）所示。选中"动画 2"图层第 80 帧，按 F5 键。

（4）选中"动画 1"图层第 1 帧，将"库"面板中"动画 1"影片剪辑元件拖动到舞台内，刚好将舞台工作区完全覆盖，如图 6-7-1（a）所示。选中"动画 1"图层第 40 帧，按 F5 键。

（5）选中"遮罩 1"图层第 1 帧，绘制一个黑色矩形，将整个画面覆盖，如图 6-7-3 所示。右击"遮罩 1"图层第 1 帧，弹出帧快捷菜单，选择该快捷菜单内的"创建补间形状"选项，选中"遮罩 1"图层第 40 帧，按 F6 键，创建"遮罩 1"第 1 帧～第 40 帧补间形状动画。

（6）选中"遮罩 1"图层第 40 帧，将矩形缩小为细长矩形。

（7）选中"遮罩 1"图层第 1 帧，选择"修改"→"形状"→"添加形状提示"选项，再按 Ctrl+Shift+H 组合键，产生 2 个形状指示标记。移动这些形状指示标记到黑色矩形的两个顶点，如图 6-7-3 所示。选中"遮罩 1"图层第 40 帧，调整形状指示标记的位置，如图 6-7-4 所示。

（8）将"遮罩 1"图层设置成遮罩图层，使"动画 2"图层成为被遮罩图层。

制作该动画可以不用添加形状指示标记，需要将"遮罩 1"图层第 40 帧内黑色矩形调整为梯形，如图 6-7-5 所示。其方法如下：不选中黑色矩形，将鼠标指针移到矩形的右上角，当鼠标指针右下方出现一个小直角形后，垂直向下拖动，使右上角下移；再将鼠标指针移到矩形的右下角，当鼠标指针右下方出现一个小直角形后，垂直向上拖动，使右下角上移。

（a）　　　　　　　　　（b）

图 6-7-2　"动画 2"动画播放后的两幅画面

图 6-7-3　绘制黑色矩形

2．关门式图像切换

（1）选中"动画 3"图层第 41 帧，按 F7 键，创建一个空关键帧。将"库"面板内的"动画 3"影片剪辑元件拖动到舞台工作区内,刚好将舞台工作区完全覆盖,如图 6-7-1 所示。"动画 3"影片剪辑元件是一个 3 幅图像相互切换的动画,该动画的另外一幅画面如图 6-7-6 所示。选中"动画 3"图层第 80 帧,按 F5 键。

(2)选中"遮罩 2"图层第 41 帧,绘制一个黑色矩形,将整个画面覆盖。右击"遮罩 2"图层第 41 帧,弹出帧快捷菜单,选择该快捷菜单内的"创建补间形状"选项,选中"遮罩 2"图层第 80 帧,按 F6 键,创建"遮罩 2"第 41 帧~第 80 帧补间形状动画。

(3)选中"遮罩 2"图层第 41 帧,将矩形缩小为细长矩形。

(4)选中"遮罩 2"图层第 41 帧,创建 2 个形状指示标记,移动到黑色矩形的顶点。选中"遮罩 2"图层第 80 帧,调整形状指示标记的位置。

(5)将"遮罩 2"图层设置成遮罩图层,使"图层 4"图层成为被遮罩图层。也可以将"遮罩 2"图层第 41 帧的矩形调整为如图 6-7-5 所示的梯形。

图 6-7-4　第 40 帧矩形和　　　　图 6-7-5　第 40 帧黑色矩形　　　　图 6-7-6　"动画 3"影片剪辑

　　　　形状指示标记　　　　　　　　　调整为梯形　　　　　　　　　元件的另一幅画面

(6)也可以选中"遮罩 1"图层第 1 帧~第 40 帧,将它复制粘贴到"遮罩 2"图层第 41 帧~第 80 帧,选中第 41 帧~第 80 帧,右击选中的动画帧,弹出帧快捷菜单,选择该快捷菜单内的"翻转帧"选项,将"遮罩 2"图层第 41 帧~第 80 帧动画翻转,即第 41 帧和第 80 帧的内容对换。

制作好的"开关门动画切换"动画的时间轴如图 6-7-7 所示。

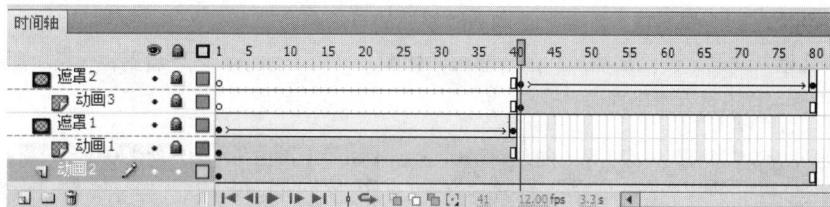

图 6-7-7　"开关门动画切换"动画的时间轴

6.7.3　知识链接

1.添加形状提示的基本方法

形状提示就是在形状的初始图形与结束图形上分别指定一些形状的关键点,并一一对应,

Flash 会根据这些关键点的对应关系来计算形状变化的过程，并赋予各个补间帧。

（1）选中第 1 帧，选择"修改"→"形状"→"添加形状提示"选项或按 Ctrl+Shift+H 组合键，可在第 1 帧图形中加入形状提示标记"a"。再重复上述过程，可继续增加"b"～"z"共 25 个形状提示标记。如果没有形状提示标记显示，则可选择"视图"→"显示形状提示"选项。

（2）添加"a"～"c"3 个形状提示标记，用鼠标拖动这些形状提示标记，分别放置在第 1 帧图形的一些位置，如图 6-7-8 所示。

（3）选中终止帧，会看到终止帧七彩五边形中也有"a"～"c"3 个形状提示标记（几个形状提示标记重叠）。拖动这些形状提示标记到五边形的适当位置，如图 6-7-9 所示。

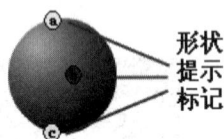

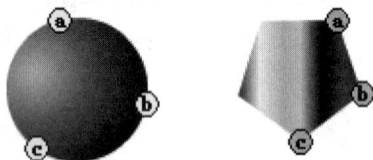

图 6-7-8　第 1 帧图形形状提示标记　　　　图 6-7-9　起始帧和终止帧的形状提示标记

（4）最多可提添加 26 个形状提示标记。起始帧的形状提示标记用黄色圆圈表示，终止帧的形状提示标记用绿色圆圈表示。如果形状提示标记的位置不在曲线上，则会显示红色。

2．添加形状提示的原则

（1）如果过渡比较复杂，则可以在中间增加一个或多个关键帧。

（2）起始关键帧与终止关键帧中形状提示标记的顺序最好一致。

（3）最好使各形状关键点沿逆时针方向排列，并且从图形的左上角开始排列。

（4）形状提示标记不一定越多越好，重要的是放置的位置合适。这可以通过实验来决定。

思考练习 6-7

1．制作"开关门式动画切换"动画，该动画运行后和本动画效果基本相同，只是切换的是动画画面。

2．制作"双关门式图像切换"动画。该动画播放后的一幅画面如图 6-7-10 所示。

3．制作"海浪"动画，该动画播放后的一幅画面如图 6-7-11 所示。可以看到，一只小船在海面上随着海浪的起伏航行，一只小鸟在空中飞翔。

图 6-7-10　"双关门式图像切换"动画画面　　　　图 6-7-11　"海浪"动画画面

第7章

遮罩层应用、IK 动画和按钮

本章介绍了使用遮罩图层制作动画的技巧和有关知识，以及使用〝骨骼工具〞和〝绑定工具〞制作 IK 动画的方法等。

7.1 【动画 24】百叶窗家居图像切换

7.1.1 动画效果

"百叶窗家居图像切换"动画是"家居设计"网站中的一个动画，该动画运行后的两幅画面如图 7-1-1 所示。首先显示第 1 幅图像，如图 7-1-2（a）所示，再以百叶窗方式从上到下切换为第 2 幅图像，如图 7-1-2（b）所示，又以百叶窗方式从右到左切换为第 3 幅图像如图 7-1-2（c）所示。

（a）　　　　　　　　　　　　（b）

图 7-1-1　"百叶窗式图像切换"动画运行后的两幅画面

7.1.2 制作方法

1．制作"百叶窗"影片剪辑元件

（1）新建一个 Flash 文档。设置舞台工作区的宽为 400 像素，高为 300 像素，背景色为白

色。以"百叶窗家居图像切换.fla"为名保存在"【动画 25】百叶窗家居图像切换"文件夹内。

（2）导入"家居 1.bmp"、"家居 2.bmp"和"家居 3.bmp"三幅图像，如图 7-1-2 所示。选中"图层 1"图层第 1 帧，选择"视图"→"网格"→"编辑网格"选项，弹出"网格"对话框，选中"显示网格"和"贴紧至网格"复选框，在 ↔ 和 ↕ 文本框内均输入"30"。单击"确定"按钮，在舞台工作区内显示网格水平和垂直间距为 30 像素的网格。

(a)　　　　　　　　　　　(b)　　　　　　　　　　　(c)

图 7-1-2　三幅图像

（3）创建并进入"百叶"影片剪辑元件的编辑状态，选中"图层 1"图层第 1 帧，绘制一个蓝色矩形，在其"属性"面板内，调整图形的宽为"420"、高为"2"、X 值为"0"、Y 值为"0"。蓝色矩形如图 7-1-3 所示。

（4）创建"图层 1"图层第 1 帧～第 40 帧的传统补间动画，选中"图层 1"图层第 40 帧，选中第 40 帧内的图形，在其"属性"面板内，调整宽为"420"、高为"30"、X 值为"0"、Y 值为"15"。在垂直方向向下调整矩形，如图 7-1-4 所示。

图 7-1-3　蓝色矩形　　　　　　　　　　　　图 7-1-4　调整蓝色矩形

（5）创建并进入"百叶窗"影片剪辑元件的编辑状态，10 次将"库"面板内的"百叶"影片剪辑元件拖动到舞台工作区内，垂直均匀分布，间距为 30 像素，如图 7-1-5 所示。

（6）将 10 个"百叶"影片剪辑元件实例全部选中，在其"属性"面板内，调整其宽为"400"、高为"270"、X 值为"-200"、Y 值为"-135"。

2．制作图像切换动画

（1）将"图层 1"图层的名称更改为"家居 1"，选中该图层第 1 帧，将"库"面板内的"家居 1.bmp"图像拖动到舞台工作区内，调整其宽为 400 像素，高为 300 像素，刚好将整个舞台工作区覆盖，如图 7-1-2（a）所示。选中第 40 帧（注意，应与"百叶"影片剪辑元件内动画的帧数一样），按 F5 键，使第 1 帧～第 40 帧的内容一样。

（2）在"家居 1"图层之上增加"家居 2-1"图层。选中该图层第 1 帧，将"库"面板内的"家居 2.bmp"图像拖动到舞台工作区内，调整其大小与位置与"家居 1.bmp"图像完全一样，如图 7-1-2（b）所示。选中第 40 帧，按 F5 键，使第 1 帧～第 40 帧的内容一样。

（3）在"家居 2-1"图层之上增加"遮罩 1"图层。选中该图层第 1 帧，将"库"面板内的"百叶窗"影片剪辑元件拖动到舞台内，使"百叶窗"影片剪辑实例的上边缘与"家居 2.bmp"

图像的上边缘对齐，调整该实例的宽度与"家居 2.bmp"图像一致，调整该实例的高度为 270 像素，如图 7-1-6 所示。选中第 40 帧，按 F5 键，使第 1 帧～第 40 帧的内容一样。

（4）在"遮罩 1"图层之上增加"家居 2-2"图层。选中该图层的第 41 帧，按 F7 键，创建一个空关键帧。将"家居 2-1"图层第 1 帧（其内是"家居 2.bmp"图像）复制、粘贴到"家居 2-2"图层第 1 帧。选中第 80 帧，按 F5 键，使第 41 帧～第 80 帧内容一样。

（5）在"家居 2-2"图层之上增加"家居 3"图层。选中该图层第 41 帧，按 F7 键，创建一个空关键帧。将"库"面板内的"家居 3.bmp"图像拖动到舞台工作区内，调整并使其与"家居 2.bmp"图像完全一样，如图 7-1-2（c）所示。选中第 80 帧，按 F5 键。

（6）在"家居 3"图层之上增加"遮罩 2"图层。选中该图层第 41 帧，按 F7 键，创建一个空关键帧。选中"遮罩 2"图层第 41 帧，将"库"面板内的"百叶窗"影片剪辑元件拖动到舞台工作区内，旋转 90°，使它的右边缘与舞台工作区的右边缘对齐，调整它的高度为 300 像素，如图 7-1-7 所示。选中第 80 帧，按 F5 键，使第 41 帧～第 80 帧的内容一样。

图 7-1-5　"百叶窗"影片剪辑实例　图 7-1-6　"遮罩 1"图层第 1 帧　图 7-1-7　"遮罩 2"图层第 41 帧

（7）将"遮罩 1"和"遮罩 2"图层设置为遮罩层，使"家居 3"和"家居 2-2"图层成为被遮罩图层。"百叶窗家居图像切换"动画的时间轴如图 7-1-8 所示。

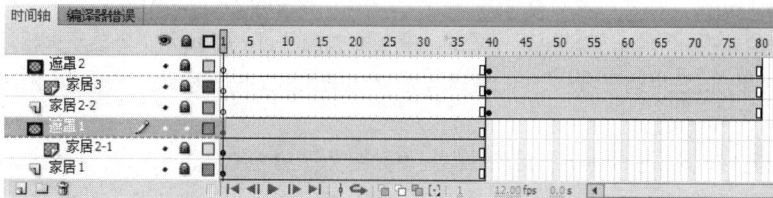

图 7-1-8　"百叶窗家居图像切换"动画的时间轴

7.1.3　知识链接

1．遮罩层的作用

可以透过遮罩层内的图形看到其下面的被遮罩图层的内容，但不可以透过遮罩层内的无图形处看到其下面的被遮罩图层的内容。在遮罩层上创建对象，相当于在遮罩层上挖了相应形状的洞，形成挖空区域，挖空区域将完全透明，其他区域都是完全不透明的。通过挖空区域，下面图层的内容会被显示出来，而没有对象的地方成了遮挡物，把下面被遮罩图层的其余内容遮挡起来。因此只可以透过遮罩层内的对象看到其下面的被遮罩图层的内容。

可以在遮罩层内制作移动、改变大小、旋转或变形等动画，也可以在被遮罩层内制作移动、改变大小、旋转或变形等动画，还可以同时在遮罩层中利用遮罩层和被遮罩层制作移动、改变大小、旋转或变形等动画，来产生特殊效果。

2．创建遮罩层

（1）在"图层 1"图层第 1 帧中创建一个对象，此处导入一幅图像，如图 7-1-9 所示。

（2）在"图层 1"图层上创建"图层 2"图层。选中该图层第 1 帧，绘制图形并输入一些文字，分离文字，如图 7-1-10 所示，作为遮罩层中的挖空区域。

（3）将鼠标指针移到遮罩层的名称处并右击，弹出图层快捷菜单，选择该快捷菜单中的"遮罩层"选项。此时，选中的普通图层的名称会向右缩进，表示已经被它上面的遮罩层关联，成为被遮罩层，效果如图 7-1-11 所示。在建立遮罩层后，Flash 会自动锁定遮罩层和被它遮盖的图层。

图 7-1-9　导入一幅图像　　　图 7-1-10　绘制图形并输入文字　　　图 7-1-11　创建遮罩图层

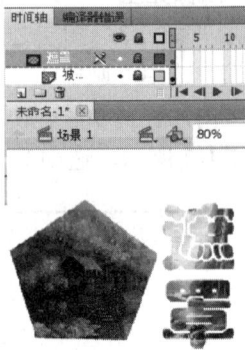

思考练习 7-1

1．制作"滚动字幕"动画，该动画运行后，一些竖排的文字从右向左移动。

2．制作"错位切换"动画，该动画运行后的一幅画面如图 7-1-12 所示，先显示一幅风景图像，接再将该图像分成左右两部分，左半边图像从下向上移动，右半边图像从上向下移动，逐渐将小河流水动画画面显示出来。

3．制作"照亮"动画，该动画运行后的一幅画面如图 7-1-13 所示。有一幅很暗的桂林山水动画，动画画面之上有一束圆形探照灯光在画面中移动，并逐渐变大，探照灯所经过的地方，桂林山水动画画面被照亮。

4．制作"动画模糊消失"动画，该动画运行后的一幅画面如图 7-1-14 所示。小河流水动画画面从中间向左右两边逐渐变模糊，再逐渐消失并显示其下边的风景图像。

图 7-1-12　"错位切换"动画画面　　　图 7-1-13　"照亮"动画画面　　　图 7-1-14　"动画模糊消失"动画画面

7.2 【动画 25】中华太空网站 Banner

7.2.1 动画效果

"中华太空网站 Banner"动画是"中华太空"网站的 Banner，该动画运行后的两幅画面如图 7-2-1 所示。可以看到，在太空背景之上，一个绿色星球不断自转，太空中有一些黄色闪烁的星星；左下角是中国太空发射基地，太空中有两个太空站，两个太空飞机和一个火箭在旋转；中间偏下位置是"中华太空"立体文字。

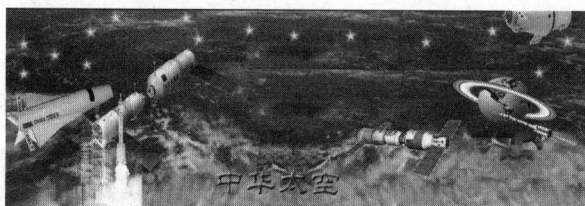

(a)

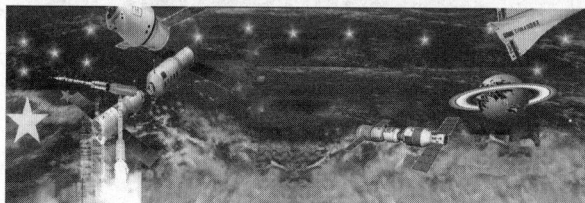

(b)

图 7-2-1 "中华太空网站 Banner"动画运行后的两幅画面

7.2.2 制作方法

1．制作"星球展开图"影片剪辑元件

（1）新建一个 Flash 文档，设置舞台工作区宽为 1200 像素，高为 400 像素，背景为浅蓝色，以"中华太空网站 Banner.fla"为名保存在"【动画 25】中华太空网站 Banner"文件夹内。

（2）导入"星球图.jpg"、"星空 1.jpg"和"光环.jpg"图像到"库"面板内，创建并进入"星球展开图"影片剪辑元件的编辑状态。将"库"面板内的"星球图.jpg"图像拖动到舞台工作区内，如图 7-2-2 所示。选择"修改"→"分离"选项，将导入的图像分离。将图像放大，再使用工具箱内的"橡皮擦工具" 🖊 擦除背景白色。

（3）使用工具箱内的"选择工具" 🔖 选中整个"星球图.jpg"图像，再复制一份，水平移到原图像的右边，拼接在一起，水平排成一行，如图 7-2-3 所示。

图 7-2-2 "星球图.jpg"图像

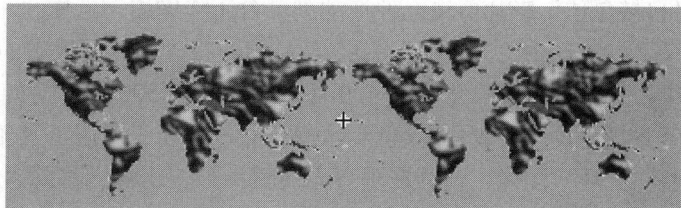

图 7-2-3 修整后的星球展开图

2．制作"自转星球"影片剪辑元件

（1）创建并进入"自转星球"影片剪辑元件的编辑状态，选中"图层 1"图层第 1 帧，在舞台工作区的中间位置绘制一个蓝色、直径为 190 像素的圆形。

（2）在"图层 1"图层下边添加"图层 2"图层。将"图层 1"图层第 1 帧复制、粘贴到"图层 2"图层第 1 帧。将该帧内圆形填充由白色到绿色径向渐变色，绘制一个绿色球，如图 7-2-4 所示。选中"图层 1"图层第 160 帧，按 F5 键，使第 1 帧～第 160 帧的内容一样。

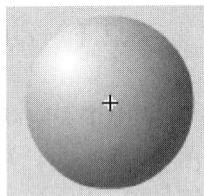

图 7-2-4　绿色球

（3）在"图层 2"图层之上添加"图层 3"图层。将"库"面板中的"星球展开图"影片剪辑元件拖动到舞台工作区中，形成一个实例，调整该实例的位置，如图 7-2-5 所示。

（4）创建"图层 3"图层第 1 帧～第 160 帧的传统补间动画。选中"图层 3"图层第 160 帧内的星球展开图，按住 Shift 键，水平向右拖动"星球展开图"到如图 7-2-6 所示的位置。

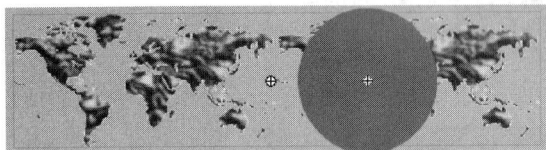

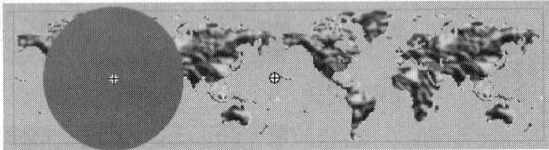

图 7-2-5　"图层 3"图层第 1 帧中星球展开图的位置　图 7-2-6　"图层 3"图层第 160 帧中星球展开图的位置

注意

播放完了第 160 帧，又从第 1 帧开始播放，因此第 1 帧的画面应该是第 160 帧的下一个画面，否则会出现星球自转时的抖动现象。

（5）将"图层 1"图层设置为遮罩层，"图层 3"图层设置为被遮罩图层。至此，"自转星球"影片剪辑元件制作完毕，其时间轴如图 7-2-7 所示。

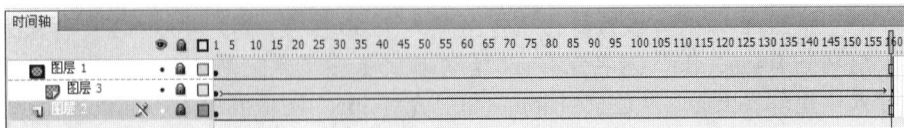

图 7-2-7　"自转星球"影片剪辑元件的时间轴

3．制作"光环自转星球"影片剪辑元件

（1）创建并进入"光环自转星球"影片剪辑元件的编辑状态，在时间轴中自上而下创建"遮罩"、"光环 1"、"星球"和"光环 2"图层。选中"星球图"图层第 1 帧，将"库"面板中的"自转星球"影片剪辑元件拖动到舞台工作区内。选中"星球图"图层第 160 帧，按 F5 键。

（2）选中"光环 1"图层第 1 帧，将"库"面板中的"光环.jpg"图像拖动到舞台工作区中，调整其大小，宽约为 400 像素，高约为 300 像素，如图 7-2-8 所示。将该图像分离，删除背景黑色，再组成一个组合，如图 7-2-9 所示。使用工具箱内的"任意变形工具"，拖动调整"光环"图像，使其在垂直方向变小一些，将它移到"自转星球"影片剪辑实例的上边。

（3）单击"选项"栏中的"旋转与倾斜"按钮，顺时针拖动右上角的控制柄，使"光

环"图像旋转一定角度，如图 7-2-10 所示。再创建第 1 帧到第 80 帧，再到第 160 帧的传统补间动画。第 160 帧与第 1 帧画面一样。旋转调整第 80 帧的"光环"图像，如图 7-2-11 所示。

图 7-2-8　"光环.jpg"图像　　　图 7-2-9　删除背景黑色的光环　　　图 7-2-10　光环图像旋转一定角度

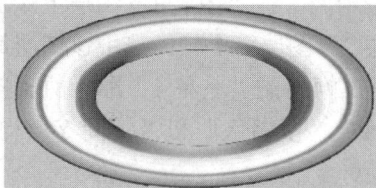

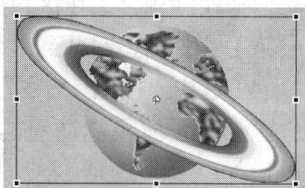

（4）选中"光环 1"图层，选中该图层内的所有动画帧，右击选中的帧，弹出帧快捷菜单，选择该快捷菜单内的"复制帧"选项，将该图层选中的所有动画帧复制到剪贴板内。

（5）选中"光环 2"图层，选中该图层内第 1 帧～第 160 帧，右击选中的帧，弹出帧快捷菜单，选择该快捷菜单内的"粘贴帧"选项，将剪贴板内的动画帧粘贴到"光环 2"图层第 1 帧～第 160 帧。

（6）选中"遮罩"图层第 1 帧，绘制一个黑色矩形，再将该矩形旋转一定角度，如图 7-2-12 所示。制作"遮罩"图层第 1 帧～第 160 帧的传统补间动画，第 1 帧和第 160 帧的画面一样。选中"遮罩"图层第 80 帧，按 F6 键，创建一个关键帧。旋转第 80 帧内的黑色矩形，效果如图 7-2-13 所示。

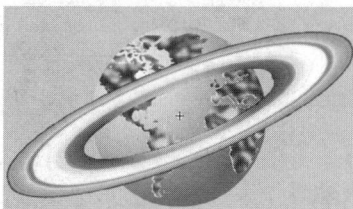

图 7-2-11　旋转调整第 80 帧画面　　　图 7-2-12　绘制黑色矩形　　　图 7-2-13　旋转第 80 帧内的黑色矩形
并旋转一定角度

（7）将"遮罩"图层设置为遮罩层，"光环 1"图层设置为"遮罩"图层的被遮罩层。回到主场景，"光环自转星球"影片剪辑元件的时间轴如图 7-2-14 所示，它是一个光环围绕自转星球上下摆动的动画。

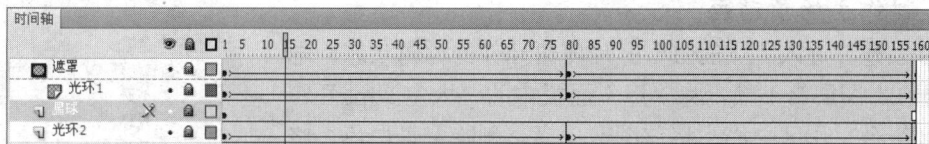

图 7-2-14　"光环自转星球"影片剪辑元件的时间轴

4．制作"星星"影片剪辑元件

（1）创建并进入"星星 1"影片剪辑元件的编辑状态，使用工具箱内的"多角星形工具" ，单击其"属性"面板内的"选项"按钮，弹出"工具设置"对话框。在该对话框内的"样式"下拉列表中选择"星形"选项，表示绘制星形图形；在"边数"文本框内输入"5"，表示绘制五角星形；在"星形顶点大小"文本框中输入"0.2"，单击"确定"按钮。

197

（2）设置填充色为黄色，无轮廓线。在舞台中心拖动绘制一个五角星图形，再回到主场景。

（3）创建并进入"星星"影片剪辑元件的编辑状态，将"库"面板内的"星星1"影片剪辑元件拖动到舞台工作区内的正中间。在"图层1"图层上添加"图层2"图层，将"图层1"图层第1帧复制、粘贴到"图层2"图层第1帧。选中该图层第100帧，按F5键。

（4）选中"图层1"图层第1帧内的"星星1"影片剪辑实例，在其"属性"面板的"滤镜"区域中设置模糊滤镜的参数，"模糊X"和"模糊Y"均为5像素，在"品质"下拉列表内选择"高"选项。

（5）创建"图层1"图层第1帧到第50帧，再到第100帧的传统补间动画。选中第50帧内的"星星1"影片剪辑实例，在其"属性"面板内的"滤镜"区域中设置模糊滤镜参数，"模糊X"和"模糊Y"均为8像素，在"品质"下拉列表内选择"高"选项。

5．制作主场景背景

（1）导入"太空1.jpg"、"太空2.jpg"、"太空3.gif"、"太空4.jpg"、"太空5.jpg"、"太空6.jpg"图像到"库"面板内，如图7-2-15所示。

（2）将"图层1"图层的名称改为"背景"，在该图层之上创建"星星"、"星球"、"飞船1"、"飞船2"、"火箭"和"文字"图层。

（3）选中"背景"图层第1帧，将"库"面板内的"太空1.jpg"图像拖动到舞台工作区内，调整"太空1.jpg"宽为1200像素，高为400像素，将整个舞台工作区完全覆盖。

（4）将"太空5.jpg"图像拖动到舞台工作区内右边，将该图像分离，删除背景白色，再组成组合，调整其大小和位置。

（5）将"发射"影片剪辑元件拖动到舞台工作区的左下角，调整其大小，再在其"属性"面板内"显示"区域的"混合"下拉列表中选择"滤色"选项，使该实例和"太空1.jpg"图像按照滤色效果混合。

（6）选中"文字"图层第1帧，在太空图中间偏下的位置创建"中华太空"立体文字。选中"背景"和"文字"图层第100帧，按F5键，使"背景"图层第1帧～第100帧内容一样，使"文字"图层第1帧～第100帧内容一样。

6．制作主场景动画

（1）创建并进入"飞船1"影片剪辑元件的编辑状态，选中"图层1"图层第1帧，将"库"面板内的"太空2.jpg"图像拖动到舞台工作区中心。将该图像分离，删除背景白色，将剩余的图像组成组合。

（2）采用相同方法，创建"飞船1"、"火箭"和"发射"影片剪辑元件，其内分别是"太空6.jpg"、"太空3.gif"和"太空4.jpg"图像。

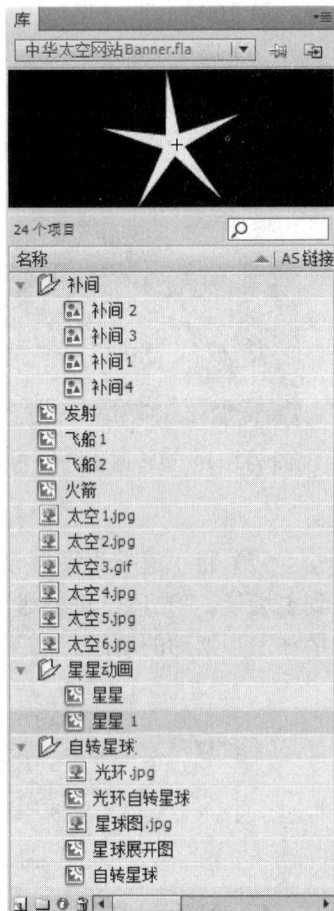

图7-2-15 "库"面板

（3）选中"星星"图层第1帧，将"库"面板内的"星星"影片剪辑元件拖动到舞台工作区内，调整其大小，再复制多份，移到不同的位置，选中"星球"图层第1帧，将"库"面板内的"星球"影片剪辑元件拖动到舞台工作区内，调整其大小和位置。

（4）选中"飞船 1"图层第 1 帧，将"库"面板内的"飞船 1"影片剪辑元件拖动到舞台工作区左下角，调整其大小，旋转其角度。创建该图层第 1 帧～第 100 帧的补间动画，使"飞船 1"影片剪辑实例沿曲线路径从左下角移到右上角。选中"飞船 2"图层第 1 帧，将"库"面板内的"飞船 2"影片剪辑元件拖动到舞台工作区右上角，调整其大小。创建该图层第 1 帧～第 100 帧的补间动画，使"飞船 2"影片剪辑实例沿曲线路径从右上角移到左下角。

（5）选中"火箭"图层第 1 帧，将"库"面板内的"火箭"影片剪辑元件拖动到舞台工作区右下角，调整其大小，旋转其角度。创建该图层第 1 帧～第 100 帧的补间动画，使"火箭"影片剪辑实例沿曲线路径从右下角移到左上角。

（6）单击"库"面板内的"新建文件夹"按钮 ◻，在"库"面板内创建一个新的文件夹，将该文件夹的名称更改为"补间"。按住 Ctrl 键，选中各补间元件，将它们拖动到"补间"文件夹之上，即可将选中的元件放置到"补间"文件夹内。按照上述方法，在"库"面板内创建"自转星球"和"星星动画"文件夹，将相关的元件移到相应的文件夹内，如图 7-2-15 所示。

"中华太空网站 Banner"动画的时间轴如图 7-2-16 所示。

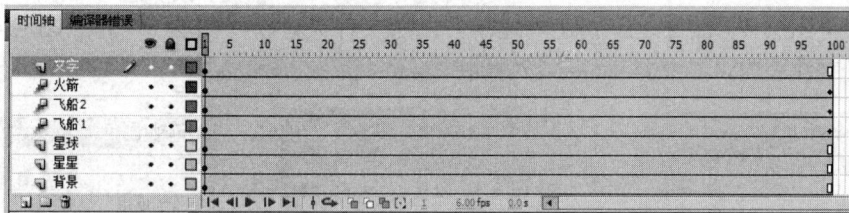

图 7-2-16　"中华太空网站 Banner"动画的时间轴

7.2.3　知识链接

1．普通图层与遮罩层的关联

（1）建立遮罩层与普通图层的关联：其操作方法有两种，第一种是在遮罩层的下面创建一个普通图层，再通过鼠标将该普通图层拖动到遮罩层的右下边；第二种是在遮罩层的下面创建一个普通图层，右击该图层，弹出图层快捷菜单，选择该快捷菜单中的"属性"选项，弹出"图层属性"对话框，选中该对话框中的"被遮罩"单选按钮。

（2）取消被遮盖的图层与遮罩层的关联：其操作方法有两种，第一种是在时间轴中，通过鼠标将被遮罩层拖动到遮罩层的左下边或上面；第二种是选中被遮罩的图层，再选中"图层属性"对话框中的"一般"单选按钮。

2．图层文件夹

当一个 Flash 动画的图层较多时，为了便于阅读和修改 Flash 动画，可以应用图层文件夹。可以将同一类型的图层放置到一个图层文件夹中，形成图层文件夹结构。例如，一个 Flash 动画的时间轴如图 7-2-17 所示，其插入和编辑图层文件夹的方法如下。

（1）选中"图层 3"图层，单击时间轴中的"插入图层文件夹"按钮 ◻，即可在"图层 3"图层之上插入一个名称为"文件夹 1"的图层文件夹，如图 7-2-18 所示。

（2）双击图层文件夹的名称，进入编辑状态，输入新名称"引导动画"。按住 Ctrl 键，选中要放入图层文件夹的各个图层，如图 7-2-19 所示。

图 7-2-17　Flash 动画时间轴　　　图 7-2-18　插入"文件夹 1"　　　图 7-2-19　更改文件夹

　　　　　　　　　　　　　　　　　　图层文件夹　　　　　　　　名称和选中各个图层

（3）将拖动选中的所有图层移到"引导动画"图层文件夹中，选中的所有图层会自动向右缩进，如图 7-2-20 所示，表示被拖动的图层已经放置到"引导动画"图层文件夹中。

（4）单击"引导动画"图层文件夹左边的箭头按钮 ▽，可以将"引导动画"图层文件夹收缩，不显示该图层文件夹内的图层，如图 7-2-21 所示。单击"引导动画"图层文件夹左边的箭头按钮 ▷，可以将"引导动画"图层文件夹展开。

（5）在"图层 4"图层之上新建"遮罩"图层文件夹，将"图层 3"和"图层 4"图层移到该图层文件夹内，结果如图 7-2-22 所示。

图 7-2-20　选中的图层移到　　　图 7-2-21　图层文件夹收缩　　　图 7-2-22　新建"遮罩"图层文件夹

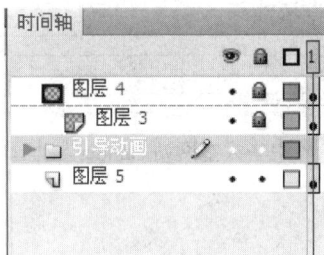

　　　　图层文件夹中

思考练习 7-2

1．制作"放大镜"动画，该动画运行后的一幅画面如图 7-2-23 所示。可以看到，一个放大镜从左向右缓慢移动，将蓝色文字和背景图像放大显示。

2．制作"星球光环"动画，该动画播放后的一幅画面如图 7-2-24 所示。在蓝色背景之上，一个绿色地球不断自转，同时一个发出黄色光的红色自转文字环围绕地球不断旋转，地球四周还有一些闪烁着发出黄光的星星。

3．制作"朗诵"动画，该动画运行后的一幅画面如图 7-2-25 所示。一幅"鹅"图像逐渐显示出来。同时，红色立体文字"咏鹅"竖排从上向下显示，第 2 列红色立体文字"鹅，鹅，鹅，"竖排从上向下显示。此后，第 3~6 列红色立体文字依次竖排从上向下显示。在显示文字时，同步播放这首唐诗。

图 7-2-23 "放大镜"动画画面

图 7-2-24 "星球光环"动画画面

图 7-2-25 "朗诵"动画画面

7.3 【动画 26】生命在于运动

7.3.1 动画效果

"生命在于运动"动画是"运动和健康"网站的动画,该动画运行后的两幅画面如图 7-3-1 所示。一个运动员在草地上从左向右追逐一个滚动的足球,一个小孩在跑步,几个小孩在跳绳,还有一只小鸟从右向左飞翔。画面中间偏上有"运动和健康"立体文字和宣传文字。

制作本动画的核心是制作"运动员"影片剪辑元件,在制作该元件时,用"右小腿"、"左小腿"、"右大腿"、"左大腿"、"左胳膊"、"右胳膊"、"头"和"上身"等一组影片剪辑实例,分别表示人体的不同部分,通过利用"骨骼工具" ,用骨骼将右大腿和右小腿,左大腿和左小腿,右胳膊和右肩,左胳膊和左肩等分别连接在一起,创建包括两个胳膊、两条腿和头等的分支骨架,创建逼真的跑步动画。

在向元件实例或图形添加骨骼时,Flash 将实例或图形及关联的骨架移动到时间轴中的新图层(称为姿势图层),会保持舞台上对象的堆叠顺序。每个姿势图层只能包含一个骨架及其关联的实例或形状。将新骨骼拖动到新实例后,会将该实例移到骨架的姿势图层中。

(a)

(b)

图 7-3-1 "生命在于运动"运行后的两幅动画画面

7.3.2 制作方法

1．制作"运动员"影片剪辑元件

（1）创建一个新的 Flash 文档，设置舞台工作区的宽为 900 像素，高为 360 像素，背景色为白色。以"生命在于运动.fla"为名保存在"【动画 26】生命在于运动"文件夹内。

（2）创建"头"影片剪辑元件，在其内绘制一幅运动员头像，如图 7-3-2（a）所示；创建"上身"影片剪辑元件，在其内绘制一幅运动员上身图像，如图 7-3-2（b）所示。继续创建"右肩"、"右胳膊"、"左肩"、"左胳膊"、"臀"、"右大腿"、"右小腿"、"右脚"、"左大腿"、"左小腿"和"左脚"影片剪辑元件，其内分别绘制运动员各部分的图形，其中几幅图像如图 7-3-2 所示。

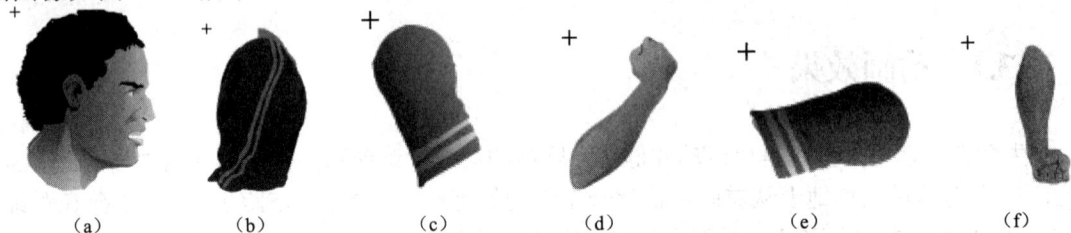

(a)　　　(b)　　　(c)　　　(d)　　　(e)　　　(f)

图 7-3-2　运动员各部分影片剪辑元件内的图形

（3）创建并进入"运动员"影片剪辑元件的编辑状态，依次将"库"面板内的"头"、"上身"等影片剪辑元件拖动到舞台工作区的中间，组合成运动员图像。如果影片剪辑实例的上下叠放次序不正确，则可以通过选择"修改"→"排列"菜单内的选项进行调整。这时舞台工作区内的运动员图像如图 7-3-3 所示。

（4）选中"图层 1"图层第 1 帧，选择"修改"→"时间轴"→"分散到图层"选项，将该帧的对象分配到不同图层的第 1 帧中，图层的名称分别是各影片剪辑元件的名称。删除"图层 1"图层，此时的时间轴如图 7-3-4 所示。

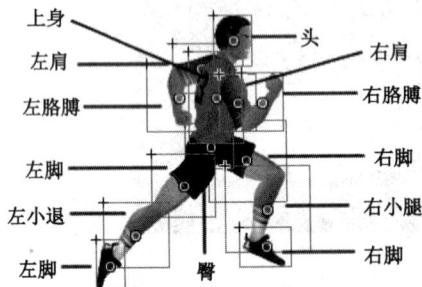

图 7-3-3　组成运动员的影片剪辑实例

图 7-3-4　"图层 1"图层第 1 帧时间轴

（5）将"头"、"上身"和"臀"图层隐藏，舞台工作区如图 7-3-5 所示。选择"视图"→"贴紧"→"贴紧至对象"选项，启用"贴紧至对象"功能。使用工具箱内的"骨骼工具"，单击"左肩"影片剪辑实例的顶部，拖动到"左胳膊"影片剪辑实例，如图 7-3-6 所示；单击"右肩"影片剪辑实例的顶部，拖动到"右胳膊"影片剪辑实例，如图 7-3-7 所示。

图 7-3-5　隐藏部分图层　　　　　图 7-3-6　第 1 个骨骼　　　　　图 7-3-7　第 2 个骨骼

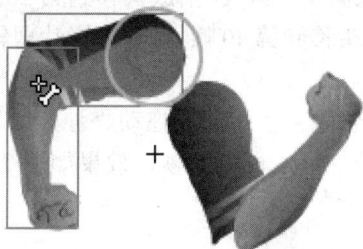

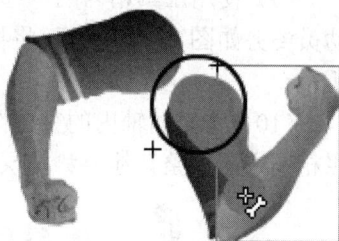

（6）单击"左大腿"影片剪辑实例的顶部，拖动到"左小腿"影片剪辑实例，再拖动到"左脚"影片剪辑实例，如图 7-3-8 所示；单击"右大腿"影片剪辑实例的顶部，拖动到"右小腿"影片剪辑实例，再拖动到"右脚"影片剪辑实例，如图 7-3-9 所示。创建的 4 个骨骼如图 7-3-10 所示。可以使用工具箱内的"选择工具"　拖动骨骼，观察骨骼的旋转情况。

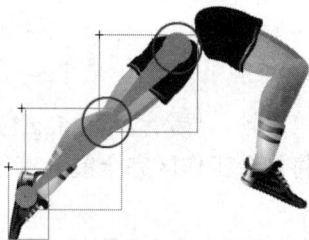

图 7-3-8　第 3 个骨骼　　　　　图 7-3-9　第 4 个骨骼　　　　　图 7-3-10　创建的 4 个骨骼

（7）此时的时间轴如图 7-3-11 所示。选中"骨架_1"图层第 60 帧，按 F6 键，创建一个姿势帧；按住 Ctrl 键，选中该图层第 20 帧，按 F6 键；按住 Ctrl 键，选中该图层第 40 帧，按 F6 键，创建两个姿势帧。按照上述方法，创建其他姿势帧。

（8）将"头"、"上身"和"臀"图层显示出来，按住 Ctrl 键，选中这些图层的第 60 帧，按 F5 键，创建普通帧，使这些图层的内容一样。此时的时间轴如图 7-3-12 所示。

图 7-3-11　创建 4 个骨骼时的时间轴　　　　　图 7-3-12　创建姿势帧和普通帧的时间轴

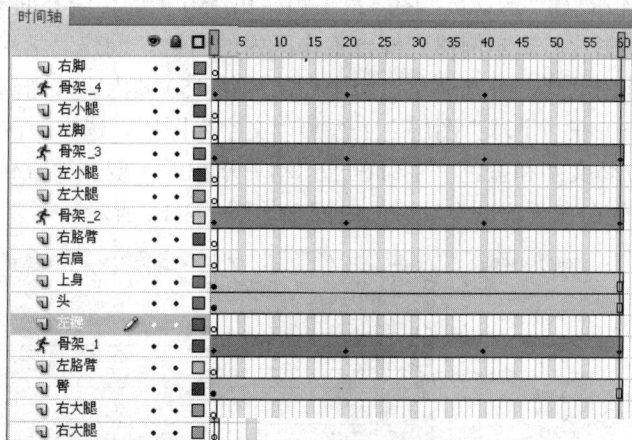

203

（9）使用工具箱内的"选择工具"  ，将播放头移到第 20 帧，调整各影片剪辑实例，运动员姿势如图 7-3-13 所示；将播放头移到第 40 帧，调整各影片剪辑实例，运动员姿势如图 7-3-14 所示。

（10）将时间轴内的空白图层删除，水平向左拖动"骨架_1"图层第 30 帧～第 60 帧，按照相同方法调整其他姿势图层的第 30 帧～第 60 帧，效果如图 7-3-15 所示。

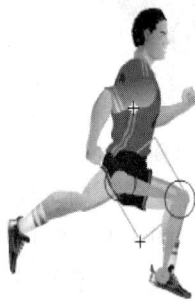

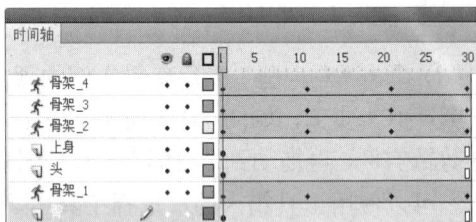

图 7-3-13　第 20 帧运动员　图 7-3-14　第 40 帧运动员　图 7-3-15　第 30 帧～第 60 帧姿势图层时间轴
　　　　　姿势画面　　　　　　　　　姿势画面

2．制作主场景动画

（1）将"图层 1"图层名称更改为"背景"，选中该图层第 1 帧，导入"草地.jpg"图像到舞台内，调整该图像宽为 900 像素，高为 360 像素，使它刚好将舞台工作区完全覆盖。选中"背景"图层第 120 帧，按 F5 键。

（2）导入"飞鸟.gif"、"足球.gif"、"学生.gif"和"跳绳.gif"动画到"库"面板内。将"库"面板内生成的影片剪辑元件的名称分别更改为"飞鸟"、"足球"、"学生"和"跳绳"。

（3）在"背景"图层上添加"图层 1"图层。选中该图层第 1 帧，将"库"面板内影片剪辑元件和"运动员"影片剪辑元件拖动到舞台工作区内的不同位置，分别调整它们的大小。选中该图层第 1 帧，选择"修改"→"时间轴"→"分散到图层"选项，将该帧的影片剪辑实例对象分配到 5 个不同图层第 1 帧中，图层名称分别是各影片剪辑元件的名称，从下到上依次为"跳绳"、"学生"、"飞鸟"、"运动员"和"足球"。删除"图层 1"图层。

（4）创建"运动员"图层第 1 帧～第 150 帧的传统补间动画，选中该图层第 150 帧，将"运动员"影片剪辑实例移到舞台工作区内的右边。创建"学生"和"飞鸟"图层第 1 帧～第 150 帧的补间动画，分别调整这两个图层的第 150 帧内影片剪辑实例的位置。

（5）在"足球"图层之上添加"文字"图层。选中该图层的第 1 帧，创建红色"运动和健康"立体文字和蓝色"生命在于运动　幸福源于健康"宣传文字。

"生命在于运动"动画的时间轴如图 7-3-16 所示。

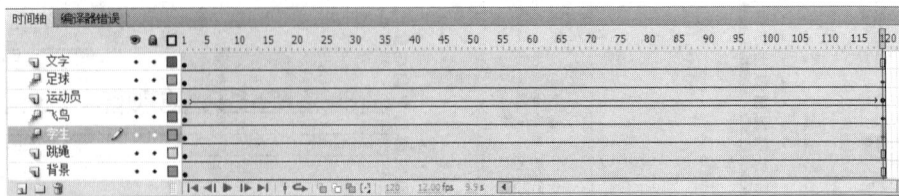

图 7-3-16　"生命在于运动"动画的时间轴

7.3.3　知识链接

1．向元件实例添加骨骼

IK 动画是一种使用骨骼的关节结构对一个对象或彼此相关的一组对象进行复杂且协调动作的动画。在进行 IK 动画处理时，只需指定对象的开始和结束位置即可轻松创建动画。利用"骨骼工具" ✐ 可以向元件实例和形状的内部添加骨骼，利用"绑定工具" ◌ 可以调整对象各个骨骼和控制点之间的关系。在一个骨骼移动时，与启动运动的骨骼相关的其他连接骨骼也会移动，构成骨骼链，形成 IK 运动（即反向运动）。骨骼链也称为骨架（即 IK 骨架）。在父子层次结构中，骨架中的骨骼彼此相连。骨架可以是线性的或分支的。源于同一骨骼的骨架分支称为同级。骨骼之间的连接点称为关节（也称控制点或变形点）。下面以一个简单的实例来介绍向元件实例添加骨骼的具体操作方法。

（1）创建排列好的元件实例：在"库"面板内创建"彩球"和"水晶球"两个影片剪辑元件，将"库"面板内的这两个影片剪辑元件分别拖动到舞台工作区内，再分别复制多个，将其中的 3 个"水球"影片剪辑实例的颜色调整为蓝色，如图 7-3-17 所示。在添加骨骼之前，元件实例可以在不同的图层上。添加骨骼时，Flash 将它们移动到新图层，该图层称为姿势图层，每个姿势图层只能包含一个骨架。

（2）使用骨骼工具：使用工具箱内的"骨骼工具" ✐。为便于将新骨骼的尾部拖动到所需位置，应选择"视图"→"贴紧"→"贴紧至对象"选项，启用"贴紧至对象"功能。

（3）为中间一行彩球添加骨骼：单击中间一行左边的"彩球"影片剪辑实例（骨架的头部元件实例）的中间部位，拖动到第 2 个"彩球"影片剪辑实例的中间部位，创建了第 1 个骨骼，这是根骨骼，它显示为一个圆围绕骨骼头部，如图 7-3-18（a）所示。

（4）为中间一行彩球创建骨骼：单击第 2 个"彩球"影片剪辑实例中间，拖动到第 3 个"彩球"影片剪辑实例中间，创建连接到第 3 个"彩球"影片剪辑实例的骨骼，如图 7-3-18（b）所示。

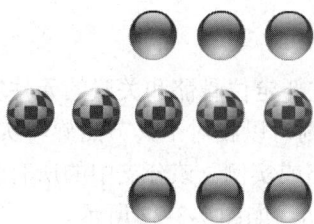

图 7-3-17　创建影片剪辑实例　　　　图 7-3-18　创建骨骼

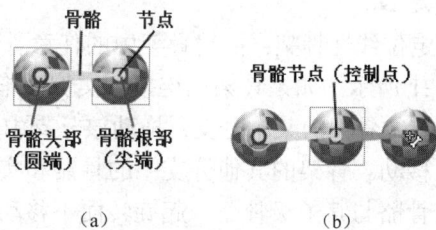

按照上述方法，继续创建第 3 个"彩球"影片剪辑实例到第 4 个"彩球"影片剪辑实例、第 4 个"彩球"影片剪辑实例到第 5 个"彩球"影片剪辑实例的骨骼，即创建中间一行彩球的骨架，如图 7-3-19 所示。每个元件实例只能有一个节点，骨架中的第 1 个骨骼是根骨骼，它显示为一个圆围绕骨骼头部。每个骨骼都具有头部（圆端）和根部（尖端）。

（5）使用工具箱内的"选择工具" ▶，单击空白处，不选中实例，中间一行彩球的骨架消失，将鼠标指针移到现有骨骼的头部或尾部时，会变为 ✛ 状。拖动彩球或骨骼，可使彩球和骨骼围绕相关的节点旋转，彩球也会围绕骨骼节点（控制点）转圈，与其关联的实例也会随之移动，但不会相对于其骨骼旋转。拖动时会显示骨架。

默认情况下，将每个元件实例的变形点移动到由每个骨骼连接构成的连接位置。对于根骨骼，变形点要移动到骨骼头部。对于分支中的最后一个骨骼，变形点要移动到骨骼的尾部。选择"编辑"→"首选参数"选项，弹出"首选参数"对话框，在"绘画"选项卡中，取消选中"自动设置变形点"复选框，可禁用变形点的自动移动。

（6）添加分支骨骼：从第 1 个骨骼的尾部节点（即第 2 个"彩球"影片剪辑实例的中心点）拖动到要添加到骨架的元件实例（即上边一行"水晶球"影片剪辑实例），再创建第 1 个"水晶球"影片剪辑实例到第 2 个，再到第 3 个"水晶球"影片剪辑实例的骨骼，即可创建一个骨架分支。

按照上述方法，再创建下边一行"水晶球"影片剪辑实例的骨架分支，如图 7-3-20 所示。

✔ 注意

分支不能连接到其他分支，其根部除外。

图 7-3-19 创建中间一行彩球的骨架

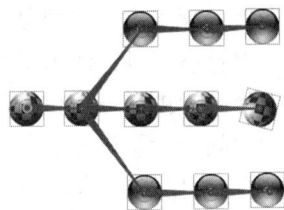

图 7-3-20 具有分支的骨架

创建 IK 骨架后，可以在骨架中拖动骨骼或元件实例以重新定位实例。拖动骨骼会拖动实例允许它移动及相对于其骨骼旋转。拖动分支中间的实例可导致父级骨骼通过连接旋转而相连。子级骨骼在移动时没有连接旋转。

2．重新定位

（1）重新定位线性骨架：拖动骨架中的任意骨骼，可以重新定位骨骼和关联的元件实例对象，如图 7-3-21 所示。如果骨架已连接到实例，拖动实例，则可以相对于其节点旋转实例。

（2）重新定位骨架的某个分支：拖动该分支中的任意骨骼或实例。该分支中的所有骨骼和实例都会随之移动。骨架的其他分支中的骨骼和实例不会移动，如图 7-3-22 所示。

（3）某个骨骼与其子级骨骼一起旋转而不移动父级骨骼：按住 Shift 键并拖动该骨骼。

（4）将某个 IK 骨架移动到新位置：单击骨架外的图形或形状，选择 IK 图形或形状，在"属性"面板中更改其 X 和 Y 的值。

（5）移动 IK 骨架内骨骼任一端的位置：使用工具箱内的"部分选择工具" ![按钮] 拖动骨骼的一端。

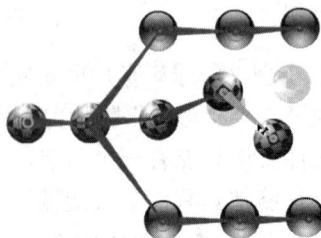

图 7-3-21 重新定位线性骨架

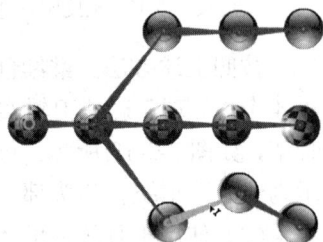

图 7-3-22 不移动父级骨骼

（6）移动元件实例内变形点的位置：修改"变形"面板内"X"和"Y"的值来移动实例的变形点，同时，元件实例内骨骼连接、头部或尾部的位置也随变形点移动。

（7）移动单个元件实例而不移动其他连接的实例：按住 Alt 键或 Ctrl 键的同时拖动该实例，或者使用任意变形工具拖动单个元件实例，相应的骨骼会发生变化以适应实例的新位置。

3．将骨骼绑定到控制点

在默认情况下，形状的控制点应连接到离它们最近的骨骼。因此，移动 IK 骨架时，IK 骨架的轮廓变化并不会令人满意。利用"绑定工具" ，可以编辑骨骼和 IK 骨架控制点之间的连接。这样可以控制每个骨骼移动时，IK 骨架轮廓扭曲的效果。

利用"绑定工具" 单击控制点和连接的骨骼，会建立骨骼和控制点之间的连接。可以将多个控制点绑定到一个骨骼，以及将多个骨骼绑定到一个控制点。可按下述方法更改连接。

（1）加亮显示已连接到骨骼的控制点：利用"绑定工具" 单击该骨骼，可以以黄色加亮显示已连接到骨骼的控制点，而选定的骨骼以红色加亮显示。仅连接到一个骨骼的控制点显示为黄色方形；连接到多个骨骼的控制点显示为黄色三角形。

（2）加亮显示已连接到控制点的骨骼：利用"绑定工具" 单击该控制点。已连接的骨骼以黄色加亮显示，而选定的控制点以红色加亮显示。

（3）给选定骨骼添加控制点：按住 Shift 键，单击未加亮显示的控制点。

（4）从骨骼中删除控制点：按住 Ctrl 键，单击黄色加亮显示的控制点。

（5）向选定的控制点添加其他骨骼：按住 Shift 键，单击要添加的未加亮显示的骨骼。

（6）从选定的控制点中删除骨骼：按住 Ctrl 键，单击黄色加亮显示的骨骼。

4．向 IK 动画添加缓动

使用姿势向 IK 骨架添加动画时，可以调整帧中围绕每个姿势的动画速度。通过调整速度，可以创建更为逼真的运动。控制姿势帧附近运动的加速度称为缓动。可以在每个姿势帧前后使骨架加速或减速。向姿势图层中的帧添加缓动的方法如下。

（1）选中姿势图层中两个姿势帧之间的帧，选中所有动画帧，应用缓动时，它会影响选中帧左侧和右侧的姿势帧之间的帧。按住 Ctrl 键，单击某个姿势帧，选中该姿势帧，则缓动将影响选中的姿势帧和下一个姿势帧之间的帧。

（2）在"属性"面板内的"缓动"下拉列表中选择一种缓动类型。缓动类型包括 4 个简单缓动和 4 个停止并启动缓动。简单缓动将降低紧邻上一个姿势帧之后帧的运动加速度或紧邻下一个姿势帧之前帧的运动加速度。缓动的"强度"属性可以控制哪些帧进行缓动及缓动的影响程度。停止并启动缓动可以减缓紧邻之前姿势帧后面的帧，以及紧邻的下一个姿势帧之前帧中的运动。这两种类型的缓动都具有"慢"、"中"、"快"和"最快"类型。"慢"类型效果最不明显，而"最快"类型效果最明显。在选定补间动画后，这些相同的缓动类型在"动画编辑器"面板中是可用的，可以在"动画编辑器"面板中查看每种类型的缓动曲线。

（3）在"属性"面板内，为缓动强度输入一个值。默认强度是 0，即表示无缓动；最大值是 100，表示对下一个姿势帧之前的帧应用最明显的缓动效果；最小值是-100，表示对上一个姿势帧之后的帧应用最明显的缓动效果。

完成后，在已应用缓动的两个姿势帧之间拖动时间轴的播放头，预览已缓动的动画。

1．修改【动画 26】中的"运动员"影片剪辑元件，使运动员的跑步动作更自然。

2．制作"女孩走路"动画，该动画播放后，一个女孩原地走路，类似【动画 26】中"走步 1"影片剪辑实例的运行效果，但它是利用"骨骼工具" 和"绑定工具" 制作而成的。

3．制作"晨练"动画，播放后的两幅画面如图 7-3-23 所示。可以看到，一个运动员在草地上从左向右、绕过两棵大树奔跑，3 个小孩在跳绳，一个女孩从远处走来，另一个女孩从向远处走去，还有飞舞的小鸟和两只蝴蝶。

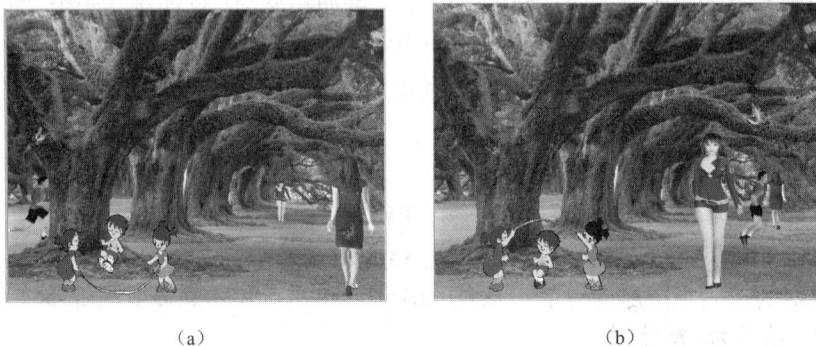

（a）　　　　　　　　　　　　　　　　　　　（b）

图 7-3-23　"晨练"动画播放后的两幅画面

7.4　【动画 27】风景动画特效切换

7.4.1　动画效果

"风景动画特效切换"动画是"世界美景旅游胜地"网站中的一个动画，该动画运行后的 3 幅画面如图 7-4-1 所示。首先显示第 1 幅图像，如图 7-4-1（a）所示，然后第 2 幅图像以一种特效方式逐渐漂移到画面内，直至第 1 幅图像被完全覆盖。

（a）　　　　　　　　　　（b）　　　　　　　　　　（c）

图 7-4-1　"风景动画特效切换"动画播放后的 3 幅画面

7.4.2　制作方法

1. 制作"遮罩"影片剪辑元件

（1）创建一个 Flash 文档，设置舞台工作区的宽为 250 像素，高为 340 像素，背景色为白色。在时间轴内从下到上创建"动画 1"、"动画 2"和"遮罩"图层。以"风景动画特效切换.fla"为名保存在"【动画 28】风景动画特效切换"文件夹内。

（2）导入"动画 1.gif"和"动画 2.gif"动画到"库"面板内，将"库"面板内新增影片剪辑元件的名称分别更改为"动画 1"和"动画 2"。"动画 1"影片剪辑元件的一幅画面如图 7-4-1（a）所示，"动画 2"影片剪辑元件的一幅画面如图 7-4-1（b）所示。

（3）创建并进入"遮罩"影片剪辑元件的编辑状态，选中"图层 1"图层，绘制一个红色矩形，在其"属性"面板内设置宽为 250 像素，高为 340 像素，X 和 Y 的值均为 0，如图 7-4-2 所示。

（4）使用工具箱内的"骨骼工具" ，单击矩形内左上角，并向右下方拖动，创建第 1 个骨骼；单击后再向左下方拖动，创建第 2 个骨骼。继续创建第 3、第 4 个骨骼，如图 7-4-3（a）所示。同时在时间轴内自动生成"骨架_12"姿势图层，"图层 1"图层成为空图层。

（5）选中"骨架_12"姿势图层第 11 帧，按 F6 键，创建一个关键帧；选中"骨架_12"姿势图层第 90 帧，按 F6 键，创建一个关键帧；选中"骨架_12"姿势图层第 110 帧，按 F5 键，使第 90 帧～第 110 帧内容一样。

（6）选中"骨架_12"姿势图层第 11 帧，使用工具箱内的"选择工具" ，拖动每节骨骼，改变矩形的形状，如图 7-4-3（b）所示。

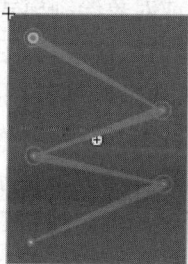

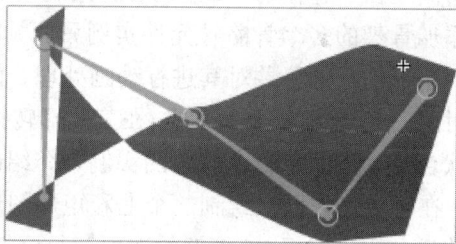

（a）　　　　　　　　　　　　（b）

图 7-4-2　绘制红色矩形　　　　图 7-4-3　"骨架_12"姿势图层及改变矩形形状

2. 制作图像切换

（1）选中"图像 1"图层第 1 帧，将"库"面板内的为"动画 2.gif"图像拖动到舞台工作区内，选中该图像，在"属性"面板内设置宽为 250 像素，高为 340 像素，X 和 Y 的值均为 0。选中"图像 1"图层第 110 帧，按 F5 键，使该图层第 1 帧～第 110 帧内容一样。

（2）选中"图像 2"图层第 11 帧，按 F7 键，创建一个空关键帧，选中该关键帧，将"库"面板内的"动画 1.gif"图像拖动到舞台工作区内，调整该图像，使它刚好将"动画 2.gif"图像完全覆盖。选中"图像 2"图层第 110 帧，按 F5 键，使该图层第 11 帧～第 110 帧内容一样。

（3）选中"遮罩"图层第 1 帧，将"库"面板内的"遮罩"影片剪辑元件拖动到舞台工作区内，在其"属性"面板内设置宽为 250 像素，高为 340 像素，X 和 Y 的值均为 0。

（4）右击"遮罩"图层，弹出图层快捷菜单，选择该快捷菜单内的"遮罩层"选项，此时，

"遮罩"图层成为遮罩图层,"图像 2"图层向右缩进,成为被遮罩图层。

"风景动画特效切换"动画的时间轴如图 7-4-4 所示。

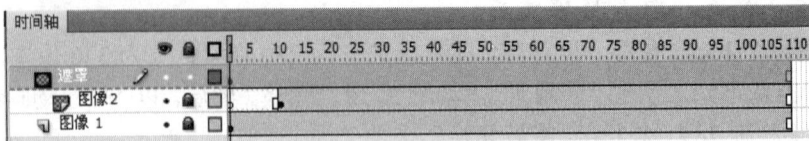

图 7-4-4　"风景动画特效切换"动画时间轴

7.4.3　知识链接

对骨架进行动画处理的方式与 Flash 中的其他对象不同。对于骨架,只需向姿势图层添加帧并在舞台上重新定位骨架即可创建关键帧。姿势图层中的关键帧称为姿势。骨架在姿势图层中只能具有一个姿势,且该姿势必须位于姿势图层中显示该骨架的第 1 个帧中。

由于 IK 骨架通常用于动画,因此每个姿势图层都自动充当补间图层。但是,IK 姿势图层不同于补间图层,因为无法在姿势图层中对除骨骼位置以外的属性进行补间。若要对 IK 对象的其他属性(如位置、变形、色彩效果或滤镜)进行补间,则可以将骨架及其关联的对象包含在影片剪辑或图形元件中。可以使用"插入"→"补间动画"选项,再利用"属性"面板和"动画编辑器"面板,对元件的属性进行动画处理。

1.向图形添加骨骼

使用 IK 运动可以采用两种方式:一是在几个元件实例之间建立连接各实例的骨骼,骨骼允许各实例连在一起移动:二是向合并绘制模式或对象绘制模式中绘制的单独图形或形状对象的内部添加骨架的多个骨骼(元件实例只能具有一个骨骼)。图形变为骨骼的容器,通过骨骼可以移动图形的各部分并对其进行动画处理。Flash 将所有的图形和骨骼转换为 IK 骨架对象,并将该对象移动到新的姿势图层。在某图形转换为 IK 骨架后,它无法再与 IK 骨架外的其他图形与形状合并。下面以一个简单的实例来介绍向图形或形状添加骨骼的方法。

(1)在舞台工作区内绘制一个七彩矩形图形或形状,使它尽可能接近其最终形式。向形状添加骨骼后,用于编辑 IK 骨架的选项变得更加有限。

(2)选择整个图形或形状:在添加第 1 个骨骼之前,使用工具箱内的"选择工具" ,拖动出一个矩形选择区域,选择全部图形或形状。

(3)使用骨骼工具:使用工具箱内的"骨骼工具" ,启用"贴紧至对象"功能。

(4)选中图形或形状内第 1 个骨骼的头部位置,拖动到第 2 个骨骼的头部位置后松开鼠标左键,创建第 1 个骨骼。同时,Flash 将图形或形状转换为 IK 骨架对象,并将其移到时间轴的姿势图层。IK 骨架具有自己的注册点、变形点和边框。

(5)按照上述方法,继续创建其他骨骼,形成图形的骨架,如图 7-4-5 所示。

(6)如果要创建分支骨架,则可以单击希望开始分支的现有骨骼的头部,然后拖动以创建新分支的第 1 个骨骼。骨架可以具有多个分支,如图 7-4-6 所示。

2.选择骨骼和关联的对象

(1)选择单个骨骼:使用工具箱内的"选择工具" ,单击要选择的骨骼,如图 7-4-7 所示。

图 7-4-5 创建图形的骨架

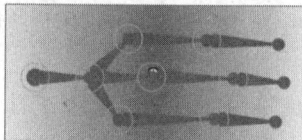
图 7-4-6 创建图形有分支的骨架

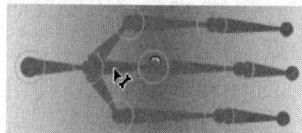
图 7-4-7 选中单个骨骼

（2）选择多个骨骼：按住 Shift 键，依次选中多个骨骼，如图 7-4-8（a）所示。

（3）选择所有骨骼：双击骨架中的某一个骨骼，选中所有骨骼，如图 7-4-8（b）所示。

（4）移到相邻骨骼：选中单个骨骼，如图 7-4-7 所示。此时的"属性"面板会显示骨骼属性，如图 7-4-9 所示。单击"属性"面板内的"父级"按钮 ⬆，选中当前骨骼的父级骨骼，如图 7-4-8（c）所示；单击"子级"按钮 ⬇，效果如图 7-4-7 所示；单击"下一个同级"按钮 ➡，效果如图 7-4-10（a）所示；单击"上一个同级"按钮 ⬅，效果如图 7-4-7 所示。

（5）选中整个骨架并显示骨架的属性及其姿势图层：单击姿势图层中包含骨架的帧。此时，"属性"面板如图 7-4-10（b）所示。

（a）

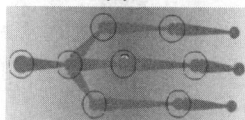
（b）

（c）

图 7-4-8 选中骨骼

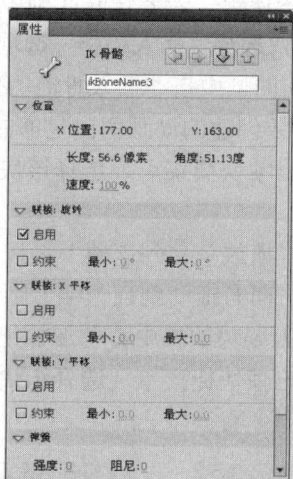
图 7-4-9 骨骼"属性"面板

（a）

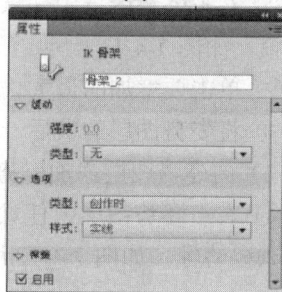
（b）

图 7-4-10 整个骨架"属性"面板

（6）选择 IK 图形或形状：单击骨架外的图形或形状，"属性"面板中将显示 IK 骨架属性。

（7）选择连接到骨骼的元件实例：单击该实例，"属性"面板中将显示实例属性。

（8）选择姿势图层的帧：使用工具箱内的"选择工具" ➤，按住 Ctrl 键，单击要选择的帧。

3．编辑 IK 骨架和删除骨骼

创建骨骼后，可以使用多种方法编辑它们。可以重新定位骨骼及其关联的对象，在对象内移动骨骼，更改骨骼的长度，删除骨骼，以及编辑包含骨骼的对象。只能在第 1 帧的仅包含初始姿势的姿势图层中编辑 IK 骨架。在姿势图层的后续帧中重新定位骨架后，无法对骨骼结构进行更改。如果要编辑骨架，则需要删除位于骨架第 1 帧之后的任何附加姿势。

如果只是重新定位骨架以达到动画处理的目的，则可以在姿势图层的任何帧中更改位置。Flash 会将该帧转换为姿势帧。

（1）编辑 IK 骨架：编辑 IK 骨架有以下几种方法。

① 显示 IK 骨架轮廓的控制点：使用工具箱内的"部分选择工具" ➤ 单击 IK 骨架边缘。

② 添加、删除和编辑轮廓的控制点：使用工具箱内的"部分选择工具" ➤ 调整控制点。

③ 移动骨骼的位置而不更改 IK 骨架：使用工具箱内的"部分选择工具"▶ 拖动骨骼的端点。

④ 移动控制点：使用工具箱内的"部分选择工具"▶ 拖动 IK 骨架边缘上的控制点。

⑤ 添加新控制点：使用工具箱内的"部分选择工具"▶ 单击 IK 骨架边缘的无控制点处，也可以使用工具箱内的"添加锚点工具"♦⁺ 单击 IK 骨架边缘的无控制点处。

⑥ 删除控制点：使用工具箱内的"部分选择工具"▶ 选中 IK 骨架边缘的控制点，再按 Delete 键。也可以使用工具箱内的"删除锚点工具"♦⁻ 单击 IK 骨架边缘的控制点。

（2）删除骨骼：删除骨骼有以下几种方法。

① 删除单个骨骼及其所有子级：选中该骨骼并按 Delete 键。

② 删除多个骨骼及其所有子级：按住 Shift 键并选中多个骨骼，再按 Delete 键。

③ 删除骨架：选中该骨架中的任何一个骨骼或元件实例，选择"修改"→"分离"选项，即可删除骨架和所有骨骼。同时，IK 骨架将还原为正常图形或形状。

4．在时间轴中对骨架进行动画处理

IK 骨架存在于时间轴中的姿势图层上。若要在时间轴中对骨架进行动画处理，则可以右击姿势图层中的帧，弹出其快捷菜单，选择"插入姿势"选项来插入姿势。使用选择工具可以更改骨架的配置。Flash 将在姿势之间的帧中自动插入骨骼的位置。

（1）向姿势图层添加帧，以便为要创建的动画留出足够的帧数。其方法有以下几种。

① 右击姿势图层中任意帧，弹出帧快捷菜单，选择该快捷菜单内的"插入帧"选项即可添加帧，如图 7-4-11 所示。

② 单击要增加的最大编号帧，将播放头移到该帧上，按 F5 键。

③ 将姿势图层的最后一个帧水平向右拖动到最大编号帧处。

（2）向姿势图层添加姿势帧：插入姿势的帧中有菱形标记。其方法有以下几种。

① 右击姿势图层中任意帧，弹出帧快捷菜单，选择该快捷菜单内的"插入姿势"选项即可插入姿势帧，如图 7-4-12 所示。

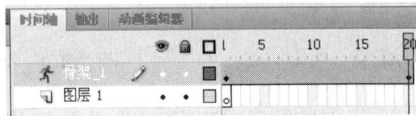

图 7-4-11　插入帧　　　　　　　　图 7-4-12　插入姿势帧

② 将播放头移到要添加姿势的帧上，重新定位骨架。

③ 将播放头移到要添加姿势的帧上，按 F6 键。

④ 复制、粘贴姿势帧：按住 Ctrl 键，右击选中的姿势帧，弹出帧快捷菜单，选择该快捷菜单内的"复制姿势"选项；按住 Ctrl 键，右击选中的帧，弹出帧快捷菜单，选择该快捷菜单内的"粘贴姿势"选项。

（3）更改动画的长度：将姿势图层的最后一帧向右或向左拖动，以添加或删除帧。Flash 将依照图层持续时间更改的比例重新定位姿势帧，并在中间重新插入帧。

制作完成后，在时间轴中拖动播放头，预览动画效果，可以随时重新定位骨架或添加姿势帧。

5．将骨架转换为影片剪辑或图形元件

将骨架转换为影片剪辑或图形元件后，可以实现动画的其他属性的补间效果，将补间效果应用于除骨骼位置之外的 IK 对象属性。该对象必须包含在影片剪辑或图形元件中。

（1）选择 IK 骨架及其所有关联对象。对于 IK 骨架，只需单击该形状即可。对于连接的元件实例，可以单击姿势图层，或者利用"选择工具" 选中所有连接元件。

（2）右击所选内容，弹出其快捷菜单，选择该快捷菜单中的"转换为元件"选项，弹出"转换为元件"对话框，在该对话框内输入元件的名称，在"类型"下拉列表中选择元件类型，单击"确定"按钮，创建一个元件，其时间轴内包含骨架的姿势图层。

（3）可以向舞台工作区内的新元件实例中添加补间动画效果。

6．调整 IK 运动约束

如果要创建 IK 骨架更逼真的运动，则可以约束特定骨骼的运动自由度。例如，可以约束作为胳膊一部分的两个骨骼，以便肘部无法按错误的方向弯曲。默认情况下，创建骨骼时会为每个 IK 骨骼分配固定的长度。骨骼可以围绕其父连接及沿 X 和 Y 轴旋转，但是无法更改其父级骨骼长度。可以启用、禁用和约束骨骼的旋转及其沿 X 或 Y 轴的运动。默认情况下，只启用骨骼旋转，而禁用 X 和 Y 轴运动。启用 X 或 Y 轴运动时，骨骼可以不限度数地沿 X 或 Y 轴移动，而且父级骨骼的长度会随之改变，以适应运动。也可以限制骨骼的运动速度，在骨骼中创建粗细效果。选中一个或多个骨骼时，可以在"属性"面板内设置这些参数，如图 7-4-9 所示。

（1）使骨骼沿 X 或 Y 轴移动并更改其父级骨骼的长度：选中骨骼，在"属性"面板内，选中"联接：X 平移"或"联接：Y 平移"区域中的"启用"复选框。此时，会显示一个垂直于连接上骨骼的双向箭头，指示已启用了 X 轴运动；会显示一个平行于连接上骨骼的双向箭头，指示已启用了 Y 轴运动。如果同时启用了 X 平移和 Y 平移，则对骨骼禁用旋转时定位更容易。

（2）限制沿 X 或 Y 轴的运动量：选中骨骼，在"属性"面板内，选中"联接：X 平移"或"联接：Y 平移"区域中的"约束"复选框，再输入骨骼可以运动的最小和最大距离。

（3）禁用骨骼绕连接旋转：选中骨骼，在"属性"面板内的"联接：旋转"区域中，取消选中"启用"复选框。默认情况下选中此"启用"复选框。

（4）约束骨骼的旋转：选中骨骼，在"属性"面板"联接：旋转"区域中输入旋转的最小和最大度数。旋转度数相对于父级骨骼而言。在骨骼连接的顶部会显示一个指示旋转自由度的弧形。

（5）使选定的骨骼相对于其父级骨骼固定：可以禁用旋转及 X 和 Y 轴平移。骨骼将不能弯曲，并跟随其父级的运动。

（6）限制选定骨骼的运动速度：在"属性"面板内的"连接速度"文本框内输入一个值。连接速度为骨骼提供了粗细效果，最大值为 100%，表示对速度没有限制。

思考练习 7-4

1．修改【动画 27】动画，使它可以切换 3 幅图像，切换方式不同。

2．制作"变形变色文字"动画，该动画播放后，蓝色文字"Flash CS 5.5"扭曲变化，同时颜色先由蓝色变为红色再变为蓝色。

7.5 【动画 28】鼠标触发显示放大图像

7.5.1 动画效果

"鼠标触发显示放大图像"动画是各种网页中常采用的一种动画效果。它的特点如下：将鼠标指针移到一幅小图像之上，会在图像的旁边以某种方式放大显示该图像。该动画运行后的画面如图 7-5-1（a）所示，将鼠标指针移到一幅小图像之上，会在该图像的右边由小逐渐变大地显示相应的大图像。例如，将鼠标指针移到第一幅小图像之上，会在该图像的右边从上到下逐渐显示相应的"风景 1.jpg"大图像，如图 7-5-1（b）所示。

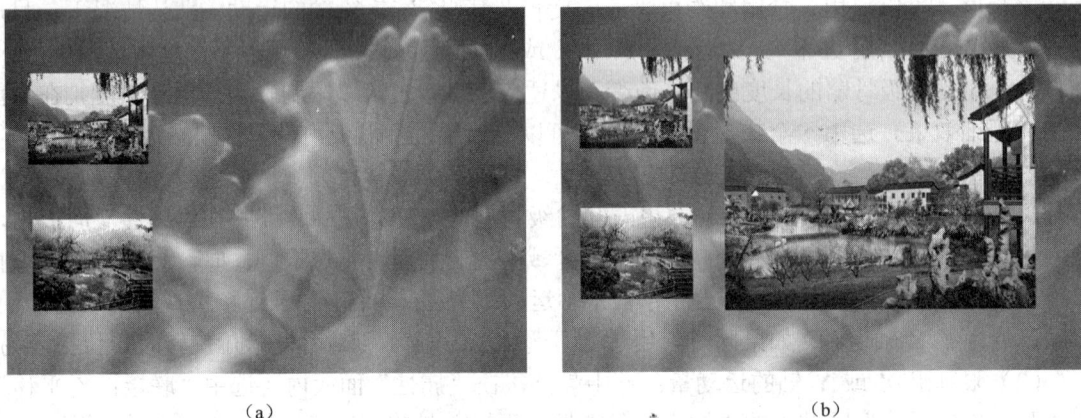

（a）   （b）

图 7-5-1   "鼠标触发显示放大图像"动画运行后的两幅画面

7.5.2 制作方法

1．制作按钮元件

（1）新建一个 Flash 文档，设置舞台工作区宽为 600 像素，高为 400 像素，导入"背景.jpg"、"风景 1.jpg"（图 7-5-2）和"风景 2.jpg" 3 幅图像，再以"鼠标触发显示放大图像.fla"为名保存在"【动画 28】鼠标触发显示放大图像"文件夹内。

（2）选择"插入"→"新建元件"选项，弹出"创建新元件"对话框。在该对话框的"名称"文本框中输入"风景 1"，在"类型"下拉列表中选择"影片剪辑元件"选项。单击"确定"按钮，进入"风景 1"影片剪辑元件的编辑状态。

（3）选择"图层 1"图层第 1 帧，将"库"面板内的"风景 1.jpg"图像拖动到舞台工作区的中间，在其"属性"面板内设置宽为 150 像素，高为 120 像素。

（4）创建"图层 1"图层第 1 帧～第 80 帧的传统补间动画。选中第 80 帧，在"动作"面板内输入"stop();"语句，表示执行到此停止。选中该帧内的图像，在其"属性"面板内设置宽为 600 像素，高为 280 像素，X 和 Y 的值均为 0。

（5）按照上述方法制作"风景 2"影片剪辑元件，在弹出如图 7-5-3 所示的"直接复制元件"对话框中，将其内的图像改为"风景 2.jpg"图像，如图 7-5-4 所示。

图 7-5-2　"风景 1.jpg"图像

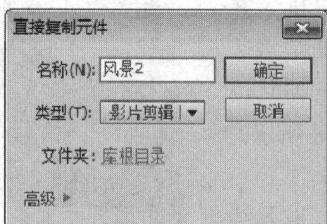

图 7-5-3　"直接复制元件"
对话框（风景 2）

图 7-5-4　"风景 2.jpg"图像

2．制作按钮元件

（1）选择"插入"→"新建元件"选项，弹出"创建新元件"对话框。在该对话框内的"名称"文本框中输入"按钮 1"，在"类型"下拉列表中选择"按钮"选项，如图 7-5-5 所示。单击"确定"按钮，进入"按钮 1"元件的编辑状态。

（2）选中"图层 1"图层"弹起"帧，将"库"面板内的"风景 1"影片剪辑元件拖动到舞台正中间，选中"风景 1"影片剪辑实例，在其"属性"面板内的"实例行为"下拉列表内选择"图形"选项。选中"指针经过"、"按下"和"点击"帧，按 F6 键，创建 3 个关键帧。

（3）增加"图层 2"图层，选中该图层"指针经过"帧，将"库"面板内"风景 1"影片剪辑元件拖动到"风景 1"图形实例的右边，时间轴如图 7-5-6 所示。

（4）右击"库"面板内的"按钮 1"按钮元件，弹出其快捷菜单，选择该快捷菜单内的"直接复制"选项，弹出"直接复制元件"对话框。在"名称"文本框中输入"按钮 2"，如图 7-5-7 所示，单击"确定"按钮，复制一个名称为"按钮 2"的元件。

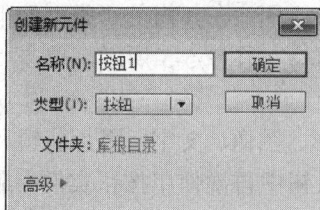

图 7-5-5　"创建新元件"对话框

图 7-5-6　时间轴

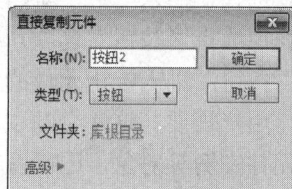

图 7-5-7　"直接复制元件"
对话框

（5）双击"库"面板内的"按钮 1"元件，进入其编辑状态。选中"图层 1"图层"弹起"帧，删除原来的"风景 1"影片剪辑实例，将"库"面板内的"风景 2"影片剪辑元件拖动到舞台正中间，选中"风景 2"影片剪辑实例，将它改为图形实例。将"图层 1"图层"弹起"帧复制到剪贴板内，再粘贴到"图层 2"图层的"指针经过"、"按下"和"点击"帧中。

（6）选中"图层 2"图层"指针经过"帧，将原来右边的"风景 1"影片剪辑实例删除，用"风景 2"影片剪辑实例替换。

3．制作主场景动画和修改按钮

（1）在时间轴内创建"背景"和"按钮"图层，选中"背景"图层第 1 帧，将"库"面板内的"背景.jpg"图像拖动到舞台内，调整其大小和位置，使它刚好将整个舞台工作区覆盖。

（2）选中"按钮"图层第 1 帧，将"库"面板内"按钮 1"和"按钮 2"两个按钮元件拖动到舞台工作区内的左边，垂直排列。

（3）双击"按钮1"按钮实例，进入其编辑状态，选中"指针经过"帧，调整右边的"风景1"影片剪辑实例的位置，使其位于右边空白部分的中间，如图7-5-8所示。

（4）返回到主场景。

（5）双击"按钮2"按钮实例，进入其编辑状态，选中"指针经过"帧，调整右边的"风景2"影片剪辑实例的位置，使其位于右边空白部分的中间。

7.5.3 知识链接

图7-5-8 "按钮1"按钮元件编辑状态

1．按钮元件的4个状态

从"库"面板中将按钮元件拖动到舞台中，即可创建按钮实例，当鼠标指针移到按钮实例之上或单击按钮时，按钮会改变其外观，同时产生交互事件。按钮4个状态的特点如下。

（1）"弹起"状态：按钮正常时的状态。

（2）"指针经过"状态：鼠标指针移到按钮上面，但没有单击时的按钮状态。

（3）"按下"状态：单击按钮时的按钮状态。

（4）"点击"状态：用来定义鼠标事件的响应范围，其内的图形不会显示。如果没有设置"点击"状态的区域，则鼠标事件的响应范围由"弹起"状态的按钮外观区域决定。

2．创建按钮

选择"插入"→"新建元件"选项，弹出"创建新元件"对话框。在其内的"类型"下拉列表中选择"按钮"选项，在"名称"文本框中输入元件的名称，如图7-5-5所示。单击"确定"按钮，进入按钮元件的编辑状态，如图7-5-8所示。

用户需要在这4个帧中分别创建相应的按钮外观，导入图形、图像、文字，影片剪辑和图形元件实例等对象，还可以在按钮中插入声音，但不能在一个按钮中再次使用按钮实例。最好将按钮图形精确定位，使图形的中心与十字标记对齐。要制作动画按钮，可以使用动画的影片剪辑实例。按钮的每一帧可以有多个图层。创建好按钮元件后，回到主场景。

3．测试按钮

（1）选择"控制"→"测试影片"→"测试"选项，运行整个动画（包括测试按钮）。

（2）选择"控制"→"测试场景"选项，运行当前场景的动画（包括测试按钮）。

（3）选择"控制"→"启用简单按钮"选项，可以在舞台工作区内测试按钮。

思考练习7-5

1．修改【动画28】动画，使图像逐渐放大时自上向下逐渐展开。

2．增加两个按钮，不同按钮触发调用的图像采用不同方式逐渐放大。

7.6 【动画 29】鲜花摄影画册

7.6.1 动画效果

"鲜花摄影画册"动画是"世界名胜鲜花"网站内的一个动画。该动画运行后的画面如图 7-6-1（a）所示，在左边框架内有 6 个矩形按钮，右边框架内有一幅鲜花图像，右上角有一个"三原色自转"动画。将鼠标指针移到按钮之上或单击该按钮后，右边框架内会展示相应的鲜花摄影图像，如图 7-6-1（b）所示。

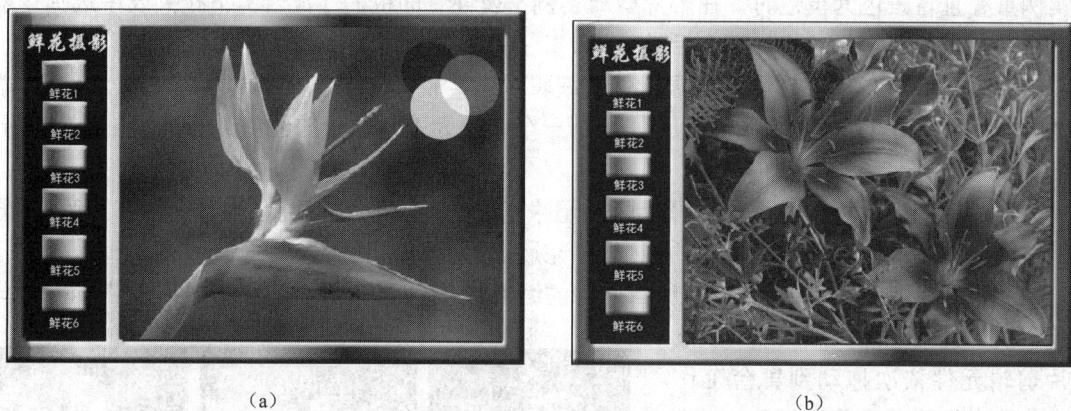

（a） （b）

图 7-6-1 "鲜花摄影画册"动画运行后的两幅画面

7.6.2 制作方法

1．制作按钮元件

（1）新建一个 Flash 文档，设置舞台工作区宽为 600 像素，高为 400 像素，背景色为黑色。以"鲜花摄影画册.fla"为名保存。创建并进入"按钮图形"影片剪辑元件的编辑状态，在其内绘制一个宽 52 像素、高 28 像素、无轮廓线、填充色为黄色到红色线性渐变的矩形。

（2）选择"插入"→"新建元件"选项，弹出"创建新元件"对话框。在该对话框内的"名称"文本框中输入"按钮 1"，在"类型"下拉列表中选择"按钮"选项，如图 7-6-2 所示。单击"确定"按钮，进入"按钮 1"元件的编辑状态。

（3）选中"图层 1"图层的"弹起"帧，将"库"面板内的"按钮图形"影片剪辑元件拖动到舞台正中间，利用"属性"面板添加"斜角"滤镜。在按钮图形的下边输入黄色、黑体、14 点的文字"鲜花 1"，如图 7-6-1 所示。选中"指针经过"、"按下"和"点击"帧，按 F6 键，创建 3 个关键帧，效果如图 7-6-3 所示。

（4）右击"库"面板内的"按钮 1"按钮元件，弹出其快捷菜单，选择该快捷快捷内的"直接复制"选项，弹出"直接复制元件"对话框。在"名称"文本框中输入"按钮 2"，如图 7-6-4 所示，单击"确定"按钮，复制一个名称为"按钮 2"的按钮元件。

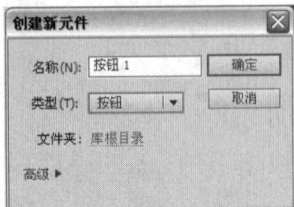

图 7-6-2 "创建新元件"对话框   图 7-6-3 创建 3 个关键帧   图 7-6-4 "直接复制元件"对话框

（5）再复制"按钮 3"～"按钮 6"4 个按钮元件，更改各帧内的文字。

2．制作"三原色"影片剪辑元件

将红、绿、蓝 3 束光投射到白色屏幕上的同一位置，改变 3 束光的强度比，可以看到各种颜色。例如，红+绿→黄，蓝+黄→白，绿+蓝→青，红+绿+蓝→白，黄+青+紫→白。当影片剪辑实例重叠且背景色为黑色时，在影片剪辑实例"属性"面板的"混合"下拉列表中选择"增加"选项，可以获得颜色相加混合后的效果。

（1）创建并进入"红"影片剪辑元件的编辑状态，使用工具箱内的"椭圆工具" 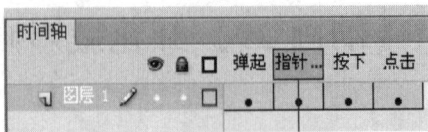，单击"选项"栏中的"对象绘制"按钮 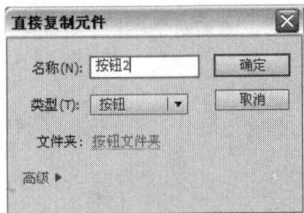，绘制一个直径为 120 像素的红色圆形，如图 7-6-5（a）所示。

（2）将"库"面板中的"红"影片剪辑元件复制 2 次，将它们更名为"绿"和"蓝"。分别将这两个复制的影片剪辑元件内的圆形图形颜色改为绿色和蓝色。

（3）创建并进入"三原色"影片剪辑元件的编辑状态，选中"图层 1"图层第 1 帧，将"库"面板中的"红"、"绿"和"蓝"3 个影片剪辑元件依次拖动到舞台工作区内并使它们相互重叠一部分，形成 3 个实例。"蓝"影片剪辑实例在最下边，"绿"影片剪辑实例在最上边，相对位置如图 7-6-5（b）所示。

（4）选中"红"影片剪辑实例，在其"属性"面板内的"混合"下拉列表中选择"增加"选项。选中"绿"

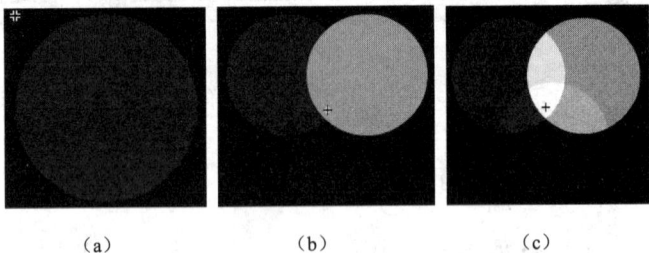

(a)   (b)   (c)

图 7-6-5 "红"和"三原色"影片剪辑元件图形

影片剪辑实例，在其"属性"面板内的"混合"下拉列表中选择"增加"选项，效果如图 7-6-5（c）所示。将它们组成组合。

（5）调整组合的宽和高均为 200 像素。再制作"图层 1"图层第 1 帧～第 80 帧的顺时针自转一圈的传统补间动画。

3．制作框架、图像和文字

（1）创建并进入"框架"影片剪辑元件的编辑状态，绘制一个七彩色框架图形，如图 7-6-6 所示。回到主场景，导入"鲜花 1.jpg"～"鲜花 6.jpg"图像到"库"面板内。

（2）在时间轴内创建"框架"、"图像文字"、"三原色"和"按钮"图层，选中"框架"图层第 1 帧，将"库"面板内的"框架"影片剪辑元件拖动到舞台内，刚好将整个舞台工作区覆盖。利用其"属性"面板设置"斜角"滤镜，使框架图形呈立体状。

（3）选中"按钮"图层第 1 帧，将"库"面板内"按钮 1"～"按钮 6"6 个按钮元件拖动到左边框架内，垂直等间距分布。

（4）双击"按钮 1"按钮实例，进入其编辑状态，选中"指针经过"帧，将"库"面板内的"鲜花 1.jpg"图像元件拖动到框架内，调整其位置和大小，如图 7-6-7 所示。

图 7-6-6　七彩色框架图形　　　　　　图 7-6-7　"按钮 1"按钮元件的编辑状态

（5）将"指针经过"帧复制、粘贴到"按下"帧，并回到主场景。按照上述方法，在"按钮 2"～"按钮 6"按钮元件中添加相应的图像，调整图像，使其位于右边框架内。

（6）选中"图像文字"图层第 1 帧，导入一幅"鲜花.jpg"图像，使它与框架右框内的框大小一样。在左边框架内输入黄色、24 点、华文行楷的文字"鲜花摄影"。

（7）选中主场景"三原色"图层第 1 帧，将"库"面板内的"三原色"影片剪辑元件拖动到右框的右上角，适当调整该实例的大小。

7.6.3　知识链接

1．实例的"属性"面板

图形实例"属性"面板如图 7-6-8（a）所示，影片剪辑实例"属性"面板如图 7-6-8（b）所示，按钮实例"属性"面板如图 7-6-8（c）所示。3 个面板主要选项如下。

（1）"实例行为"下拉列表：它有 3 个实例类型选项，可以实现类型的转换。

（2）"样式"下拉列表：3 种实例的"属性"面板内均有该下拉列表，其内有 5 个选项，如图 7-6-8（a）所示，用来设置实例的颜色、亮度等属性，下面将详细介绍。

（3）"选项"下拉列表：只有图形实例的"属性"面板才有该选项，它用来选择动画的播放模式。它有"循环"、"播放一次"和"单帧"（只显示第 1 帧）3 个选项。

（4）"第一帧"文本框：只有图形实例的"属性"面板中才有该选项，它用来输入动画开始播放的帧号码，确定从第几帧开始播放。

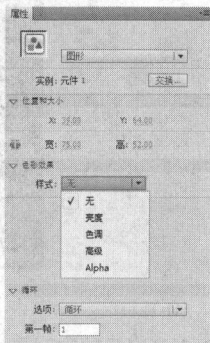

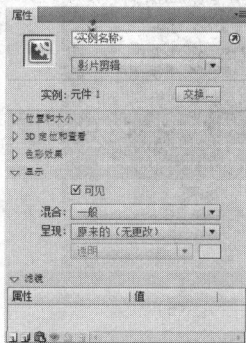

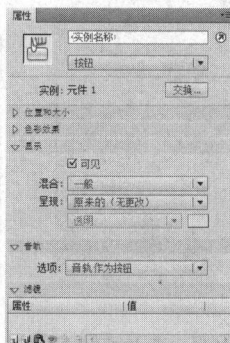

　　　（a）　　　　　　　　　　（b）　　　　　　　　　　（c）

图 7-6-8　各种实例的"属性"面板

（5）"实例名称"文本框：用来输入影片剪辑或按钮实例的名称。

（6）"ActionScript 面板"按钮 ⟋：单击它可以打开相应的"动作"面板。

（7）"交换"按钮：单击"交换"按钮，弹出"交换元件"对话框，如图 7-6-9 所示。在其内的列表框内会显示动画所有元件的名称和图标，其左边的有小黑点的元件是当前选中的元件实例。单击元件的名称或图标，即可在对话框内左上角显示相应元件。

选中元件的名称后单击"确定"按钮，或者双击元件的名称，都可以用这些元件改变选中的实例。单击该面板中的"直接复制元件"按钮 ⊞ ，可以弹出"直接复制元件"对话框，用来复制一个新元件。

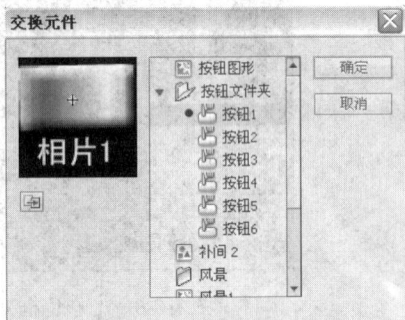

图 7-6-9　"交换元件"对话框

2．编辑实例

可以采用前面介绍过的编辑一般对象的方法来编辑实例。此外，每个实例都有自己的属性，利用"属性"面板可以改变实例的大小、位置、形状、颜色、亮度、色调、透明度和类型等，设置图形实例中动画的播放模式等。实例的编辑修改，不会影响相应元件和其他由同一元件创建的实例。实例对象的"属性"面板内有一个"样式"下拉列表，该下拉列表中有 5 个选项。如果选中"无"选项，则表示不进行实例样式的设置；如果选择其他选项，则相应属性的设置方法如下。

（1）亮度的设置：在实例"属性"面板的"样式"下拉列表内选择"亮度"选项后，会在"样式"下拉列表下边增加一个带滑动条的文本框，如图 7-6-10 所示。拖动文本框的滑块或在文本框内输入数据（从-100%到+100%），均可调整实例的亮度。

图 7-6-11（a）所示实例按照图 7-6-10 所示改变亮度后的效果如图 7-6-11（b）所示。如果将亮度数值调整为-60，则图像会变暗，如图 7-6-11（c）所示。

（2）透明度的设置：在实例"属性"面板中的"样式"下拉列表内选择"Alpha"选项后，会在"样式"下拉列表下边增加一个带滑动条的文本框，如图 7-6-10 所示。用鼠标拖动 RGB 区域内文本框的滑块，在文本框内输入数据，即可改变实例的的透明度，效果如图 7-6-12 所示，可以通过实例看到下面文档的背景图像。

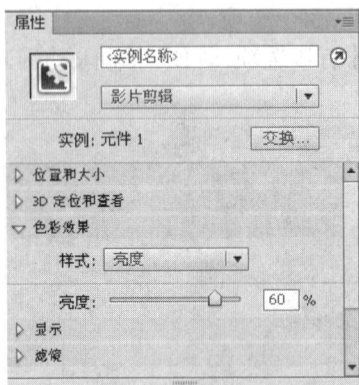

图 7-6-10　选择"亮度"选项

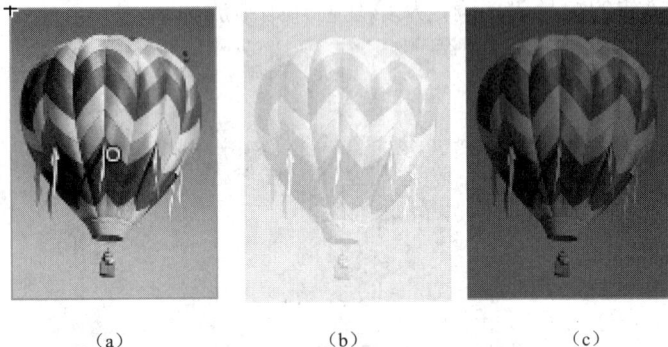

（a）　　　　　　（b）　　　　　　（c）

图 7-6-11　改变亮度后的实例图像

（3）色调的设置：在实例"属性"面板中的"样式"下拉列表内选择"色调"选项后，会在"样式"下拉列表下边增加几个带滑动条的文本框和一个按钮，如图 7-6-13 所示。单击□□按钮，会打开"颜色"面板，利用它可以改变实例的色调。拖动文本框的滑块或在文本框内输入百分比，可以用来调整着色（即掺色）比例（0~100%）。

用鼠标拖动 RGB 区域内文本框的滑块或在文本框内输入数据，也可以改变实例的色调。R、G、B 后面的 3 个文本框分别代表红、绿、蓝三原色的值。

（4）高级设置：在实例"属性"面板中的"颜色"下拉列表内选择"高级"选项后，会在其下边增加两列文本框，左边一列有 4 个输入百分数的文本框，如图 7-6-14 所示，可以输入-100~+100 的数据；右边一列有 4 个文本框，可以输入-255~+255 的数据。最终的效果将由两列中的数据共同决定。修改后每种颜色数值或透明度的值等于修改前的数值乘以左边文本框内的百分比，再加上右边文本框中的数值。例如，一个实例原来的蓝色是 100，左边文本框的百分比是 50%，右边文本框内的数值是 80，则修改后的蓝色数值为 130。

图 7-6-12　改变实例透明度　　图 7-6-13　选择"色调"选项　　图 7-6-14　选择"高级"选项

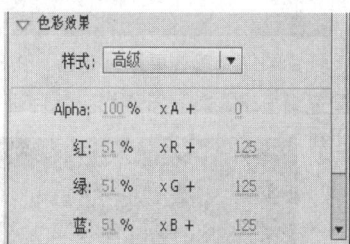

3．实例混合模式

"混合"下拉列表内有一些选项，用来设置混合模式。选择不同的混合模式，可以更改舞台上一个影片剪辑实例对象与位于其下方对象的组合方式，混合重叠影片剪辑中的颜色。影片剪辑元件实例的混合模式见表 7-6-1。

表 7-6-1　Flash CS 5 影片剪辑元件实例的混合模式

混合模式	作用
一般	正常应用颜色，与基准颜色没有相互关系
图层	可以层叠各个影片剪辑，而不影响其颜色
变暗	只替换比混合颜色亮的区域，比混合颜色暗的区域不变
正片叠底	将基准颜色复合以混合颜色，从而产生较暗的颜色
变亮	只替换比混合颜色暗的像素，比混合颜色亮的区域不变
滤色	将混合颜色的反色与基准颜色混合，产生漂白效果
叠加	进行色彩增值或滤色，具体情况取决于基准颜色
强光	进行色彩增值或滤色，取决于混合模式颜色，效果类似于点光源照射
增加	与其下边影片剪辑实例对象的基准颜色相加
减去	与其下边影片剪辑实例对象的基准颜色相减
差值	系统会比较影片剪辑实例对象的颜色和基准颜色，用其中较亮颜色的亮度减去较暗颜色的亮度值作为混合色的亮度。该效果类似于彩色底片
反相	获取基准颜色的反色
Alpha	设置不透明度。该模式要求将混合模式应用于父级影片剪辑实例，不能将背景影片剪辑实例的混合模式设置为该模式，这样会使该对象不可见
擦除	删除所有基准颜色像素，包括背景图像中的基准颜色像素。该混合模式要求将图层混合模式应用于父级影片剪辑。不能将背景影片剪辑实例的混合模式设置为"擦除"混合模式，这样会使该对象不可见

说明

表 7-6-1 中的"混合颜色"是指应用于混合模式的颜色,"不透明度"是指应用于混合模式的透明度,基准颜色是指混合颜色下的像素颜色,结果颜色是基准颜色和混合颜色的混合效果。由于混合模式取决于将混合应用于对象的颜色和基础颜色,因此必须试验不同的颜色,以查看结果。建议在采用混合模式时,进行各种混合试验,以获得预期效果。

思考练习 7-5

1. 制作"日夜星辰"动画,该动画播放后的两幅画面如图 7-6-15 所示,画面由最亮逐渐变暗,月亮和星星逐渐显示,并显示倒影;然后画面又逐渐变亮,月亮和星星逐渐消失。

（a）   （b）

图 7-6-15　"日夜星辰"动画播放后的两幅画面

2. 制作"图像渐隐渐显切换"动画,该动画播放后先显示第 1 幅图像,然后第 2 幅图像逐渐显示,第 1 幅图像逐渐消失;第 3 幅图像逐渐显示,第 2 幅图像逐渐消失。

3. 制作"变色"动画,该动画播放后,一个蓝色圆形逐渐变为绿色,再逐渐变为红色,然后逐渐变回原来的蓝色。

4. 制作"渐变亮图像"动画,该动画播放后,一幅图像逐渐由暗变亮,再由亮变暗。

5. 制作"按钮控制动画"动画,该动画运行后的画面如图 7-6-16（a）所示,在左边框架内有 4 个圆形按钮,右边框架内有一个山水风景动画。将鼠标指针移到按钮之上,文字会变为红色,单击后文字变为紫色,同时右边会展示相应动画。例如,将鼠标指针移到"三原色"按钮之上,右边会展示"三原色"动画,其中一幅画面如图 7-6-16（b）所示。

6. 制作"电风扇按钮"动画,该动画运行后显示一个不转动的电风扇,如图 7-6-17（a）所示。将鼠标指针移到电风扇之上后,扇叶转动;单击电风扇（不松开鼠标左键）,电风扇会逐渐消失,同时逐渐显示"转动的电风扇"文字,如图 7-6-17（b）所示。

（a）   （b）

图 7-6-16　"按钮控制动画"动画的两幅画面

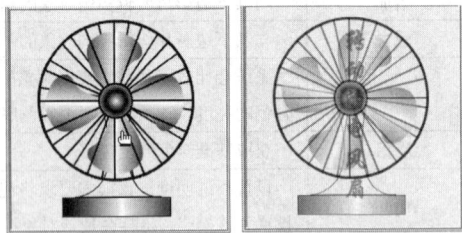

（a）   （b）

图 7-6-17　"电风扇按钮"动画的两幅画面

第8章

程序设计初步和特效鼠标

本章介绍了"动作"面板的基本使用方法，ActionScript 程序设计的基本语法、运算符和表达式、条件和循环语句、部分全局函数等，还介绍了网页中常遇到的背景动画和鼠标指针特效动画的制作方法。

8.1 【动画30】按钮控制餐厅图像浏览

8.1.1 动画效果

"按钮控制餐厅图像浏览"动画是"家居设计"网站中的一个动画，用来供网络浏览者选择餐厅设计方案。该动画运行后显示一幅框架图像、框架内显示第1幅餐厅设计方案图像和4个按钮，如图 8-1-1（a）所示，同时每幅图像显示一会儿后即显示下一幅图像，一直显示完15幅图像为止。单击"停止"按钮，动画停止播放，显示第1幅家居设计图像；单击"从头播放"按钮，动画从头播放，显示第1幅家居设计图像；单击"继续播放"按钮，动画从暂停处继续播放，显示下一幅图像；单击"暂停"按钮，动画暂停播放。该动画播放后的另一幅画面如图 8-1-1（b）所示。

（a）   （b）

图 8-1-1 "按钮控制餐厅图像浏览"动画播放后的两幅画面

8.1.2 制作方法

1．制作画面

（1）新建一个文档，打开文档的"属性"面板，设置舞台工作区的宽为 300 像素，高为 200 像素，FPS 值为 5，播放器为 Flash Player 10.2，脚本为 ActionScript 2.0。以后涉及脚本程序的动画，若无特殊说明，均采用这种播放器和脚本设置。以"按钮控制餐厅图像浏览 1.fla"为名保存在"【动画 30】按钮控制餐厅图像浏览"文件夹内。

（2）按照图 8-1-2，从下到上依次创建"框架"、"图像"、"文字"和"按钮" 4 个图层。导入"餐厅.jpg"和"框架.jpg"图像到"库"面板内。

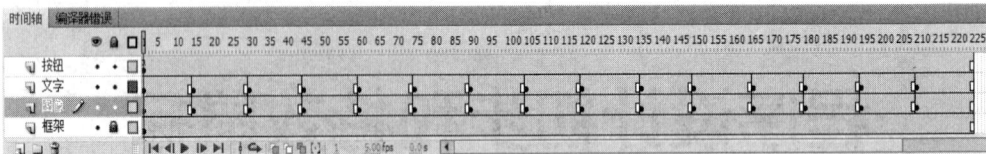

图 8-1-2　"按钮控制餐厅图像浏览"动画的时间轴

（3）选中"框架"图层第 1 帧，将"库"面板内的"框架.jpg"图像拖动到舞台工作区内，在其"属性"面板内设置宽为 400 像素，高为 300 像素，X 和 Y 的值为 0。

（4）同时选中"文字"和"图像"图层第 15、30、45、60、75、90、105、120、135、150、165、180、195 和 210 帧，按 F7 键，创建空关键帧。选中"文字"和"图像"图层第 25 帧，按 F5 键，创建普通关键帧。

（5）依次选中"图像"图层各关键帧，将"库"面板内的"餐厅.jpg"拖动到舞台工作区内，利用图像的"属性"面板设置宽为 300 像素，高为 200 像素，X 和 Y 的值为 0。

（6）选中"文字"图层第 1 帧，在框架图像居中偏上位置输入金黄色、黑体、20 点的文字"1"。将该帧复制、粘贴到该图层其他空关键帧中，再修改这些粘贴的文字为"2"～"15"。

2．按钮程序设计方法（一）

（1）选中"按钮"图层第 1 帧。选择"窗口"→"公用库"→"按钮"选项，打开按钮的"库-Buttons"面板。将该面板内的 4 个按钮元件 ▣ 、▶ 、❙❙ 和 ▶▶ 拖动到框架的下边，形成 4 个按钮实例，将按钮 ▶▶ 水平翻转，调整按钮的大小和位置，如图 8-1-1 所示。

（2）单击"停止"按钮 ▣ ，在其"属性"面板的"实例名称"文本框中输入按钮实例的名称"AN1"。采用相同的方法，将"从头播放"按钮实例 ◀◀ 命名为"AN2"，将"继续播放"按钮实例 ▶ 命名为"AN3"，将"暂停"按钮实例 ❙❙ 命名为"AN4"。

（3）选中"按钮"图层第 1 帧，打开"动作-帧"面板，在左上角的 ActionScript 版本下拉列表中选择"ActionScript 1.0&ActionScript 2.0"选项。在脚本窗口内输入控制程序，如图 8-1-3 所示。

程序中，"//"后边的文字是注释语句。"按钮名称"+"onPress=function()"语句表示单击该按钮后执行其下"{}"内的程序。

至此，整个动画制作完毕，该动画的时间轴如图 8-1-2 所示。

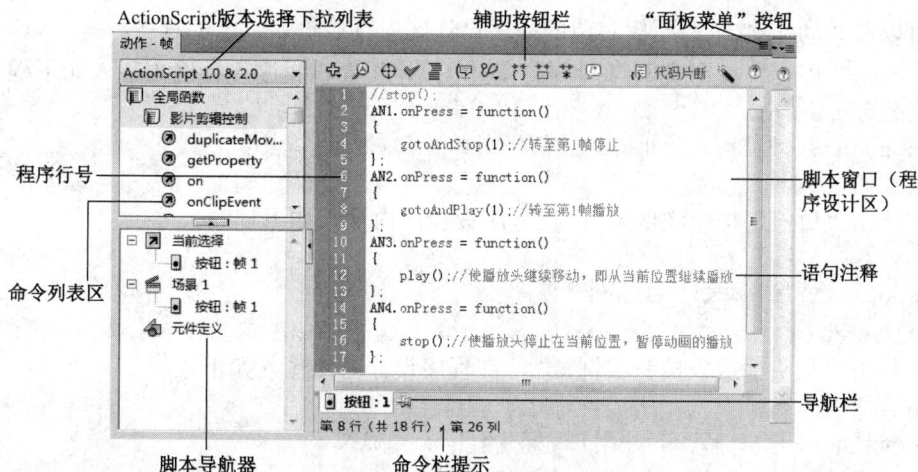

ActionScript版本选择下拉列表　　辅助按钮栏　　"面板菜单"按钮

程序行号

脚本窗口（程序设计区）

命令列表区

语句注释

导航栏

脚本导航器　　命令栏提示

图 8-1-3　　"动作-帧"面板

3．按钮程序设计方法（二）

（1）单击"播放"按钮实例 ，打开"动作-按钮"面板，单击"脚本助手"按钮 。在该面板左边的命令列表框内（默认选中"释放"复选框），双击"影片剪辑控制"区域中的"on"命令，即可在程序设计区内添加"on(release){}"程序。

（2）如果不单击"脚本助手"按钮 ，还可以在"动作-按钮"面板内左边的命令列表框内选择"全局函数"→"时间轴控制"→"on"选项，将该选项拖动到程序设计区内，会显示"on(){}"程序和一个事件列表，双击列表框内的"release"命令（图 8-1-5），即可获得"on(release){}"程序。

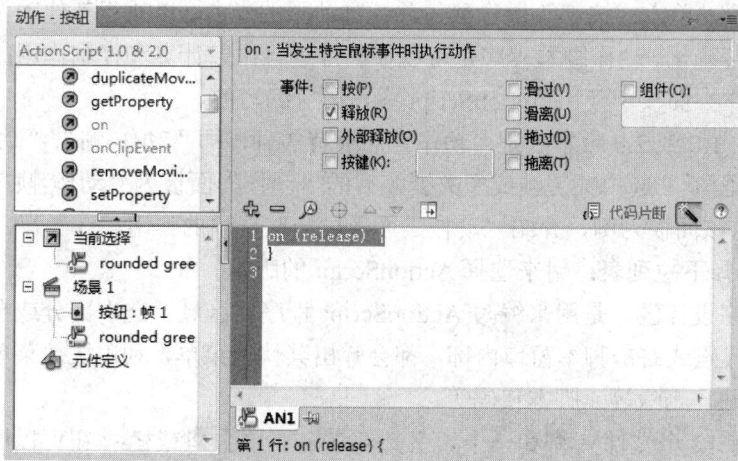

图 8-1-4　　"动作-按钮"面板

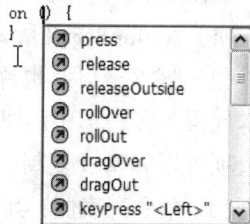

图 8-1-5　事件列表

（3）在"动作-按钮"面板内，将光标定位在第 2 行左边，双击命令列表框内"全局函数"→"时间轴控制"→"play"选项，将该选项"play();"添加到程序中，程序如下。

```
on (release) {
play();    //继续从暂停处播放，播放指针继续从暂停处移动
}
```

也可以在"动作-按钮"面板右边的程序设计区内直接输入以上的程序。

（4）单击"停止"按钮实例 ，在"动作-按钮"面板程序设计区内输入如下程序。

```
on (release) {
gotoAndStop(1);//停止播放，播放指针回到第1帧
}
```

（5）单击"暂停"按钮实例 ，在程序设计区内输入如下程序。

```
on (release) {
stop();//暂停播放，播放指针暂停移动
}
```

（6）单击"从头播放"按钮实例 ，在程序设计区内输入如下程序。

```
on (release) {
gotoAndPlay(1);//播放指针回到第1帧，并开始播放
}
```

至此，整个动画制作完毕。以名称"按钮控制餐厅图像浏览 2.fla"保存在"【动画 30】按钮控制餐厅图像浏览"文件夹内。

在程序设计区内输入程序还可以采用如下方法：在"动作-按钮"面板程序设计区内，选中一段程序，右击选中的程序，弹出其快捷菜单，选择该快捷菜单内的"复制"选项；再切换到其他按钮的"动作-按钮"面板，右击程序设计区内，弹出其快捷菜单，选择该快捷菜单内的"粘贴"选项，将剪贴板内的程序粘贴到程序设计区内，然后进行程序的修改。

8.1.3 知识链接

1."动作"面板特点

对于交互式动画，可以通过单击或按键等操作参与并控制动画的走向，以执行其他动作脚本程序或使动画画面产生跳转变化。动作脚本程序是可以在影片运行中起计算和控制作用的程序代码，这些代码是在"动作"面板中使用 ActionScript 编程语言编写的。

如果 ActionScript 选择了 1.0 或 2.0 版本，则"动作"面板有 3 种，即"动作-帧"、"动作-按钮"和"动作-影片剪辑"面板。选中关键帧或空关键帧后的"动作"面板为"动作-帧"面板，如图 8-1-3 所示。下面以该面板为例，介绍"动作"面板中一些选项的作用。

（1）ActionScript 版本选择下拉列表：用来选择 ActionScript 的版本。

（2）脚本窗口：也称程序设计区，是用来编写 ActionScript 程序的区域。选中部分或全部脚本代码，右击选中的脚本代码或右击脚本窗口内部，都会弹出其快捷菜单，利用快捷菜单中的选项可以编辑（复制、粘贴、删除等）脚本代码等。

（3）命令列表区：其内有 12 个文件夹 和一个索引文件夹 ，单击 或 按钮可以展开相应的文件夹。文件夹内有下一级的文件夹或选项，双击选项或用鼠标拖动选项到脚本窗口内，都可以在程序区内导入相应的选项。这里所说的选项是指程序中的运算符号、函数、语句、属性等的统称。将鼠标指针移到选项之上，会显示相应的简单的帮助信息。通过单击面板中间的 、（或）按钮，可以控制是否显示命令列表区。也可以通过拖动面板中间的竖条来调整命令列表区的大小。

（4）脚本导航器：给出了当前选择的关键帧、按钮或影片剪辑实例的有关信息。选中该列表区中的帧、按钮或实例对象，即可在脚本窗口内显示相应的脚本程序。

（5）命令行提示栏：显示脚本窗口内光标所在的行号和列号。

2．"动作"面板菜单

单击"面板菜单"按钮 ，可以打开"动作"面板的快捷菜单。其中一些选项的作用与辅助按钮栏各按钮的作用一样，其他选项的作用如下。

（1）"首选参数"选项：选择此选项，可弹出"首选参数"（动作脚本）对话框。利用它可以进行动作脚本默认状态的设置和参数的设置。

（2）"转到行"选项：选择此选项，可弹出"转到行"对话框。在"行号"文本框内输入脚本窗口中的行号，单击"确定"按钮，该行即被选中。

（3）"导入脚本"选项：选择此选项，可弹出"打开"对话框。利用该对话框，可以从外部导入"*.as"脚本程序文件。

（4）"导出脚本"选项：选择此选项，可弹出"另存为"对话框。利用该对话框，可将当前脚本窗口中的程序作为"*.as"的脚本程序文件保存起来。

（5）"打印"选项：选择此选项，可弹出"打开"对话框，打印当前脚本窗口中的程序。

（6）"Esc 快捷键"选项：选择此选项，可在"动作"工具箱内选项的右边显示其快捷键。

3．帧事件与动作

交互式动画的一个行为包含了两个内容：一个是事件，一个是事件产生时所执行的动作。事件是触发动作的信号，动作是事件的结果。在 Flash 中，播放指针到达某个指定的关键帧、用户单击按钮或影片剪辑元件、用户按键盘上的按键等操作，都可以触发事件。

动作有很多，它由一系列语句组成。最简单的动作是使播放的动画停止播放等。

帧事件就是当影片或影片剪辑播放到某一帧时的事件，事件的设置与动作的设计是通过"动作"面板来完成的。例如，动画播放到第 30 帧时停止播放的操作方法如下。

（1）在时间轴中，选中第 2 帧，按 F6 键，将该帧设置为关键帧。

（2）选中该关键帧，打开"动作-帧"面板，将命令列表区内"全局函数"→"时间轴控制"→"stop"命令拖动到脚本窗口内。也可以单击 按钮，弹出其菜单，选择其内的"全局函数"→"时间轴控制"→"stop"选项，使脚本窗口内显示"stop()"。

4．按钮和按键事件与动作

选中舞台工作区内的一个按钮实例对象，"动作"面板即可变为"动作-按钮"面板。在"动作-按钮"面板中，将命令列表区中"全局函数"→"影片剪辑控制"→"on"选项拖动到右边脚本窗口内，这时面板右边脚本窗口内会弹出如图 8-1-5 所示的按钮和按键事件选项菜单。双击该菜单中的选项，可以在"on"命令的括号内加入按钮事件与按键事件命令。例如，双击"release"命令后，脚本窗口内的程序如图 8-1-6 所示。在"release"命令右侧输入英文字符","后，单击辅助按钮栏内的"显示代码提示"按钮 ，弹出如图 8-1-5 所示的列表，双击其中的"keyPress "<Left>""命令，可再加入按键事件命令。此时，脚本窗口内的程序如图 8-1-7 所示。可见该按钮可以响应两个或多个事件命令。

图 8-1-5 所示列表中各按钮和按键事件命令的含义如下。

（1）press（按）：当鼠标指针移到按钮之上，并单击时触发事件。

```
1  on (release) {
2  }
3
```

```
1  on (release, keyPress "<Left>") {
2  }
3
```

图 8-1-6 双击 press 命令的效果   图 8-1-7   加入按键命令后的效果

（2）release（释放）：当鼠标指针移到按钮之上，松开鼠标左键时触发事件。

（3）releaseOutside（外部释放）：当鼠标指针移到按钮之上，并按下鼠标左键时，将鼠标指针移出按钮范围，松开鼠标左键时触发事件。

（4）rollOver（滑过）：当鼠标指针由按钮外部移到按钮内部时触发事件。

（5）rollOut（滑离）：当鼠标指针由按钮内部移到按钮外部时触发事件。

（6）dragOver（拖过）：当鼠标指针移到按钮之上，并按下鼠标左键，将鼠标指针拖动出按钮范围，再拖动回按钮之上时触发事件。

（7）dragOut（拖离）：当鼠标指针移到按钮之上，并按下鼠标左键，不松开鼠标左键，把鼠标指针拖动出按钮范围时触发事件。

（8）keyPress "<按键名称>"（按键）：当键盘的指定按键被按下时，触发事件。

在 on 后的括号内输入多个事件命令，事件命令之间用逗号分隔，这样在几个事件之一中发生时都会产生事件，触发动作的执行。动作脚本程序写在大括号内。在具有脚本帮助的状态下，将"动作-按钮"面板中命令列表区内"全局函数"→"影片剪辑控制"→"on"选项拖动到右边脚本窗口内后，"动作-按钮"面板如图 8-1-4 所示，可以方便地选择一个或多个按钮事件，这对于初学者非常适用。

5．辅助按钮栏部分按钮的作用

（1）"将新项目添加到脚本中"按钮 ：单击此按钮，可以弹出如图 8-1-8 所示的菜单，再选择某选项，即可将相应的命令添加到脚本窗口内。

（2）"查找" 按钮：单击此按钮，弹出"查找和替换"对话框，如图 8-1-9 所示。在"查找内容"文本框内输入要查找的字符串，单击"查找下一个"按钮，即可选中程序中要查找的字符串。选中"区分大小写"复选框，则在查找时区分大小写。如果在"替换为"文本框内输入要替换的字符串，再单击"替换"按钮，可以替换刚刚找到的字符串，单击"全部替换"按钮，即可替换所有查找到的字符串。

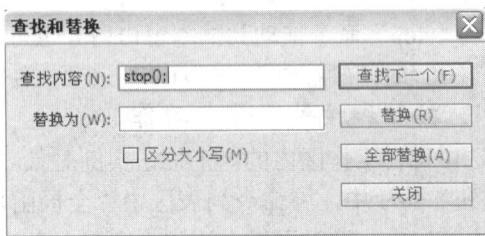

图 8-1-8　菜单选项　　　　　　　　　　图 8-1-9　"查找和替换"对话框

（3）"插入目标路径"按钮 ：单击此按钮，弹出"插入目标路径"对话框，在该对话框中可选择路径方式、路径符号和对象的路径。

（4）"语法检查"按钮 ：单击此按钮，可检查程序是否有语法错误，显示相应提示。

（5）"自动套用格式"按钮 ：单击此按钮，可以使程序中的命令按设置的格式重新调整。

（6）"显示代码提示"按钮 ：单击此按钮，可弹出一个参数提示列表框，供用户选择。

（7）"调试选项"按钮 ：单击命令行，该行左边会显示一个红点，设置该行为断点，运行程序后会在该行暂停；再单击断点行，可以删除断点。单击该按钮，可弹出"调试程序"菜单，选择其内的"切换断点"选项，可切换到下一个断点行；选择其内的"删除所有断点"选项，可将设置的所有断点删除。

（8）"代码片段"按钮 代码片断：单击此按钮，打开"代码片段"面板，如图 8-1-10 所示。双击其内的选项，可将相应的命令和注释语句添加到脚本窗口内。

（9）"折叠成对大括号"按钮：对在当前包含插入点的成对大括号或小括号间的代码进行折叠。

（10）"折叠所选"按钮：折叠所选的代码块。

（11）"展开全部"按钮：展开所有折叠代码。

（12）"应用块注释"按钮：添加注释标记。

（13）"应用行注释"按钮：在插入点处或所选代码每行的开头处添加单行注释标记。

（14）"删除注释"按钮：从当前行或当前选择内容的所有行中删除注释标记。

（15）"显示/隐藏工具箱"按钮：显示或隐藏"动作"工具箱和脚本导航器。

（16）"脚本助手"按钮：单击该按钮，使脚本窗口进入具有脚本帮助的程序输入状态，如图 8-1-4 所示。它增加了一个参数设置区，用来设置语句参数。选中一条语句后，参数设置区内会显示相关的参数选项。采用这种设置参数的方法非常方便。

（17）"帮助"按钮：选中程序中的关键字，单击该按钮，即可弹出帮助信息。

图 8-1-10　"代码片段"面板

6．"时间轴控制"全局函数

函数可完成一些特定任务的程序，通过定义函数，可以在程序中通过调用这些函数来完成具体的任务。函数有利于程序的模块化。Flash CS 5.5 提供了大量的函数，这些函数可以从"动作"面板命令列表区的"全局函数"目录下找到。对于 ActionScript 2.0，"时间轴控制"函数是全局函数中的一类，它由 9 个函数组成，在"全局函数"→"时间轴控制"目录下可以找到。该函数的格式和功能见表 8-1-1。

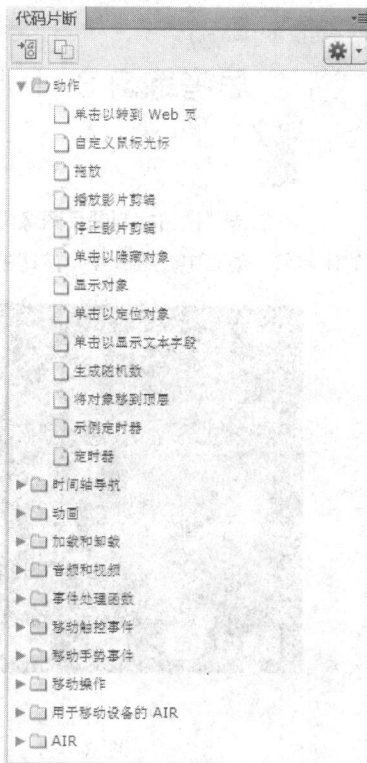

表 8-1-1　"时间轴控制"函数的格式和功能

序号	格式	功能
1	stop()	暂停当前动画的播放，使播放头停止在当前帧
2	play()	如果当前动画暂停播放，则从播放头暂停处继续播放动画
3	gotoAndPlay（[scene,] frame）	使播放头移到指定场景（scene）的指定帧（frame），并播放动画，如果省略 scene，则默认使用当前场景；frame 是帧序号或帧标签（即帧"属性"面板内"帧标签"文本框中的名称）
4	gotoAndStop（[scene,] frame）	使播放头跳转到指定场景内的指定帧，并停止在该帧上
5	nextFrame()	使播放头跳转到下一帧，并停在该帧
6	prevFrame()	使播放头跳转到前一帧，并停在该帧
7	nextScene()	使播放头跳转到下一个场景的第 1 帧，并停在该帧
8	prevScene()	使播放头跳转到前一个场景的第 1 帧，并停在该帧
9	stopAllSounds ()	关闭目前正在播放的所有 Flash 动画内正在播放的声音

1．制作"按钮控制餐厅图像浏览"动画，该动画播放后的三幅画面如图 8-1-11 所示。其内 4 个按钮的作用和本动画中介绍的 4 个按钮的作用一样。

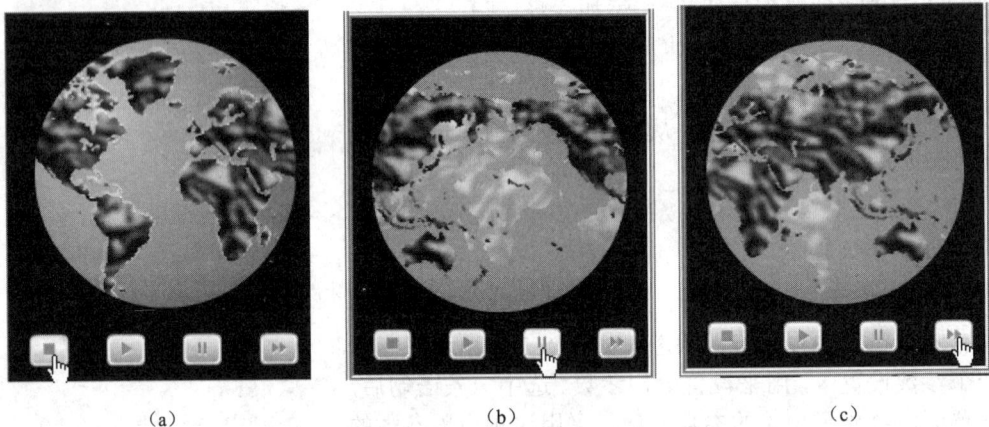

（a）　　　　　　　　　　（b）　　　　　　　　　　（c）

图 8-1-11　"按钮控制餐厅图像浏览"动画播放后的三幅画面

2．制作"照明电路"动画，该动画播放后的两幅画面如图 8-1-12（a）所示，单击按钮后的画面如图 8-1-12（b）所示，再单击按钮又返回图 8-1-12（a）所示状态。

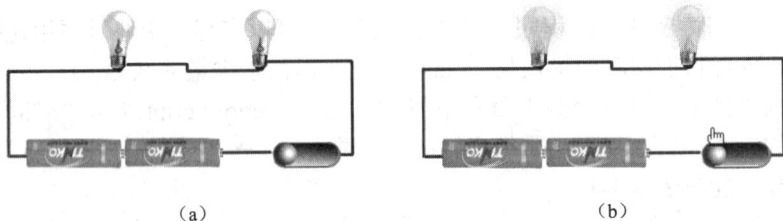

（a）　　　　　　　　　　　　　　（b）

图 8-1-12　"照明电路"动画播放后的 2 幅画面

8.2　【动画 31】3 个网页背景动画

8.2.1　动画效果

在 Flash 网站设计中，漂亮、动感的背景动画能够给网站增色。除了 Flash 动态网站中的整个页面可以使用背景动画外，在局部（如网页头部和广告栏）也常用到背景动画。此处，介绍"秋风落叶"、"海中气泡"和"雪花飘飘"3 个背景动画，更换动画中的背景图像和程序控制的对象，可以获得各式各样的背景动画。

"秋风落叶"动画运行后，背景画面中金色的树叶从随机位置缓缓飘落，其中一幅画面如图 8-2-1 所示。"海中气泡"动画运行后，背景画面中，大小不一的水泡在海底随机产生并缓慢上升，上升到一定位置后消失，其中一幅画面如图 8-2-2 所示。

图 8-2-1　"秋风落叶"动画画面

图 8-2-2　"海中气泡"动画画面

"雪花飘飘"动画播放后的两幅画面如图 8-2-3 所示。可以看到，雪越下越大，一幅雪花飘飘的美丽冬景。雪花的大小、旋转角度、起始位置都是随机的。

（a）

（b）

图 8-2-3　"雪花飘飘"动画播放后的两幅画面

8.2.2　制作方法

1. 制作"秋风落叶"动画

（1）新建一个 Flash 文档，设置文档大小为 500 像素×400 像素。导入"素材"文件夹中的"枫叶树.jpg"图像到舞台工作区内，调整其大小和位置，使图像刚好将整个舞台工作区完全覆盖，如图 8-2-1 所示。以名称"秋风落叶.fla"保存该文档。

（2）使用工具箱内的"文本工具" **T**，在舞台工作区左侧输入文字"金秋旅游指南"，设置文字大小为"24"，颜色为棕黄色。在"滤镜"面板中为文字添加"投影"效果，设置投影颜色为金黄色，效果如图 8-2-1 所示。

（3）创建并进入"落叶剪辑 1"影片剪辑元件的编辑状态，导入"素材"文件夹内的"落叶 1.gif"图像到舞台工作区内。将"图层 1"图层更名为"落叶"。右击"落叶"图层第 1 帧，弹出帧快捷菜单，选择该快捷菜单内的"创建传统补间"选项。再选中"落叶"图层第 100 帧，按 F6 键，创建"落叶"图层第 1 帧～第 100 帧的传统补间动画。

（4）右击"落叶"图层，弹出图层快捷菜单，选择该快捷菜单内的"添加传统运动引导层"选项，在"落叶"图层之上生成一个"引导层：图层1"传统运动引导层，将该引导层命名为"落叶路径"。选中该引导图层第1帧。

（5）使用工具箱内的"铅笔工具" ，从"落叶1.gif"图像开始从上到下绘制一条曲线，作为落叶落下的路径，如图8-2-4（a）所示。

选中"落叶"图层的第100帧，使用工具箱内的"选择工具" 将落叶图像移动到引导线的末端，效果如图8-2-4（b）所示。

（6）在"落叶路径"引导图层之上创建一个名称为"程序"的图层，选中该图层的第1帧，打开"动作-帧"面板，在程序编辑区内输入以下脚本程序。

（a） （b）

图8-2-4 设置动画路径的起始和终止位置

```
setProperty(this, _x, random(500));        //设置影片剪辑实例的水平坐标
setProperty(this,_y,random(200)-200);      //设置影片剪辑实例的垂直坐标
```

至此，该影片剪辑元件制作完成，其时间轴如图8-2-5所示。

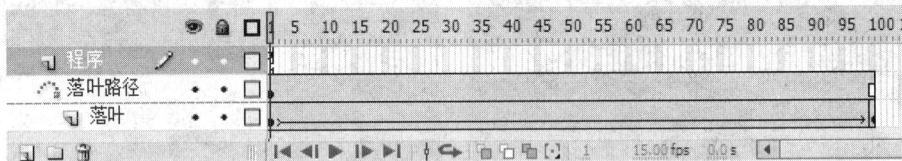

图8-2-5 "秋风落叶"影片剪辑元件的时间轴

上面的代码用于在当前影片剪辑执行时，随机设置影片剪辑的坐标位置。其中，random()是随机函数，该函数用于生成一个从0到参数之间（不包括参数本身）的随机整数。random(500)即生成0～500的随机整数（不包括500）。

（7）按同样的方法，设计出不同落叶图像、不同路径的"落叶剪辑2"～"落叶剪辑4"3个影片剪辑元件。也可以将"落叶剪辑1"影片剪辑元件复制3次，再进行修改。

（8）选中主场景"图层1"图层第1帧，在"库"面板中将设计好的"落叶剪辑1"～"落叶剪辑4"4个影片剪辑元件多次拖动到舞台工作区内，形成多个影片剪辑实例，如图8-2-6所示。

2．制作"海中气泡"动画

（1）新建一个Flash文档，设置文档大小为700像素×900像素，背景色为浅蓝色。将"图层1"图层更名为"背景"，选中该图层第1帧，导入"素材"文件夹内的"水底.jpg"图像到舞台工作区，调整其大小和位置，使图像刚好将整个舞台工作区完全覆盖，如图8-2-1所示。以名称"水中气泡.fla"保存该文档。选中"水底.jpg"图像，将它转换为影片剪辑元件的实例，在其"属性"面板的"样式"下拉列表内选择"Alpha"选项，设置Alpha值为89%，使图像有

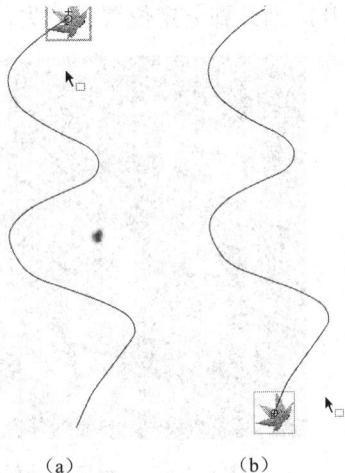

图8-2-6 多个落叶影片剪辑实例

一些透明。

（2）创建并进入"水泡图像"影片剪辑元件的编辑状态，选中"图层 1"图层第 1 帧，使用工具箱内的"椭圆工具" ，绘制一个没有笔触颜色，填充色为白色到黑色径向渐变的圆形，打开"颜色"面板，修改填充色为白色（Alpha=23%）到浅蓝色（Alpha=58%）径向渐变，如图 8-2-7（a）所示。使用工具箱内的"渐变变形工具" ，使径向渐变的中心移到圆形左上方，如图 8-2-7 右图（b）所示。

（3）创建并进入"水泡移动"影片剪辑元件的编辑状态，将"图层 1"图层更名为"水泡"。选中"水泡"图层第 1 帧，将"库"面板内的"水泡图像"影片剪辑元件拖动到舞台工作区的偏下处。利用"属性"面板设置"水泡图像"影片剪辑实例的 Alpha 值为 70%。

（4）创建"水泡"图层第 1 帧～第 100 帧的传统补间动画。右击"水泡"图层，弹出图层快捷菜单，选择该快捷菜单中的"添加传统运动引导层"选项，在"水泡"图层之上生成一个传统运动引导层，将该引导层命名为"水泡路径"。

（5）选中该引导图层第 1 帧，使用工具箱内的"铅笔工具" ，从"水泡图像"影片剪辑实例开始从下到上绘制一条曲线，作为"水泡图像"影片剪辑实例向上移动的动画路径，如图 8-2-8（a）所示。选中"水泡"图层的第 100 帧，使用工具箱内的"选择工具" 将"水泡图像"影片剪辑实例移到引导线的末端，如图 8-2-8（b）所示。

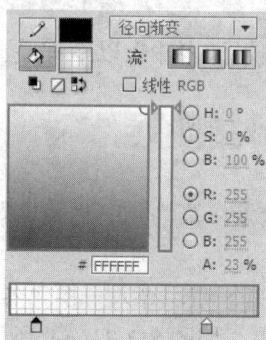
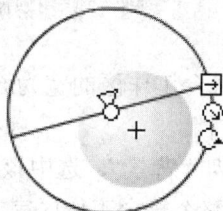
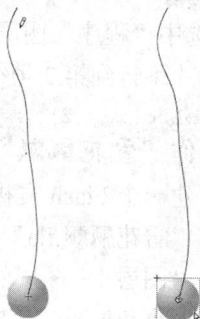

（a）　　　　　　　　　　（b）　　　　　　　（a）　　　　（b）

图 8-2-7　"颜色"面板和"水泡图像"元件　　　图 8-2-8　引导线和第 1 帧、第 100 帧画面

（6）在"水泡路径"引导图层之上创建一个名称为"程序"的图层，选中该图层的第 100 帧，打开"行为"面板，在程序编辑区内输入以下脚本程序。

```
removeMovieClip (this);        //移除当前影片
```

至此，该影片剪辑元件制作完成，其时间轴如图 8-2-9 所示。

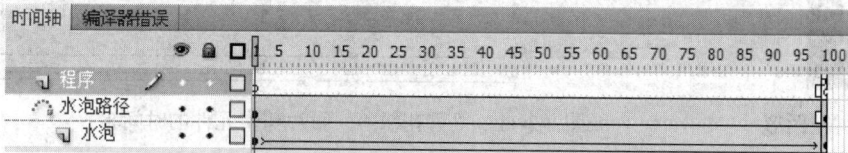

图 8-2-9　"海中气泡"影片剪辑元件的时间轴

（7）在主场景"背景"图层之上创建"水泡"和"程序"图层。选中"水泡"图层第 1 帧，在"库"面板中将"水泡移动"影片剪辑拖动到舞台工作区的下边，创建一个实例。选中该实例，在其"属性"面板的文本框中输入"popo"，将该实例命名为 popo。

（8）选中"背景"和"水泡"图层第 3 帧，按 F5 键。在"水泡"图层之上创建一个新图层，更名为"程序"。选中该图层第 2 帧和第 3 帧，按 F7 键，创建两个空关键帧。选中"程序"图层第 1 帧，在"行为"面板中，在程序编辑区内输入以下脚本程序，作为初始化程序。

```
z = 0;                                    //设置计数序号的初值
setProperty("popo", _visible, false);    //设置影片实例popo不可见
```

（9）选中"程序"图层第 2 帧，在"动作-帧"面板的程序编辑区内输入以下程序。这段代码用于复制影片剪辑实例 popo，并随机设置新影片剪辑实例的大小和位置。

```
//在第z层上复制影片popo的实例，命名为"popo" + z
duplicateMovieClip("popo", "popo" + z, z);
//设置坐标值和缩放比例值
y_cord =200+random(500);      //随机生成200～700的纵坐标值
x_cord = random(700);         //随机生成0～700的横坐标值
scale = 5+random(120);        //随机生成水泡的缩放比例值，比例为5%～125%
//设置新复制影片的坐标和缩放比例
setProperty("popo" + z, _y, y_cord);
setProperty("popo" + z, _x, x_cord);
setProperty("popo" + z, _xscale, scale);
setProperty("popo" + z, _yscale, scale);
++z;                          //计数序号递增
```

（10）选中"程序"图层第 3 帧，在"行为"面板程序编辑区内输入以下程序。这段代码用于使用影片跳转到第 2 帧循环播放。

```
gotoAndPlay(2);               //跳转到第2帧循环播放
```

3. 制作"雪花飘飘"动画

（1）新建一个 Flash 文档。设置舞台工作区的宽为 600 像素，高为 450 像素，背景色为黑色。以名称"雪花飘飘.fla"保存该文档。

（2）将"图层 1"图层的名称改为"背景"，选中该图层第 1 帧，导入一幅"冬雪.jpg"图像，调整其大小和位置，使它刚好将整个舞台工作区完全覆盖，如图 8-2-3（a）所示。

（3）创建并进入"雪花"影片剪辑元件的编辑状态，绘制一个雪花图形，如图 8-2-10 所示。雪花图形的宽和高均为 10 像素。

（4）创建并进入"雪花飘落"影片剪辑元件的编辑状态，选中"图层 1"图层第 1 帧，将"库"面板内的"雪花"影片剪辑元件拖动到舞台工作区内。在"图层 1"图层创建一个第 1 帧～第 120 帧的雪花沿引导线下移的动画。"雪花飘落"影片剪辑元件的时间轴如图 8-2-11 所示。

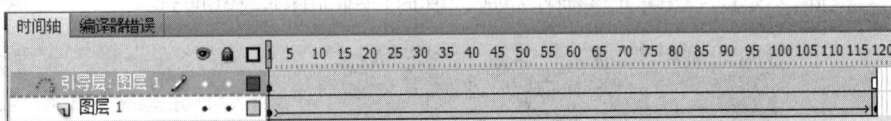

图 8-2-10 雪花图形　　　　图 8-2-11 "雪花飘落"影片剪辑元件的时间轴

（5）在"背景"图层之上创建"雪花飘"图层，选中该图层第 1 帧，将"库"面板内的"雪花飘落"影片剪辑元件拖动到舞台工作区内，形成一个实例，将该实例命名为 xh。

（6）按住 Ctrl 键，单击"背景"图层和"雪花飘"图层的第 2 帧，按 F5 键，创建普通帧。使这两个图层的内容一样，并可以不断执行第 1 帧中的程序。

（7）在"雪花飘"图层的上边创建一个名称为"脚本"的图层，选中"脚本"图层第 1 帧，在"动作-帧"面板的脚本窗口内输入如下程序。

```
xhshu= 0;                //定义雪花的数量初始值为0
xh._visible=false;       //场景中xh实例为不可见
```

（8）选中"脚本"图层第 2 帧，按 F7 键，创建一个空关键帧。在"动作-帧"面板的脚本窗口内输入如下程序。

```
xh.duplicateMovieClip("xh"+xhshu, xhshu);   //复制一个名为"xh"加序号的实例
newxh = _root["xh"+xhshu];                  //将复制好的新实例xh的名称用newxh替代
newxh._x = random(600);                     //赋予newxh实例的x坐标一个0～600的随机数
newxh._y =random(10);                       //赋予newxh实例的y坐标一个0～10的随机数
newxh._rotation = random(100)-50;           //赋予newxh实例的角度一个-50°～5°的随机数
newxh._xscale = random(40)+60;              //赋予newxh宽度比例一个60～100随机数
newxh._yscale = andom(40)+60;               //赋予newxh高度比例一个60～100的随机数
newxh._alpha = random(50)+50;               //赋予newxh透明度一个50～100的随机数
xhshu++;                                     //变量xhshu的值自动加1，即雪花数量加1
```

（9）选中"脚本"图层第 3 帧，按 F7 键，创建一个空关键帧。在"动作-帧"面板的程序编辑区内输入如下程序。

```
gotoAndPlay(2);     //跳转到第2帧
```

8.2.3 知识链接

1．层次结构

这里的层次结构是指编程的层次结构，即引用对象的层次结构。

（1）Flash 的层次结构的最底层是场景，一个动画可以有多个场景，每个场景都是一个独立的动画，在动画播放时，可以利用"场景"面板设置场景的播放顺序。

（2）每一个场景的结构都是一样的。每一个舞台工作区由许多图层组成，每个图层中的关键帧可以由许多层组成。层类似于制作动画时的图层，但它与图层并不是一个概念。每一个层的上面可以放置不同的影片剪辑元件。层是有严格的顺序的，最底层是"层 0"，其上面的层是"层 1"，依次向上，如图 8-2-12 所示。

在每一个层上最多只能放置一个实例对象，如果将实例对象放置到有对象的层上，则原有对象会被新的对象替换。每一个影片剪辑元件的舞台工作区中，也是由场景和层组成的。

（3）各个场景之间是无法实现实例对象的互相调用的，所以在制作交互动画的时候，尽量使用一个独立的场景进行编程。

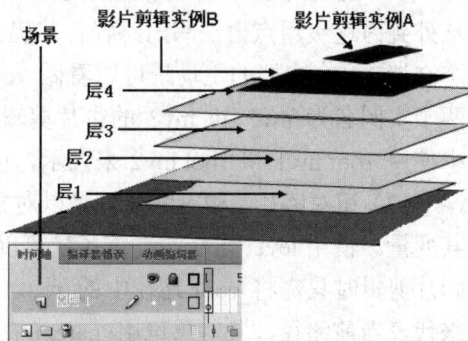

图 8-2-12　层的结构

2．点操作符和_root、_parent、this 关键字

（1）点操作符：在 ActionScript 中，点操作符"."通常被用来指定一个对象或影片剪辑实例有关系的属性和方法。它也通常被用来标识一个影片剪辑实例或者变量的目标地址。点操作

符的左边是对象或者影片剪辑实例的名称，点操作符的右边是其属性或者方法。例如，在主场景的舞台工作区中放入一个影片剪辑实例 A，影片剪辑实例 A 中有影片剪辑实例 B。如果在主场景中指示影片剪辑实例 A，则路径可写为 A；如果在主场景中指示影片剪辑实例 B，则路径可以写为 A.B（使用了点运算符连接两个影片剪辑实例）；如果在影片剪辑实例 A 中指示影片剪辑实例 B，则路径可写为 B。

（2）_root 关键字：指主场景。使用它可创建绝对路径。在动画的任何位置都可以利用这个关键字来指示主场景中的某个对象。例如，在主场景第 1 帧定义并赋值变量 A，然后在任何的影片剪辑元件中，都可以采用"_root.A"来使用此变量。又如，在主场景的舞台工作区中加入一个影片剪辑实例，实例名称为"对象 1"，而且此影片剪辑元件内时间轴上的第 1 帧定义了一个变量 B，那么可以采用"_root.对象 1.B"来使用此变量。如果影片剪辑实例或变量 ab1 位于影片剪辑实例 B 的舞台工作区中，在任何地方调用影片剪辑实例或变量 ab1 时，都可以使用_root.A.B.ab1。

这里要特别说明，在主场景中，如果舞台工作区中的某个影片剪辑实例上加有程序命令"onMovieClip()"，则在调用主场景某帧中的变量时，应使用_root 。

（3）_parent 关键字：指父一级对象。它指定的是一种相对路径。当把新建的一个影片剪辑实例放入到另一个影片剪辑实例的舞台工作区时，被放入的影片剪辑实例就是"子"，承载对象的影片剪辑实例就是"父"。例如，影片剪辑实例 A 中有影片剪辑实例 B，那么 A 相对于 B 来说是"父"，B 相对于 A 来说是"子"。如果在影片剪辑实例 B 中调用影片剪辑实例 A 的 ab1 变量或实例对象，则可使用_parent.ab1。在编辑影片剪辑实例 B 的时候，如果想从第 1 帧开始播放影片剪辑实例 A，则使用的命令是"_parent . gotoAnd Play(1)"。

（4）this 关键字：指示当前影片剪辑实例和变量。它指定的是一种相对路径。例如，"this.ab1"是指当前影片剪辑实例内的影片剪辑实例或变量 ab1。在影片剪辑实例 A 中，如果想调用影片剪辑实例 B 本身的语句或者变量、属性等，则可以使用"this"。

3．绝对路径、相对路径

（1）绝对路径：绝对路径就是在读取或调用任何变量及影片剪辑时，以主时间轴为起点，从外到内逐级用点语法写出路径，其优点是简单易懂，其最大缺点是不可变动。例如，新建一个文档，这个文档的主场景可以看做_root，该时间轴的第 1 帧和第 2 帧的舞台工作区中分别有两个实例名为 mv1 和 mv2 的影片剪辑实例。那么这两个影片剪辑实例的位置在 ActionScript 中使用_root.mv1 和_root.mv2 来表示，而不用考虑实例在哪一帧。

（2）相对路径：相对路径就是以对象自身在影片中所处路径为起点去调用其他影片剪辑及其变量。使用 level 语法时，主场景可以看做_level0，而调用主时间轴上的"mv1"和"mv2"影片剪辑时只需将_root 路径中的_root 改为 level0 即可。在使用相对路径访问对象时，this 用来代表当前路径，父对象可用_parent 表示。

（3）在脚本中使用相对路径和绝对路径：在编写 ActionScript 程序时，当调用对象实例时，都是通过相对路径或绝对路径进行调用的。如果不清楚对象的相对路径或绝对路径，可以单击"动作"面板中的"插入目标路径"按钮 ⊕，弹出"插入目标路径"对话框，可利用该对话框中插入对象的相对路径或绝对路径，如图 8-2-13 所示。

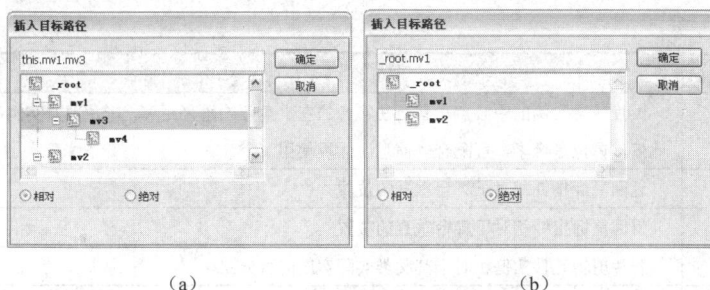

（a）　　　　　　　　　　　　　　　（b）

图 8-2-13　插入相对路径与绝对路径

4."影片剪辑控制"全局函数

"影片剪辑控制"函数是全局函数中的一类，它由 9 个函数组成，在"全局函数"→"时间轴控制"目录下可以找到。"影片剪辑控制"函数的功能见表 8-2-1。影片剪辑的属性见表 8-2-2。

表 8-2-1　"影片剪辑控制"全局函数的格式与功能

序号	格式	功能
1	duplicateMovieClip（target,newname,depth）	复制一个影片剪辑实例对象到舞台工作区指定层，并赋予新名称。target 给出复制的影片剪辑元件的目标路径，newname 给出新影片剪辑实例的名称，depth 给出新影片剪辑元件所在层号码
2	removeMovieClip（target）	用来删除指定的对象，参数 target 给出对象的目标路径
3	On(mouseEvent)	用来设置鼠标和按键事件处理程序，参数 mouseEvent 给出事件名称
4	On(ClipEvent)	用来设置影片剪辑事件处理程序，参数 ClipEvent 给出事件名称
5	getProperty（my_mc, property）	用来得到影片剪辑实例属性的值。括号内的参数 my_mc 是舞台工作区中的影片剪辑实例的名称，参数 property 是影片剪辑实例的属性名称，参看表 8-2-2
6	setProperty（target,property,value/expression）	用来设置影片剪辑实例的属性。target 给出了影片剪辑实例在舞台中的路径和名称；property 是影片剪辑实例的属性，参看表 8-2-2；value 是影片剪辑实例属性的值；expression 是一个表达式，其值是影片剪辑实例属性的值

表 8-2-2　影片剪辑实例的属性表

属性名称	定义
_framesloaded	返回通过网络下载完成的帧的数目，在预下载时使用
_totalframes	返回影片或者影片剪辑实例在时间轴上所有帧的数量
_name	返回影片剪辑实例的名称
_soundbuftime	Flash 中的声音在播放之前要经过预下载再播放，该属性说明了预下载的时间
_target	用于指定影片剪辑实例精确的字符串。在使用 TellTarget 时常用到
_url	返回 SWF 文件的完整路径名称
_height	影片剪辑实例的高度，以像素为单位
_width	影片剪辑实例的宽度，以像素为单位
_rotation	影片剪辑实例相对于垂直方向旋转的角度，会出现微小的变化
_visible	设置影片剪辑实例是否显示：true 为显示，false 为隐藏
_alpha	透明度，以百分比的形式表示；100%为不透明，0 为透明
_x	影片剪辑实例的中心点与其所在舞台的左上角之间的水平距离。实例移动时，会动态改变此值，其单位是像素，需要配合"信息"面板使用

属性名称	定义
_y	影片剪辑实例的中心点与其所在舞台的左上角间的垂直距离，影片剪辑实例在移动时，会动态改变此值，单位是像素，可配合"信息"面板使用
_xmouse	返回鼠标指针相对于舞台水平的位置
_ymouse	返回鼠标指针相对于舞台垂直的位置
_xscale	影片剪辑元件实例相对于其父类实际宽度的百分比
_yscale	影片剪辑实例相对于其父类实际高度的百分比

思考练习 8-2

1．制作"枫叶飘飘"动画，该动画运行后，许多枫叶慢慢飘落下来。枫叶飘落的路径、枫叶大小和透明度都是随机的。只能使用一幅枫叶林、一幅枫叶图像。

2．制作"春雨"动画，该动画运行后的画面如图 8-2-14 所示。可以看到，画面展示了春天南方小镇的小河，细雨越下越大时的景色。

图 8-2-14　"春雨"动画画面

8.3　【动画 32】鼠标指针特效动画

8.3.1　动画效果

在 Flash 网站设计中，鼠标指针特效是网页页面中的重要因素。漂亮、动感的鼠标特效能够给网站增色。在网页中处处都可以看到动画和鼠标特效的使用。此处，介绍"光晕鼠标"、"流星跟随"和"星星跟我行"鼠标指针特效动画。

"光晕鼠标"动画运行后的一幅画面如图 8-3-1 所示。可以看到，在丛林迷雾的背景下，轻簿的雾岚缓缓飘过，雾岚中不时飞过一些白色的荧光小球，跟随着鼠标指针的移动，鼠标指针的四周不断出现一些向四周飘移的各种彩色光晕小球，显示迷人的景色效果。

"流星跟随"动画运行后的一幅画面如图 8-3-2 所示。可以看到，鼠标指针被蓝色魔术棒代替，随着魔术棒的移动，产生一串流星跟随的轨迹。

"星星跟我行"动画运行后的一幅画面如图 8-3-3 所示。可以看到，在太空画面中，一些不同亮度、透明度和大小的闪亮星星，不断旋转，变大或变小，并随着鼠标指针的移动而移动。

星星旋转一圈后向下移动，同时逐渐由白色变为蓝色。

图 8-3-1　"光晕鼠标"动画画面　　图 8-3-2　"流星跟随"动画画面　　图 8-3-3　"星星跟我行"动画画面

8.3.2　制作方法

1．制作"雾"影片剪辑元件

（1）新建一个 Flash 文档，设置文档大小为 750 像素×400 像素，帧频为 12fps，背景为黑色。以"光晕鼠标.fla"为名保存该文档。

（2）导入"素材"文件夹中名为"森林.jpg"的图像到舞台工作区内，选中该图像，调整其宽为 750 像素，高为 400 像素，X 和 Y 的值为 0。将"图层 1"图层更名为"背景"，选中"背景"图层第 5 帧，按 F5 键，使"背景"图层第 1 帧～第 5 帧内容一样。

（3）创建并进入"雾岚 1"图形元件的编辑状态，使用工具箱内的"钢笔工具" ✎绘制一幅波浪形图形，填充色为白色，效果如图 8-3-4 所示。缩小舞台工作区，使用工具箱内的"选择工具" ▶，按住 Alt 键，4 次拖动波浪图形，复制 4 幅波浪图形，并使这些波浪图形首尾相连，呈连续状，第一条波浪线如图 8-3-5 所示。

按照上述方法，再创建一个名称为"雾岚 2"的图形元件，其内的波浪图形要粗一些，第二条波浪线如图 8-3-5 所示。再创建一个名称为"雾岚 3"的图形元件，在其内绘制一条比"雾岚 1"长一些、细一些的白色曲线，第三条波浪线如图 8-3-5 所示。

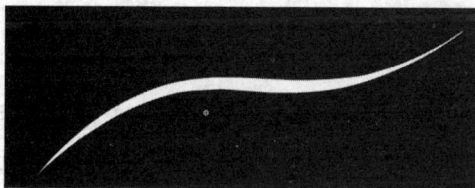

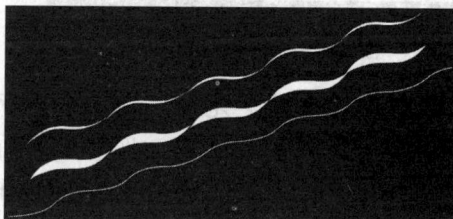

图 8-3-4　绘制波浪图形　　　　图 8-3-5　"雾岚 1"、"雾岚 2"和"雾岚 3"图形元件

（4）创建并进入"雾"影片剪辑元件的编辑状态，将"图层 1"图层更名为"雾"，选中"雾"图层第 1 帧，将"库"面板内的"雾岚 1"、"雾岚 2"和"雾岚 3"图形拖动到舞台工作区内。选中"雾岚 1"图形实例，在"属性"面板中的"颜色"下拉列表中选择 Alpha 选项，设置值为 20%。按同样的方法，设置"雾岚 2"图形实例的 Alpha 值为 15%，设置"雾岚 3"图形实例的 Alpha 值为 60%。使舞台工作区中的 3 个图形实例右上角的顶端对齐，如图 8-3-6 所示。

（5）在"雾"图层之上创建"雾－遮罩"图层，使用工具箱内的"矩形工具" ▢在中心位置绘制一个和舞台工作区大小一样（750 像素×400 像素）的矩形。使矩形右上角与前面绘制的 3 个雾岚图形元件实例的右上角对齐，如图 8-3-7 所示。

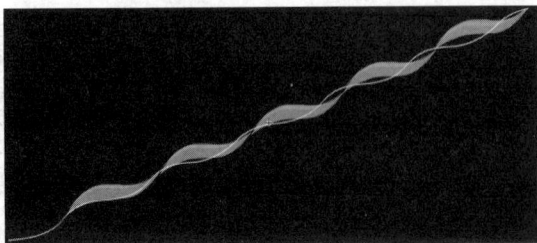

图 8-3-6　对齐图形实例右上角的顶端

图 8-3-7　对齐矩形右上角

创建"雾"图层第 1 帧～第 200 帧的传统补间动画，选中该图层第 200 帧，使其内 3 个雾岚图形实例的左下角与矩形左下角对齐，如图 8-3-8 所示。

（6）选中"雾－遮罩"图层第 200 帧，按 F5 键，创建一个普通帧，使该图层第 1 帧～第 200 帧的内容一样。

（7）右击"雾－遮罩"图层，弹出图层快捷菜单，选择该快捷菜单内的"遮罩层"选项，使其成为遮罩层，"雾"图层自动成为被遮罩层。

（8）在主场景"背景"图层之上创建"荧光球和雾"图层，选中该图层第 1 帧，将"库"面板中的"雾"影片剪辑元件拖动到舞台工作区中，并使其右上角与舞台工作区右上角对齐，将舞台工作区完全覆盖，如图 8-3-9 所示。

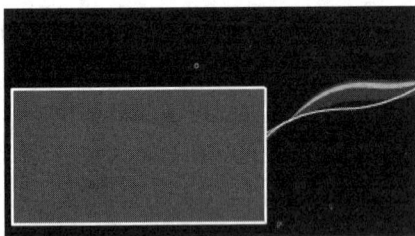

图 8-3-8　对齐矩形左下角

图 8-3-9　添加"雾"影片剪辑实例后的画面

2．制作"飞动荧光球"影片剪辑元件

（1）创建并进入"荧光球"图形元件的编辑状态，选中"图层 1"图层第 1 帧，使用工具箱内的"椭圆工具"，绘制一个白色无轮廓线的圆形。打开"颜色"面板，设置填充色为白色（Alpha 值为 50%）、白色（Alpha 值为 20%）、白色（Alpha 值为 10%）、白色（Alpha 值为 0%）径向渐变。此时的图形如图 8-3-10（a）所示。

（2）在"图层 1"图层之上创建"图层 2"图层，选中"图层 2"图层第 1 帧，绘制一个白色无轮廓线的小圆形，使它位于图 8-3-10（b）所示图形的正中间，如图 8-3-10（b）所示。

（3）创建并进入"飞动荧光球"影片剪辑元件的编辑状态，使用工具箱内的"选择工具"选中"图层 1"图层第 1 帧，将"库"面板内的"荧光球"图形元件拖动到舞台工作区内，选中"荧光球"图形实例，在"属性"面板的"样式"下拉列表中选择"Alpha"选项，设置其 Alpha 值为 5%。

（4）在"图层 1"图层创建第 1 帧到第 20 帧再到第 40 帧的传统补间动画，如图 8-3-11 中的"图层 1"图层所示。将第 20 帧中的"荧光球"图形元件向左移动一段距离，并在"属性"

面板中设置 Alpha 值为 100%。

（5）选中"图层 1"图层第 40 帧中的"荧光球"图形实例，再将其向左移动一段距离，并在其"属性"面板中设置 Alpha 的值为 5%。

（6）在"图层 1"图层之上创建"图层 2"～"图层 4"图层，选中"图层 1"图层第 1 帧～第 40 帧，将它们复制到剪贴板内，再将剪贴板内的动画粘贴到"图层 2"～"图层 4"图层。为了使 4 个荧光球在时间和位置上错开，调整各图层的动画，效果如图 8-3-11 所示。

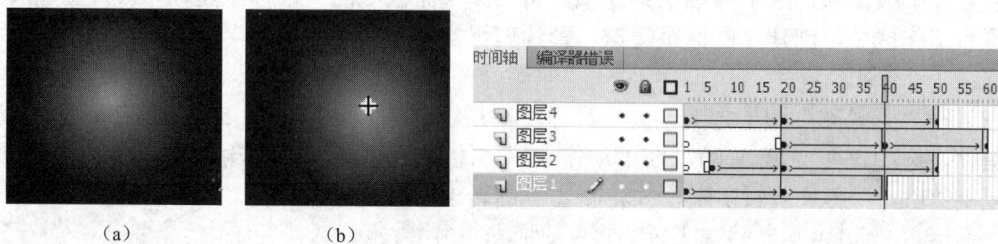

（a）　　　　　　　　（b）

图 8-3-10　"荧光球"图形元件　　　　图 8-3-11　"飞动荧光球"影片剪辑元件时间轴

（7）拖动播放指针，可以看到有 4 个荧光球从右向左移动，其中的 3 幅画面如图 8-3-12 所示。在主场景中"背景"图层之上创建"荧光球和雾"图层，两次将"库"面板中的"飞动荧光球"影片剪辑元件拖动到舞台工作区内的不同位置。

3．创建其他元件并制作"光晕鼠标"动画

（1）创建并进入"光晕球"图形元件的编辑状态，使用工具箱内的"椭圆工具" ，在舞台工作区中绘制一个黑白径向渐变的圆形，如图 8-3-13 所示。

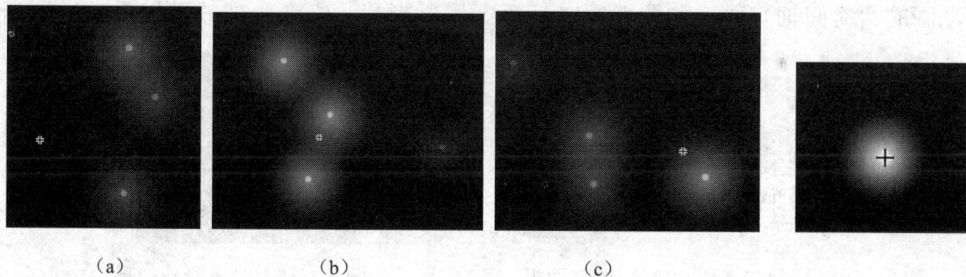

（a）　　　　　　（b）　　　　　　（c）

图 8-3-12　不同帧上的"荧光球"图形实例的位置　　　图 8-3-13　"光晕球"图形元件
的编辑状态

（2）创建并进入"变色光晕球"影片剪辑元件的编辑状态，使用工具箱内的"选择工具" ，选中"图层 1"图层第 1 帧，将"库"面板内的"光晕球"图形元件拖动到舞台中间。在第 5、15、30、45、60 帧中创建关键帧。选中第 5 帧中的"光晕球"图形实例，在"属性"面板的"样式"下拉列表中选择"色调"选项，设置颜色为紫色。按同样的方法设置其他关键帧中的"光晕球"图形实例的色调，设置成不同的彩色。

（3）创建并进入"光晕球动画"影片剪辑元件的编辑状态，选中"图层 1"图形第 1 帧，将"库"面板中的"变色光晕球"影片剪辑元件拖动到舞台工作区中，创建一个"变色光晕球"影片剪辑元件实例。在"图层 1"图层的第 1 帧～第 25 帧创建传统补间动画。

（4）选中"图层 1"图层第 25 帧内的"变色光晕球"影片剪辑实例，将它向右移动一段距离，并缩小该实例，再在"属性"面板中设置其 Alpha 值为 5%。

（5）创建并进入"鼠标跟随球"影片剪辑元件的编辑状态，将"库"面板内的"光晕球动

画"影片剪辑元件拖动到舞台工作区中，创建"光晕球动画"影片剪辑元件实例，并在"属性"面板中将"光晕球动画"影片剪辑实例命名为"drag"。

（6）新建"图层2"图层，选中该图层第1帧，在"动作-帧"面板的程序编辑区内输入如下程序。其含义是使"drag"影片剪辑实例跟随鼠标拖动。

```
startDrag ("drag", true);    //设置鼠标跟随效果
```

（7）在主场景"荧光球和雾"图层之上创建"光晕球"图层，选中该图层第5帧，按F6键，创建一个关键帧，选中该图层第5帧，将"库"面板中的"鼠标跟随球"影片剪辑元件拖动到舞台工作区中，创建"鼠标跟随球"影片剪辑实例，在其"属性"面板中将该实例命名为"light"。

（8）在"光晕球"图层之上创建"程序"图层，选中该图层的第5帧，按F6键，创建一个关键帧，选中该图层第5帧。在"动作-帧"面板的程序编辑区内输入如下程序。这段代码用于复制"light"影片剪辑实例，并将新实例旋转10°后播放。

```
n++;  //变量n用于记录光晕球序序号，同时也用于计算角度
//限制同时存在的实例不多于36个
if(n>=36)
{
 n=0;
}
//在n层复制light实例，新实例命名为"light"+n
duplicateMovieClip("light","light"+ n,n);
//旋转新实例的角度
setProperty("light"+n,_rotation,getProperty("light",_rotation)-n*10;
gotoAndPlay(4);
```

该动画的"时间轴"面板如图8-3-14所示。测试影片，光晕彩球效果如图8-3-15所示。

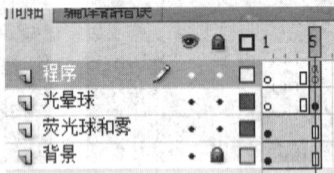

图8-3-14　"时间轴"面板

图8-3-15　光晕彩球效果

4．制作"流星跟随"动画

（1）新建一个Flash文档，设置文档大小为760像素×500像素，帧频为12fps，背景为黑色。将"图层1"图层更名为"背景"，选中该图层第1帧，导入"素材"文件夹内的"夜空.jpg"图像到舞台工作区内，调整该图像的大小和位置，使该图像刚好将整个舞台工作区完全覆盖。

（2）创建并进入"星星"图形元件的编辑状态，使用工具箱内的"多角星形工具" ⬡，在其"属性"面板内单击"选项"按钮，弹出"工具设置"对话框，参数设置如图8-3-16（a）所示。

（3）打开"颜色"面板，设置黄色（Alpha值为100%）到黄色（Alpha值为0）的径向渐变，在中心十字处绘制一个无轮廓线径向渐变填充的星星，如图8-3-16（b）所示。

（4）创建并进入"星星动画"影片剪辑元件的编辑状态，选中"图层1"图层第1帧，将"库"面板内"星星"图形元件拖动到舞台中心处，调整"星星"图形实例宽和高均为50像素。创建"图层1"图层第1帧～第20帧传统补间动画。选中"图层1"图层第20帧内"星星"图形实例，向右移动一段距离并调整该实例的宽和高均为5像素。

（5）创建并进入"魔术棒"图形元件的编辑状态。绘制一个矩形，填充浅蓝色到深蓝色再到浅蓝色的线性渐变，如图 8-3-17（a）所示。使用工具箱内的"橡皮擦工具"，在"选项"栏内设置"橡皮擦模式"为"擦除填色"。拖动擦除矩形顶端部分内容。

（6）使用工具箱内的"颜料桶工具"将擦除部分填充为白色。使用工具箱内的"任意变形工具"将矩形旋转，再将矩形图形的中心点移到图形顶端，如图 8-3-17（b）所示。

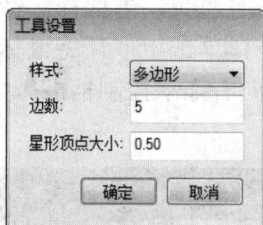

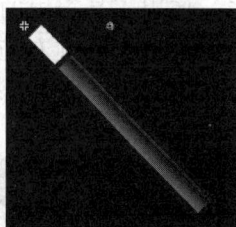

（a）　　　　　　（b）　　　　　　　　　（a）　　　　（b）

图 8-3-16　"工具设置"对话框和星形图形　　　　图 8-3-17　绘制魔术棒

（7）在"背景"图层之上新增"星星动画"图层。选中该图层第 1 帧，将"库"面板中的"星星动画"影片剪辑元件拖动到舞台工作区中，在"属性"面板中的"实例名称"文本框中输入名称"moveStar"。

（8）将"库"面板中的"魔术棒"图形元件拖动到主场景的舞台工作区中，在"属性"面板中设置实例名称为"magic"。

（9）在"星星动画"图层之上新建"程序"图层，选中该图层第 1 帧，在"动作-帧"面板的程序编辑区内输入如下程序。

```
Mouse.hide();                      //隐藏光标
_root.magic.startDrag(true);       //使magic元件实例跟随鼠标移动
var i=0;                           //初始化计数变量i，用于记录星形的序号
_root.moveStar._visible=false;     //使moveStar 元件实例不可见
_root.onEnterFrame=function(){      //每1/12s执行一次，因为帧频为12
i++;
  //复制moveStar影片剪辑实例，命名为"moveStar"+i
duplicateMovieClip(_root.moveStar,"moveStar"+i,i);
_root["moveStar"+i]._rotation=i*18;//使其旋转度比上一次旋转多18°
moveStar._x=magic._x;              //使moveStar影片剪辑实例跟随鼠标
moveStar._y=magic._y;              //使moveStar影片剪辑实例跟随鼠标
if(i==20){i=0;}                    //最多有20个星星
}
```

在前面的代码中，用到了 Mouse 类，即鼠标对象的类，可以使用 Mouse 类的方法来隐藏和显示 SWF 影片中的鼠标指针。默认情况下鼠标指针是可见的，可以将其隐藏并实现用影片剪辑创建的自定义鼠标指针。Mouse 类的 hide()方法用于隐藏光标，show()方法用于显示光标，可参看本节的知识链接。其他代码的含义可参看注释语句的解释，这里不再赘述。

5．制作"星星跟我行"动画

（1）创建一个 Flash 文档。设置舞台工作区宽 550 像素，高为 400 像素，背景为黑色。以名称"星星跟我行.fla"保存该文档。

（2）创建并进入"星星"影片剪辑元件的编辑状态。选中"图层 1"图层第 1 帧，绘制一个放射状渐变填充的长条矩形，如图 8-3-18 所示。渐变填充色为白色（红为 255、绿为 255、

蓝为 255，Alpha 为 100%）到白色（红为 255、绿为 255、蓝为 255，Alpha 为 100%）再到金黄色（红为 255、绿为 205、蓝为 50，Alpha 为 5%），如图 8-3-19 所示。

图 8-3-18　绘制的矩形

图 8-3-19　渐变填充色设置

（3）使用工具箱内的"选择工具" ，将鼠标指针移到矩形右边缘，当鼠标指针右下方有小弧线时水平向右拖动。使用工具箱内的"渐变变形工具" 单击矩形，将鼠标指针移到控制柄 处，向矩形中心点拖动，如图 8-3-20 所示。水平向右拖动控制柄 ，效果如图 8-3-21 所示。

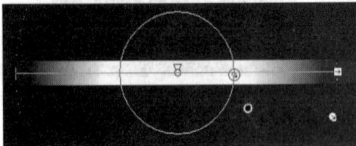

图 8-3-20　调整矩形的填充渐变

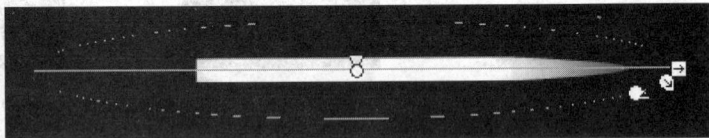

图 8-3-21　矩形效果

（4）使用工具箱内的"选择工具" ，拖动选中图 8-3-21 所示图形中的左半侧图形，按 Delete 键，删除选中的图形，将矩形加工成光线图形。

利用"变形"面板，复制 7 个光线图形，将它们组合在一起，再在它们的中间绘制一个白色的小圆形，将它们组成组合，形成四射的光线图形，如图 8-3-22 所示。

（5）绘制一个放射状渐变填充的圆形，如图 8-3-23 所示。渐变填充色为白色（红、绿、蓝均为 255，Alpha 为 100%）到浅蓝色（红、绿均为 200，蓝为 255，Alpha 为 100%）。

将四射的光线图形和圆形图形组合成一个星星图形，如图 8-3-24 所示。

图 8-3-22　光线图形

图 8-3-23　圆形图形

图 8-3-24　星星图形

（6）创建"图层 1"图层第 1 帧～第 10 帧顺时针旋转一周，且逐渐变小的动画；创建第 10 帧～第 21 帧顺时针旋转一周，且逐渐变大的动画；创建第 21 帧～第 31 帧逆时针旋转一周，且逐渐变大的动画；创建第 31 帧～第 42 帧逆时针旋转一周，且逐渐变大的动画。

（7）创建并进入"转圈星星"影片剪辑元件的编辑状态，选中"图层 1"图层第 1 帧，将"库"面板内的"星星"影片剪辑元件拖动到舞台工作区内的中间处。创建"图层 1"图层第 1 帧～第 100 帧的"星星"影片剪辑实例沿着一条曲线从上向下移动的传统补间动画，引导线如图 8-3-25 所示。

（8）选中"图层 1"图层第 1 帧，导入"夜景.jpg"图像到舞台工作区内，调整该图像的大小和位置，使该图像刚好将舞台工作区完全覆盖。将"库"面板内的"转圈星星"影片剪辑元件拖动到舞台工作区外部，形成一个"转圈星星"影片剪辑实例。在其"属性"面板内将实例命名为"XXGWX"。

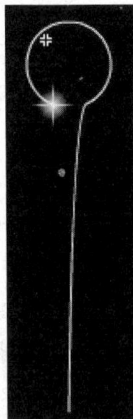

图 8-3-25　引导线

选中"图层 1"图层第 1 帧，按 F5 键。

（9）在"图层 1"图层之上创建"图层 2"图层，选中"图层 2"图层第 2 帧，按 F7 键，创建一个空关键帧。选中"图层 2"图层第 1 帧，在其"动作-帧"面板脚本窗口内输入"var i=0;//定义变量i，初始化变量i"。选中"图层 2"图层第 2 帧，在其"动作-帧"面板脚本窗口内输入如下程序。

```
stop();
XXGWX._visible = false;              //隐藏"XXGWX"影片剪辑实例
//执行第1帧时产生事件，执行{}内的程序
XXGWX.onEnterFrame = function() {
    XXGWX.startDrag(true);           //允许鼠标拖动"XXGWX"影片剪辑实例
    i++;
    if (i>50) { //用来确定复制"XXGWX"影片剪辑实例的个数，此处为50个
      i = 1;
    }
     //复制"XXGWX"影片剪辑实例，其名称为"XXGWX"＋变量i的值
     XXGWX.duplicateMovieClip("XXGWX"+i, i);
     XXGWX=_root["XXGWX"+i];          //将复制的影片剪辑实例赋给变量XXGWX
    //使复制的影片剪辑实例XXGWX等比例随机缩小
   XXGWX._xscale=XXGWX._yscale=Math.random()*80+20;
}
```

8.3.3　知识链接

1．常量和变量

（1）常量：程序运行中不变的量。常量有数值型、字符串和逻辑型 3 种，其特点如下。

① 数值型：即具体的数值，如 2013 和 3.1415 等。

② 字符串型：用引号括起来的一串字符，如"Flash CS 6"和"20131107"等。

③ 逻辑型：判断条件是否成立。True 或 1 表示真（成立），False 或 0 表示假（不成立）。

（2）变量：可以赋一个数值、字符串、布尔值、对象或 Null（即空值）。数值型变量是双精度浮点型。不必明确地定义变量的类型，Flash 会在变量赋值时自动确定变量的类型；在表达式中，会根据表达式的需要自动改变数据的类型。

① 变量命名规则：变量开头字符必须是字母、下画线或美元符号，后续字符还可以是数字等，不能是空格、句号、保留字（如 play 等）和逻辑常量等。变量名区分大小写。

② 变量的作用范围和赋值：变量分为全局和局部变量，全局变量可以在时间轴的所有帧中共享，而局部变量只在一段程序（大括弧内的程序）中起作用。如果使用了全局变量，一些外部函数将有可能通过函数改变变量的值。使用"Flash Player 6"以上版本的 Flash 播放器，必须先定义变量，才可以使用变量。选择"文件"→"发布设置"选项，弹出"发布设置"对话框，用来设置 Flash 播放器和 ActionScript 的版本。

可以使用 var 命令定义局部变量，如 var L="中文 Flash CS 5"。

可以使用赋值符号"="运算符给变量赋值时，定义一个全局变量，如 N1=123。

（3）注释：为了帮助阅读程序，可在程序中加入注释内容。它在程序运行中不执行。

① 单行注释符号：用来注释一行语句。在语句右侧加入"//"和注释内容。

② 多行注释符号：在多行注释文字开始处加入"/*"，在结束处加入"*/"。

2．运算符和表达式

运算符是能够提供对常量与变量进行运算的元件。表达式用运算符将常量、变量和函数以

一定的运算规则组织在一起。表达式有算术、字符串和逻辑表达式 3 种。同级运算按照从左到右的顺序进行。使用运算符可以在"动作"面板程序设计区内直接输入。也可以在"动作"面板命令列表区的"运算符"目录中找到。也可以单击"动作"面板的辅助按钮栏中的"将新项目添加到脚本中"按钮 ，弹出命令菜单，再在该菜单内的"运算符"目录中找到。常用的运算符及其含义见表 8-3-1。

表 8-3-1　常用运算符及其含义

运算符	名称	使用方法	运算符	名称	使用方法
!	逻辑非	a=!true; //a 的值为 false	*	乘号	6*8//其值为 48
%	取模	a=21%5; //a=1	−	减号	9-6/其值为 3
+	加号	a="abc"+5; //a 的值为 abc5	/	除	9/3;//其值为 3
++	自加	y++相当于 y=y+1	- -	自减	y - -相当于 y=y - 1
<>	不等于	a <>5;// a=5 时，其值为 false	>	大于	a>1;//当 a=3 时，其值为 true
<=	小于等于	a<=3;// a=1 时，其值为 true	<	小于	a<1;//当 a=6 时，其值为 false
>=	大于等于	a>2;//当 a 为 4 时，其值 true	==	等于	a==b;//判断 a 和 b 是否相等,相等时，其值为 true
!=	不等于	判断左右的表达式是否不相等，如 a!=true //a 的值为 false	&& and	逻辑与	只有当 a 和 b 都为 0 时，a && b 的值才为下 false; a and b 的值为 ture
add	字符串连接	a="ab" add "cd"; //a 的值为 "abcd"	‖ or	逻辑或	当 a 和 b 中有一个不为 0 时，a ‖ b 的值为 1，a or b 的值为 true

另外，条件判断运算符"？:"的格式如下：变量=表达式 1？:表达式 2，表达式 3。其功能如下：如果表达式 1 成立，则将表达式 2 的值赋给变量，否则将表达式 3 的值赋给变量。

3．startDrag()和 stopDrag()函数

startDrag()和 stopDrag()函数都属于"影片剪辑控制"全局函数。

（1）startDrag()函数：用于设置鼠标可以拖动舞台工作区内的影片剪辑实例。

【格式】startDrag（target[,lock[,left,top,right,bottom]]）

【功能】target 表示要拖动的对象，即舞台工作区内要拖动的影片剪辑实例的名称；参数 lock 决定是否以锁定中心拖动；参数 left（左边）、top（顶部）、right（右边）和 bottom（底部）决定了拖动的范围；[ ]中的参数是可选项。

注意，只能用 startDrag()函数拖动一个影片剪辑实例对象。

（2）stopDrag()函数：用于停止鼠标拖动影片剪辑实例。该函数的格式如下。

【格式】stopDrag()函数

4．if 语句

【格式 1】　if （条件表达式） {
　　　　　　　　语句体}

【功能】如果条件表达式的值为 true，则执行语句体；如果条件表达式的值为 false，则跳

到 if 语句，继续执行后面的语句。

【格式 2】if （条件表达式） ｛

　　　　语句体 1

　　　　　　　　　｝else ｛

　　　　语句体 2

　　　　｝

【功能】如果条件表达式的值为 true，则执行语句体 1；否则执行语句体 2。

【格式 3】if （条件表达式 1） ｛

　　　　语句体 1

　　　　　　　　　｝else if （条件表达式 2） ｛

　　　　语句体 2

　　　　｝

【功能】如果条件表达式 1 的值为 true，则执行语句体 1，否则判断条件表达式 2 的值；如果其值为 true，则执行语句体 2；否则退出 if 语句，继续执行 if 后面的语句。

思考练习 8-3

1．制作 "跟随鼠标移动的气泡" 动画，该动画播放后的两幅画面如图 8-3-26 所示。可以看到一些逐渐变大，同时逐渐消失的变色（绿色变为红色）气泡，跟随鼠标指针的移动而移动；这些气泡的大小会随机变化。

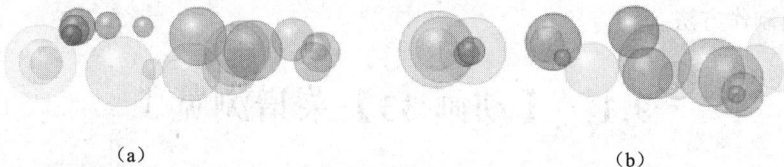

（a）　　　　　　　　　　　　　　　　　　（b）

图 8-3-26 "跟随鼠标移动的气泡" 动画播放后的两幅画面

2．制作 "获取鼠标指针位置信息" 动画，该动画运行后的 2 幅画面如图 8-3-27 所示。可以看到，一个闪亮的星星跟随着鼠标指针的移动而移动；闪亮的星星不断旋转、变大或变小；闪亮的星星只能在矩形范围内移动；同时，在演示窗口内的下边还会随着鼠标指针的移动而显示出闪亮的星星当前的坐标位置。

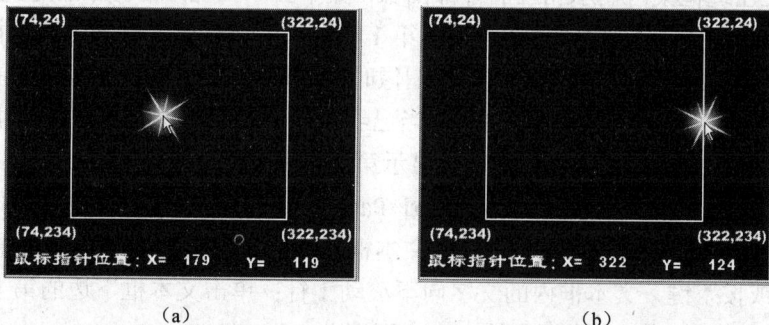

（a）　　　　　　　　　　　　　　　　　　（b）

图 8-3-27 "获取鼠标指针位置信息" 动画运行后的两幅画面

第 9 章

程序设计进阶和图像浏览与 Loading 动画

本章将进一步介绍文本类型和其"属性"面板，测试变量和表达式的值，循环语句，"浏览器/网络"函数等。另外，本章还将介绍网页中常遇到的图像和文本的控制浏览，以及网页 Loading 动画的制作方法。

9.1 【动画 33】菜谱浏览 1

9.1.1 动画效果

"菜谱浏览 1"动画运行后的画面如图 9-1-1 所示，单击中间标题文字"美食菜谱"下边的图像按钮，会在左边框架内显示相应的外部图像，其下显示图像序号，在右边文本框内显示相应的文字。单击框架下边的按钮◀◀，会显示第 1 幅外部图像；单击框架下边的按钮◀，会显示上一幅外部图像，当已经显示第 1 幅外部图像时单击该按钮，则显示最后一幅图像；单击框架下边的按钮▶，会显示下一幅外部图像，当已经显示第 8 幅图像时单击该按钮，则显示第 1 幅外部图像；单击框架下边的按钮▶▶，会显示第 8 幅外部图像。

单击文本框下边的第 1 个按钮⬆或按 Ctrl+PageUp 组合键，文本框内的文字向上滚动 8 行；单击文本框下边的第 2 个按钮⬆或按 ↑ 键，文本框内的文字向上滚动 1 行；单击文本框下边的第 3 个按钮⬇或按 ↑ 键，文本框内的文字向下滚动 1 行；单击文本框下边的第 4 个按钮⬇或按 Ctrl+PageDown 组合键，文本框内的文字向下滚动 8 行。

图 9-1-1 "菜谱浏览 1"动画运行后的画面

9.1.2 制作方法

1．准备文本素材和设计背景

（1）新建一个Flash文档。设置舞台工作区的宽为900像素，高为400像素，背景色为浅蓝色。创建"背景"、"按钮和文本"、"图像"和"脚本程序"图层。以"菜谱浏览1.fla"为名保存在"【动画】菜谱浏览1"文件夹内。

（2）打开记事本，输入文字，注意在文字的一开始应加入"text1="，它是文本框变量的名称，如图 9-1-2 所示。选择"文件"→"另存为"选项，弹出"另存为"对话框，在"编码"下拉列表内选择"UTF-8"选项，选择"CPTEXT"文件夹，输入文件的名称"CP1.TXT"，单击"保存"按钮，将文本文件保存起来。

（3）按照上述方法，再建立"CP2.TXT"～"CP8.TXT"7 个文本文件，将"CP1.TXT"～"CP8.TXT"8 个文本文件保存在"CPTEXT"文件夹内。

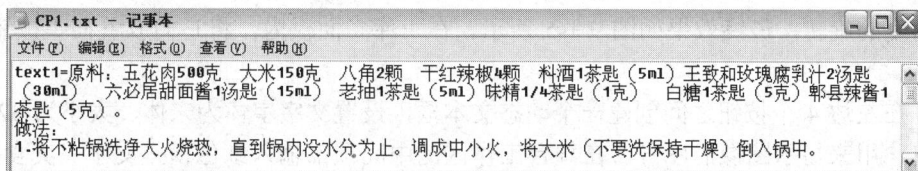

图 9-1-2 记事本内的文字

（4）准备 8 幅宽为 400 像素、高为 300 像素的菜谱图像，如图 9-1-3 所示。这 8 幅菜谱图像分别与"CPMH2.TXT"～"CPMH8.TXT"8 个文本文件中介绍的菜谱内容次序一样。将这8 幅图像存放在动画所在文件夹内的"CPTU"文件夹中。将"CPTEXT\小图"文件夹内的"粉子蒸肉 1"～"糖醋带鱼 1.jpg"（宽为 100 像素、高为 75 像素）图像导入到"库"面板内。

图 9-1-3 8 幅图像

（5）创建并进入"文本框架"影片剪辑元件的编辑状态，绘制一个轮廓线为棕色、填充为白色、笔触为4像素、宽为190像素、高为330像素的矩形。

创建并进入"背景图像"影片剪辑元件的编辑状态，在其内导入一幅宽为900像素、高为400像素的"美食.jpg"图像，使它位于舞台工作区中间。

（6）选中"背景"图层第1帧，将"库"面板内的"背景图像"影片剪辑元件拖动到舞台工作区内，使它刚好将舞台工作区完全覆盖。将"库"面板内的"文本框架"影片剪辑元件拖动到舞台工作区的右边，调整其大小和位置。

（7）给"文本框架"影片剪辑实例添加"斜角"滤镜，使文本框架有立体感并发出黄光。"属性"面板的滤镜设置如图9-1-4所示。再导入一幅框架图像，调整其大小和位置。

（8）选中"背景图像"影片剪辑实例，在其"属性"面板的"样式"下拉列表中选择"Alpha"选项，在"Alpha"文本框内输入"30"，使"背景图像"影片剪辑实例透明一些。创建一个带灰色阴影的立体红色文字"美食菜谱"，如图9-1-5所示。

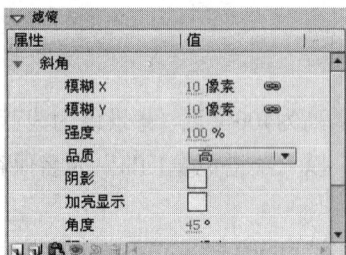

图9-1-4　滤镜设置

图9-1-5　"背景"图像实例第1帧内的画面

2．制作文本和按钮

（1）选中"按钮和文本"图层第1帧，选择"窗口"→"公用库"→"Buttons"选项，打开"外部库"面板（即按钮公用库）。将按钮公用库中的4个按钮各拖动到舞台工作区内2次。将其中的4个按钮移到左下边，其他4个按钮移到文本框架的下边，再将一些按钮按照需要进行不同角度的旋转，最终效果如图9-1-5所示。在"库"面板内，将它们放置在"按钮"文件夹中。

（2）在左边4个按钮之间创建一个动态文本框，设置文字字体为宋体、大小为32点、颜色为红色，用来显示图像的序号。在舞台工作区的中间顶部输入红色横排文字"美食菜谱"，给文字添加斜角滤镜，使文字立体化。

（3）创建"图像11"～"图像18"8个影片剪辑元件，在其内分别导入"库"面板内的"粉子蒸肉1"～"糖醋带鱼1.jpg"8幅小图像。在"库"面板中，将8幅图像放置到"按钮图像"文件夹内。将8个影片剪辑元件放置到"按钮影片剪辑元件"文件夹内。

（4）创建并进入"图像按钮11"按钮元件的编辑状态，选中"弹起"帧，将"库"面板内的"图像11"影片剪辑元件拖动到舞台工作区的正中间。按住Ctrl键，选中其他3个帧，按F6键，创建3个与"弹起"帧内容一样的关键帧。选中"弹起"帧，单击该帧内的图像，在其"属性"面板的"样式"下拉列表内选择"Alpha"选项，将该图像的Alpha值调整为34%，使图像半透明。

（5）制作"图像按钮12"～"图像按钮18"按钮元件，其内分别为"图像12"～"图像18"影片剪辑元件，将"图像按钮11"～"图像按钮18"按钮元件放置到"库"面板内的"图像按钮"文件夹中。

（6）选中"按钮和文本"图层第 1 帧，依次将"库"面板内的"图像按钮 11"～"图像按钮 18"按钮元件拖动到框架内的右边，排成 2 列、4 行。在"属性"面板内，给它们分别命名为"AN11"～"AN18"。再将下面 8 个按钮实例分别命名为 AN1A、AN1B、AN1C、AN1D、D11、D12、D13、D14，将左下边按钮之间动态文本框的变量名设置为"n1"。

（7）选中"按钮和文本"图层第 1 帧。在"文本框架"影片剪辑实例之上创建一个动态文本框，在其"属性"面板内，设置其颜色为红色、字体为宋体、大小为 16 点、加粗、居左对齐，加边框，行距为 0，变量名称为"text1"（与文本文件内的变量名一样）；在"行为"下拉列表中选择"多行"选项，设置多行显示文字。

（8）单击"属性"面板中的"字符嵌入"按钮，弹出"字符嵌入"对话框，选中该对话框中的"数字"和"简体中文-1 级"复选框，单击"确定"按钮，退出该对话框。

3．制作显示外部图像和文本

（1）从左到右依次将左下边的 4 个按钮实例命名为"AN1A"、"AN1B"、"AN1C"、"AN1D"。依次将文本框架左边的 8 个图像按钮实例命名为"AN11"～"AN18"。

（2）创建并进入"图像"影片剪辑元件编辑状态，其内不绘制和导入任何对象。回到主场景，创建一个空"图像"影片剪辑元件，用来为加载的外部图像定位。

（3）选中"图像"图层第 1 帧，将"库"面板内的"图像"影片剪辑元件拖动到舞台工作区的左上角，该实例是一个很小的圆，将该实例命名为"CPTU1"，如图 9-1-6 所示。这是因为"图像"影片剪辑元件是一个空元件，所以它形成的实例也是空的，动画播放时它不会显示出来，只用于给外部图像定位。

"图像"影片剪辑实例，名称为"CPTU1"

图 9-1-6 "图像"影片剪辑实例"CPTU1"的位置

（4）选中"脚本程序"图层第 2 帧，在"动作-帧"面板脚本窗口内输入如下程序。

```
stop();
n1=1;                //用来显示菜谱图像的序号
_root.CPTU1.loadMovie("CPTU\\菜谱图像1.jpg");  //调用外部菜谱图像文件
loadVariablesNum("CPTEXT/CP1.txt",0);
text1.scroll=0;
AN11.onPress=function(){
  _root.CPTU1.loadMovie("CPTU/菜谱图像1.jpg");  //调用外部菜谱图像文件
  n1=1;
  loadVariablesNum("CPTEXT/CP1.txt",0);
}
AN12.onPress=function(){
  _root.CPTU1.loadMovie("CPTU/菜谱图像2.jpg");  //调用外部菜谱图像文件
  n1=2;
  loadVariablesNum("CPTEXT/CP2.txt",0);
}
AN13.onPress=function(){
  _root.CPTU1.loadMovie("CPTU/菜谱图像3.jpg");  //调用外部菜谱图像文件
  n1=3;
```

```
    loadVariablesNum("CPTEXT/CP3.TXT",0);
}
AN14.onPress=function(){
    _root.CPTU1.loadMovie("CPTU/菜谱图像4.jpg");   //调用外部菜谱图像文件
    n1=4;
    loadVariablesNum("CPTEXT/CP4.TXT",0);
}
AN15.onPress=function(){
    _root.CPTU1.loadMovie("CPTU/菜谱图像5.jpg");   //调用外部菜谱图像文件
    n1=5;
    loadVariablesNum("CPTEXT/CP5.TXT",0);
}
AN16.onPress=function(){
    _root.CPTU1.loadMovie("CPTU/菜谱图像6.jpg");   //调用外部菜谱图像文件
n1=6;
    loadVariablesNum("CPTEXT/CP6.TXT",0);
}
AN17.onPress=function(){
    _root.CPTU1.loadMovie("CPTU/菜谱图像7.jpg");   //调用外部菜谱图像文件
    n1=7;
    loadVariablesNum("CPTEXT/CP7.TXT",0);
}
AN18.onPress=function(){
    _root.CPTU1.loadMovie("CPTU/菜谱图像8.jpg");   //调用外部菜谱图像文件
    n1=8;
    loadVariablesNum("CPTEXT/CP8.TXT",0);
}
AN1A.onPress=function(){
    _root.CPTU1.loadMovie("CPTU/菜谱图像1.jpg");   //调用外部菜谱图像文件
    n1 =1;
    loadVariablesNum("CPTEXT/CP1.TXT",0);
}
AN1B.onPress=function(){
if (n1>1){
    n1--;
    _root.CPTU1.loadMovie("CPTU/菜谱图像"+n1+".jpg"); //调用外部菜谱图像
    loadVariablesNum("CPTEXT/CP"+n1+".TXT",0);
} else {
    _root.CPTU1.loadMovie("CPTU/菜谱图像8.jpg");   //调用外部菜谱图像文件
    n1=8;
    loadVariablesNum("CPTEXT/CP8.TXT",0);
}
}
AN1C.onPress=function(){
if (n1<8){
    n1++;
    _root.CPTU1.loadMovie("CPTU/菜谱图像"+n1+".jpg");//调用外部菜谱图像
    loadVariablesNum("CPTEXT/CP"+n1+".TXT",0);
```

```
    } else {
        _root.CPTU1.loadMovie("CPTU/菜谱图像1.jpg");        //调用外部菜谱图像文件
        n1 =1;
        loadVariablesNum("CPTEXT/CP1.TXT",0);
    }
}
AN1D.onPress=function(){
    _root.CPTU1.loadMovie("CPTU/菜谱图像8.jpg");        //调用外部菜谱图像文件
    n1 =8;
    loadVariablesNum("CPTEXT/CP8.TXT",0);
}
```

程序中 "_root.CPTU1.loadMovie("CPTU\\菜谱图像 1.jpg");" 语句的作用如下：将外部当前文件夹下 "CPTU" 目录中的 "菜谱图像 1.jpg" 菜谱图像加载到 "CPTU1" 影片剪辑实例中。程序中 "loadVariablesNum("CPTEXT/CP1.TXT",0); " 语句的作用如下：将外部当前文件夹下 "CPTEXT" 目录中的 "CP1.TXT" 文本导入到动态文本框 "text" 内。

（5）选中文本框下边的第 1 个按钮，在其 "动作-按钮" 面板内输入如下程序。

```
on (release, keyPress "<PageUp>") {
    for (x=1; x<=8; x++) {                //循环8次，保证向上滚动8行
        text1.scroll=text1.scroll+1;      //使文本框内的文字向上移动一行
    }
}
```

（6）选中文本框下边的第 2 个按钮，在其 "动作-按钮" 面板内输入如下程序。

```
on (release, keyPress "<Up>") {
    text1.scroll=text1.scroll+1;          //使文本框内的文字向上移动一行
}
```

（7）选中文本框下边的第 3 个按钮，在其 "动作-按钮" 面板内输入如下程序。

```
on (release, keyPress "<Down>") {
    text1.scroll=text1.scroll-1;          //使文本框内的文字向下移动一行
}
```

（8）选中文本框下边的第 4 个按钮，在其 "动作-按钮" 面板内输入如下程序。

```
on (release, keyPress "<PageDown>") {
    for (x=1; x<=8; x++) {                //循环8次，保证向下滚动8行
        text1.scroll = text1.scroll-1;   //使文本框内的文字向下移动一行
    }
}
```

9.1.3　知识链接

1．测试变量和表达式的值

可使用 trace 函数来测试变量和表达式的值。trace 函数的格式与功能如下。

【格式】trace(expression);

【功能】将表达式 expression 的值传递给 "输出" 面板，显示表达式的值，表达式包括常量、变量、和函数。可以选择 "动作" 面板的命令列表区内的 "全局函数" → "其他函数" → trace 函数。

例如，输入"trace（"2+4+6"）"语句，选择"控制"→"测试影片"选项，打开"输出"面板并显示 12。

又如，"trace("x 值："+_ymouse);"语句用于在"输出"面板内显示鼠标指针的 x 值。

2．文本类型和其"属性"面板

文本有静态、动态和输入文本 3 种类型。"属性"面板内的"文本类型"下拉列表用来选择文本类型。选择"动态文本"选项时的"属性"面板如图 9-1-7 所示，选择"输入文本"选项时的"属性"面板与图 9-1-7 所示基本相同，只是少了"链接"和"目标"文本框，增加了"最大字符数"文本框。

（1）"嵌入"按钮：单击此按钮可以弹出"字体嵌入"对话框，如图 9-1-8 所示。

该对话框用来选择嵌入动画文件内的字符。在"系列"和"样式"下拉列表内可以选择字体，在"名称"文本框内可以输入字体名称，在"字符范围"区域内可以选择嵌入的字符种类，在"还包含这些字符"文本框中可以输入其他嵌入的字符。

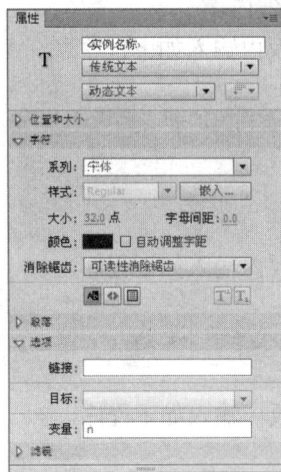

图 9-1-7　动态文本的"属性"面板　　　　图 9-1-8　"嵌入字体"对话框

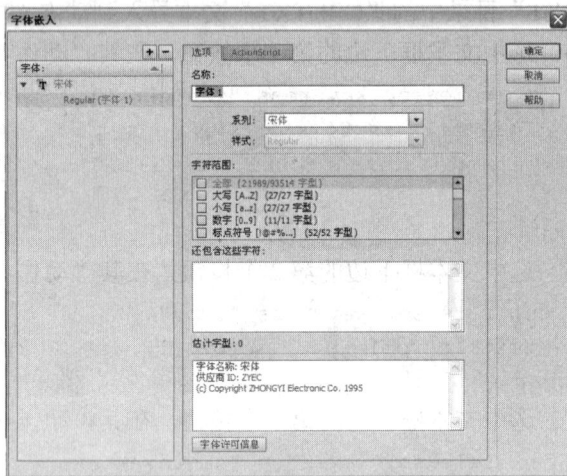

（2）"将文本呈现为 HTML"按钮 <>：单击此按钮后，支持 HTML 标记语言的标记符。

（3）"在文本周围显示边框"按钮 □：单击此按钮后，输出的文本周围会有一个矩形边框线。

（4）"变量"文本框：展开"选项"区域可以看到该选项，用来输入文本框的变量名称。

（5）"最大字符数"文本框：展开"选项"区域可以看到该选项，用来设置输入文本中允许的最多字符数量。如果 n 为 0，则表示输入的字符数量没有限制。

（6）"行为"下拉列表：对于动态文本，其中有 3 个选项，即"单行"、"多行"和"多行不换行"；对于输入文本，其中有 4 个选项，即增加了"密码"选项，选择"密码"选项后，输入的字符用字符"*"代替。

3．"浏览器/网络"函数

（1）loadMovie 函数。

【格式】loadMovie("url",target [, method])

【功能】用来从当前播放的影片外部加载 SWF 影片到指定的位置。

【说明】参数 url 表示被加载的外部 SWF 文件或 JPEG 文件的绝对或相对的 URL 路径，相对路径必须相对于级别 0 处的 SWF 文件。绝对 URL 必须包括协议引用，如"http://"或"file:///"。通常需要将被加载的影片与被加载的外部文件放到同一个文件夹中。

参数 target 是可选参数，用来指定目标影片剪辑实例的路径。目标影片剪辑实例将替换为加载的 SWF 文件或图像。被加载的影片将继承被替换掉的影片剪辑元件实例的属性。

参数 method 是可选参数，指定用于发送变量的 HTTP 方法。该参数必须是字符串 GET 或 POST。如果没有要发送的变量，则省略此参数。GET 方法将变量追加到 URL 的末尾，用于发送少量的变量。POST 方法在单独的 HTTP 标头中发送变量，用于发送大量的变量。例如，"loadMovie（"FLASH1.swf", mySWF）;"中，"FLASH1.swf"表示要加载的外部影片，mySWF 表示要被外部加载影片所替换的影片剪辑实例名。

（2）loadMovieNum 函数。

【格式】loadMovieNum（"url" [,level, method]）

【功能】用来加载外部 SWF 影片到目前正在播放的 SWF 影片中，放于当前 SWF 影片内的左上角。

【说明】参数 level 是可选参数，用来指定播放的影片中，外部影片将加载到播放影片的哪个层。参数 method 是可选参数，指定发送变量传送的方式（GET 或 POST）。

（3）getURL 函数。

【格式】getURL（"url" [, window][,variables"]）

【功能】启动一个 URL 定位，用来调用一个网页或调用一个邮件。调用网页的格式是在双引号中加入网址，调用邮件可以在双引号中加入"mailto:"，再加一个邮件地址，如"mailto:shen@yahoo.com.cn"。

【说明】url 表示设置调用的网页网址 URL。参数 window 用于设置浏览器网页打开的方式（指定网页文档应加载到浏览器的窗口或 HTML 框架）。这个参数可以有 4 种设置方式。

① _self：在当前 SWF 影片所在网页的框架，当前框架将被新的网页替换。

② _blank：打开一个新的浏览器窗口，显示网页。

③ _parent：如果浏览器中使用了框架，则在当前框架的上一级显示网页。

④ _top：在当前窗口中打开网页，即覆盖原来所有的框架内容。

（4）unloadMovie 函数。

【格式】unloadMovieNum（target）

【功能】该函数用来删除加载的 SWF。参数 target 表示 SWF 动画载入指定的目标路径。

（5）loadVariable 函数。

【格式】loadVariables（"url",target [,level, method]）

【功能】该函数用来加载外部变量到目前正在播放的 SWF 动画中。

【说明】参数 target 是可选参数，用来指定目标影片剪辑实例的路径。目标影片剪辑实例将替换为加载的内容。被加载的影片将继承被替换的对象的属性。参数 method 是可选参数，指定发送变量传送的方式 GET 或 POST）。例如：

loadVariables（" TEXT\NL1.txt",_root.list,get）;/*该语句的作用是将该 Flash 文档所在目录"TEXT"文件夹内的"NL1.txt"文本文件内容载入到当前 SWF 动画内的"list"对象中，载入变量值使用 GET 方式传送*/

（6）loadVariableNum 函数。

【格式】loadVariablesNum（"url",level [method]）

【功能】该函数用于加载外部变量到目前正在播放的 SWF 动画中。

【说明】参数 level 是可选参数，用来指定播放的影片中，外部动画将加载到播放动画的哪个层。参数 method 是可选参数，指定发送变量传送的方式（GET 或 POST）。

例如，loadVariablesNum（"NL1.txt",5,get）;/*/将该动画所在目录下的"NL1.txt"文本文件内容载入到当前 SWF 动画内第 5 层中，载入变量值使用 GET 方式传送*/

4．循环语句

（1）for 循环语句。

【格式】for （init; condition; next） {

             语句体；

      }

【功能】for 括号中的内容由 3 部分（都是表达式）组成，分别用分号隔开，其含义如下。

init 是一个表达式或用逗号分隔的多个表达式，执行 for 语句时最先执行 init。condition 用于循环条件测试，它可以是一个条件表达式，当其值为 false 时结束循环。每次执行完语句体后执行 next，它可以是表达式，一般用于计数循环。例如：

```
var sum=0;
var x;
for (x=1;x<=1000;x++){
sum=sum+x;
}
trace(sum);  //该程序用于计算1～1000的整数和
```

（2）while 循环语句。

【格式】while（条件表达式）{

         语句体

     }

【功能】当条件表达式的值为 true 时，执行语句体，再返回 while 语句；否则退出循环。

（3）do while 循环语句。

【格式】do {

        语句体

     }while（条件表达式）

【功能】当条件表达式的值为 true 时，执行语句体，再返回 do 语句，否则退出循环。

（4）break 语句：经常在循环语句中使用，用于强制退出循环。例如：

```
var count=0;
while(count<1000){
count++;
if (count=100){
break;}
}//结束循环，本程序运行后，count的值为100
```

（5）continue 语句：强制循环回到开始处。例如：

```
var sum=0;
var x=0
while(x<=1000){
    x++;
    if ((x%5)==0){
```

```
        continue;
    }
    sum=sum+x;
}   //计算1000内不能被5整除的整数的和
```

思考练习 9-1 ··········

1．制作"分组图像浏览"动画，它与【动画 33】相似，只是增加了两个按钮，更换了图像。单击 ◀ 按钮可显示"世界十大名花"的一组图像，如图 9-1-9（a）所示。单击 ▶ 按钮可显示"世界美景如画"的一组图像，如图 9-1-9（b）所示。

（a）　　　　　　　　　　　　　　　　（b）

图 9-1-9　　"分组图像浏览"动画播放后的两幅画面

2．制作"SWF 动画浏览"动画，它可以浏览 8 个外部 SWF 动画。

3．制作"滚动文本"动画，动画运行后可以浏览 4 个外部文本文件。

4．制作"连续整数的和与积"动画，该动画运行后的 3 幅画面如图 9-1-10 所示（文本框内没有数字）。在"起始数"文本框中输入一个自然数（如 1），在"终止数"文本框中输入一个自然数（如 1000）。单击"求和"按钮，即可显示 1+2+…+1000 的值，如图 9-1-10（a）所示。将"起始数"和"终止数"文本框中的数分别更改为 10 和 20，单击"求积"按钮，即可显示 10*11*…*20 的值，如图 9-1-10（b）所示。

（a）　　　　　　　　　　　　　　　　（b）

图 9-1-10　　"连续整数的和与积"动画运行后的两幅画面

提示

（1）在"起始数"和"终止数"文字右边各创建一个输入文本框，在其"属性"面板的"变量"文本框中分别输入 N 和 M。再在"计算结果"文字下边创建一个动态文本框，设置文本框变量名为 SUM。设置 3 个文本框为黑体，大小为 18，蓝色，居中。

（2）选中一个输入文本框，单击其"属性"面板中的"嵌入"按钮，弹出"字体嵌入"对话框，选中"数字"复选框，在"还包含这些字符"文本框中输入"-"和"e"。

（3）分别将两个按钮实例的名称命名为"AN1"和"AN2"。

（4）选中第 1 帧，在其"动作-帧"面板程序设计区内输入如下程序。

```
//为输入文本框变量赋空字符串初值的目的是使程序运行后，在该文本框内不显示内容
N="";//给变量N赋空字符串初值
M="";//给变量M赋空字符串初值
stop();                          //使程序暂停运行
//单击"AN1"按钮后执行大括号内的程序
AN1.onPress=function(){
    SUM = 0;                     //给变量SUM赋初值0
    L = 0;                       //给变量L赋初值0
  //计算N+（N+!）+（N+2）+…+M
    for (L=Number(N); L<=Number(M); L++) {
        SUM = SUM+L;             //进行累加运算
    }
}


//单击"AN2"按钮后执行大括号内的程序
AN2.onPress=function(){
 SUM = 1;                        //给变量SUM赋初值0
 L=1;
 //计算N! =1*2 *…*N
for (L=Number(N); L<=Number(M); L++) {
        SUM = SUM*L;             //进行累积运算
    }
}
```

9.2 【动画 34】网页和 Loading 动画

9.2.1 动画效果

当要下载的动画很大时，为了不让浏览者看到不完整的动画，可以做一个预下载的小动画，即 Loading 动画，让浏览者先看到此动画，当整个网页动画的所有帧全都下载完后，再开始播放网页的主页。"美食菜谱浏览网页"是一个全部用 Flash CS 5 制作的网页，其网页预下载动画如下： 在浅绿色背景中，上边是"鲜花图像和文字介绍"标题文字，下边的"美食菜谱网

页正在下载，请稍等……"文字逐渐由黄色变为蓝色，中间有 4 个模拟指针表不断转动。另外，在此行文字下边有一个进度表，在 Loading 右边显示已经下载的百分数。网页预下载动画播放时的画面如图 9-2-1 所示。当要下载的网页内容下载完后，切换到其主页，主页画面与【动画33】"菜谱浏览 1"动画的画面一样，功能也一样，只是在文本框架之上增添了一个"美食天下网"文字按钮。

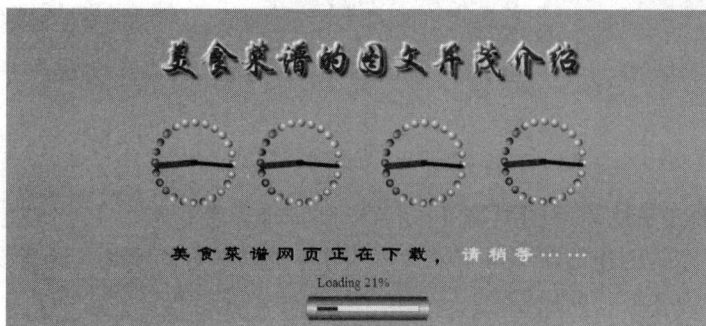

图 9-2-1 Loading 动画运行后的画面

将鼠标指针移到"美食菜谱网"文字按钮之上时，红色按钮文字颜色会变为绿色，单击该按钮后，按钮文字会变为蓝色。单击"美食菜谱网"文字按钮，会打开网址为"http://www.meishichina.com/"的"美食天下"网站主页，如图 9-2-2 所示。

图 9-2-2 "美食天下"网站主页

9.2.2 制作方法

1．制作 Loading 动画

（1）打开"【动画 33】菜谱浏览 1.fla"Flash 文档，将原来所有图层的第 1 帧内容移到第 2 帧中，设置背景色为浅蓝色。以名称"网页和 Loading 动画.fla"保存该文档。

（2）创建并进入"loading"影片剪辑元件的编辑状态，在时间轴内从下到上创建"背景图"、"进度条"、"进度条遮罩"和"进度信息"图层。选中"背景图"图层第 1 帧，绘制红色轮廓线、填充红色（R=204、G=0、B=0）到黄色（R=255、G=255、B=0）再到红色（R=255、G=255、B=0）的线性渐变。

（3）使用工具箱内的"选择工具" ，将矩形左右边缘调为弧状，如图 9-2-3（a）所示，将它组成一个组合。再绘制一个长条红色轮廓线、填充黄色的矩形，将它组成一个组合，形成进度条图形，如图 9-2-3（b）所示。

（4）选中"进度条"图层第 1 帧，绘制一个长条红色矩形，将它组成一个组合，形成进度条图形，如图 9-2-3（c）所示。

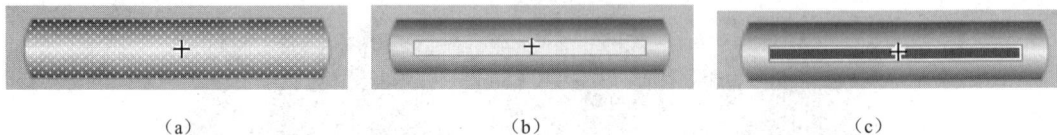

（a）　　　　　　　　　　　（b）　　　　　　　　　　　（c）

图 9-2-3　进度条背景图

（5）选中"进度条遮罩"图层第 1 帧，绘制一个黑色矩形，位于红色矩形条的左边，如图 9-2-4（a）所示。创建该图层第 1 帧～第 100 帧的传统补间动画，调整该图层第 100 帧内的矩形图形，如图 9-2-4（b）所示。

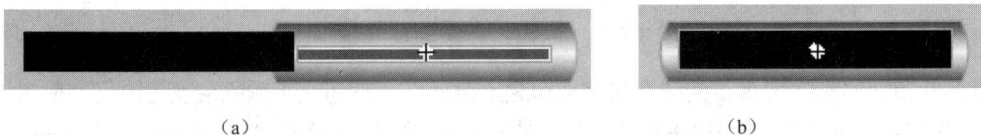

（a）　　　　　　　　　　　　　　　　　　　（b）

图 9-2-4　"进度条遮罩"图层第 1 帧和第 100 帧画面

（6）使"进度条遮罩"图层成为遮罩层，"进度条"图层成为被遮罩层。选中"进度信息"图层第 1 帧，在进度条之上输入红色"Loading..."文字。

2．制作 Loading 动画

（1）由读者自行制作一个"指针表"影片剪辑元件，一个"逐渐显示文字"影片剪辑元件，其内从左向右逐渐推出的"鲜花网页正在下载，请稍等……"文字逐渐由黄色变为蓝色的动画。

（2）选中"背景"图层第 1 帧，4 次将"库"面板中的"指针表"影片剪辑元件拖动到舞台工作区内中间，等间距排成一行。在"指针表"影片剪辑实例的上方，创建立体、红色、黄色阴影文字"美食菜谱的图文并茂介绍"。

（3）将"库"面板中的"逐渐显示文字"影片剪辑元件拖动到一行"指针表"影片剪辑实例的下边，将"库"面板中的"loading"影片剪辑元件拖动到"逐渐显示文字"影片剪辑实例的下边。

（4）选中"脚本程序"图层第 1 帧，在"动作-帧"面板内输入如下脚本程序。

```
Mouse.hide();//隐藏鼠标指针
loader_mc.onEnterFrame = function ()              //执行"loader_mc"影片剪辑实例
{
    //获取已加载内容的比例
var percent = int(_root.getBytesLoaded()/_root.getBytesTotal()*100);
    this.txt = "Loading "+percent + "%";          //改变文字显示的百分比
    this.gotoAndStop(percent);                    //使影片播放到percent帧
    if (percent==100)                             //判断是否加载完毕
    {
    gotoAndstop(2);                               //转到第2帧开始播放
    }
```

260

```
  }
```

　　如果将上边的 8~11 行程序删除，在第 1 行语句下面添加如下程序，也可以获得相同效果。关于 getBytesLoaded()、getBytesTotal()、_framesloade、_totalframes 和 onEnterFrame 将在本节的链接知识中介绍。

```
//如果网页动画下载完动画的帧时，开始继续播放动画的第2帧
if (_framesloaded>=_totalframes) {
  gotoAndPlay (2);              //转到第2帧播放动画
}
```

　　（5）创建并进入"按钮 1"按钮元件的编辑状态，选中"图层的 1"图层的"弹起"帧，输入红色文字"美食天下网"。选中"图层 1"图层其他 3 帧，按 F6 键，将"指针经过"和"按下"帧内文字的颜色分别改为绿色和蓝色。选中"图层 1"图层的"点击"帧，绘制一个刚好覆盖文字的矩形。

　　（6）选中图层"脚本程序"第 2 帧，将"库"面板内的"按钮 1"按钮元件拖动到文本框架的上边，适当调整其大小和位置。在其"属性"面板内设置该实例的名称为"CPAN"。

　　在"动作-帧"面板的脚本窗口中程序的第 5 行下插入如下程序。

```
Mouse.show();//使鼠标指针显示
CPAN.onPress=function(){
    //在新浏览窗口打开网址为"http://www.meishichina.com/"的网站主页
    getURL("http://www.meishichina.com/",_blank)
}
```

3．网页的调试与输出

　　（1）按 Ctrl+Enter 组合键，打开 Flash Player 播放器，播放该动画。

　　（2）在 Flash Player 播放器中选择"视图"→"下载设置"→"DSL(32.6KB/S)"选项，设置下载速度为 32.6kb/s；或者选择"视图"→"下载设置"→"56k(4.7 kb/s)"选项。选择"视图"→"模拟下载"选项，可以观察到动画模拟下载的效果。

　　（3）选择"文件"→"发布设置"选项，弹出"发布设置"对话框，选中"HTML"标签选项，采用默认参数示。

　　（4）单击该对话框中的"发布"按钮，即可生成 HTML 网页文件的"网页和 Loading 动画.html"。双击该网页文件的图标，打开网页浏览器，并观察网页预下载的动画画面。

9.2.3　知识链接

1．Loading 概述

　　Loading 也称为预下载动画，Flash Loading 称为 Flash 预下载动画。由于目前的网络传输速度和质量并不是很令人满意，而 Flash 影片通常比较大，如果在播放 Flash 影片时一边下载，一边播放，可能会导致播放过程断断续续，严重地破坏作品欣赏的整体性。此外，由于 Flash 影片下载较慢，用户等待时间较长，如果没有 Loading 画面来进行过渡，则在等待下载完成的过程中，通常用户会等待时间太长或页面不能打开，因而不愿等待而选择离开。

　　制作一个好的 Loading 画面，可以判断影片是否下载完全，也可以让浏览者在等待中欣赏动画。因此，Flash Loading 对于网络传输的 Flash 影片，尤其是 Flash 动态网站，有相当重要的意义。图 9-2-5 所示为一些 Flash 动态网站的 Loading 动画。

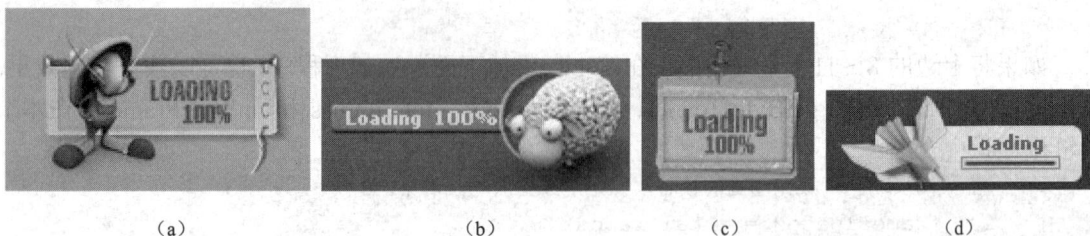

(a)　　　　　　　　(b)　　　　　　　　(c)　　　　　　　　(d)

图 9-2-5　Loading 动画

几乎所有优秀的 Flash 作品都少不了 Flash Loading 画面。一个好的 Loading 动画往往会给浏览者一种震撼，使用户不会感觉只是在枯燥的等待，如图 9-2-6 所示为 Loading 动画。

2．Flash Loading 制作技术

在目前的 Flash Loading 动画中，有许多 Flash 作品的 Loading 动画没有对动画是否下载完成做出正确的判断，其做法一般在整个动画的前面加入一段有 Loading 信息的动画，并且事先规定好这段动画的播放时间。所以，不论网络的带宽是多少，Loading 动画的长度是不变的，这实际上与没有 Loading 是一样的。

图 9-3-6　漂亮的 Loading 动画

要制作真正的 Loading 动画，必须使用 ActionScript 程序。Flash 中提供了多种制作 Loading 动画的方法，常用方法如下。

（1）在最后一帧中设置帧标签，通过检查该帧载入的情况来判断是否整个影片加载完成。

（2）使用 getBytesLoaded()方法获取已下载数据的总字节数，使用 getBytesTotal()方法获取要下载文件的总字节数，通过比较两者的大小来判断文件是否下载完成。

（3）使用 MovieClipLoader 和 Loader 类或 Loader 组件来设置要加载的内容并在运行时监视其加载进度。

第一种方法目前很少使用，本节动画制作中使用了后两种方法。

3．通过判断帧标签方法制作 Loading 动画

通过判断帧标签方法制作 Loading 动画的方式在实现上比较简单，技术含量较低，能实现的功能也比较少，不能精确描述已下载的数据量。这种方法在早期的 Flash Loading 设计中使用较多。通过判断帧标签方法制作 Loading 动画的实现方法如下。

（1）制作主场景动画可以在第 1 帧中放置 Loading 动画，从第 2 帧开始是 Flash 网页动画。因为影片剪辑实例 MovieClip 可以独立播放，所以只需要制作一个影片剪辑实例动画，放置在第 2 帧中，作为 Flash 网页。

（2）选中主场景动画的最后一帧（该帧设置为关键帧），在其"属性"面板的"标签"栏的"名称"文本框中输入选中关键帧的名称，如"end"，该帧代码为"stop();"。

（3）在主场景第 1 帧的 ActionScript 代码程序中应添加如下程序。

```
stop();
ifFrameLoaded ("end")
{
```

```
    gotoAndPlay (2);
    }
```

ifFrameLoaded()函数用于检查指定帧的内容是否在本地可用，其参数可以是帧序号或帧标签。在 Flash 8 以后，该函数已不再使用。替代 ifFrameLoaded()函数的是影片剪辑实例 MovieClip 的_framesloaded 和_totalframes 属性，具体方法如下。

主场景第 1 帧的 ActionScript 代码程序中应添加如下程序。

```
    stop();
    //如果网页动画下载完动画的帧，则开始继续播放动画的第2帧
    if (_framesloaded>=_totalframes) {
      gotoAndPlay (2);      //转到第2帧播放动画
    }
```

_framesloaded 是影片剪辑实例 MovieClip 的属性，其作用是获取动画或影片剪辑实例 MovieClip 已经下载的帧数。_totalframes 是影片剪辑实例 MovieClip 的属性，其作用是获取动画或影片剪辑实例 MovieClip 的总帧数。

4．通过判断已下载字节数制作 Loading 动画

（1）用到的影片剪辑实例的方法和事件如下。

① getBytesLoaded()方法：返回已加载的影片剪辑的字节数。

② getBytesTotal()方法：返回影片剪辑总体大小，单位为字节数。

③ onEnterFrame 事件：影片剪辑实例 MovieClip 的 onEnterFrame 事件以 SWF 文件中定义的帧频进行重复调用。在 Loading 中，通过该事件可以随时检查已加载的影片剪辑字节数。onEnterFrame 事件使用格式如下，其中的 MovieClip 是影片剪辑实例。

```
    MovieClip.onEnterFrame = function() {
    ...
    }
```

（2）制作 Loading 动画的方法：这种方法使用 getBytesLoaded()方法来获取已下载数据的总字节数，使用 getBytesTotal()方法来获取要下载文件的总字节数，通过比较两者的大小来判断文件是否下载完成。这种方法能够精确地了解当前下载状态，知道已下载内容的具体比例。具体的实现方法如下。

① 创建一个影片剪辑实例 MovieClip 来制作 Loading 动画，并将其拖动到主场景中。

② 在主场景的第 1 帧，设置 Loading 动画的 onEnterFrame 事件，在该事件中，通过判断_root.getBytesLoaded()和_root.getBytesTotal()值是否相等来检查影片加载情况。

③ 如果加载完成，则通过 gotoAndplay ()函数转到指定的帧开始播放影片。

思考练习 9-2

1．参考【动画 34】动画的制作方法，制作一个简易 Loading 动画。

2．制作"名花浏览网页"网页，该网页的预下载动画如图 9-2-7 所示。当要下载的网页内容下载完成后，网页切换到其主页的"名花浏览"动画，其中的一幅画面如图 9-2-8 所示。单击文本框上边的"花语大

全网"文字按钮，会打开网址为 http://www.bjifp.com/" 的"鲜花港"网页。

图 9-2-7 "名花浏览网页"网页预下载画面

图 9-2-8 "名花浏览"动画画面

制作网页动感导航菜单

本章介绍了什么是导航菜单，导航菜单的基本设计方法；介绍了采用 Flash CS 5.5 如何制作多种动感导航菜单，如简单的动感导航菜单，较复杂的动感导航菜单，应用数组制作的动感导航菜单等；也介绍了面向对象编程的基本概念，Array（数组）对象的创建方法，以及 Array 对象的属性和方法等。

10.1 【动画 35】制作简单动感导航菜单

10.1.1 动画效果

"彩色斜条动感"菜单是搜狐新闻网站的动感菜单，效果如图 10-1-1 所示。将鼠标指针移到"搜狐新闻"、"时政动态"等按钮之上时，按钮会向上弹起，单击该按钮会打开搜狐新闻网站内相应的网页。

图 10-1-1 "彩色斜条动感"菜单

"仿 Windows 滑动"菜单是仿照 Windows 中的"开始"菜单效果设计的滑动菜单。它显示为一个"滑动菜单"按钮，如图 10-1-2（a）所示。单击该按钮，整个菜单会逐渐从下向上推出，其中的一幅画面如图 10-1-2（b）所示，最后显示的菜单如图 10-1-2（c）所示。单击该菜单内的按钮，会打开"搜狐新闻"网站内相应的网页。

"动感缩放按钮式导航"菜单如图 10-1-3 所示。将鼠标指针移到上方 6 个圆形按钮中任意一个按钮之上时，该按钮逐渐变大，周围虚光循环着逐渐变大，其他按钮变小；将鼠标指针移出圆形按钮时，6 个按钮都逐渐还原为原大小。单击按钮，可以打开一个相应的网页。

（a）　　　　　　（b）　　　　　　（c）

图 10-1-2　"仿 Windows 滑动"菜单　　　　图 10-1-3　"动感缩放按钮式导航"菜单

"闪烁边框动感导航"菜单如图 10-1-4 所示。在一幅背景画面之上，左边有一个垂直导航栏，其内有 5 个垂直排列的带金色边框的文字按钮，将鼠标指针移到带金色边框的文字按钮之上时，金色边框会发出闪烁的金色光芒，金色边框从上向下展开紫色背景，并发出清脆的声音。单击按钮，会在导航栏右边显示相应的 SWF 格式的动画。例如，单击"太空星球"按钮，可以在导航栏右边显示"太空星球.swf"动画，如图 10-1-5 所示。

图 10-1-4　"闪烁边框动感导航"菜单　　　　图 10-1-5　"太空星球.swf"动画效果

10.1.2　制作方法

1. 制作"彩色斜条动感"导航菜单

（1）新建一个 Flash 文档，设置文档大小为 750 像素×250 像素，背景为灰色。将"图层 1"图层更名为"背景"，在该图层之上创建"按钮"图层。

（2）创建一个"背景矩形"影片剪辑元件，在其内绘制 660 像素×110 像素的白色矩形。创建一个"左侧梯形"影片剪辑元件，在其内绘制一个大小为 280 像素×130 像素的矩形，设置笔触颜色为白色、笔触高度为 8，填充色为橙色，如图 10-1-6（a）所示。使用"部分选取工具" ↳ 选择矩形右上角的锚点，并向左拖动出一个梯形，再添加"投影"效果，如图 10-1-6（b）所示。在其上边添加 E-Shop 电子商店的图标，如图 10-1-7 所示。

创建一个"三角元件"影片剪辑元件，在其内绘制一个三角图形，再导入"素材"文件夹中的"图标.fla"图像。

（3）选中"背景"图层第 1 帧，将"库"面板内的 3 个影片剪辑元件拖动到舞台工作区内，形成 3 个影片剪辑实例，分别添加"投影"效果。

（a）　　　　　　　　　　（b）

图 10-1-6　"左侧梯形"元件　　　　　　图 10-1-7　"背景"图层第 1 帧画面

（4）创建并进入"搜狐新闻"影片剪辑元件的编辑状态，其内创建的动画时间轴如图 10-1-8 所示。选中"阴影矩形"图层第 1 帧，绘制一个大小为 64 像素×40 像素，颜色为深灰蓝色（#336699）的矩形。创建第 1 帧到第 5 帧，再到第 10 帧的传统补间动画。选中第 5 帧图形，将矩形图形向上移动 8 像素，创建矩形上下移动的动画。

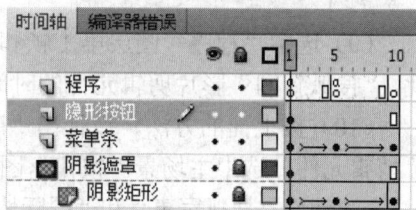

（5）选中"阴影遮罩"第 1 帧，在阴影矩形的上方绘制一个大小为 65 像素×14 像素的矩形，如图 10-1-9（a）所示。在"阴影遮罩"图层上右击，在弹出的快捷菜单中选择"遮罩"命令，将该图层转换为遮罩层。此时，在第 1 帧和第 5 帧的图形如图 10-1-9（b）所示。

图 10-1-8　"搜狐新闻"影片剪辑元件时间轴

（6）选中"菜单条"图层第 1 帧，绘制一个天蓝色梯形（注意，梯形的斜边与前面的阴影矩形上边对齐），并输入文字和导入"素材"文件夹内的"图标.fla"图像，如图 10-1-10 所示。选中"菜单条"图层中的所有对象，按 F8 键，弹出"转换为元件"对话框，单击"确定"按钮，将选中的对象转换为影片剪辑元件的实例。

创建"菜单条"图层第 1 帧到第 5 帧，再到第 10 帧的传统补间动画。选中第 5 帧，将梯形图形向上移 8 像素，然后选中第 5 帧内的影片剪辑实例，在"属性"面板内添加"投影"效果，参数为默认值，效果如图 10-1-11 所示。

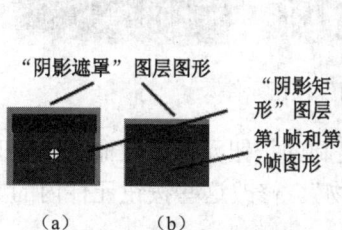

"阴影遮罩"图层图形

"阴影矩形"图层第 1 帧和第 5 帧图形

（a）　　（b）

图 10-1-9　创建遮罩　　　　图 10-1-10　"菜单条"图层第 1 帧图形　　　图 10-1-11　"菜单条"图层第 5 帧"投影"效果

267

（7）创建并进入"隐形按钮"按钮元件的编辑状态，选中"点击"帧，按 F7 键，创建一个关键帧，绘制一幅如图 10-1-12 所示的白色图形，回到主场景，设计为隐形按钮。

图 10-1-12　创建一个关键帧

（8）进入"搜狐新闻"影片剪辑元件的编辑状态，选中"隐形按钮"图层第 1 帧，将"库"面板内的"隐形按钮"按钮元件拖动到菜单条对象之上，与菜单条重合，蒙上一次浅蓝色。选中"隐形按钮"元件实例，在"动作-按钮"面板中输入如下程序。

```
on(rollOver)                        //当鼠标指针经过按钮时
{
  gotoAndPlay(2);                   //转到第2帧并播放
}
on(rollOut)                         //当鼠标指针移出按钮时
{
  gotoAndPlay(6);                   //转到第6帧并播放
}
on(release){    //当单击按钮时
  getURL("http://news.sohu.com/");      //跳转到"搜狐新闻"网站主页
}
```

（9）选中"程序"图层第 1 帧和第 5 帧，在"动作-按钮"面板中输入"stop();"语句。至此，"搜狐新闻"影片剪辑元件的时间轴制作完成，如图 10-1-8 所示。

（10）按上面的方法，设计出"时政动态"、"社会滚动"、"搜狐军事"和"国际快报"影片剪辑元件。选中主场景"按钮"图层第 1 帧，将"库"面板内的"搜狐新闻"、"市政动态"、"社会滚动"、"搜狐军事"和"国际快报"影片剪辑元件拖动到舞台工作区中，效果如图 10-1-1 所示。

2．制作"仿 Windows 滑动"导航菜单

（1）新建一个 Flash 文档，设置文档大小为 200 像素×300 像素，背景为白色。创建并进入"菜单"按钮元件的编辑状态，选中"弹起"帧，导入"素材"文件夹内的"滑动菜单.gif"图像，如图 10-1-2（a）所示。选中"点击"帧，按 F5 键。

（2）创建并进入"搜狐新闻"按钮元件的编辑状态，选中"图层 1"图层中的"弹起"帧，绘制一幅按钮框架图形，如图 10-1-13 所示，选中"点击"帧，按 F5 键。在"图层 1"图层之上创建"图层 2"图层，在"图层 2"图层中分别设置"弹起"帧、"指针经过"帧和"按下"帧的文字，如图 10-1-14 所示。

图 10-1-13　按钮框架图形　　　　　图 10-1-14　"搜狐新闻"按钮元件

（3）在"库"面板内复制 5 份"搜狐新闻"按钮元件，将复制的按钮元件依次命名为"时政动态"、"社会滚动"、"搜狐军事"、"国际快报"和"新闻人物"。修改这些按钮元件内的文字，使按钮内各关键帧中的文字和按钮名称一致。

（4）创建并进入"菜单条"影片剪辑元件的编辑状态，选中"图层 1"图层的第 1 帧，依

次将"库"面板中前面制作好的按钮元件拖动到舞台工作区的中心位置，排成一列。回到主场景。创建并进入"滑动菜单"影片剪辑元件的编辑状态，选中"图层 1"图层的第 1 帧，将"库"面板中"菜单条"影片剪辑元件拖动到舞台工作区的中间，创建"图层 1"图层第 1 帧到第 15 帧，再到第 30 帧的传统动画，可以使"菜单条"影片剪辑实例垂直上移大约 450 像素，再垂直向下移回原处。

（5）在"图层 1"图层之上创建"图层 2"图层，选中该图层第 15 帧和第 30 帧，按 F7 键，创建 2 个关键帧。在第 1、15、30 帧的"动作-按钮"面板中输入如下"stop();"语句。

（6）在主场景中，选中"图层 1"图层第 1 帧，将"库"面板中"滑动菜单"影片剪辑元件拖动到舞台工作区内偏下处，只露出"滑动菜单"按钮画面。选中"滑动菜单"影片剪辑实例，在"属性"面板内的"实例名称"文本框内输入"menu"。

（7）两次双击"滑动菜单"影片剪辑实例，进入"菜单条"影片剪辑实例的编辑状态，选中"滑动菜单"按钮，打开其"动作-按钮"面板，输入如下语句。

```
on (press)                    //当按钮按下时
{
  _root.menu.play();          //播放menu菜单滑动动画，滑出/滑入菜单
}
```

（8）选中"搜狐新闻"按钮，打开其"动作-按钮"面板，输入如下语句。

```
on (press) {          //当按钮按下时
  getURL("http://news.sohu.com/");  //打开"搜狐新闻"网站主页
}
```

参考上述方法，为其他菜单按钮添加相应的程序并更改 URL 超链接的网址。

3. 制作"动感缩放按钮式"导航菜单

（1）新建一个 Flash 文档，设置文档大小为 750 像素×500 像素，背景为黑色。将"图层 1"图层的名称更改为"背景"，选中该图层的第 1 帧，导入"素材"文件夹内的"背景.jpg"图像到舞台工作区中，调整它的大小和位置，使该图像刚好将整个舞台完全覆盖。再将名为"imac.png"的文件图片导入到舞台工作区中，调整它的大小和位置，如图 10-1-15 所示。

图 10-1-15　"背景"图层第 1 帧画面

（2）创建"光晕"图形元件，在其内绘制一幅直径为 64 像素，笔触色为天蓝色，笔触高为 2，填充为白色的圆形图形，如图 10-1-16 所示。

（3）创建并进入"动感光晕"影片剪辑元件的编辑状态，将"图层 1"图层更名为"光晕动画"，选中该图层第 1 帧，将"库"面板内的"光晕"图形元件拖动到舞台工作区的中间，选中该"光晕"图形实例，在"属性"面板内设置其宽和高均为 64 像素，在"样式"下拉列表中选择"Alpha"选项，设置 Alpha 值为 75%。选中该图层的第 2 帧，按 F6 键，创建一个关键帧。

（4）创建"光晕动画"图层第 2 帧～第 10 帧的传统补间动画。选中该图层的第 10 帧内的"光晕"图形实例，在"属性"面板内设置 Alpha 值为 0。

（5）在"光晕动画"图层之上创建"程序"图层，选中该图层第 1 帧，在"动作-帧"面板中输入"stop();"程序。选中该图层第 10 帧，按 F7 键，创建空关键帧。在该帧的"动作-帧"面板中输入"gotoAndPlay(2);"程序。时间轴如图 10-1-17 所示，回到主场景。

（6）创建并进入"隐形按钮"按钮元件的编辑状态，选中"点击"帧，按 F7 键，创建一个关键帧，在该帧内绘制一个宽和高均为 80 像素的圆形。

（7）创建并进入"按钮 1"影片剪辑元件的编辑状态，在时间轴中从下到上依次创建"动感光晕"、"图标"和"隐形按钮"图层，选中"动感光晕"图层第 1 帧，将"库"面板前面的"动感光晕"影片剪辑元件拖动到舞台工作区中心处，在"属性"面板中将生成的"动感光晕"影片剪辑实例命名为"act_circle"。

（8）选中"图标"图层第 1 帧，导入"素材"文件夹中名为"图标 1.png"的图像到舞台工作区中心处。选中"隐形按钮"图层第 1 帧，将"库"面板内的"隐形按钮"按钮元件拖动到舞台工作区中，覆盖"图标 1.png"图像，如图 10-1-18 所示。

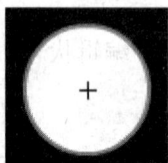

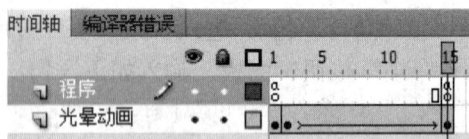

图 10-1-16　光晕图形　　　图 10-1-17　"光晕动画"影片剪辑元件时间轴　　　图 10-1-18　添加隐形按钮

（9）选中"隐形按钮"按钮实例，在"动作-按钮"面板中输入如下代码。

```
on (rollOver) //当鼠标指针经过按钮时
{//设置各按钮的大小
  _root.defx1 = _root.max;   //设置按钮1宽度变量defx1为最大
  _root.defy1 = _root.max;   //设置按钮1高度变量defy1为最大
  _root.defx2 = _root.min;   //设置其他按钮大小为最小
  root.defy2 = root.min;
  root.defx3 = root.min;
  root.defy3 = root.min;
  root.defx4 = root.min;
  root.defy4 = root.min;
  root.defx5 = root.min;
  root.defy5 = root.min;
  root.defx6 = root.min;
  root.defy6 = root.min;
  this.act_circle.gotoAndPlay(2); //播放"动感光晕"影片剪辑实例动画
}
on (rollOut) //当鼠标指针移出按钮时
{
  _root.out();          //调用主场景中的out()函数，恢复按钮为初值大小
  this.act_circle.gotoAndStop(1);//停止"动感光晕"影片剪辑实例的播放
}
on (release) //当单击时
{
getURL("http://news.sohu.com/"); //跳转到"http://news.sohu.com/"
}
```

这里的 getURL("http://news.sohu.com/")语句的引号内为 URL，这是设计时常用的方法。在设计好相应的页面文件后，再在引号内输入该页面文件的路径。至此，"按钮 1"影片剪辑元件设计完成。

（10）按上述方法制作其他导航按钮，依次命名为"按钮 2"～"按钮 6"。注意，在设计

各按钮代码时，将 on(rollOver)事件中与该按钮对应的高度和宽度变量设置为 max，其他按钮的高度和宽度设置为 min。在 getURL 语句内输入相应的 URL。

（11）退回到主场景。在"背景"图层之上创建"导航按钮"和"程序"图层。选中"导航按钮"图层第 1 帧，将"库"面板中的"按钮 1"～"按钮 6"影片剪辑元件拖动到舞台工作区中，如图 10-1-19 所示。

（12）选中"按钮 1"影片剪辑实例，在"动作-影片剪辑"面板中输入如下代码。

```
//设置按钮动作，使按钮按speed指定的速度进行缩放
onClipEvent (enterFrame)
{
  this. xscale = this. xscale+( root.defx1-this. xscale)/ root.speed;
  this. yscale = this. yscale+( root.defy1-this. yscale)/ root.speed;
}
```

这段代码用于当动画运行时，按变量_root.defx1 和_root.defy1 的值动态地设置"按钮 1"影片剪辑实例的宽和高的值，变量_root.speed 用于指定进行缩放的速度。

（13）按照上述方法设计其他影片剪辑实例的相应代码，将 defx1 和 defy1 变量替换成对应变量 defx2～defx6 和 defy2～defy6。

（14）在"导航按钮"图层之上创建一个新图层，命名为"程序"。选中该图层第 1 帧，在"动作-帧"面板中输入如下代码。

图 10-1-19　添加导航按钮到舞台工作区中

```
speed = 5;        //设置按钮缩放动画的步数（即缩放速度）
max = 120;        //设置按钮最大值
min = 70;         //设置按钮最小值
out();            //调用out()函数对按钮的值进行初始化
//函数out()用于设置各按钮的宽度和高度值，值均为100，即设置按钮大小变量的值
function out()
{
  _root.defx1 = 100;      //变量defx1用于设置按钮1的宽度
  _root.defy1 = 100;      //变量defy1用于设置按钮1的高度
  _root.defx2 = 100;      //变量defx2用于设置按钮2的宽度
  _root.defy2 = 100;      //变量defy2用于设置按钮2的高度
  _root.defx3 = 100;      //变量defx3用于设置按钮3的宽度
  _root.defy3 = 100;      //变量defy3用于设置按钮3的高度
  _root.defx4 = 100;      //变量defx4用于设置按钮4的宽度
  _root.defy4 = 100;      //变量defy4用于设置按钮4的高度
  _root.defx5 = 100;      //变量defx5用于设置按钮5的宽度
  _root.defy5 = 100;      //变量defy5用于设置按钮5的高度
  _root.defx6 = 100;      //变量defx6用于设置按钮6的宽度
  _root.defy6 = 100;      //变量defy6用于设置按钮6的高度
}
```

4．制作"闪烁边框动感"导航菜单

（1）新建一个 Flash 文档，设置文档大小为 600 像素×400 像素，背景为黑色。将"图层 1"图层的名称改为"背景"。再在该图层的上边从下到上创建"闪烁边框"、"导航菜单"和"程

序"图层。选中"背景"图层第1帧，导入"素材"文件夹内的"背景.jpg"图像到舞台工作区中，调整其大小和位置，使它刚好将整个舞台工作区完全覆盖。

（2）创建并进入"边框"图形元件的编辑状态，绘制一幅笔触色为淡黄色、高度为4、无填充色、宽120像素、高55像素的矩形框，如图10-1-20（a）所示。

（3）创建并进入"边框动画"影片剪辑元件的编辑状态，选中"图层1"图层的第1帧，将"库"面板内的"边框"图形元件拖动到舞台工作区的中间，如图10-1-20（a）所示。创建该图层第1帧～第10帧的传统补间动画。选中该图层第10帧内的"边框"图形实例。

（4）在"属性"面板中将"边框"图形实例的宽和高分别设置为130像素和65像素，Alpha值设置为10%，如图10-1-20（b）所示。要求第1帧和第10帧内的矩形框中心对齐。

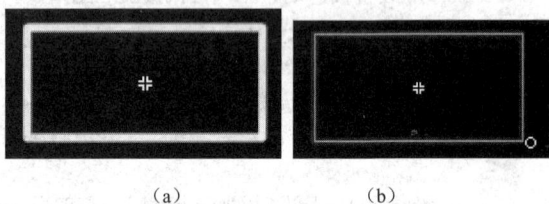

(a)   (b)

图10-1-20　设计边框动画

（5）创建并进入"闪烁边框"影片剪辑元件的编辑状态，将"图层1"图层更名为"动画边框"，选中该图层第1帧，将"库"面板内的"边框动画"影片剪辑元件拖动到舞台工作区的中心处，选中第10帧，按F5键，创建一个普通帧。

（6）在"动画边框"图层之上创建"透明滑块"和"程序"图层。选中"透明滑块"图层第1帧，绘制一幅笔触颜色为无、填充色为紫红色、宽为120像素、高为10像素的矩形框图形，如图10-1-21（a）所示。选中该图形，按F8键，将该矩形转换为名称为"透明矩形"的图形元件实例，在"属性"面板中，设置"透明矩形"图形对象实例的Alpha值为50%。

（7）创建"透明滑块"图层第1帧～第10帧的传统补间动画。选中第10帧的"透明矩形"图形实例，在"属性"面板中设置"透明矩形"图形实例的宽仍为120像素，高为55像素，Alpha值为30%，如图10-1-21（b）所示。选中"程序"图层第10帧，按F7键，创建一个空关键帧，在"动作-帧"面板中输入"stop();"语句。时间轴如图10-1-22所示。

(a)   (b)

图10-1-21　制作矩形滑块动画

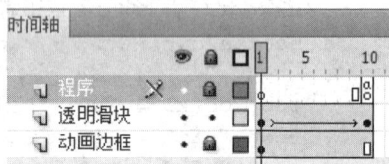

图10-1-22　"透明滑块"图层的时间轴

（8）选中主场景"闪烁边框"图层第1帧，将"库"面板中的"闪烁边框"影片剪辑元件拖动到舞台工作区内，创建一个"闪烁边框"影片剪辑实例，在"属性"面板中，将该实例命名为"rec_mc"。

（9）参看图10-1-12，按照前面介绍过的方法创建一个与边框大小相同的、名称为"隐形按钮"的隐形按钮。

（10）创建并进入"图像切换"影片剪辑元件的编辑状态，创建"背景"和"隐形按钮"图层，选中"背景"图层第1帧，绘制一幅笔触颜色为棕黄色、笔触高度为2、无填充色、宽为120像素、高为55像素的矩形框图形，如图10-1-23（a）所示。使用"选择工具" ↖，选中边框的中间部分并删除，效果如图10-1-23（b）所示。

再绘制一个大小为 115 像素×50 像素、笔触为白色、高度为 1、无填充色的矩形框，如图 10-1-23（c）所示（还没有输入文字）。使用"文本工具" $\boxed{\text{T}}$ ，设置字体为黑体，文字大小为 20，在矩形框中输入文字"图像切换"，如图 10-1-23（c）所示。

（11）选中"隐形按钮"图层第 1 帧，将"库"面板内的"隐形按钮"按钮元件拖动到舞台中，将图 10-1-23（c）覆盖，如图 10-1-24 所示。

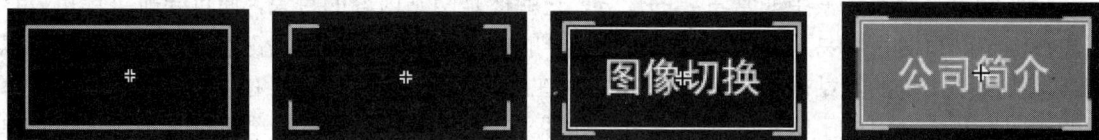

（a）　　　　　　　　（b）　　　　　　　　（c）

图 10-1-23　"背景"图层第 1 帧画面设计　　　　　图 10-1-24　添加隐形按钮

选中"隐形按钮"实例，在"动作-按钮"面板中输入如下代码。

```
on (rollOver) {                    //当鼠标指针经过按钮时
  _root.rec_mc._visible=true;      //使主场景舞台中的rec_mc实例可见
  _root.rec_mc._y = this._y;       //设置rec_mc实例的y坐标
  _root.rec_mc._x=this._x;         //设置rec_mc实例的x坐标
  _root.rec_mc.play();             //播放rec_mc实例动画
}
on(rollOut){                       //当鼠标指针移出按钮时
  root.rec mc.gotoAndPlay(1);
  _root.rec_mc._visible=false;     //使主场景舞台中的rec_mc实例不可见
}
on(release){ //当单击按钮时
  loadMovie ("SWF/图像切换.swf",_root.LOADSWF) //加载SWF格式文件
}
```

至此，"图像切换"影片剪辑元件设计完成，退出影片剪辑元件编辑状态，回到主场景。

按上面的方法，设计出"太空星球"、"世界美景"、"指针表"和"中华美景"等影片剪辑元件，回到主场景。

✔注意

在该动画所在文件夹内创建一个名称为 SWF 的文件夹，其内保存了"图像切换.swf"等 5 个 SWF 格式的文件，可以调用程序中的"loadMovie ("SWF/图像切换.swf",_root.LOADSWF)"语句，替代舞台工作区内名称为"LOADSWF"的影片剪辑实例。

（12）在主场景中选中"导航菜单"图层第 1 帧，将"库"面板中各导航菜单影片剪辑元件拖动到舞台工作区中，排成一列，如图 10-1-4 所示。

（13）创建一个名称为"load"的影片剪辑元件，其内没有任何内容。选中主场景的"程序"图层第 1 帧，将"库"面板内的"load"影片剪辑元件拖动到舞台工作区内导航菜单"图像切换"按钮的右边，形成一个小圆。选中该小圆，即选中"load"影片剪辑实例，在其"属性"面板的"实例名称"文本框中输入"LOADSWF"。

（14）在"动作-帧"面板中输入如下代码。

```
rec_mc._visible=false;   //使rec_mc实例不可见
```

10.1.3 知识链接

1．导航菜单

在网站设计中借用了导航的概念，网站导航是指通过一定的技术手段，为网站的访问者提供一定的途径，使其可以方便地访问到所需的内容。

导航菜单是网页元素中非常重要的部分，它就像是网站内容的目录，通过导航菜单可以让用户在浏览网页时很容易地到达不同的页面。导航栏还提供了链接的关键字，通过导航栏可以清晰地找到要浏览的网站内容。例如，"中关村在线"网站主页内 Logo 右边的 2 行文字中，下边的小图标和文字组成了网站的导航菜单，如图 10-1-25 所示。导航菜单可以水平排列各菜单按钮，也可以垂直排列各菜单按钮。

图 10-1-25 导航菜单

2．导航菜单设计技术

根据不同的需要，可以使用多种技术来进行导航菜单的制作。

（1）使用 HTML 制作的简单图片、文字链接式导航菜单。

简单的文字或图片导航，只使用 HTML 代码即可制作，如图 10-1-14 所示。这种导航菜单只是网站主要页面的文字或图片链接的堆积，实用性较强，但视觉效果较差。

（2）使用脚本和样式表制作的导航菜单。

在 HTML 网页中，使用脚本代码（如 Javascript）和样式表（CSS）可以做出不错的导航菜单效果。比起简单的 HTML 链接式导航菜单，这种菜单具有较好的视觉效果，菜单项不再只是堆积在一起的链接，而进行了分类，当鼠标指针移动到相应位置时，会显示该栏目的子类，菜单的互动效果也较好。

（3）使用 Flash 制作的动感导航菜单。

Flash 由于具有独特的多媒体交互方式，可以制作出视觉与互动效果极佳的导航菜单，这是其他方法无法做到的，如图 10-1-26 所示。

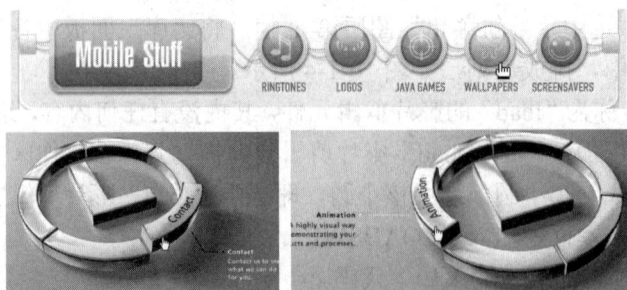

图 10-1-26 使用 Flash 制作的导航菜单

Flash 在制作动感导航菜单上具有得天独厚的优势，使用按钮元件和影片剪辑元件可以很容易地实现视觉效果极佳的交互式导航菜单，即使是传统的 HTML 静态网站，也有很多采用 Flash 来制作导航菜单部分的内容。

思考练习 10-1

1．参考【动画 35】中制作导航菜单的方法，设计一个可以打开 6 个不同网页的动感导航菜单，单击导航菜单中的图像按钮，可以打开相应的网页。

2．参考【动画 35】中"仿 Windows 滑动"导航菜单的制作方法，修改该导航菜单，使按钮的形状改变，单击其内的按钮，可以显示相应的图像。

10.2 　【动画 36】制作较复杂的导航菜单

10.2.1　动画效果

"弹出的级联"导航菜单如图 10-2-1（a）所示。将鼠标指针移到主导航菜单中的某一个菜单按钮之上时，左边红色箭头图标也会移到该按钮左边，移到第 2 个～第 5 个菜单按钮之上时，会弹出相应的二级菜单。当鼠标指针移到二级菜单的菜单命令之上时，左边红色箭头图标也会移到该菜单的左边，效果如图 10-2-1（b）所示。在本动画的制作过程中，可以学习如何通过按钮和影片剪辑来实现动态弹出的级联导航菜单的制作。

　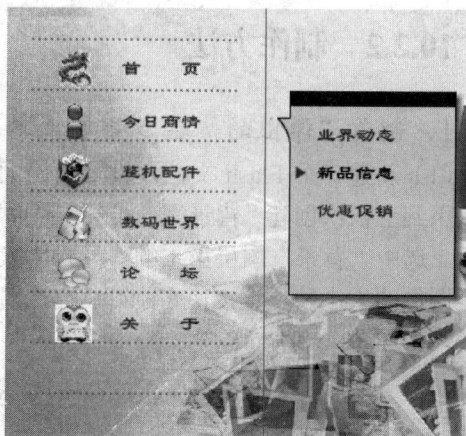

（a）　　　　　　　　　　　　　　　　（b）

图 10-2-1　"弹出的级联"导航菜单的两幅画面

"飞行"导航菜单是一个水平循环移动的飞行菜单。在播放时，随着鼠标指针位置的变化，菜单会向左（鼠标指针在舞台工作区中心偏左处）或向右（鼠标指针在舞台工作区中心偏右处）循环移动。当鼠标指针上下移动时，菜单会随之变大或变小，效果如图 10-2-2 所示。单击需要的按钮（变为红色），可以打开相应的网页。在本动画的制作过程中，可以学习如何使用影片剪辑的事件动作来设计鼠标跟随特效等。

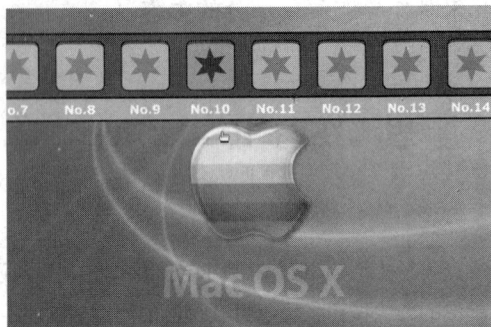

(a)　　　　　　　　　　　　　　　　　　　　(b)

图 10-2-2　"飞行"导航菜单的两幅画面

　　"动感浮动并放大的按钮式导航"导航菜单将设计一个动感浮动并放大的按钮式导航菜单。当鼠标指针移动到按钮上时，该按钮会浮动放大，效果如图 10-2-3 所示。单击需要的按钮（变为红色），可以打开相应的网页。在本动画的制作过程中，可以学到如何使用循环语句来动态访问影片剪辑实例的方法和属性等。

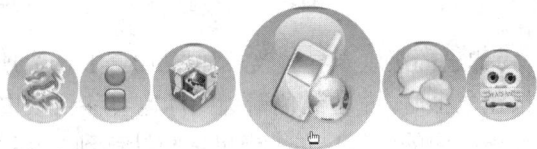

(a)　　　　　　　　　　　　　　　　　　　　(b)

图 10-2-3　"动感浮动并放大的按钮式导航"导航菜单的两幅画面

10.2.2　制作方法

1．制作"弹出的级联"导航菜单

　　（1）新建一个 Flash 文档，设置文档大小为 750 像素×500 像素，背景为白色。在时间轴中从下到上依次创建"背景"、"线条"、"面板"、"一级菜单"和"二级菜单"图层，如图 10-2-4 所示。选中"背景"图层第 1 帧，导入"素材"文件夹内的"背景.jpg"图像到舞台工作区内，调整图像的大小和位置，使它刚好将整个舞台工作区完全覆盖，选中"线条"图层，绘制背景线条，如图 10-2-4 所示。

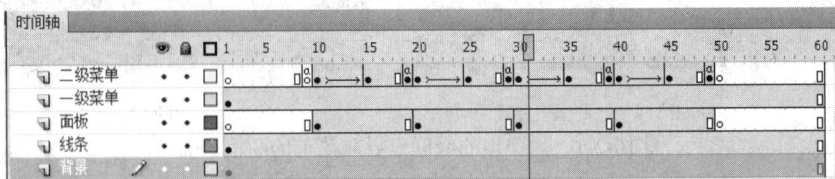

图 10-2-4　"弹出的级联"导航菜单动画的时间轴

　　（2）创建并进入"面板 1"影片剪辑元件的编辑状态，选中"图层 1"图层第 1 帧，绘制如图 10-2-5 所示的面板图形。回到主场景。在"库"面板内复制一份"面板 1"影片剪辑元件，命名为"面板 2"，将其内图形下面灰色矩形的长度调大一些。

（3）选中"面板"图层第 10、20 和 50 帧，按 F7 键，创建 5 个关键帧。选中第 10 帧，将"库"面板内的"面板 1"影片剪辑元件拖动到舞台工作区内中间偏左的位置；选中第 20 帧，将"库"面板内的"面板 2"影片剪辑元件拖动到舞台工作区内中间偏左的位置。给两个影片剪辑实例添加投影滤镜效果。再将该图层第 10 帧复制粘贴到第 30 帧和第 40 帧中。

（4）按前面学过的方法，创建"首页"、"今日商情"等 6 个一级按钮，"业界动态"、"新品信息"和"优惠促销"等二级菜单按钮。再创建并进入"今日商情按钮"影片剪辑元件的编辑状态，选中"图层 1"图层第 1 帧，将"业界动态"、"新品信息"和"优惠促销"按钮拖动到舞台工作区内，等间距排成一列。按照上述方法再创建"整机配件按钮"、"数码世界按钮"和"论坛"影片剪辑元件。

（5）创建并进入"红箭头"影片剪辑元件的编辑状态，选中"图层 1"图层第 1 帧，绘制一幅红色箭头图形，作为菜单指示标志，再回到主场景。选中"一级菜单"图层第 1 帧，将"库"面板内的"首页"、"今日商情"等 6 个一级按钮拖动到舞台工作区内偏左的位置，等间距排成一列；再将"库"面板内的"红箭头"影片剪辑元件拖动到左下方，如图 10-2-1（a）所示。

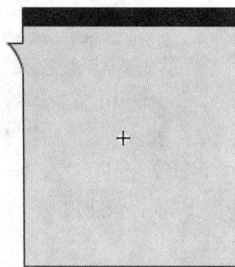

图 10-2-5　"面板"元件

（6）选中"红箭头"影片剪辑实例，在其"属性"面板的"实例名称"文本框中输入"move"，将"红箭头"影片剪辑实例命名为"move"。选中该实例，在其"动作-影片剪辑"面板中输入如下代码。

```
onClipEvent (load)      //当影片加载时，设置红色箭头（菜单指示标志）坐标的初始值
  Xpo = 20;             //Xpo变量代表红色箭头标志水平坐标的初始值
  Ypo = 307;            //Ypo变量代表红色箭头标志垂直坐标的初始值
}
//当鼠标指针移到一级菜单按钮上时，动态移动红色箭头标志的坐标位置
onClipEvent (enterFrame) {
 Xdiv = this. x;
 Ydiv = this. y;
 Xtra = Xpo-Xdiv;
 Ytra = Ypo-Ydiv;
 Xmov = Xtra/5; //改变5的值可改变红色箭头的移动速度，数值越小，移动速度越大
 Ymov = Ytra/5; //改变5的值可改变红色箭头的移动速度，数值越大，移动速度越小
 this. x = Xdiv+Xmov;
 this. y = Ydiv+Ymov;
}
```

（7）选中"首页"菜单按钮实例，在"动作-按钮"面板中输入如下代码。

```
on(rollOver)
{
gotoAndPlay(1);
move.Xpo = 20;
move.Ypo = 70;
}
```

（8）选中"今日商情"菜单按钮实例，在"动作-按钮"面板中输入如下代码。

```
on(rollOver)
{
gotoAndPlay(10);
move.Xpo = 20;
move.Ypo = 111;
}
```

（9）选中"整机配件"菜单按钮实例，在"动作-按钮"面板中输入如下代码。

```
on(rollOver)
{
gotoAndPlay(20);
move.Xpo = 20;
move.Ypo = 151;
}
```

（10）选中"数码世界"菜单按钮实例，在"动作-按钮"面板中输入如下代码。

```
on(rollOver)
{
gotoAndPlay(30);
move.Xpo = 20;
move.Ypo = 190;
}
```

（11）选中"论坛"菜单按钮实例，在"动作-按钮"面板中输入如下代码。

```
on(rollOver)
{
gotoAndPlay(40);
move.Xpo = 20;
move.Ypo = 230;
}
```

（12）选中"关于"菜单按钮实例，在"动作-按钮"面板中输入如下代码。

```
on(rollOver)
{
gotoAndPlay(50);
move.Xpo = 20;
move.Ypo = 270;
}
```

（13）选中"二级菜单"图层第9帧，按F7键，创建空关键帧，在其"动作-帧"面板内输入"stop();"语句。

（14）在第10帧中创建空关键帧，将"库"面板内的"今日商情按钮"影片剪辑元件拖动到面板的上边，选中第10帧，按F6键，创建一个关键帧。选中第10帧中的"今日商情按钮"影片剪辑实例，在其"属性"面板内设置其Alpha值为5%，如图10-2-6（a）所示。创建该图层第10帧～第15帧传统补间动画，选中第15帧内的"今日商情按钮"影片剪辑实例，将该实例微微垂直向上移动，在其"属性"面板内设置其Alpha值为100%，如图10-2-6（b）所示。

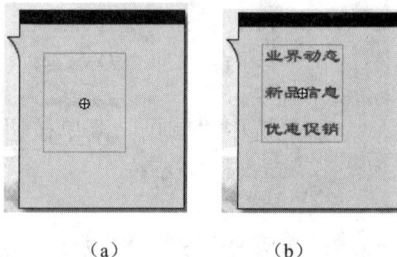

（a）   （b）

图10-2-6　第10帧和第15帧画面

（15）参考步骤（13）和步骤（14）中的方法，制作其他一级菜单按钮的二级导航菜单的动画效果，完成设计后的时间轴如图 10-2-4 所示。

（16）进入"今日商情"影片剪辑元件编辑状态，选中"业内动态"按钮实例，打开其"动作-按钮"面板，输入如下程序。注意，这里的位置为主场景中的位置。

```
//让红色箭头菜单指示标志可以跟随指示二级导航菜单中的菜单按钮
on (rollOver)                          //当鼠标指针移到菜单按钮之上时
{
  _root.move.Xpo = 240;                //设置红色箭头菜单指示标志的水平坐标
  _root.move.Ypo = 125;                //设置红色箭头菜单指示标志的垂直坐标
}
on(release){            //当单击菜单按钮时
    getURL("http://top.zol.com.cn/");    //跳转到有关业内动态排行榜的网页
}
```

按同样的方法，设置其他二级导航菜单中的菜单按钮的代码。

2．制作"飞行"导航菜单

（1）新建一个 Flash 文档，设置文档大小为 750 像素×500 像素，背景为灰色。将"图层 1"图层的名称改为"背景"，选中该图层第 1 帧，导入"素材"文件夹内的"背景.jpg"图像到舞台工作区，调整该图像的大小和位置，使它刚好将整个舞台工作区覆盖。效果如图 10-2-2 所示。在"背景"图层之上插入一个新图层，命名为"飞行菜单"。

（2）创建并进入"按钮图标"按钮元件的编辑状态，选中"图层 1"图层中的"弹起"帧，绘制一个大小为 40 像素×40 像素的浅灰色圆角矩形，如图 10-2-7（a）所示。选中"指针经过"帧，按 F6 键，修改圆角矩形填充色为橙色，如图 10-2-7（b）所示。选中"点击"帧，按 F6键，修改矩形高度为 250 像素，如图 10-2-7（c）所示。

（3）在"图层 1"图层之上新建"图层 2"图层，选中该图层中的"弹起"帧，绘制一个灰色六角星形，如图 10-2-8（a）所示。选中"指针经过"帧，按 F6 键，将六角星形填充色设置为紫色。选中紫色六角星形，按 F8 键，将其转换为"旋转星形"影片剪辑元件的实例，如图 10-2-8（b）所示。双击该实例，进入影片剪辑元件编辑状态，为六角星形创建第 1 帧~第 20 帧的旋转动画，时间轴如图 10-2-8）（c）所示。

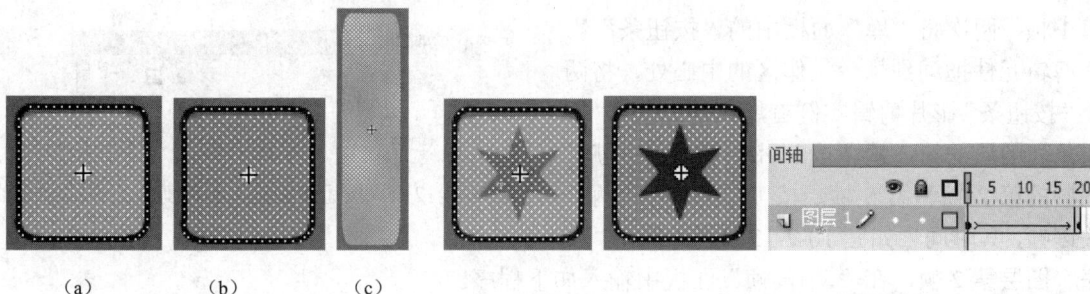

（a）　　　（b）　　　（c）

图 10-2-7　绘制按钮　　　　　图 10-2-8　六角星形图标的旋转动画设计

（4）返回"按钮图标"按钮元件的编辑状态，选中"图层 2"图层中的"点击"帧，按 F6键，此时的时间轴如图 10-2-9 所示。

图 10-2-9　"按钮图标"按钮元件的时间轴

（5）创建并进入"按钮条"影片剪辑元件的编辑状态，将"图层 1"图层的名称改为"按钮条背景"，选中该图层第 1 帧，绘制一个 1100 像素×50 像素的深灰色矩形条，再紧贴该矩形条，在其下方绘制一个 1100 像素×20 像素的浅灰色矩形条，如图 10-2-10 所示。

图 10-2-10　按钮条背景

（6）在"按钮条背景"图层之上新建一个图层，命名为"按钮"。选中该图层第 1 帧，20 次将"库"面板中的"旋转星形"影片剪辑元件拖动到深灰色矩形条上，均匀排列。使用"文本工具"，依次在各个"旋转星形"影片剪辑元件实例下输入名称"No.1"、…、"No.20"，如图 10-2-11 所示（注意，这里的按钮仅做显示用）。

图 10-2-11　制作按钮条菜单

（7）选中其中任何一个按钮，在其"动作-按钮"面板内可以输入相应的程序，例如，选中"No.10"按钮，在其"动作-按钮"面板内输入如下程序。

```
on(release){    //当单击菜单按钮时
    getURL("http://top.zol.com.cn/");  //跳转到有关业内动态排行榜的网页
}
```

（8）创建并进入"循环按钮条"影片剪辑元件的编辑状态，在时间轴中从下到上创建"按钮条"和"程序"图层，选中"按钮条"图层第 1 帧，两次将"库"面板中的"按钮条"影片剪辑元件拖动到舞台工作区的中心处，将两个"按钮条"影片剪辑实例首尾相连。选中"按钮条"图层的第 3 帧，按 F5 键。选中"程序"图层的第 2 帧和第 5 帧，按 F7 键，创建两个关键帧，其时间轴如图 10-2-12 所示。选中"程序"图层第 2 帧，在"动作-帧"面板中输入如下程序。

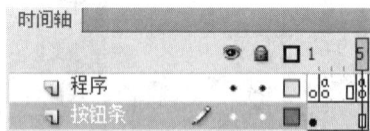

图 10-2-12　"按钮条菜单"影片剪辑元件的时间轴

```
//获取舞台工作区水平坐标的中点
sw=Stage.width/2;                        //Stage.width用于获取舞台工作区宽度
//根据光标的水平坐标设置菜单的水平位置，产生菜单水平滑动效果
dX = _root._xmouse-sw;
setProperty(this, _x, _x-dX/10);         //设置菜单的水平坐标
//根据光标的垂直坐标设置菜单缩放比例
scale= _root._ymouse;
```

```
if (scale<80)                //限定菜单缩放比例不小于80%
{
  scale = 80;
}
if (scale>200)               //限定菜单缩放比例不大于200%
{
  scale=200;
}
setProperty(this, _yscale, scale);   //设置菜单高度缩放比例
setProperty(this, _xscale, scale);   //设置菜单宽度缩放比例
/*下面的程序用于判断菜单移动是否超出舞台工作区的范围，如果超出，则移动1/2菜单宽度*/
//当菜单右移坐标大于菜单宽度的一半时
if ( x> width/2)
{
  /*设置菜单水平坐标左移一半宽度，由于菜单是两段相同内容连接而成的，
  其一半宽度已经是从No1到No20的一个完整菜单*/
  setProperty(this, x, x-( width/2));
}
//当菜单左移坐标小于舞台工作区宽度与菜单宽度的一半之差时
if ( x<Stage.width- width/2)
{
  /*设置菜单水平坐标右移一半宽度，由于菜单是两段相同内容连接而成的，
  其一半宽度已经是从No1到No20的一个完整菜单*/
  setProperty(this, x, x+ width/2);
}
```

（9）选中第 5 帧，输入"gotoAndPlay（2）；//转到第 2 帧，循环播放"程序，回到主场景。选中"飞行菜单"图层第 1 帧，将"库"面板中的"循环按钮条"影片剪辑元件拖动到舞台工作区中，将其与舞台工作区中心对齐，如图 10-2-13 所示。

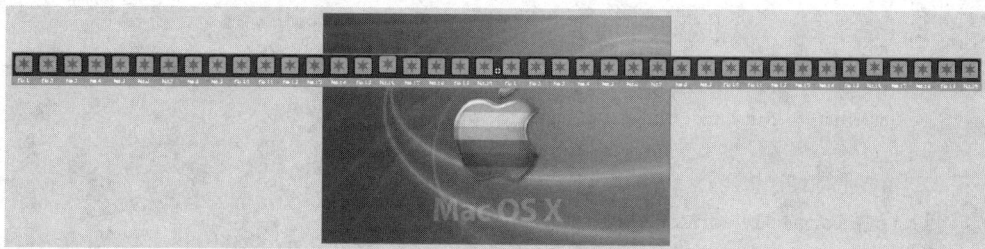

图 10-2-13　"循环按钮条"影片剪辑元件实例

3．制作"动感浮动并放大的按钮式导航"导航菜单

（1）新建一个 Flash 文档，设置文档大小为 766 像素×300 像素，背景为白色。

（2）绘制如图 10-2-14 所示的按钮图像，圆形大小为 100 像素×100 像素，其中的龙形图案可使用本书所附资料"ch26\素材"文件夹中的"首页.gif"图片文件。

（3）选中所有图像，按 F8 键将其转换为按钮元件，命名为"首页"。双击该实例，进入其元件编辑状态，在"点击"帧中插入延时帧，该元件的时间轴如图 10-2-15 所示。

图 10-2-14 绘制"首页"按钮的图像

图 10-2-15 "首页"按钮元件的时间轴

（4）返回主场景，选中舞台工作区中的按钮实例，按 F8 键将其转换为影片剪辑元件，并在"属性"面板中设置舞台工作区中的当前实例名称为"icon1"。

（5）参考步骤（2）～步骤（4），制作"今日商情"、"整机配件"、"数码世界"、"论坛"和"关于"按钮，并依次设置实例名称为"icon2"、…、"icon6"，各按钮如图 10-2-16 所示。

图 10-2-16 其他按钮

在主场景的"时间轴"面板中，插入一个新图层，命名为"script"。在该图层中选中第 1 帧，在其"动作-帧"面板中输入如下代码。

```
var chk = false;        //变量chk用于记录指针是否在按钮上
var myNum = 4;          //myNum用于记录按钮序号
var btncount=6;         //btncount用于记录按钮个数
//通过循环动态访问各个按钮
for (i=1; i<=btncount; i++)
{
 this["icon"+i].onRollOver = function()  //当该指针经过按钮时
  {
    chk = true;
    //获取按钮名称中的序号并转换为数值
    myNum = Number(this. name.substring(4));
  };
    //当该指针移出按钮时
    this["icon"+i].onRollOut = function()
  {
    chk = false;
    reset();                 //调用reset()函数重置按钮的大小和位置
  };
}
var center = icon4._x;    //设置导航菜单中心位置为icon4的水平坐标
//自定义reset()函数用于重置按钮的大小和位置
function reset()
{
  //通过循环动态地设置各个按钮的缩放比例，trgscale值为100%
  for (i=1; i<=btncount; i++)
  {
```

```
            this["icon"+i].trgScale = 100;
        }
        myNum = 4;
        // 当播放按钮icon4的动画帧时，使icon4向原位置移动
        icon4.onEnterFrame = function()
        {
            //计算按钮向中心位置移动的速度，距离远时速度快，距离近时速度慢
            var speed = (center-this._x)*0.4;
            this._x += speed;    //使按钮向中心位置移动，实质上是使icon4回到原位置
            //如果速度小于0.1，则删除当前事件，即在icon4回到原位置时停止移动
            if (Math.abs(speed)<0.1)
            {
                delete this.onEnterFrame;
            }
        };
    }
    //当播放影片剪辑动画帧时
    this.onEnterFrame = function()
    {
      for (i=1; i<=btncount; i++)    //循环访问按钮
      {
            //如果此时指针正在按钮上
            if (chk)
            {
                //变量distance用于记录鼠标位置与按钮位置的距离
                var distance = Math.abs(this["icon"+i]._x-this._xmouse)/2;
                //按鼠标位置与按钮位置的距离的远近设置按钮缩放比例，最大为200%
                this["icon"+i].trgScale = 200-distance;
                //限制按钮缩放比例不小于100%
                if (this["icon"+i].trgScale<100)
                {
                    this["icon"+i].trgScale = 100;
                }
            }
            //设置按钮缩放动画的速度
            var Scalespeed=(this["icon"+i].trgScale-this["icon"+i]._xscale)*0.4;
            //按钮缩放
            this["icon"+i]._yscale +=Scalespeed;
            this["icon"+i]._xscale +=Scalespeed;
      }
      //通过循环使指针经过按钮右侧的所有按钮移动
      for (i=myNum+1; i<=btncount; i++)
      {
            this["icon"+i]._x =this["icon"+(i-1)]._x+this["icon"+(i-1)].
width/2+this["icon"+i]._width/2;
      }
      //通过循环使指针经过按钮左侧的所有按钮移动
      for (i=myNum-1; i>0; i--)
```

```
    {
        this["icon"+i]. x = this["icon"+(i+1)]. x-
this["icon"+(i+1)]. width/2-this["icon"+i]. width/2;
    }
};
```

（6）选中主场景内的按钮影片剪辑实例，在其"动作-帧"面板中输入如下代码，即可在单击该按钮影片剪辑实例后，打开相应的网页。

```
    on(release){                              //当单击菜单按钮时
        getURL("http://top.zol.com.cn/");     //跳转到有关业内动态排行榜的网页
    }
```

10.2.3　知识链接

1. 从模板中新建菜单

Flash CS 5.5 提供了制作导航菜单和联级菜单的模板，可以方便地创建导航菜单和联级菜单，具体操作如下。

（1）选择"文件"→"新建"命令，弹出"从模板新建"对话框，选择"模板"选项卡，在"类别"列表框中选择"范例文件"选项，在"模板"列表框内选择"菜单范例"选项，如图 10-2-17 所示。

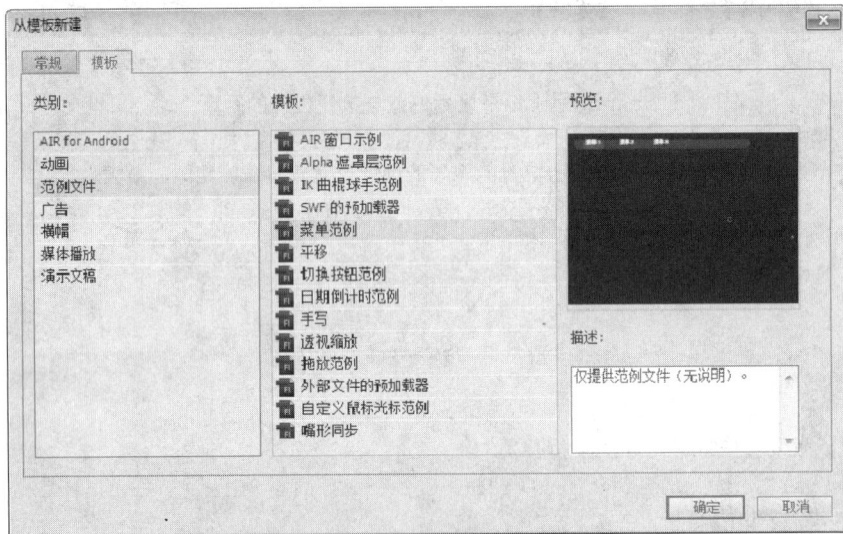

图 10-2-17　"从模板新建"对话框

（2）单击"确定"按钮，关闭"从模板新建"对话框，舞台如图 10-2-18 所示。可以看到舞台工作区的背景是黑色的，导航条是灰色的，菜单文字是白色的。舞台工作区左边有两个矩形对象，小矩形对象是名称为"highlight_tween"的影片剪辑实例，大矩形对象是名称为"menu_tween"的影片剪辑实例。选中菜单，可以看到它是一个对象，在其"属性"栏内可以看到它是一个名称为"yourMenu"的影片剪辑实例。

（3）运行新建的导航菜单动画，可显示导航菜单，它由"菜单 1"、"菜单 2"和"菜单 3"3 个菜单组成，将鼠标指针移到菜单之上时，会显示相应的二级菜单。例如，将鼠标指针移到

"菜单 1"之上，会显示二级菜单，其内有"项目 1"、"项目 2"和"项目 3"3 个指针命令，如图 10-2-19 所示。

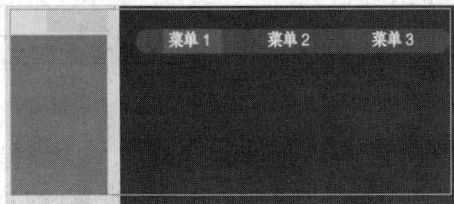

图 10-2-18　新建的导航菜单　　　　图 10-2-19　新建导航菜单的运行结果

（4）选择"菜单 1"→"项目 1"命令，可以打开"输出"面板，该面板内显示了"Menu 1，button 1"，如图 10-2-20 所示。

显然，利用模板创建的导航菜单不具有实用价值，需要进行修改，如背景颜色、文字颜色、文字内容和大小，选择菜单命令后的结果等。下面简要介绍一些修改方法，而这些修改不用完全了解其全部设计内容，也不用完全读懂其全部程序。

2．新建导航菜单的修改

（1）选中图 10-2-18 所示的导航菜单对象，在它的"属性"面板内可以看到它是一个名称为"Full Menu"的影片剪辑元件，它在舞台工作区内形成的影片剪辑实例的名称为"yourMenu"。双击"yourMenu"影片剪辑实例，进入其编辑状态，如图 10-2-21 所示。

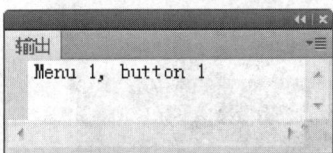

图 10-2-20　"输出"面板　　　图 10-2-21　"yourMenu"影片剪辑元件

（2）打开"库"面板，如图 10-2-22 所示。可以看到其内有"Full Menu"影片剪辑元件和组成该影片剪辑元件的所有影片剪辑元件和按钮元件。要修改该导航菜单，可以从修改组成该导航菜单的影片剪辑元件和按钮元件开始。

（3）双击"库"面板内的"bg_bar"影片剪辑元件，进入导航条的编辑状态，利用"属性"面板可以改变它的颜色（如改为蓝色），调整它的高度（如 36 像素）。

（4）双击"库"面板内"menu1"按钮元件，进入一级菜单按钮的编辑状态，这是一个很简单的按钮，选中其内的文字，利用它的"属性"面板可以改变文字属性，此处将字体改为黑体，大小改为 16 点，内容改为"搜狐新闻"。

双击"库"面板内的"menu1"按钮元件，进入一级菜单按钮的编辑状态，利用它的"属性"面板将文字字体改为黑体，大小改为 16 点，文字改为"中华名胜"。双击"库"面板内的"menu1"按钮元件，进入一级菜单按钮的编辑状态，利用其"属性"面板将文字字体改为黑体，大小改为 16 点，文字改为"著名建筑"。

图 10-2-22　"库"面板

（5）将"库"面板内"menu1"按钮元件复制6份，名称分别改为"menu4"～"menu9"，再更改其内的文字。

（6）按照上述方法，将"item1"按钮元件中的文字改为黑色、黑体，大小改为16点，文字改为"搜狐新闻"；将"item2"按钮元件中的文字改为黑色、黑体，大小改为16点，文字改为"时政动态"；将"item3"按钮元件中的文字改为黑色、黑体，大小改为16点，文字改为"社会滚动"。

（7）双击"库"面板内的"menu 1"影片剪辑元件，进入它的编辑状态，将二级菜单的背景矩形填充为黄色，宽度为80像素，调整3个文字按钮，使其位于该行内的偏下位置。

（8）如果需要，可以按照相同的方法，修改"menu 2"和"menu 3"影片剪辑元件，在修改时还需要将原来的"menu1"～"menu3"按钮实例分别更换为"menu4"～"menu6"按钮实例和"menu7"～"menu9"按钮实例。此处没进行这步操作，留给读者来完成。

（9）回到"yourMenu"影片剪辑元件的编辑状态，单击"遮罩图层"按钮 🔒，将该图层解锁，目的是取消遮罩，将其下的被遮罩图层内容完全显示出来，时间轴如图10-2-23（a）所示。调整二级菜单的位置，如图10-2-23（b）所示。其内下边黑色矩形是"遮罩"图层第1帧中的内容。调整完成后，再将"遮罩"图层锁定。

（10）如果要将加亮一级菜单选项的功能取消，则可以回到主场景，删除舞台工作区右上方的小矩形"highlight"影片剪辑元件实例（其名称为"highlight_tween"）；选中"动作"第1帧，打开"动作-帧"面板，将其内有"highlight_tween"的语句删除。

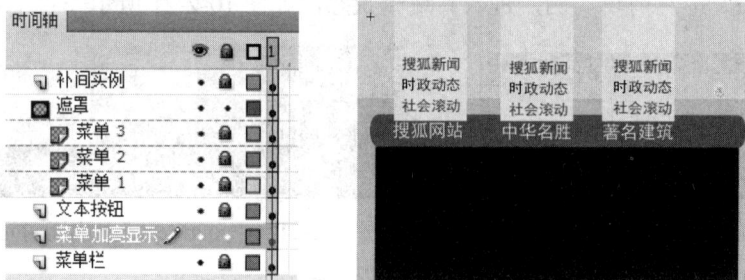

图10-2-23　"yourMenu"影片剪辑元件的时间轴和舞台中的内容

（11）如果要使该导航菜单中的菜单按钮起作用，即单击它后可以打开相应的网页。例如，在浏览器内打开"搜狐新闻"网页，可以选中"动作"第1帧，打开"动作-帧"面板，在程序编辑区域内找到"trace("Menu 1, button 1");"语句，在其左边添加"//"，取消该语句，在该语句的下边添加如下语句，用来打开"搜狐新闻"网页，其网址为"http://news.sohu.com/"。

```
flash.net.navigateToURL(new URLRequest("http://news.sohu.com/"));
```

此处采用的语句和前面介绍的打开外部网页的方法不一样，这是因为，此模板建立的Flash文档默认设置的"脚本"类型是"ActionScript 3.0"。如果要了解打开外部图像和SWF格式动画文件的方法，可参看《ActionScript 3.0宝典》一书中的相关内容。

3．制作"中国旅游"网站

"中国旅游"网站是一个用Flash制作的简单网站，用来介绍北京的一些名胜。它由8个页面组成，各页面之间可以通过单击文字或图像按钮来切换。实质上，各页面之间的切换就是时间轴各帧之间的切换。"中国旅游"动画运行后的第1个画面是网页的主页，即第1帧的画面，如图10-2-24所示。单击"北京印象"按钮"AN2"，切换到"北京印象"网页，即第2帧的画面，该网页与主页相似，按钮没有增加，"您所在的位置"栏会指示当前位置为"北京印象"。

单击"景点介绍"按钮"AN3"，切换到"景点介绍"网页，即第 3 帧的画面，如图 10-2-25 所示，"您所在的位置"栏会指示当前位置为"景点介绍"。

标题栏（Banner）
"北京简介"文字按钮（AN4）
"首页"文字按钮（AN1）
"北京印象"文字按钮（AN2）
"景点介绍"文字按钮（AN3）
"北海风光"文字按钮（AN5）
"雪中长城"文字按钮（AN6）
滚动文字
滚动图像
图像切换

图 10-2-24 "中国旅游"动画运行后的主页

单击各图像按钮，可以切换到不同的网页画面。单击"首页"按钮"AN1"，可切换到第 1 帧；单击"背景简介"按钮"AN4"，可切换到第 1 帧；单击"北海风光"按钮"AN5"，可切换到第 4 帧；单击"雪中长城"按钮"AN6"，可切换到第 5 帧；单击图像按钮"AN7"，可切换到第 6 帧；单击图像按钮"AN8"，可切换到第 4 帧；单击图像按钮"AN9"，可切换到第 7 帧；单击图像按钮"AN10"，可切换到第 8 帧。"中国旅游"网站的制作方法如下。

标题栏（Banner）
"首页"文字按钮（AN1）
图像按钮AN7
图像按钮AN9
图像按钮AN8
图像按钮AN10

图 10-2-25 "景点介绍"画面

（1）新建一个 Flash 文档，设置文档大小为 700 像素×500 像素，背景为黄色。将"素材"文件夹内的所有图像导入到"库"面板内。制作"标题栏"影片剪辑元件，其时间轴如图 10-2-26 所示。"背景图"图层第 1 帧的画面是标题栏背景图像，其他图层分别是几个透明白色矩形图形来回移动的动画。

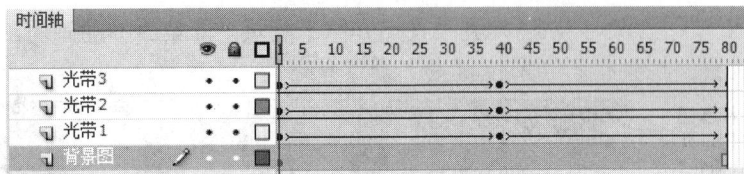

图 10-2-26　"标题栏"动画的时间轴

（2）制作"滚动文字"影片剪辑元件，其时间轴如图 10-2-27 所示。"图层 2"图层绘制了一个蓝色矩形，用来做文字的遮罩。"图层 1"图层是文字从蓝色矩形下边垂直移到蓝色矩形上边的动画。

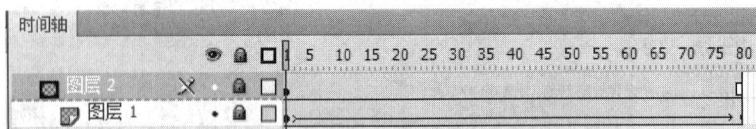

图 10-2-27　"滚动文字"动画的时间轴

（3）参考前面介绍的方法，创建"图像切换"和"滚动图像"两个影片剪辑元件，这可以由读者自行完成。再按照本书前面介绍的方法，制作该网站中需要的各种按钮。

（4）在"库"面板内添加几个文件夹，更改文件夹的名称，用鼠标拖动"库"面板内各元件的图标到文件夹之上，将"库"面板内的元件分类保存，如图 10-2-28 所示。

（5）选中主场景"图层 1"图层的第 1 帧，将所有网页中都需要的"标题栏"和"滚动图像"两个影片剪辑元件拖动到舞台工作区内，调整其大小和位置，如图 10-2-24 所示。在第 1 帧的"行动-帧"面板的程序编辑区内输入如下程序。

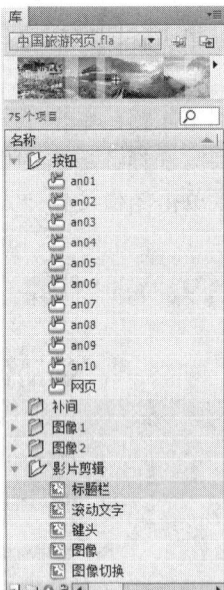

图 10-2-28　"库"面板

```
stop();
AN1.onPress = function() {
  gotoAndStop(1);
}
AN2.onPress = function() {
  gotoAndStop(2);
}
AN3.onPress = function(){
  gotoAndStop(3);
}
AN4.onPress = function(){
  gotoAndStop(1);
}
AN5.onPress = function(){
  gotoAndStop(4);
}
AN6.onPress = function(){
  gotoAndStop(5);
}
```

```
AN7.onPress = function() {
  gotoAndStop(6);
}
AN8.onPress = function(){
  gotoAndStop(4);
}
AN9.onPress = function(){
  gotoAndStop(7);
}
AN10.onPress = function(){
    gotoAndStop(8);
}
```

（6）选中"图层 1"图层第 8 帧，按 F5 键，使该图层第 1 帧～第 8 帧内容一样。在"图层 1"图层的上边添加一个"图层 2"图层，该图层各帧内放置各网页独有的对象，并制作各帧的画面。图 10-2-29 所示为该网站的时间轴和"图层 2"图层第 2 帧的内容。

| (a) | (b) |

图 10-2-29　"图层 2"图层的时间轴和第 2 帧的内容

思考练习 10-2

1．继续完成该动画中介绍的"弹出的级联"导航菜单的制作。

2．参考【动画 36】中的方法，设计一个图像飞行导航菜单，在单击菜单中的图像按钮时，显示相应的图像。

10.3　【动画 37】制作应用数组的导航菜单

10.3.1　动画效果

"玻璃滑框动感"导航菜单的左边是导航菜单。拖动玻璃质感的滑框，滑框会随之上下滑动，并定位到指针经过的按钮上，效果如图 10-3-1（a）所示。背景图像和导航栏背景如图 10-3-1（b）

所示。另外，单击菜单按钮也可以在导航菜单右边显示相应的 SWF 格式动画或图像。在本动画的制作过程中，可以学到如何使用数组来设置导航菜单按钮链接的 URL 地址等。

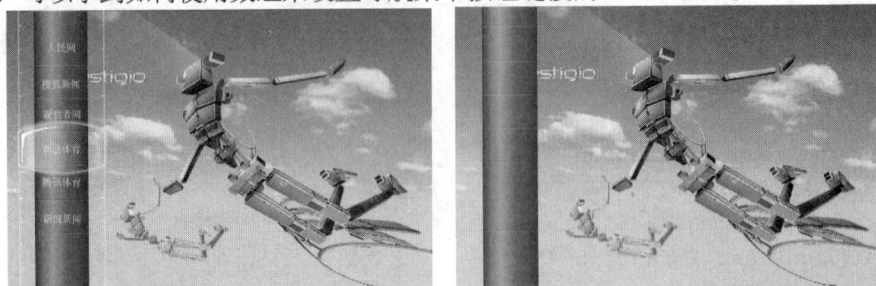

（a）　　　　　　　　　　　　　　　（b）

图 10-3-1　"玻璃滑框动感"导航菜单和背景与导航栏背景

"折叠展开式"导航菜单如图 10-3-2 所示。将鼠标指针移到二级菜单命令之上，该命令的文字会变为红色，如图 10-3-2（a）所示。单击主菜单按钮后，会动态地展开该主菜单的子菜单，效果如图 10-3-2（b）所示。在本动画的制作过程中，可以学到如何使用循环语句和二维数组来设计级联导航菜单。

（a）　　　　　　　　　　　　　　　（b）

图 10-3-2　"折叠展开式"导航菜单效果

"向下弹出式动感级联"导航菜单如图 10-3-3 所示。当鼠标指针在主菜单上经过时，会动态地弹出二级菜单，如图 10-3-3 所示。在本动画的制作过程中，可以学到如何使用循环语句和二维数组来设计弹出式级联导航菜单。

"下方滑出式半透明"级联菜单如图 10-3-4 所示。当鼠标指针在主菜单上经过时，在一级菜单下方将滑出半透明背景的二级菜单，效果如图 10-3-4 所示。在本动画的制作过程中，可以学到如何使用循环语句、数组和影片剪辑来设计下方滑出式半透明级联菜单。

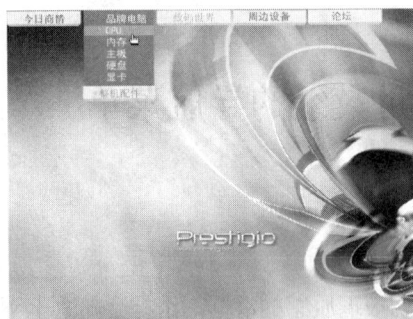

图 10-3-3　"向下弹出式动感级联"导航菜单　　　图 10-3-4　"下方滑出式半透明"级联菜单

10.3.2 制作方法

1．制作"玻璃滑框动感"导航菜单

（1）新建一个 Flash 文档，设置文档大小为 750 像素×500 像素。在时间轴内从下到上创建"背景"、"导航栏背景"、"导航按钮"、"玻璃滑框"和"程序"图层，如图 10-3-5 所示。选中"背景"图层第 1 帧，导入"素材"文件夹内的"背景.jpg"图像到舞台工作区内，调整它的大小和位置，使它刚好将整个舞台工作区完全覆盖。选中"导航栏背景"图层，绘制一幅带横刻印记的柱形导航栏背景图像，如图 10-3-1（b）所示

（2）创建并进入"人民网"按钮元件的编辑状态，选中"弹起"帧，输入大小为 18 点、黄色文字"人民网"。选中"指针经过"帧，按 F6 键，创建一个关键帧，将该帧内的文字颜色改为红色。选中"按下"帧，按 F5 键；选中"点击"帧，按 F7 键，绘制一幅将文字区域覆盖的黑色矩形图形。时间轴如图 10-3-6 所示，回到主场景。

（3）在"库"面板内复制 5 个按钮元件，名称分别改为"搜狐新闻"、"观察者网"、"新浪体育"、"腾讯体育"和"新浪新闻"。将复制按钮内的文字按照按钮名称进行相应的修改。

（4）选中主场景"导航按钮"图层第 1 帧，使用"选择工具" ，将"库"面板内制作的文字按钮一次拖动到导航背景图像之上，排成一列，形成 6 个按钮实例，如图 10-3-1（a）所示。在其"属性"面板内分别命名这 6 个按钮实例的名称为"bt1"～"bt6"。

（5）创建并进入"玻璃滑框"图形元件的编辑状态，在舞台工作区中绘制一幅两边有刻度、中间有一个透明玻璃滑框的图形，"玻璃滑框"图形从左到右填充的都是白色渐变颜色，在"颜色"面板的颜色编辑栏 中，将 5 个关键色滑块白色 Alpha 值分别设置为 0、60、0、40 和 0，返回主场景。

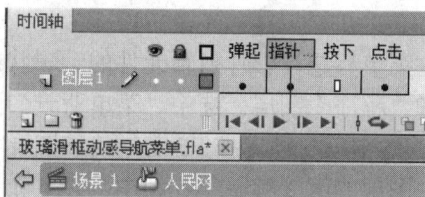

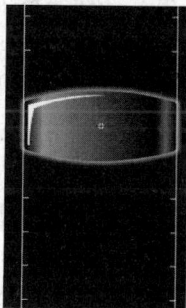

图 10-3-5 在时间轴上创建的图层 图 10-3-6 "人民网"按钮元件的时间轴 图 10-3-7 玻璃滑框效果

（6）创建并进入"玻璃滑框动画"影片剪辑元件的编辑状态，选中"图层 1"图层第 1 帧，在"库"面板中将"玻璃滑框"影片剪辑元件拖动到舞台工作区中，创建"玻璃滑框"影片剪辑元件实例。创建第 1 帧到第 10 帧，再到第 20 帧的传统补间动画。将第 10 帧内的实例向上移动一点，如图 10-3-7 所示。设计完成后，返回主场景。

（7）选中"玻璃滑框"图层第 1 帧，将"库"面板的"玻璃滑框动画"影片剪辑元件拖动到舞台工作区中，形成"玻璃滑框动画"影片剪辑实例，如图 10-3-1（a）所示。在"属性"面板中，将该"玻璃滑框动画"影片剪辑实例命名为"glass_mc"。

（8）选中"程序"图层第 1 帧，在它的"动作-帧"面板中输入如下代码。

```
//定义数组myurl，用于存储链接的各网页地址
myurl = new Array();
```

```
myurl[1] = "http://www.people.com.cn/";
myurl[2] = "http://news.sohu.com/";
myurl[3] = "http://www.guancha.cn/";
myurl[4] = "http://sports.sina.com.cn/";
myurl[5] = "http://sports.qq.com/";
myurl[6] = "http://news.sina.com.cn/";
rollnum = 1;//变量roolnum用于记录当前指针经过的按钮序号
//利用循环访问各个按钮
for (i=1; i<=6; i++) {
    //按钮变量snum用于记录按钮序号
    root["bt"+i].snum = i;
    //如果鼠标指针在按钮上经过，则在变量rollnum中记录按钮序号
    root["bt"+i].onRollOver = function() {
        root.rollnum = this.snum;
    };
    //如果按钮被单击，则转到与该按钮序号对应的数组元素记录的网页上
    root["bt"+i].onRelease = function() {
        getURL(myurl[this.snum]);
    };
}
//当播放玻璃滑框"glass_mc"影片剪辑实例时，向鼠标指针指向的按钮移动滑框
glass mc.onEnterFrame = function() {
    this. y = this. y-(this. y- root["bt"+ root.rollnum]. y)*0.1;
};
```

2．制作"折叠展开式"导航菜单

（1）新建一个 Flash 文档，设置文档大小为 500 像素×200 像素，背景为白色。在时间轴中从下到上创建"背景"、"导航菜单"和"程序"图层。选中"背景"图层第 1 帧，导入"素材"文件夹内的"背景.jpg"图像到舞台工作区内，调整图像的大小和位置，将舞台工作区完全覆盖，如图 10-3-2 所示。

（2）创建并进入"主菜单标题"影片剪辑元件的编辑状态，在时间轴中从下到上创建"菜单背景"、"菜单标题"和"程序"图层。选中"菜单背景"图层第 1 帧，绘制一个 120 像素×18 像素的浅灰色矩形条。选中第 5 帧，按 F5 键，使该图层各帧内容一样。

（3）在"菜单标题"图层的第 2 帧～第 5 帧中创建 4 个关键帧，在各关键帧（第 1 帧～第 5 帧）中输入菜单标题文字"今日商情"、"整机配件"、"数码世界"、"周边设备"和"论坛"，如图 10-3-8 所示。

在"程序"图层的第 2 帧～第 5 帧中创建 4 个关键帧，在各关键帧（第 1 帧～第 5 帧）的"动作-帧"面板中输入"stop();"语句。此时的时间轴如图 10-3-8 所示。

| 今日商情 + | 整机配件 + | 数码世界 + | 周边设备 + | 论 坛 + |

图 10-3-8　输入菜单标题

（4）按照图 10-3-6 和相关文字介绍的导航按钮设计方法创建"bt11"～"bt13"、"bt21"～"bt26"、"bt31"～"bt33"、"bt41"、"bt42"、"bt51"和"bt52"按钮元件。将其内的文字改为"业内动态"、"新品信息"、"优惠促销"等。

（5）创建并进入"子菜单"影片剪辑元件的编辑状态，在时间轴中从下到上创建"子菜单背景"、"子菜单标题"和"程序"图层，如图 10-3-9 所示。选中"子菜单背景"图层第 1 帧，绘制一个 120 像素×200 像素的黄绿色矩形。在该图层第 2 帧～第 5 帧中创建关键帧，将各帧中的黄绿色矩形修改成不同颜色的矩形。

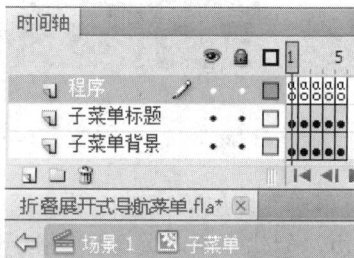

图 10-3-9　"子菜单"影片剪辑元件的时间轴

（6）选中"子菜单标题"图层第 1 帧，将"库"面板内的"bt11"～"bt13"按钮元件拖动到绿色矩形之上，排成一列，如图 10-3-10（a）所示。将 3 个按钮元件实例分别命名为"1"、"2"和"3"。

在"子菜单标题"图层的第 2 帧～第 5 帧中分别创建关键帧，按步骤（7）中所述方法，在各关键帧中创建相应子菜单按钮，设计完成后的各关键帧内容如图 10-3-10（b）所示，时间轴如图 10-3-11 所示。

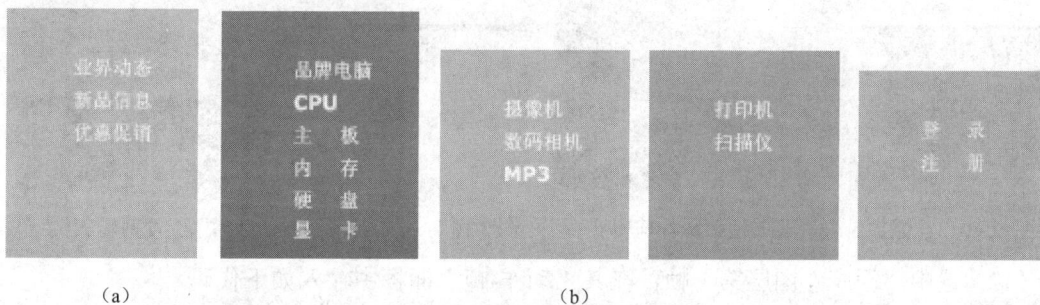

（a）　　　　　　　　　　　　　　　　（b）

图 10-3-10　子菜单内容

（7）在"程序"图层的第 2 帧～第 5 帧中创建关键帧，在各关键帧（第 1 帧～第 5 帧）的"动作-帧"面板中输入"stop();"语句，回到主场景。

（8）创建并进入"菜单栏"影片剪辑元件的编辑状态，从下到上创建"子菜单"和"主菜单标题"图层，如图 10-3-12 所示。选中"子菜单"图层第 1 帧，将"库"面板内的"子菜单"影片剪辑元件拖动到舞台工作区中，创建一个"子菜单"影片剪辑实例，在其"属性"面板中将其命名为"sub"。

（9）选中"主菜单标题"图层第 1 帧，在"库"面板中将"主菜单标题"影片剪辑元件拖动到舞台工作区中，创建一个"主菜单标题"影片剪辑实例，为该实例添加"投影"滤镜效果，如图 10-3-4（b）所示。选中该实例，在其"属性"面板中将该实例命名为"mainText"，回到主场景。

图 10-3-11 "子菜单标题"图层的时间轴　　图 10-3-12 "菜单栏"影片剪辑元件时间轴和内容

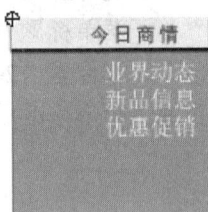

（10）选中主场景内的"导航菜单"图层第 1 帧，从"库"面板中拖动 5 个"菜单栏"影片剪辑元件到舞台工作区的偏左边，创建 5 个"菜单栏"影片剪辑实例，按图 10-3-13 所示的样式排列。将各实例从上到下依次命名为"1"、"2"、"3"、"4"和"5"。

（11）在最下面的"菜单栏"元件实例"5"的子菜单外，绘制一个 120 像素×200 像素的浅灰色矩形。选中灰色矩形，按 F8 键，将其转换为影片剪辑元件，命名为"菜单遮罩"，再将舞台工作区中的"菜单遮罩"实例命名为"6"。完成后的效果如图 10-3-14 所示。

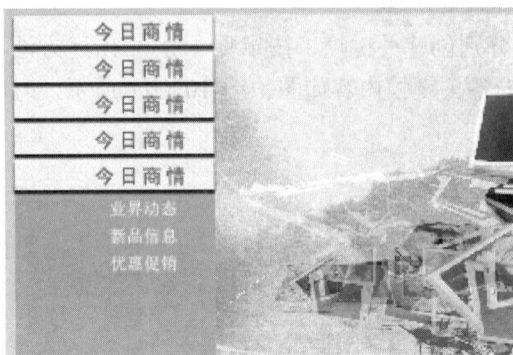

图 10-3-13 添加 5 个"菜单栏"影片剪辑实例　　图 10-3-14 创建"菜单遮罩"影片剪辑实例

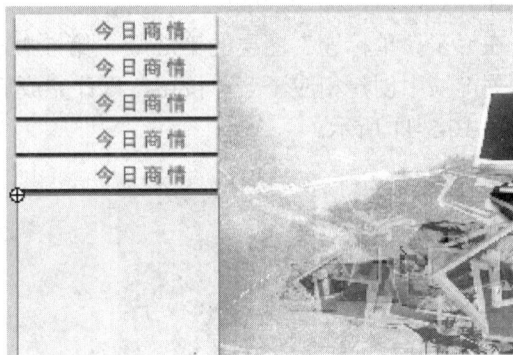

（12）选中"程序"图层第 1 帧，在其"动作-帧"面板中输入如下代码。

```
//变量menucount用于记录主菜单数量，包括最后的"菜单遮罩"实例"6"
menucount = 6;
//对全局变量_global.click进行初始化，如果未定义，则设置该变量的初始值为1
if( global.click == undefined)
{
    _global.click = 1;  //变量_global.click用于记录被单击的主菜单序号
}
speed = 6;                          //变量speed用于设置菜单滑动的速度
menuhegiht= 20;                     //变量menuhegiht用于设置各主菜单条的高度
gap = [ 75,120,75,60,60];           //数组gap用于记录各子菜单的高度
for (i=1; i<=menucount; i++)        //循环访问主菜单,设置各主菜单的位置
{
    //判断主菜单是不是被单击的主菜单
    if (this[i]. name<=click)
    {
        //如果是,则按下面的方法计算该主菜单的位置
        this[i]._y = (this[i]._name-1)*menuhegiht;
```

```
        }
        else
        {
            //如果不是，则按下面的方法计算该主菜单的位置
            this[i]._y = (this[i]._name-2)*menuhegiht+gap[click-1];
        }
    }
    for (i=1; i<=menucount; i++)   //循环访问主菜单
    {
        this[i]._x = 0;                //设置主菜单的水平位置
    //记录主菜单名称的影片跳转到相应帧，以显示相应主菜单的名称
        this[i].mainText.gotoAndStop(i);
    //记录子菜单名称的影片跳转到相应帧，以显示相应子菜单
        this[i].sub.gotoAndStop(i);
    //当主菜单条被单击时
        this[i].mainText.onRelease = function()
        {
            _global.click = this._parent._name; //记录被单击的主菜单名称
        };
    //当播放主菜单影片帧时
        this[i].onEnterFrame = function()
        {
            //判断当前主菜单是不是被单击的主菜单
            if (this._name<=click)
            {
                //如果是，则按下面的方法计算该菜单移动的位置
                this._y += ((this._name-1)*menuhegiht-this._y)/speed;
            }
            else
            {
                //如果不是，则按下面的方法计算该菜单移动的位置

    this._y+=((this._name-2)*menuhegiht+gap[click-1]-this._y)/speed;
            }
        };
    }
    /*下面的代码用于设置子菜单被单击时的响应，数组myURL用于记录各子菜单被单击时跳转的URL
地址，这里使用了二维数组，数组的第一维是主菜单序号，第二维是子菜单序号*/
    myURL = [["page11.htm", "page12.htm", "page13.htm"],
        ["page21.htm", "page22.htm",
"page23.htm","page24.htm","page25.htm","page26.htm"],
        ["page31.htm", "page32.htm", "page33.htm"],
        ["page41.htm", "page42.htm"],
        ["page51.htm", "page52.htm"]];
    for (i=1; i<menucount; i++)   //使用嵌套循环访问各子菜单
    {
    //注意，这里使用的是i<menucount，因为不包括"菜单遮罩"实例"6"
        for (k=1; k<=myURL[i-1].length; k++)
```

```
    {
            //当子菜单被单击时
        this[i].sub[k].onRelease = function()
        {
            //在当前窗口_self中加载数组元素记录的URL地址的页面内容
            getURL(myURL[this. parent. parent. name-1][this. name-1],
" self");
        }
    };
    }
```

3. 制作"向下弹出式动感级联"菜单

（1）新建一个 Flash 文档，设置文档大小为 750 像素×500 像素，背景为白色。在时间轴中从下到上创建"背景"、"导航菜单"和"程序"图层。选中"背景"图层第 1 帧，导入"素材"文件夹内的"背景.jpg"图像到舞台工作区内，调整图像的大小和位置，将舞台工作区完全覆盖，如图 10-3-3 所示。

（2）创建并进入"今日商情菜单背景"影片剪辑元件的编辑状态，选中"图层 1"图层第 1 帧， 在舞台工作区中绘制如图 10-3-10 所示的图形，图形大小为 120 像素×220 像素，回到主场景。创建"整机配件菜单背景"、"数码世界菜单背景"、"周边设备菜单背景"和"论坛菜单背景"等影片剪辑元件，如图 10-3-15 所示。

图 10-3-15　创建菜单背景影片剪辑元件

（3）创建并进入"隐形按钮"按钮元件的编辑状态，选中"指针经过"帧，按 F7 键，创建关键帧，绘制一个大小为 94 像素×14 像素的白色矩形条，在"颜色"面板内设置其 Alpha 的值为 30%。选中"按下"帧，按 F5 键；再将"指针经过"帧复制粘贴到"点击"帧中，回到主场景。

（4）创建并进入"今日商情"影片剪辑元件的编辑状态，在时间轴中从下到上创建"菜单背景"、"子菜单标题"和"子菜单按钮"图层。选中"菜单背景"图层第 1 帧，将"库"面板中的"今日商情菜单背景"影片剪辑元件拖动到舞台工作区中，创建一个实例，在"属性"面板中将其命名为"mb"。

（5）选中"子菜单标题"图层第 1 帧，在舞台工作区中，输入子菜单标题文字，如图 10-3-16 所示。选中"子菜单按钮"图层第 1 帧，将"库"面板内的"隐形按钮"按钮元件拖动到舞台工作区的"促销优惠"子菜单标题文字之上，形成"隐形按钮"按钮实例，如图 10-3-17（a）所示，在其"属性"面板内设置"隐形按钮"按钮实例的名称为"s11"。

　　两次从"库"面板中将"隐形按钮"按钮元件拖动到舞台工作区中，创建两个实例，如图 10-3-17（b）所示。将图中的"隐形按钮"按钮实例从下向上依次命名为"s11"、"s12"和"s13"。至此，"今日商情"影片剪辑元件设计完成，返回主场景。

图 10-3-16　子菜单标题　　　　　　　　　图 10-3-17　子菜单按钮设计

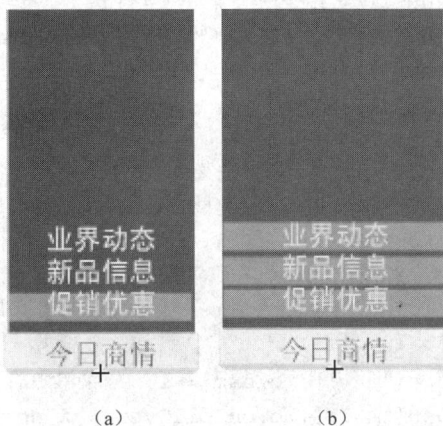

　　（6）按步骤（4）和步骤（5）中所述的方法，创建"整机配件"、"数码世界"、"周边设备"和"论坛"等菜单的影片剪辑元件，如图 10-3-18 所示。

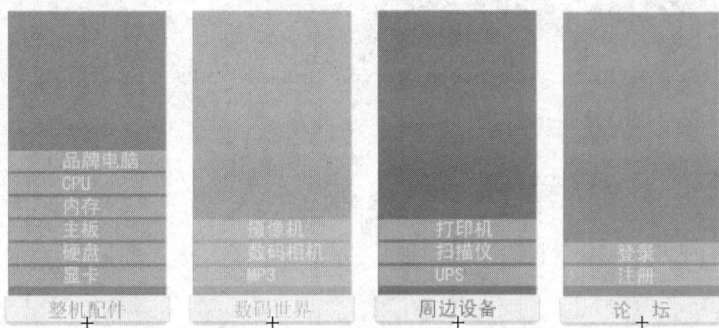

图 10-3-18　各菜单影片剪辑元件

　　（7）选中"导航菜单"第 1 帧，将"库"面板中的各个菜单影片剪辑元件拖动到舞台工作区中，创建 5 个菜单影片剪辑实例。按图 10-3-19 所示的样式排列，将各影片剪辑实例从左到右依次命名为"m1"、"m2"、"m3"、"m4"和"m5"。

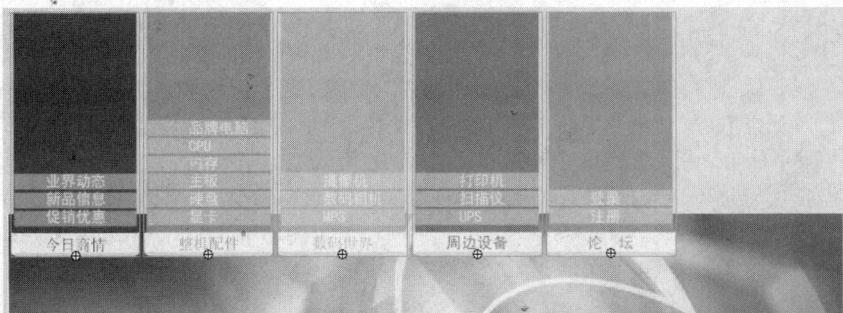

图 10-3-19　添加菜单影片剪辑实例

（8）选中"程序"图层第1帧，在其"动作-帧"面板中输入如下代码。

```
//数组submenu用于记录各个子菜单按钮对应的URL地址，此处用"#"替代
submenu = new Array();
submenu[1] = ["#", "#", "#"];
submenu[2] = ["#", "#", "#", "#", "#", "#"];
submenu[3] = ["#", "#", "#"];
submenu[4] = ["#", "#", "#"];
submenu[5] = ["#", "#"];
ms=5;//变量ms用于记录主菜单的数量，即数组的第1维的大小
ss=6;//变量ms用于记录最长的子菜单的数量，即数组的第2维的大小
h = [90,145,90,90,70];  //变量h记录各子菜单在弹出时的显示高度
sh=20; //变量sh记录各子菜单未弹出时的显示高度
for (i=1; i<=ms; i++)   //for语句用于循环访问各菜单状态
{
  _root["m"+i].mb.num = i; //菜单中的变量num用于记录主菜单序号i
  _root["m"+i].mb.onRollOver = function()//当鼠标指针经过菜单标题栏时
  {
     _root.fnum = this.num;  //变量fnum用于记录当前主菜单序号
  };
  //当鼠标指针移出主菜单标题栏时
   root["m"+i].mb.onRollOut = function()
  {
     //设置变量fnum记录的主菜单序号为0，即鼠标指针不在任何菜单上
     root.fnum = 0;
     }
  _root["m"+i].mb.onEnterFrame = function() //当播放菜单帧时
  {
     //判断鼠标指针是否在当前主菜单上
     if ( root.fnum == this.num)
     {
         /*如果是，则按下面的方法计算并设置主菜单垂直坐标的位置，
         使菜单向数组h中的数组元素指定的高度变化*/
         tempy = this. parent. y;
         this. parent. y = 1.72*(this. parent. y-h[this.num-1])+(-0.8)*
(this.py-h[this.num-1])+h[this.num-1];
         this.py = tempy;
     }
      else
     {
     /*如果不是，则按下面的方法计算并设置主菜单垂直坐标的位置，
     使菜单向sh指定的高度变化*/
         tempy = this. parent. y;
     this. parent. y=1.6*(this. parent. y-sh)+(-0.8)*(this.py-sh)+sh;
         this.py = tempy;
     }
  }
    //循环访问各子菜单
```

```
for (j=1; j<=ss; j++)
{
    //变量num和jnum用于在子菜单中记录主菜单的序号和子菜单
    _root["m"+i]["s"+i+j].num = i;
    _root["m"+i]["s"+i+j].jnum = j;
    //当鼠标指针在子菜单上经过时
    _root["m"+i]["s"+i+j].onRollOver = function()
    {
        _root.fnum = this.num;  //变量fnum用于记录当前主菜单序号
    };
    //当鼠标指针移出子菜单时
    _root["m"+i]["s"+i+j].onRollOut = function()
    {
        //设置变量fnum记录的主菜单序号为0，即鼠标指针不在任何菜单上
        _root.fnum = 0;
    }
    //当鼠标指针在子菜单上单击时
    _root["m"+i]["s"+i+j].onRelease = function()
    {
        //跳转到数组元素指定的URL地址
        getURL(submenu[this.num][this.jnum]);
    }
}
}
```

4. 制作"下方滑出式半透明"级联菜单

（1）新建一个 Flash 文档，设置文档大小为 600 像素×400 像素，在时间轴中从下到上依次创建 4 个图层，如图 10-3-20 所示。选中"背景"图层第 1 帧，将"素材"文件夹内的"背景.jpg"图片拖动到舞台工作区内，调整其大小和位置，使它刚好将舞台工作区完全覆盖，如图 10-3-4 所示。

（2）创建并进入"子菜单背景"影片剪辑元件的编辑状态，在舞台工作区的中心位置，绘制一个大小为 600 像素×35 像素的黑色矩形条，在"颜色"面板中，设置填充色为黑色、Alpha值为 30%，回到主场景。

（3）选中主场景"子菜单背景"图层第 1 帧，将"库"面板内的"子菜单背景"影片剪辑元件拖动到舞台工作区的上边，如图 10-3-21 所示。选中"子菜单背景"影片剪辑实例，在其"属性"面板内设置该实例的名称为"subBg"。

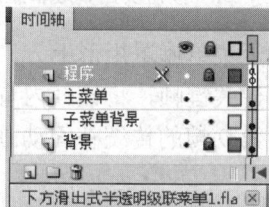

图 10-3-20　在时间轴中创建 4 个图层　　　　图 10-3-21　　"子菜单背景"影片剪辑实例

（4）创建并进入"21"按钮元件的编辑状态，选中"弹起"帧，输入大小为 14 点、白色文字"业界动态"。选中"指针经过"帧，按 F6 键，创建一个关键帧，将该帧内的文字颜色改

为红色。选中"按下"帧，按 F5 键；选中"点击"帧，按 F7 键，绘制一个将文字区域覆盖的黑色矩形。时间轴如图 10-3-6 所示，回到主场景。

（5）在"库"面板内复制 12 个按钮元件，将名称分别改为"22"和"23"、"31"～"34"、"41"和"42"、"51"和"52"、"61"和"62"。将复制按钮内的文字进行相应的修改。

（6）创建并进入"主菜单背景"按钮元件的编辑状态，选中"弹起"帧，绘制一个大小为100 像素×30 像素的白色矩形，选中"点击"帧，按 F5 键，使各帧内容一样，回到主场景。

（7）创建并进入"今日商情"影片剪辑元件的编辑状态，在时间轴内创建 8 个图层，如图 10-3-22 所示。选中"今日商情"图层第 4 帧，创建一个关键帧，将"库"面板内的"21"按钮元件拖动到舞台工作区中间，形成的"21"按钮实例如图 10-3-23（a）所示。

（8）选中"21"按钮元件，在其"属性"面板中将舞台工作区中的实例命名为"1"，在"属性"面板中设置其 Alpha 值为 0。创建第 4 帧～第 13 帧的传统补间动画。选中该图层第 13 帧内的"21"按钮实例，在"属性"面板中设置其 Alpha 值为 100%，将按钮实例 "1"下移 35个像素。选中该图层第 17 帧，按 F5 键。时间轴如图 10-3-22 所示。

按步骤（6）、步骤（7）制作"新品信息"和"促销优惠"图层内的子菜单按钮动画，时间轴如图 10-3-22 所示。

（9）选中"子菜单遮罩"图层第 1 帧，在舞台工作区中"21"按钮实例的位置上绘制一个大小为 400 像素×40 像素的矩形，完全遮住"21"按钮实例，如图 10-3-23 所示。选中该图层第 17 帧，按 F5 键。右击"子菜单遮罩"图层，弹出图层快捷菜单，选择该快捷菜单内的"遮罩"命令，使该图层成为遮罩图层，使"业界动态子菜单"、"新品信息子菜单"和"促销优惠子菜单"图层成为"子菜单遮罩"图层的被遮罩图层，如图 10-3-22（b）所示。

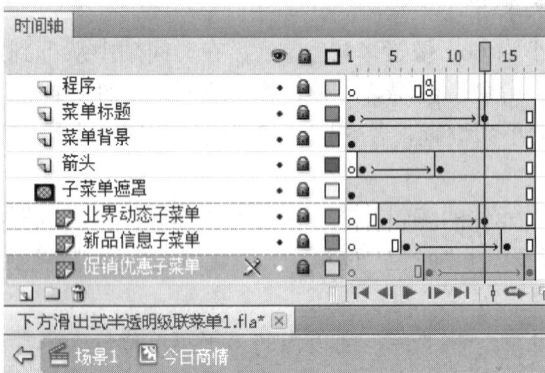

图 10-3-22　"1"按钮示例的时间轴　　　　图 10-3-23　"21"按钮实例和遮罩矩形

（10）选中"箭头"图层第 2 帧，创建关键帧，选中该帧，在子菜单遮罩矩形上方，绘制一个有黄色箭头的倒梯形，如图 10-3-24（a）所示。在第 9 帧中创建关键帧，将该帧内有黄色箭头的倒梯形向下移到如图 10-3-24（b）所示位置。创建第 2 帧～第 9 帧的传统补间动画。再选中第 17 帧，按 F5 键，如图 10-3-22 所示。

（11）选中"菜单背景"图层第 1 帧，将"库"面板内的"主菜单背景"按钮元件拖动到舞台工作区如图 10-3-25（a）所示的位置，再在"属性"面板中设置"主菜单背景"按钮实例的名称为"bg"。选中"菜单背景"图层第 17 帧，按 F5 键。第 10 帧～第 17 帧的画面如图 10-3-25（b）所示。

（a）

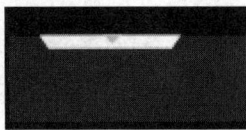
（b）

（a）

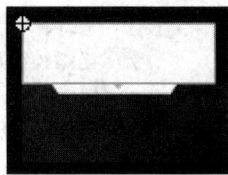
（b）

图 10-3-24　设计箭头动画　　　　　　　　图 10-3-25　第 1、17 帧画面

（12）选中"菜单标题"图层第 1 帧。在"菜单背景"上输入深灰色文字"今日商情"。选中"今日商情"文字，按 F8 键，将其转换为"今日商情标题"图形元件的实例。创建第 1 帧～第 13 帧的传统补间动画。选中第 13 帧内的"今日商情标题"图形元件，在"属性"面板中设置其颜色为紫红色。选中第 17 帧，按 F5 键。

（13）选中"程序"图层第 8 帧，按 F7 键，创建一个空关键帧，在其"动作-帧"面板中输入如下代码。

```
// 数组subURL用于记录当前子菜单中各菜单命令对应的URL地址
subURL = ["page21.htm", "page22.htm", "page23.htm"];
// 循环访问各子菜单
for (i=1; i<=subURL.length; i++) {
//如果指针经过子菜单
  this[i].onRollOver = function() {
    _global.over = this._parent._name; //记录子菜单的主菜单名
  };
    //如果指针移出子菜单
  this[i].onRollOut = function () {
    global.over =0;
  };
  //当指针在子菜单上单击时
  this[i].onRelease = function() {
    getURL(subURL[this. name-1], " self");
//在当前窗口中显示数组元素中记录的URL页面
  };
}
```

（14）按照上述方法，创建"首页"、"论坛"、"整机配件"、"整机配件"、"周边设备"影片剪辑元件。它们的文字和程序稍有不同，制作思路完全一样，回到主场景。

（15）选中"主菜单"图层第 1 帧，将"库"面板内的"首页"、"今日商情"、"论坛"、"整机配件"、"周边设备"、"论坛"各主菜单影片剪辑元件拖动到舞台工作区内，排成一行，如图 10-3-4 所示。各主菜单影片剪辑实例的名称从左到右依次为"1"、"2"、"3"、"4"、"5"和"6"。

（16）选中"程序"图层第 1 帧，在其"动作-帧"面板中输入如下代码。

```
//数组subURL用于记录主菜单项对应的页面地址
mainURL = ["page1.htm", "page2.htm", "page3.htm", "page4.htm", "page5.htm",
"page6.htm"];
menucount = 6;  //变量menucount用于记录主菜单的项数
_global.over =0;//变量_global.over用于记录鼠标指针经过的菜单序号
            //循环访问主菜单
```

```
for (i=1; i<=menucount; i++) {
    // 当指针经过主菜单时
    this[i].bg.onRollOver = function() {
        //记录该菜单的名称，实际上是菜单序号
    global.over = this. parent. name;
    };
    this[i].bg.onRollOut = function () {  // 当指针移出主菜单时
        global.over = 0;
    };
    this[i].bg.onRelease = function() {    //当主菜单被单击时
    //在当前窗口中打开菜单链接的URL页面
        getURL(main[this. parent. name-1], " self");
    };
    this[i].onEnterFrame = function() {        //当播放菜单动画帧时
        //判断指针是否经过该菜单
        if (over == this. name) {
            this.nextFrame();//如果是，则播放下一帧，即播放子菜单滑出动画
        } else {
            this.prevFrame();//如果是，则播放前一帧，即播放子菜单收起动画
        }
    };
}
//当播放子菜单背景动画帧时
subBg.onEnterFrame = function() {
    // 如果指针在任一主菜单上经过
    if (over) {
        //设置子菜单背景位置向显示的位置移动
        this. y += (30-this. y)/4;
    } else {
        //否则，使子菜单背景位置向不显示的位置移动
        this. y += (3-this. y)/4;
    }
};
```

10.3.3 知识链接

1. 面向对象编程

　　面向对象的程序设计（OOP）能够有效地改进结构化程序设计中的问题。在结构化的程序设计中，要解决某个问题，是将问题分解为过程，再用许多功能不同的函数来实现，数据与函数是分离的。面向对象的程序设计方法不再将问题分解为过程，而是将问题分解为对象，要解决问题必须首先确定这个问题是由哪些对象组成的。

　　在面向对象的编程中，对象是属性和方法的集合，程序是由对象组成的。Flash 中的各种实例都是类的对象，类的每个实例都继承了类的属性和方法。例如，所有影片剪辑实例都是 MovieClip 类的实例，可以将 MovieClip 类的任何方法和属性应用于影片剪辑实例。属性是对象的特性，方法是与类关联的函数，用于改变对象属性的值。面向对象的程序设计将问题抽象

成许多类，将对象的属性和方法封装成一个整体，供程序设计者使用。

2．创建对象和访问对象

（1）创建对象：可以使用 new 操作符通过 Flash 内置对象类来创建一个对象，如 "myDate = new date();"，这条语句使用 Flash 的 date（日期）类创建了一个新对象（也称实例化）。对象 myDate 可以使用内置对象 date()的 getDate()等方法和属性。内置对象是一种提前写好的构造函数，它是一种简单的函数，用来创建某一类型的对象。

（2）应用对象：在点操作符左边写对象名，右边写要使用的方法。例如，在下面的程序中，Sound1 是对象，setVolume()是方法，通过点操作符来连接，用来应用对象的属性和方法。

```
Sound1=new sound(this);          //实例化一个声音对象Sound1
Sound1.setVolume(30);            //设置声音对象Sound1的音量为30
```

3．Array 对象

Array 对象是很常用的 ActionScript 内置对象，在数组元素 "[" 和 "]" 之间的名称称为 "索引"（index），数组通常用来存储同一类的数据。数组对象可以从 "动作" 面板动作工具箱的 "ActionScript 2.0 类" → "核心" → "Array" 目录中找到。

Array 对象是一种常用的 ActionScript 内置对象，它用于存储同一（或不同）数据类型的多个数据，数组中的每一个数据称为数组元素。可以在数组元素中存储各种类型的数据，包括数字、字符串、对象，甚至是其他数组（这种情况下构成多维数组）。

数组中的数据使用同样的变量名称，它们之间的区分依靠变量名称后面的数组访问运算符（[ ]）之中的索引值决定。所有数组索引值都从零开始计算，即数组中的第一个元素为 [0]，第二个元素为 [1]，以此类推。

（1）使用 new Array( )创建一个数组对象。例如：

```
myArray=new Array();
move =new Array();
```

（2）指定要使用对象属性的元素。例如，myArray[0]=66; myArray[1]=88; move[1]="A";，move[2]="B";等。

（3）数组对象的属性：它只有 length 属性，该属性可以返回数组的长度。例如：

```
myArray = new Array();
trace(myArray.length); //显示myArray的长度为0
myArray[0] = '123ABCD';
trace(myArray.length); //显示myArray的长度为7
```

4．数组的创建与初始化

数组的创建与初始化有如下 3 种方法。

（1）在创建数组的同时赋值。例如：

```
var NumA:Array = [1, 2, 3 ,4 ,5 ];
```

上面的代码创建了一个有 5 个元素的数组 NumA，其中，数组元素及其值分别是 NumA[0]=1、NumA[1]=2、…、NumA[4]=5。

```
var employee:Array = [15, "Barbara", "Jay"];
```

上面的代码创建了一个有 3 个元素的数组 employee，其中，数组元素及其值分别是 employee[0]=15、employee [1]= "Barbara"、employee [2]= "Jay"。

```
var A:Array = [[1, 2, 3], [4, 5, 6], [7, 8, 9]];
```

上面的代码创建了一个二维数组 A，该数组中有 3 个元素，其中，每个元素又是一个有 3

个元素的数组，每个数组元素的值为 A[0][0]=1、A[0][1]=2、A[0][2]=3、A[1][0]=4、A[1][1]=5、A[1][2]=6、A[2][0]=7、A[2][1]=8、A[2][2]=9。

（2）使用 Array 对象的构造器进行定义并赋值。例如：

```
var oneArray:Array = new Array("a", "b", "c");
```

（3）创建一个空数组对象并赋值。例如：

```
var myArray:Array =new Array(); //也可以使用var myArray:Array =[];
myArray[0]=11;
myArray[1]=22;
myArray[2]=33;
……
```

5．数组对象的数组函数

数组对象有 12 个方法和一个数组函数，下面简要介绍数组函数和几个主要方法。

（1）数组函数：其格式如下。

【格式 1】Array ();

【格式 2】Array (length);

【格式 3】Array (arg1,arg2…argN);

【功能】转换或建立一个数组类型的变量，用来保存一系列的数据。参数 length 用来指示数组的长度，参数 arg1，arg2…argN 为指定的数组元素内容。例如：

```
myValue= Array ("A","b","6");//定义一个数组myValue，其值为"A"、"b"、"6"
myValue= Array (6);          //定义一个数组myValue，数组长度为6，可保存6个数字
```

（2）concat 方法：用来连接多个数组的值。其格式如下。

```
my_array.concat(array1, …, arrayN)
```

例如：

```
var NumA:Array = [1, 2, 3 ];
var NumB:Array=[4,5];
var NumC:Array=[6,7,8];
var NumABC:Array=NumA.concat(NumB,NumC);
trace(NumABC);
```

上面的程序输出结果为 1, 2, 3, 4, 5, 6, 7, 8。

（3）join 方法：获取数组中的数组元素构成的字符串。其格式如下。

```
my_array.join([separator])
```

其中，数组元素用 separator 作为分隔符进行分隔。如果省略此参数，则使用逗号"，"作为默认分隔符。例如：

```
N1 array = new Array("One","Two","Three","Four","Five")
trace(N1_array.join());      // 返回One, Two, Three, Four, Five
trace(N1_array.join(" * ")); // 返回One*Two*Three*Four*Five
trace(N1_array.join(" + ")); // 返回One+Two+Three+Four+Five
```

（4）pop 方法：获取数组中最后一个数组元素的值，同时删除数组中最后一个数组元素。其格式如下。

```
my_array.pop()
```

例如：

```
N1 array = new Array("One","Two","Three","Four","Five")
SN1 = N1_array.pop();
```

```
trace(SN1);                    // 返回Five
SN1 = N1 array.pop();
trace(SN1);                    // 返回Four
```

（5）push 方法：将一个或多个数组元素添加到数组的末尾，并返回该数组的新长度。其格式如下。

```
my_array.push(value,...)
```

其中，value 参数是要追加到数组中的一个或多个数组元素值。例如：

```
N1 array = new Array("One","Two","Three","Four","Five")
SN1= N1 array.push("Six", "Seven");
trace(SN1);          //返回值为7
```

（6）reverse 方法：将数组中的数组元素顺序逆转。其格式如下。

```
my_array.reverse()
```

例如：

```
N1 array = new Array("One","Two","Three","Four","Five")
trace(N1_array.reverse ()); //返回值为Five, Four, Three, Two, One
```

（7）sort 方法：对数组元素进行排序。其格式如下。

```
my_array.sort([compareFunction], [options])
```

其中，其参数都是可选参数，无参数时，排序区分大小写（Z 优先于 a）、按升序排序（a 优先于 b）、数值字段按字符串方式进行排序。如果需要按其他方式排序，则可以自定义排序函数，自定义函数的返回值只能是-1（A 小于 B）、0（A 等于 B）和 1（A 大于 B），排序函数的函数名即为 compareFunction 参数。

 **思考练习 10–3**

1．参考【动画 37】设计一个折叠展开的菜单，制作一个滑动级联菜单。

2．创建一个有 10 个数组元素的数组 NMI，给各数组元素赋随机的两位数字并显示。

对象和网页组件动画设计

网页中的元素很多，本章介绍了数字时间、日期、日历、滚动文字、MP3 播放器、视频播放器、各种列表框和文本框等元素的制作方法，也介绍了使用 ActionScript 中 Date、String、Math 和 Sound 等对象的方法，介绍了创建组件和设置组件参数的方法，使用 UIScrollBar、ScrollPane、RadioButton、CheckBox 等组件的方法。

11.1 【动画 38】荧光数字表

11.1.1 动画效果

"荧光数字表"动画播放后的一幅画面如图 11-1-1 所示。它是一个荧光数字表，荧光点每隔 1 秒闪烁一次，喇叭响一声。此外，还有"上午"和"下午"文字显示、动画切换和日历。

(a)　　　　　　　　　　　　(b)

图 11-1-1 "荧光数字表"动画画面

11.1.2　制作方法

1．制作"数字表"影片剪辑元件

（1）新建一个 Flash 文档，设置舞台工作区的宽和高均为 560 像素，背景为黄色。以名称"荧光数字表.fla"保存在"【动画 38】荧光数字表"文件夹内。

（2）创建"点"和"线"图形元件，其内绘制的图形如图 11-1-2 所示。创建并进入"点闪"影片剪辑元件的编辑状态，其内有两个"点"图形实例。在"图层 1"图层第 1 帧的"动作-帧"面板内输入"stop();"语句，选中"图层 1"图层第 2 帧，按 F7 键，回到主场景。

（3）创建并进入"单数字"影片剪辑元件的编辑状态，将"图层 1"名称改为"背景"，在"背景"图层之上新建"7 段"图层。选中"背景"图层第 1 帧，7 次将"库"面板内的"线"图形元件拖动到舞台工作区内，调整它们的大小、文字和旋转角度，组合成一个 7 段荧光数字"8"，如图 11-1-3（a）所示。将该帧复制粘贴到"7 段"图层第 1 帧中。

（4）选中"背景"图层第 1 帧内所有"线"图形实例，在"属性"面板的"样式"下拉列表中选择"Alpha"选项，其值调整为 10%，使该实例完全透明，如图 11-1-3（b）所示。选中该图层第 10 帧，按 F5 键。

（5）选中"7 段"图层第 2 帧～第 10 帧，按 F6 键，使第 2 帧～第 10 帧内容均与第 1 帧内容一样，即均为荧光字"8"。将第 1 帧～第 10 帧内的图形分别更改为"0"～"9"7 段荧光数字。

（6）选中"7 段"图层第 1 帧，在其"动作-帧"面板内输入"stop();"语句。"单数字"影片剪辑元件的时间轴如图 11-1-4 所示，回到主场景。

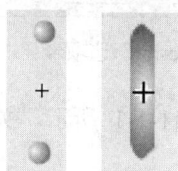
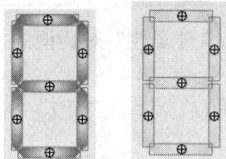
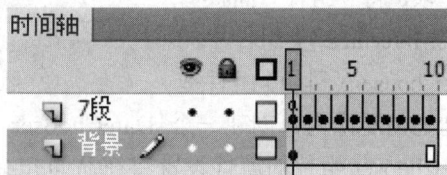

（a）　　（b）　　　　（a）　　　（b）

图 11-1-2　点和线　　　图 11-1-3　7 段荧光数字"8"　　图 11-1-4　"单数字"影片剪辑元件的时间轴

（7）创建并进入"数字表"影片剪辑元件的编辑状态，选中"图层 1"图层第 1 帧，6 次将"库"面板内的"单数字"影片剪辑元件和"点闪"影片剪辑元件（1 次）拖动到舞台中间，调整其大小、位置和倾斜度，如图 11-1-5 所示。

（8）从左到右分别将"单数字"影片剪辑元件实例命名为"H2"、"H1"、"M2"、"M1"、"S2"和"S1"。将"点闪"影片剪辑元件命名为"DS"，回到主场景。

图 11-1-5　"数字表"影片剪辑元件

2．制作界面和导入声音

（1）在时间轴中从下到上创建"背景"、"时间"、"动画"、"日历"和"程序"图层。选中"背景"图层第 1 帧，导入一幅框架图像，对该图像进行加工，效果如图 11-1-1 所示。

（2）选中"时间"图层第 1 帧，将"库"面板中"数字表"影片剪辑元件拖动到舞台工作区中，设置该实例名称为"VIEW"。在"数字表"影片剪辑实例下边创建 4 个动态文本框，设置颜色为红色，字体为黑体，大小为 30 点；变量名分别设置为"DATE1"、"WEEK1"、"SXW"和"TIME1"，它们分别用来显示日期、星期、上午或下午、时间。

（3）导入 2 个 GIF 格式动画，将"库"面板内新增的 2 个影片剪辑元件分别更名为"动画1"和"动画 2"。选中"动画"图层第 1 帧，将"库"面板内"动画 1"和"动画 2"影片剪辑元件拖动到"数字表"影片剪辑实例右侧，调整宽为 150 像素、高为 180 像素，位置一样，分别将 2 个影片剪辑实例命名为"ETDH1"、"ETDH2"。

（4）导入"秒声.WAV"文件到"库"面板内。将导入的声音元件名称改为"秒声"。

（5）右击"库"面板中的"秒声"声音元件，弹出快捷菜单，选择快捷菜单中的"属性"命令，弹出"声音属性"对话框，选择"ActionScript"选项卡，在"标识符"文本框内输入元件的链接标识符"sound1"，再选中第 1 个和第 2 个复选框，如图 11-1-6 所示。单击"确定"按钮，完成"秒声"声音元件链接标识符名称的设置。此时，在"库"面板内，"秒声"声音元件右边 的 链 接 栏 内 会 显 示"sound1"文字。

（6）选中"日历"图层第 1 帧，将"组件"面板内"User Interface"类组件中的DateChooser（日历）组件拖

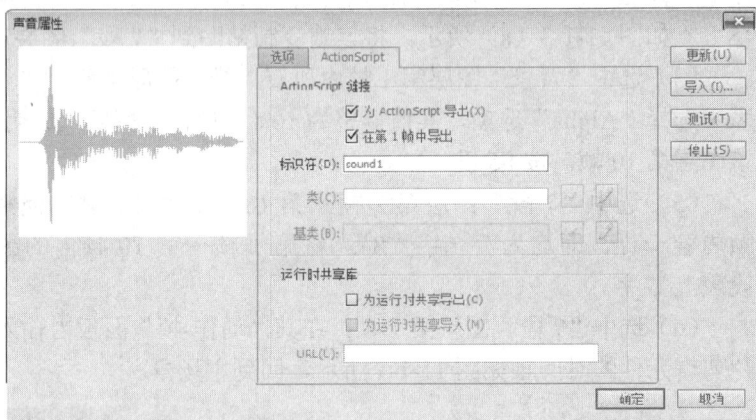

图 11-1-6　"声音属性"对话框的"ActionScript"选项卡

动到框架图像内，创建一个 DateChooser 组件实例，调整它的大小，如图 11-1-1 所示。关于DateChooser 组件的属性设置将在后面介绍。

3．输入程序

（1）选中"程序"图层第 1 帧，在"动作-帧"面板的脚本窗口内输入如下代码。

```
mySound1 = new Sound();              //创建一个mySound1声音对象
mydate = new Date();                 //创建一个mydate日期对象
myyear = mydate.getFullYear();       //获取年份，存储在变量myyear中
mymonth = mydate.getMonth()+1;       //获取月份，存储在变量mymonth中
myday = mydate.getDate();            //获取日期，存储在变量mymonth中
myhour = mydate.getHours();          //获取小时，存储在变量myhour中
myminute = mydate.getMinutes();      //获取分钟，存储在变量myminute中
mysec = mydate.getSeconds();         //获取秒，存储在变量mysec中
myarray = new Array("日", "一", "二", "三", "四", "五", "六"); //定义数组
myweek = myarray[mydate.getDay()];   //获取星期，存储在变量myweek中
DATE1=myyear+"年"+mymonth+"月"+myday +"日";   //获取日期，存储在变量DATE1中
WEEK1="星期"+myweek;                  //显示星期
//上午、下午图像和文字切换
if (myhour >12) {
    _root.SXW="下 午";
```

```
      setProperty(_root.ETDH2, _visible, 1); //显示实例"ETDH2"
      setProperty(_root.ETDH1, _visible, 0); //隐藏实例"ETDH1"
      myhour= myhour-12;//将24小时制转换为12小时制
   }else{
      _root.SXW="上 午";
      setProperty(_root.ETDH1, _visible, 1); //显示实例"ETDH1"
      setProperty(_root.ETDH2, _visible, 0); //隐藏实例"ETDH2"
   }
   TIME1=myhour +":"+myminute +":"+mysec;     //显示时间
   //下面两行程序用于控制数字钟的秒
    root.VIEW.S1.gotoAndStop(Math.floor(mysec%10)+1);
    root.VIEW.S2.gotoAndStop(Math.floor(mysec/10+1));
   // 下面两行程序用于控制数字钟的分
    root.VIEW.M1.gotoAndStop(Math.floor(myminute%10)+1);
    root.VIEW.M2.gotoAndStop(Math.floor(myminute/10+1));
   // 下面两行程序用于控制数字钟的小时
    root.VIEW.H1.gotoAndStop(Math.floor(myhour%10)+1);
    root.VIEW.H2.gotoAndStop(Math.floor(myhour/10)+1);
   //每秒小点闪烁一次并播放一次秒声音
   if (miao<>mydate.getSeconds()) {
      root.VIEW.DS.play();
     miao=mydate.getSeconds();     //将秒数保存到变量miao中
     _root.mySound1.attachSound("sound1"); //将"库"面板中的sound1声音元件绑定
     _root.mySound1.start();          //开始播放秒声音
   }
```

（2）上述程序是动画的核心，程序解释如下。

① mymonth = mydate.getMonth()+1 语句：将当前系统月份数赋给变量 mymonth。月份数为 0～11，0 对应一月、1 对应二月，以此类推，所以应该加 1 才能得到月份。

② myday = mydate.getDate()语句：获得当前系统的日期数，其值赋给变量"myday"。其值为 1～31，随系统大月或者小月而改变。

③ myhour = mydate.getHours()语句：将当前系统的小时数赋给变量"myhour"。

④ myminute = mydate.getMinutes()语句：将当前系统的分数值赋给变量"myminute"。

⑤ mysec = mydate.getSeconds()语句：将当前系统的秒数值赋给变量"second"。

⑥ myarray = new Array("日","一","二","三","四","五","六")语句：定义了一个数组对象实例 myArray。当使用 myArray 数组时，myArray[0]的值是文字"日"，myArray[1]的值是文字"一"，myArray[2]的值是文字"二"，myArray[3]的值是文字"三"，myArray[4]的值是文字"四"，myArray[5]的值是文字"五"，myArray[6]的值是文字"六"。

⑦ myweek = myarray[mydate.getDay()]语句：获得当前系统的星期数，其数值为 0～6，其中 0 对应星期日、1 对应星期一、2 对应星期二、3 对应星期三、4 对应星期四、5 对应星期五、6 对应星期六。通过"mydate.getDay()"的值确定了数组的值，再赋给变量 myweek。

⑧_root.VIEW.S1.gotoAndStop(Math.floor(mysec%10)+1);语句：将小时的个位取出，然后控制影片剪辑元件播放哪一帧，假如是 14 点，则 14 与 10 取余，结果为 4，4 加 1（因为影片剪辑元件的第 1 帧是从 0 开始的），实例"H1"停止在第 5 帧，显示数字 4。

⑨_root.VIEW.H2.gotoAndStop(Math.floor(myhour/10)+1);语句：将小时的十位取出，控制

影片剪辑元件播放哪一帧，假如是 14 点，则用 14 除以 10 再取整，结果为 1，再加 1，影片剪辑实例 "H2" 播放并停止在第 2 帧，显示数字 1。其他的数码字类似。

关于程序中有关声音的语句将在下一个动画中介绍。

（3）选中所有图层第 2 帧，按 F5 键。可以反复执行第 1 帧，实现日期和时间的刷新。

11.1.3　知识链接

1．Date 对象实例化

Date（日期）对象用于将计算机系统的时间添加到对象实例中。时间对象可以从"动作"面板动作工具箱的"ActionScript 2.0 类"→"核心"→"Date"目录中找到。Date 对象实例化的格式是"myDate=new date();"。

2．Date 对象常用方法

Date 对象的常用方法见表 11-1-1。

表 11-1-1　Date 对象的常用方法

方法	功能
new Date	实例化一个日期对象
getDate()	获取当前日期
getDay()	获取当前星期，从 0 到 6，0 代表星期一，1 代表星期二等
getFullYear()	获取当前年份（4 位数字，如 2002）
getHours()	获取当前小时数（24 小时制，0～23）
getMilliseconds()	获取当前毫秒数（0～999）
getMinutes()	获取当前分钟数（0～99）
getMonth()	获取当前月份，0 代表一月，1 代表二月等
getSeconds()	获取当前秒数，值为 0～59
getTime()	根据系统日期，返回距离 1970 年 1 月 1 日 0 点的秒数
getTimer()	返回自 SWF 文件开始播放起已经过的毫秒数
getYear()	获取当前缩写年份（用年份减去 1900，得到两位年数）
setDate()	设置当前日期
setFullYear()	设置当前年份（4 位数字）
setHours()	设置当前小时数（24 小时制，0～23）
setMilliseconds()	设置当前毫秒数
setMinutes()	设置当前分钟数
setMonth()	设置当前月份
setSeconds()	设置当前秒数
setYear()	设置当前缩写年份（当前年份减去 1900）

3．组件

组件是一些复杂的并带有可定义参数的元件。在使用组件创建动画时，可以直接定义参数，也可以通过 ActionScript 的方法定义参数。每一个组件都有自己的预定义参数、属性、方法和事件。使用组件可以提高工作效率。"组件"面板如图 11-1-7 所示，其内有系统提供的组件。如果文档"脚本"设置为"ActionScript 3.0"版本，则"组件"面板中只有"User Interface"、

"Video"和"Flex"3 类组件；如果设置为"ActionScript 2.0"版本，则"Flex"改为"Media"。

将"组件"面板中的组件拖动到舞台工作区中或双击"组件"面板中的组件图标，都可以将组件添加到舞台工作区中，形成一个组件实例。当将一个或者多个组件加入到舞台工作区中的时候，"库"面板中会自动加入该组件元件。从"库"面板中将组件拖动到舞台工作区中，可以形成更多的组件实例。"属性"面板可以设置组件实例的名称等属性及参数。

4．DateChooser 组件参数

对于采用"ActionScript 2.0"版本的 Flash 文件，其"组件"面板内中有一个 DateChooser 组件。将它拖动到舞台工作区中，即可创建该组件实例，如图 11-1-1 所示。其"属性"面板"组件参数"栏如图 11-1-8 所示。

（1）datNames 参数：设置一星期中每天的名称，默认值为[S,M,T,W,T,F,S]，其中 S 表示星期天，以此类推。单击该参数右边的按钮 ，可弹出"值"对话框，如图 11-1-9（a）所示。单击"值"对话框中"值"列中的数据，可进入其编辑修改状态，用来更改名称。

（2）disabledDays 参数：设置一星期中禁用哪天。它和 datNames 参数都是数组，有 7 个值。disabledDays 参数默认值为[]（空数组）。单击该参数右边的 ，也可以弹出一个"值"对话框，用来设置一星期中禁用哪天。

图 11-1-7　"组建"面板

（3）firstDayOfWeek 参数：设置一星期中的哪一天（其值为 0～6，0 是 datNames 参数中的第 1 个数值）显示在日历星期的第 1 列中。

（4）monthNames 参数：设置日历月份的名称。它是一个数组，默认值为英文月份名称。单击该参数右边的按钮 ，也可以弹出一个"值"对话框，如图 11-1-9（b）所示，用来设置月份的名称，如可以改为中文。

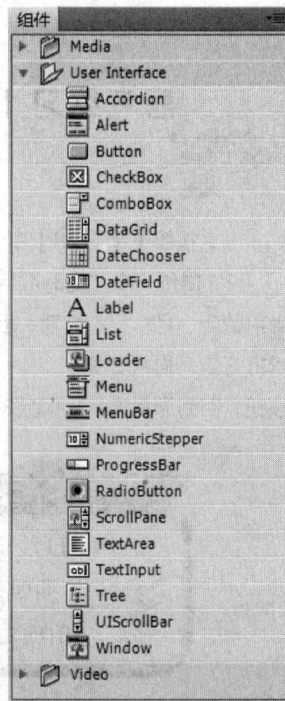

（a）　　　　　　　　　　（b）

图 11-1-8　"属性"面板"组件参数"栏　　　　　图 11-1-9　"值"对话框

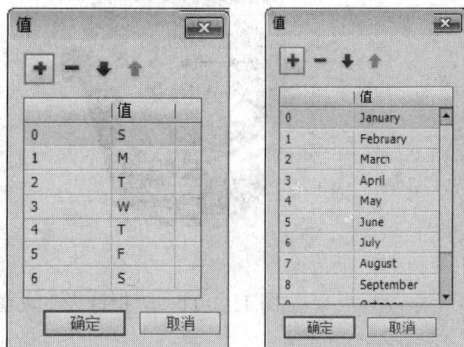

（5）showToday 参数：设置是否要加亮显示今天的日期，其值为 true（默认值）时，为加亮显示；其值为 false 时，为不加亮显示。

（6）DateChooser 组件的外观可以使用 setStyle 方法来设置。

1．按照【动画38】中介绍的方法，制作另一个有特色的荧光数字表。

2．制作一个"定时数字表"动画，该动画播放后的画面如图11-1-10（a）所示。它显示了计算机系统当前的年、月、日、星期、上午或下午、小时、分钟和秒数值，同时显示一幅卡通图像，单击上边的按钮，可以打开定时面板，如图11-1-10（b）所示。在两个文本框内分别输入定时的小时和分钟数，再单击上边的按钮，回到原状态。到了定时时间，卡通人物会动起来，如图11-1-10（c）所示。20秒后，卡通人物静止。

（a）　　　　　　　　　（b）　　　　　　　　　（c）

图 11-1-10　"定时数字表"动画播放后显示的 3 幅画面

3．制作一个"指针表"动画，该动画播放后的2幅画面如图11-1-11所示。显示一幅指针表，它除了有时针、分针和秒针外，还显示当前的年、月、日、星期、上午或下午。秒针、分针和时针不停地随时间的变化而改变。

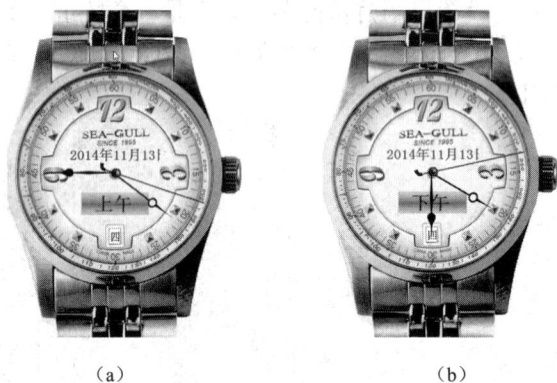

（a）　　　　　　　　　　　　　　　（b）

图 11-1-11　"指针表"动画播放后显示的 2 幅画面

11.2　【动画39】文字滚动显示

11.2.1　动画效果

"文字滚动显示"动画播放后的一幅画面如图 11-2-1 所示，此时还没有最下边一行的黄色文字滚动显示和右上方的"北京名胜古迹"文字，只是显示"北 京"。画面内的上边是立体标题文字，文字下边是我国的世界遗产图像。单击左下边的按钮，可以看到下一个滚动的文本文件中的内容。单击左下边的按钮可以看到上一个滚动的文本文件中的内容。单击右下边的按钮，可以使文字暂停滚动，再单击该按钮又可以使文字继续滚动。可以看到的文字是动画文件所在文件夹内的"TXT"文件夹中"TXT1.txt"～"TXT7.txt" 7 个文本文件的一个。在切换显示文本文件内容的同时，右上方的名胜名称文字也会随之改变。

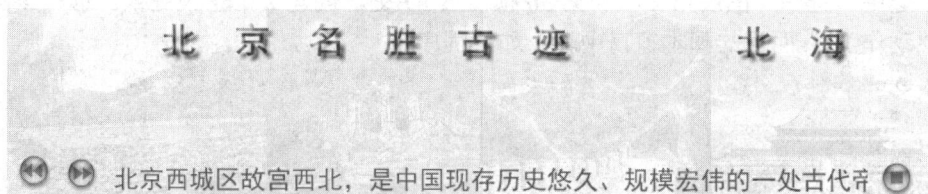

图 11-2-1　"文字滚动显示"动画播放后的一幅画面

11.2.2　制作方法

1．制作界面

（1）设置舞台工作区宽为 800 像素，高为 160 像素。在时间轴中从下到上创建"背景图像"、"文字按钮"和"程序"图层，以名称"文字滚动显示.fla"保存在"【动画 39】文字滚动显示"文件夹内。

（2）打开记事本程序，输入文字。注意，在文字的开始应加入"texth1="文字，如图 11-2-2所示。"texth1="是文本框变量的名称。

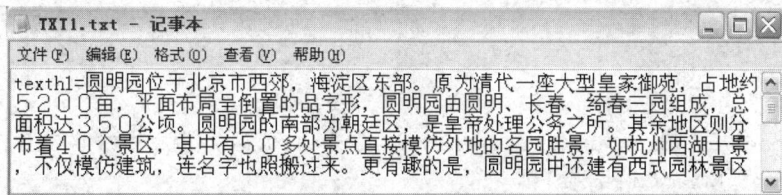

图 11-2-2　记事本内的文字

（3）在记事本程序中选择"文件"→"另存为"命令，弹出"另存为"对话框，在"编码"下拉列表内选择"UTF-8"选项，选择 "【动画 39】文字滚动显示"文件夹内的"TXT1"文件夹，输入文件名称"TXT1.txt"，单击"保存"按钮。

（4）在"TXT1"文件夹内保存"TXT2.txt"～"TXT7.txt" 7 个文本文件。

（5）选中"背景图像"图层第 1 帧，导入 4 幅有关北京名胜的图像，调整它们的高度均为 160 像素，使它们排成一排，组成组合，转换为"北京"影片剪辑元件的实例，调整 Alpha 值为 16，作为背景图像，再创建立体标题文字"中国北京名胜"，如图 11-2-1 所示。选中"背景图像"图层第 30 帧，按 F5 键，使该图层第 1 帧～第 30 帧内容一样。

（6）选中"文字按钮"图层第 1 帧，将按钮"外部库"面板内的 3 个按钮拖动到舞台工作区内，调整它们的大小和位置，如图 11-2-1 所示。给按钮、、实例分别命名为"AN1"、"AN2"和"AN3"。

（7）在右边按钮的左侧创建一个动态文本框，在其"属性"面板内，设置字体系列为系统字体"_sans"，大小为22，颜色为红色，变量名为"texth1"。

（8）选中"文字按钮"图层第1帧，在右上方创建一个动态文本框，字体为系统字体"_sans"，大小为30，颜色为红色，添加"斜角"滤镜，呈立体化，变量名为"MC"。 在上方中间位置创建一个立体发光文字"北 京 名 胜 古 迹"。

2．输入程序

（1）选中"程序"图层第2帧和第30帧，按F7键，创建2个空关键帧。选中该图层第1帧，在"动作-帧"面板的脚本窗口中输入如下程序。

```
texth1="";
n=0;
k=0;
MC="   "
myArray = new Array();//定义一个名称为"myArray"数组
myArray[1]="圆明园";
myArray[2]="天安门";
myArray[3]="故  宫";
myArray[4]="长  城";
myArray[5]="香  山";
myArray[6]="颐和园";
myArray[7]="北  海";
```

（2）选中"程序"图层第2帧，在"动作-帧"面板的脚本窗口中输入如下程序。

```
texth1=texth1.substr(1) + texth1.substr(0,1) //将第一个字符或汉字移到字符串的
最后侧
AN1.onPress=function(){
 n++;
 if (n>7){
    n=1;
 }
    loadVariablesNum("TXT1/TXT"+n+".txt",0); //调用"TXT"文件夹内的文本文件
    root.MC=myArray[n];
}
AN2.onPress=function(){
  n--;
 if (n<1){
    n=7;
 }
    loadVariablesNum("TXT1/TXT"+n+".txt",0);//调用"TXT"文件夹内的文本文件
    root.MC=myArray[n];
}
AN3.onPress=function(){
 k++;
 if (Math.ceil(k/2)<>k/2){
    stop();
 }else{
    play();
 }
```

```
        }
        //延时程序
        for (x=1;x<=1000;x++){
        }
```

（3）选中"程序"图层第 30 帧，在"动作-帧"面板内输入如下程序。

```
        gotoAndPlay(2);  //转至第2帧播放
```

11.2.3　知识链接

1．String 对象定义和属性

（1）String 对象的定义：在使用 String 之前，必须将 String 对象实例化，再使用字符串的对象实例进行字符串的连接等操作。字符串对象可以在"动作"面板动作工具箱的"ActionScript 2.0 类"→"核心"→"String"目录中找到。

【格式】new String(value);

【功能】定义一个字符串对象，并给它赋初值。例如，下面的两种方法均有效。

```
        L1=new String();    //定义L1为字符串对象
        L2= new String("FLASHCS5");  //定义L2为字符串对象，并给它赋初值"FLASHCS5"
        L3="12345AABB";      //定义L3为字符串对象，并给它赋初值"12345AABB"
```

（2）String 对象的属性：它只有一个 length 属性，它可以返回字符串的长度。

例如，在舞台工作区内创建一个动态文本框，它的变量名称为 LN，在"图层 1"图层第 1 帧内加入如下程序，运行程序后，文本框内将显示 9。

```
        L1=new String("12345AABB ");
        LN=L1.length
```

2．String 对象部分方法

（1）charAt 方法。

【格式】String.charAt（n）

【功能】返回字符串中指定位置指示的字符。字符的数目从 0 到字符串长度减 1。例如，在舞台工作区内创建一个动态文本框，它的变量名称为 LN，在"图层 1"图层第 1 帧内加入如下程序，运行程序后，文本框 TEXT 内将显示字母 C。

```
        N1=new String("Flash CS 5");   //定义字符串N1
        TEXT=N1.charAt(5)              //将返回字母C
```

（2）concat 方法。

【格式】String.concat（String1）方法

【功能】将两个字符串（String 和 String1）组合成一个新的字符串。例如，在舞台工作区内创建一个动态文本框，它的变量名称为 LN，在"图层 1"图层第 1 帧内加入如下程序，运行程序后，文本框 TEXT 内会显示字母"Flash CS 5 动画"。

```
        myString=" Flash CS 5";
        TEXT=myString.concat ("动画");  //返回"Flash CS 5动画"字符串
```

（3）substr 方法。

【格式】String.substr(start[,length])方法

【功能】返回指定长度的字符串。参数 start 是一个整数，指示字符串 String 中用于创建子字符串的第 1 个字符的位置，以 0 为起始点，start 的取值是 0 到字符串 String 长度减 1。length

是要创建的子字符串中的字符数。如没指定 length，则子字符串包括从 start 开始直到字符串结尾的所有字符。从字符串 String 的 start 开始，截取长为 length 的子字符串。字符的序号从 0 到字符串长度（字符个数）减 1。如果 start 为一个负数，则起始位置从字符串的结尾开始确定，−1 表示最后一个字符。例如，在舞台工作区内创建一个动态文本框，变量名称为 TEXT，在"图层 1"图层第 1 帧内加入如下程序，运行程序后，文本框内显示"CS5"。

```
N1=new String("Flash CS 5");
TEXT=N1.substr(5,3); //将返回一个"CS5"字符串
```

（4）substring 方法。

【格式】String.substring (from[,to])方法。

【功能】返回指定位置的字符串。from 是一个整数，指示字符串 String 中用于创建子字符串的第 1 个字符的位置，以 0 为起始点，取值为 0 到字符串 String 长度减 1。to 是要创建的子字符串的最后一个字符位置加 1，取值为 0 到字符串 String 长度加 1。如果没有指定 to，则子字符串包括从 from 开始直到字符串结尾的所有字符。如果 to 为负数或 0，则子字符串是字符串 String 中前 from 个整数字符。例如，在舞台工作区内创建一个动态文本框，变量名字称 TEXT，在"图层 1"图层第 1 帧内加入如下程序。

```
N1=new String("Flash CS 5");
TEXT=N1.substring (2,6); //将返回一个"ashC"字符串
```

3．Number 和 getTimer 函数

（1）Number 函数。

【格式】Number (expression);

【功能】将 expression 的值转换为数值型数据。如果 expression 为逻辑值，当其值为 true 时返回 1，否则返回 0。如果 expression 为字符串，则会尝试将该字符串转换为指数形式的十进制数字（如 2.321e-10）。如果 expression 为未定义的变量，则返回 0（对于 Flash 6 以前版本）；或者为 NaN（对于 Flash 7 以后版本）。参数 expression 可以是字符串、字符型变量或字符表达式。

（2）getTimer 函数。

【格式】getTimer();

【功能】该函数属于"其他"全局函数。它返回动画运行后经过的时间，单位为毫秒。

4．Math 对象

在面向对象的编程中，对象是属性和方法的集合，程序是由对象组成的。Flash 中有许多类对象，其中使用较多的是 Math（数学）对象，它是一个顶级类对象，不需要实例化即可像使用一般函数那样使用其方法和属性（注意，前面应加"Math."）。关于对象的有关知识及其对象这里不在赘述，此处只介绍 Math 对象。该对象的常用方法在"动作"面板内命令列表区中的"ActionScript 2.0 类"→"核心"→"Math"→"方法"目录中，其常用方法见表 11-2-1。

表 11-2-1　数学对象的常用方法

格式	功能
Math.abs(n)	求 n 的绝对值。例如，Math.abs(−321)=321
Math.acos(n)	求 n 的反余弦值，返回弧度值。例如，Math.acos(0.5)=1.047197
Math.asin(n)	求 n 的反正弦值，返回弧度值。例如，Math.asin(0.5)=0.523598
Math.atan(n)	求 n 的反正切值，返回弧度值。例如，Math.atan(0.5)=0.463647

续表

格式	功能
Math.ceil(number)	向上取整，返回大于或等于 number 的最小整数。例如，Math.ceil(18.5)=19，Math.ceil(−18.5)= −18
Math.cos(n)	返回余弦值，n 的单位为弧度。例如，Math.cos(3.1415926)= −0.999999
Math.exp(n)	返回自然数的乘方。例如，Math.exp(1)=2.718281828
Math.floor(number)	返回小于或等于 number 的最大整数，它相当于截取最大整数。例如，Math.floor(−18.5)= −19，Math.floor(18.5)=18
Math.log(n)	返回以自然数为底的对数的值。例如，Math.log(2.718)=0.999896315
Math.max(x,y)	返回 x 和 y 中，较大的数。例如，Math.max(10,3)=10
Math.min(x,y)	返回 x 和 y 中，较小的数。例如，Math.min(10,3)=3
Math.pow(base,exponent)	返回 base 的 exponent 次方。例如，Math.pow(−1,2)=1
Math.random() random(n)	返回一个大于等于 0 而小于 1.00 的随机数。例如，Math.random()*30；可产生大于等于 0 而小于 30 的随机数；random(n) 返回一个大于等于 0 而小于 n 的随机数
Math.round(n)	四舍五入到最近整数的参数。例如，Math.round(5.3)=5，Math.round(5.6)=6
Math.sin(n)	返回正弦值，n 的单位为弧度。例如，Math.sin(1.57)=0.999999682
Math.sqrt()	返回平方根。例如，Math.sqrt（16）=4
Math.tan(n)	返回正切弧度值。例如，Math.tan(0.785)=0.999203990

思考练习 11-2

1．修改本动画，使它可以滚动浏览 10 个文本文件。

2．制作一个"名花文字滚动显示"动画，动画播放后的一幅画面如图 11-2-3 所示，它可以显示当前目录下"TXT"文件夹中的 10 个文本文件，其功能与本动画的功能一样。

图 11-2-3　"名花文字滚动显示"动画播放后的一幅画面

11.3　【动画 40】MP3 播放器

11.3.1　动画效果

"MP3 播放器"动画播放后显示一幅外部的"风景 0.jpg"图像，单击其中的颜色按钮，可以播放一首相应的 MP3 音乐，荧光数码显示播放音乐的剩余时间，同时显示一幅外部的风景图像。其中的两幅画面如图 11-3-1 所示。单击中间的"停止"按钮 ，可以使音乐停止播放。播放的"MP31.mp3"～"MP34.mp3"4 个 MP3 文件存放在该动画所在目录下的"MP3"文件夹内。显示的"风景 0.jpg"、"风景 1.jpg"～"风景 4.jpg"5 幅图像存放在该动画所在目录下的"TU"文件夹内。

（a）　　　　　　　　　　　　　　　　　（b）

图 11-3-1　"MP3 播放器"动画播放后的两幅画面

11.3.2　制作方法

1. 制作"数字表"和"图像"影片剪辑元件

（1）新建一个 Flash 文档，设置舞台工作区的宽为 380 像素、高为 220 像素，背景为黄色。以名称"MP3 播放器.fla"保存在"【动画 40】MP3 播放器"文件夹内。

（2）将【动画 38】动画"库"面板内的"数字表"影片剪辑元件复制粘贴到"MP3 播放器.fla"Flash 文档的"库"面板内。

（3）双击"数字表"影片剪辑元件，进入其编辑状态，将"图层 1"图层的名称改为"数字"，在该图层下边新建一个"表盘"图层。选中该图层第 1 帧，绘制一个蓝色矩形，比数字表稍大一些，如图 11-3-2 所示，回到主场景。

（4）将"点"和"线"图形元件内图形的渐变色中的蓝色改为红色，再回到主场景。

（5）在主场景时间轴内从下到上创建"外壳"、图像"、"遮罩"、"时间"、"按钮"和"程序"图层。选中"外壳"图层第 1 帧，导入一

图 11-3-2　"数字表"影片剪辑元件

幅"MP3 面板.jpg"图像，将该图像分离，删除白色背景，再组成组合。调整组合的大小和位置，使它刚好将舞台工作区完全覆盖。

（6）选中"时间"图层第 1 帧，将"库"面板内的"数字表"影片剪辑元件拖动到""MP3 面板.jpg"图像之上，调整"数字表"影片剪辑实例的大小和位置，效果如图 11-3-1 所示。在其"属性"面板内的"实例名称"文本框中输入"numview"。

（7）创建并进入"图像"影片剪辑元件的编辑状态，不进行任何加工回到主场景。

（8）选中"图像"图层第 1 帧，将"库"面板内的"图像"影片剪辑元件拖动到图像框架内的左上角，在其"属性"面板内将"图像"影片剪辑实例命名为"TU"。

（9）选中"遮罩"图层第 1 帧，绘制一幅宽 245 像素、高 175 像素的黑色矩形图形，使它

位于"MP3 面板.jpg"图像内框。将"遮罩"图层设置为遮罩图层，使"图像"图层成为"遮罩"图层的被遮罩图层。

2．制作播放外部 MP3 文件的程序

（1）选中"按钮"图层第 1 帧，打开按钮的"外部库"面板。将 5 个按钮元件拖动到舞台工作区中，如图 11-3-1 所示。分别将这 5 个按钮实例命名为"AN1"～"AN5"。

（2）创建并进入"程序"影片剪辑元件编辑状态，在此舞台工作区中不放置任何对象。选中"图层 1"图层第 1 帧，在其"动作-帧"面板程序编辑区内输入如下程序。

```
var m;  //定义一个变量m
//计算播放音乐的剩余时间，赋给变量m
m=Math.floor((_root.mySound1.duration-_root.mySound1.position)/1000);
//计算秒的个位和十位数字，分别赋给变量S1和S2
_root.numview.S1.gotoAndStop(Math.floor(Math.floor(m%60)%10)+1);
_root.numview.S2.gotoAndStop(Math.floor(Math.floor(m%60)/10)+1);
//计算分的个位和十位数字，分别赋给变量M1和M2
_root.numview.M1.gotoAndStop(Math.floor(Math.floor(m/60)%10)+1);
_root.numview.M2.gotoAndStop(Math.floor(Math.floor(m/60)/10)+1);
//每秒小点闪烁一次
if (miao<>mydate.getSeconds()) {
    _root.numview.DS.play();
  miao=mydate.getSeconds()
}
```

（3）选中"图层 1"图层第 2 帧，按 F5 键，使程序不断运行"图层 1"图层第 1 帧的脚本程序，从而动态地更新"数字表"的时钟数据，回到主场景。

（4）选中"程序"图层第 1 帧，将"库"面板中的"Action"影片剪辑元件拖动到舞台工作区中，形成一个白色小圆点，其作用是不断刷新数字表，显示音乐播放剩余时间。

（5）选中"程序"图层第 1 帧，在其"动作-帧"面板程序编辑区内输入如下程序。

```
stop();
var m;                                //定义一个变量m
var miao;                             //定义一个变量miao
mySound1 = new Sound();               //实例化一个mySound1声音对象
mydate = new Date();                  //实例化一个mydate日期对象
_root.TU.loadMovie("TU/风景0.jpg");   //调用外部风景文件
AN1.onPress = function() {
 _root.mySound1.stop();               //停止播放音乐
 _root.mySound1.loadSound("MP3/MP31.mp3",true);    //加载外部MP3音乐
 _root.mySound1.start();              //开始播放音乐
   _root.TU.loadMovie("TU/风景1.jpg"); //调用外部风景文件
};
AN2.onPress = function() {
 _root.mySound1.stop();               //停止播放音乐
 _root.mySound1.loadSound("MP3/MP32.mp3", true );   //加载外部MP3音乐
 _root.mySound1.start();              //开始播放音乐
   _root.TU.loadMovie("TU/风景2.jpg"); //调用外部风景文件
};
AN3.onPress = function() {
```

```
    _root.mySound1.stop();                              //停止播放音乐
    _root.mySound1.loadSound("MP3/MP33.mp3", true);     //加载外部MP3音乐
    _root.mySound1.start();                             //开始播放音乐
    _root.TU.loadMovie("TU/风景1.jpg");                 //调用外部风景文件
};
AN4.onPress = function() {
    _root.mySound1.stop();                              //停止播放音乐
    _root.mySound1.loadSound("MP3/MP34.mp3", true);     //加载外部MP3音乐
    _root.mySound1.start();                             //开始播放音乐
      _root.TU.loadMovie("TU/风景3.jpg");               //调用外部风景文件
};
AN5.onPress = function() {
    _root.mySound1.stop();                              //停止播放音乐
    _root.TU.loadMovie("TU/风景0.jpg");                 //调用外部风景文件
};
```

11.3.3　知识链接

1．Sound 对象构造函数

Sound 对象可以在"动作"面板动作工具箱的"ActionScript 2.0 类"→"媒体"→"Sound"目录中找到。

【格式】new Sound([target])

其中，参数 target 是 Sound 对象操作的影片剪辑实例。此参数是可选的，可使用"mySound=new Sound();"或"mySound=new Sound(target); "命令。

【功能】使用 new 操作符实例化 Sound 对象，即为指定的影片剪辑创建新的 Sound 对象。如果没有指定目标实例 target（目标），则 Sound 对象控制影片中的所有声音。如果指定 target，则只对指定的对象起作用。例如，下面的代码用于创建 Sound 对象的实例 mysous1，将目标影片剪辑 myMovie 传递给它，再调用 start 方法，播放 myMovie 中的所有声音。

```
mysou1 = new Sound(myMovie);
mysou1.start();
```

又如，下面的代码用于创建一个名称为 mysound 的 Sound 对象实例。第 2 行语句用来调用 setVolume 方法并将声音的音量调整为 20%。

```
mysound= new Sound();
mysound.setVolume(20);
```

2．Sound 对象部分方法和属性

（1）mySound.attachSound 方法。

【格式】mySound.attachSound（"idName"）

【功能】将"库"面板内的指定声音元件载入场景，即将"库"面板中的一个声音元件绑定，绑定后可以用声音的其他方法来控制声音的各个属性。其中，"idName"指声音元件的链接标识符名称，它是在"声音属性"对话框的"标识符"文本框中输入的。

右击"库"面板中的声音元件，弹出快捷菜单，在快捷菜单中选择"属性"命令，弹出如图 11-1-6 所示的"声音属性"对话框。在"标识符"文本框内输入元件的链接标识符名称，再选择第 1 个和第 2 个复选框，还可以在"URL"文本框内输入 URL 数据，单击"确定"按钮。

（2）start 方法。

【格式】sound.start()

【功能】开始播放当前的声音对象。

（3）stop 方法。

【格式】sound.stop()

【功能】停止正在播放的声音对象。

（4）setVolume 方法。

【格式】sound.setVolume(n)

【功能】用来设置当前声音对象的音量。其中，参数 n 是一个整数值或一个变量，其值为 0～100 的整数，0 为无声，100 为最大音量。

（5）sound.getVolume 方法。

【格式】sound.getVolume()

功能：返回一个 0～100 的整数，该整数是当前声音对象的音量，0 是无音量，100 是最高音量。可以将 sound.getVolume() 的值赋给一个变量。其默认值是 100。

（6）duration 属性。

【格式】mySound.duration

【功能】它是只读属性，用于给出声音的持续时间，以毫秒为单位。

（7）position 属性。

【格式】mySound.position

【功能】它是只读属性，用于给出声音已播放的毫秒数。如果声音是循环的，则每次被置 0。

思考练习 11-3

1．修改【动画 39】动画，使它可以切换 6 个外部 MP3 音乐，同时切换 6 幅图像。

2．制作一个"小小音乐播放器"动画，该动画播放后，会播放一首片头音乐（WAV 格式），并显示音乐的剩余时间，同时可显示一个米老鼠动画，如图 11-3-3（a）所示。

单击其内左边 4 个按钮中任意一个，可以播放一首相应的 MP3 音乐，显示该音乐播放的剩余时间，同时图像也会发生相应的变化，如图 11-3-3（b）和图 11-3-3（c）所示。单击右侧的按钮，可以使乐曲停止播放，再显示米老鼠动画，用于显示音乐剩余时间的数字不变。

（a）　　　　　　　　　　（b）　　　　　　　　　　（c）

图 11-3-3　"小小音乐播放器"动画播放后的 3 幅画面

11.4　【动画41】菜谱浏览2

11.4.1　动画效果

"菜谱浏览2"动画是在9.1节【动画33】"菜谱浏览1"动画的基础之上制作而成的。"菜谱浏览2"动画浏览图像的功能与【动画33】"菜谱浏览1"动画的功能基本一样，只是它在文本框右边增加了一个垂直滚动条，拖动滚动条内的滑块或单击滚动条两端的箭头按钮或单击滚动条滑槽空白处，都可以垂直移动文本框内的文字。

另外，"菜谱浏览2"动画左边的图像框增加了水平和垂直滚动条，可以拖动图像右边和下边的滚动条或图像，以调整图像的显示部位。

图11-4-1　"菜谱浏览2"动画播放后的一幅画面

11.4.2　制作方法

1．用UIScrollBar组件在文本框右边添加滚动条

（1）将9.1节【动画33】"菜谱浏览1"文件夹复制一次，将文件夹名称更改为"【动画41】菜谱浏览2"，将其内的"菜谱浏览1.fla"文档更名为"菜谱浏览2.fla"。

（2）打开"菜谱浏览2.fla"文档。时间轴内有"背景"、"图像"、"按钮文本"和"程序"图层。左下边4个按钮实例名为"AN1A"～"AN1D"，8个图像按钮实例命名为AN11"～"AN18"，左下边动态文本框的名称为"n1"。将框架调小一些，调整其他对象位置，删除"图像"图层第1帧内的"图像"影片剪辑实例（小圆）。

（3）选中"按钮文本"图层第1帧内右边的动态文本框，选择"文本"→"可滚动"命令，在其内部输入一段文字。选中该文本，拖动控制柄调整它的宽和高，如图11-4-2所示。在"属性"面板内设置名称为"GDTXT1"，变量名为"text1"。

（4）选择"窗口"→"组件"命令，打开"组件"面板。选中"按钮文本"图层第1帧，将"组件"面板中的UIScrollBar组件 UIScrollBar 拖动到右边动态文本框的右边，调整该组件实例的大小和位置，使它的高度与动态文本框一样，如图11-4-3所示。

（5）单击"属性"面板中的"字符嵌入"按钮，弹出"字符嵌入"对话框，确保选中"字符范围"栏内的"数字"和"简体中文-1 级"复选框。

（6）选中 UIScrollBar 组件实例，在"属性"面板的"组件参数"栏中，设置_targetInstanceName 值为"GDTXT1"，确定 UIScrollBar 组件实例与要控制的动态文本框的链接；不选中"horizontal"复选框，设置 horizontal 参数值为"false"，表示滚动条垂直摆放。"属性"面板的"组件参数"栏的设置如图 11-4-4 所示。

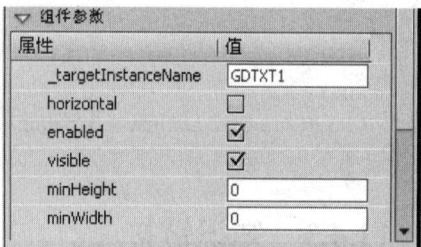

图 11-4-2　可滚动文本框　图 11-4-3　UIScrollBar 组件实例　　图 11-4-4　"属性"面板的参数设置

2．使用 ScrollPane 组件制作可滚动的图像

（1）将"组件"面板中的"ScrollPane"（滚动窗格）组件拖动到舞台工作区内左边，调整该组件实例的大小和位置，使它与左边框架的内框一样，如图 11-4-5 所示。

（2）右击"库"面板内"图像"影片剪辑元件，弹出它的快捷菜单，选择快捷菜单内的"属性"命令，弹出"元件属性"对话框，展开"高级"部分，在"链接"栏内选中"为 ActionScript 导出"复选框，同时选中"在第 1 帧导出"复选框。在"标识符"文本框中输入此元件标识符的名称"PHOTO1"。

（3）双击"图像"影片剪辑元件，进入其编辑状态，将"美食.jpg"图像导入到舞台工作区内，使图像左上角与舞台中心（十字线注册点）对齐，回到主场景。

（4）选中 ScrollPane 组件实例，在"属性"面板内，在"实例名称"文本框内输入"INPIC"，在"组件参数"栏内设置 contentPath 参数值为"PHOTO1"，建立该组件与"图像"剪辑元件的链接。选中"ScrollDrag"复选框，设置 ScrollDrag 参数值为"true"，表示框架中的图像可以被拖动，如图 11-4-6 所示。

图 11-4-5　调整 ScrollPane 组件实例的大小和位置　　图 11-4-6　ScrollPane"属性"面板的设置

（5）选中"程序"图层第 1 帧，在"动作-帧"面板的脚本窗口内进行程序修改。在"动作-帧"面板的脚本窗口内将程序中调用的外部图像加载到"TU1"影片剪辑实例中的语句改为调用外部图像加载到"INPIC"ScrollPane 组件实例中。例如，将"_root.CPTU1.loadMovie ("CPTU\\图像 1.jpg");"语句改为"INPIC.contentPath= "CPTU/图像 1.jpg";"语句。其他语句由读者自行设计。

```
stop();
n1=0;        // n1用来显示图像的序号，此处赋初值0
text1.scroll=0;
AN11.onPress=function(){
INPIC.contentPath="CPTU/图像1.jpg";      //调用外部图像
n1=1;
loadVariablesNum("CPTEXT/CP1.txt",0); //调用外部文本
}
```

11.4.3　知识链接

1．ScrollPane 组件参数

ScrollPane 的"属性"面板"组件参数"栏如图 11-4-4 所示，其参数含义如下。

（1）contentPath 参数：用来指示要加载到滚动窗格中的内容。该值可以是本地 SWF 或 JPEG 文件的相对路径，或 Internet 上文件的相对或绝对路径；也可以是设置为"库"面板中的影片剪辑元件的链接标识符。

（2）hLineScrollSize 参数：设置单击水平滚动条箭头按钮时，图像的水平移动量。

（3）vLineScrollSize 参数：设置单击垂直滚动条箭头按钮时，图像的垂直移动量。

（4）hPageScrollSize 参数：设置单击滚动条的水平滑槽时，图像水平移动的像素数。

（5）vPageScrollSize 参数：设置单击滚动条的垂直滑槽时，图像垂直移动的像素数。

（6）hScrollPolicy 参数：选择"auto"选项，可以根据影片剪辑元件是否超出"ScrollPane"组件实例滚动窗口来决定是否显示水平滚动条；选择"on"选项，不管影片剪辑元件是否超出"ScrollPane"组件滚动窗口都显示水平滚动条；选择"off"选项，不管影片剪辑元件是否超出"ScrollPane"组件滚动窗口都不显示水平滚动条。

（7）vScrollPolicy 参数：也有"auto"、"on"和"off" 3 个选项，其作用与 hScrollPolicy 参数基本一样，只是它用来控制垂直滚动条何时显示。

（8）scrollDrag 参数：有"false"和"true"两个选项。选择"false"选项，表示框架中的图像不可被拖动；选择"true"选项，表示框架中的图像可以被拖动。

2．UIScrollBar 组件参数

UIScrollPane 的"属性"面板"组件参数"栏其参数含义如下。

（1）_targetInstanceName 参数：设置组件实例要控制的文本框的实例名称。

（2）horizontal 参数：设置"UIScrollBar"组件实例是垂直摆放还是水平摆放。其值为 true 时，表示垂直摆放；其值为 false 时，表示水平摆放。

（3）enabled 参数：选择"false"选项，表示滚动条无效；选择"true"选项，表示滚动条有效。

（4）visible 参数：选择"false"选项，表示滚动条隐藏；选择"true"选项，表示滚动条显示。

思考练习 11-4

1．制作一个"滚动文本"动画，该动画运行后的一幅画面如图 11-4-7 所示。单击下侧的 4 个按钮，可以切换文字内容。和本动画一样，可以拖动滚动条内的滑块等浏览文本。

2．制作一个"中国十大名湖"动画，动画运行后的一幅画面如图 11-4-8 所示。下方两个按钮用来切换要显示的"中国十大名湖"文字，可以滚动浏览文字。

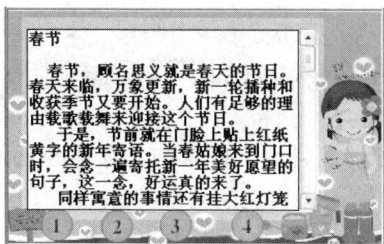

图 11-4-7　"滚动文本"动画画面

图 11-4-8　"中国十大名湖"动画画面

3．参考【动画 41】的制作方法，制作"名花浏览"动画。

11.5　【动画 42】列表浏览名花图像

11.5.1　动画效果

"列表浏览名花图像"动画运行后的两幅画面如图 11-5-1 所示。选择上侧下拉列表中的一个选项或选择列表框中的选项，则会在右边的图像框中显示对应的外部名花图像文件，同时相应的文字会显示在文本框中，拖动滚动条的滑块、拖动图像或单击滑槽内的按钮，可以调整图像的显示部位。另外，在选择下拉列表中的选项后，列表框中的当前选项会随之改变；选择列表中的选项后，下拉列表中的当前选项也会随之改变。

（a）

（b）

图 11-5-1　"列表浏览名花图像"动画运行后的两幅画面

11.5.2 制作方法

1．建立影片剪辑元件与"ScrollPane"组件的链接

（1）在"TU"文件夹内保存"杜鹃花.jpg"～"倒挂金钟.jpg"12 个文件。设置舞台工作区的宽为 500 像素、高为 400 像素，以名称"列表浏览名花图像.fla"保存。

（2）选中"图层 1"图层第 1 帧，导入一幅"框架 1.jpg"图像，使该图像刚好将舞台工作区覆盖，在左下角输入红色文字"鲜花浏览"，如图 11-5-1 所示，将该图层锁定。

（3）选择"插入"→"新建元件"命令，弹出"创建新元件"对话框。单击"高级"按钮，弹出"创建新元件"对话框。在"名称"文本框内输入"图像"，在"标识符"文本框中输入"PIC1"，选中"链接"栏内的 2 个复选框，如图 11-5-2 所示。单击"确定"按钮，进入"图像"影片剪辑元件的编辑状态。导入"TU"文件夹内的"鲜花.jpg"图像到舞台工作区中，将该图像左上角与舞台工作区的中心点对齐，回到主场景。

（4）将"组件"面板中的"ScrollPane"组件拖动到舞台工作区中。选中 ScrollPane"组件实例，在其"属性"面板的"实例名称"文本框中输入该实例的名称"INPIC"。

（5）在"属性"面板内，设置"contentPath"值为"库"面板中"图像"影片剪辑元件的标识符名称"PIC1"，建立该组件与该影片剪辑元件的链接，如图 11-5-3 所示。

2．ComboBox 组件设置

（1）将 ComboBox（组合框）组件拖动到舞台工作区中，形成组件实例，给该实例命名为"comboBox1"，打开"属性"面板，如图 11-5-4 所示。

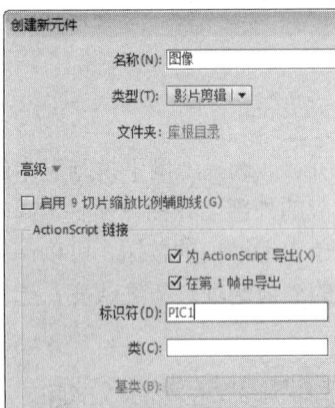

图 11-5-2 "创建新元件"对话框　　　图 11-5-3 建立链接　　　图 11-5-4 "属性"面板

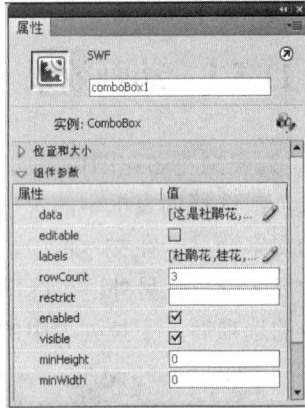

（2）选中"comboBox1"组件实例，双击其"属性"面板内的 data 参数右边的数据区，弹出"值"对话框，在第 0 行"值"栏文本框中输入"这是杜鹃花"。再单击 ➕ 按钮，添加第 1 行。按照上述方法，输入其他行的文字，如图 11-5-5（a）所示。

在上述"值"对话框中，单击 ➖ 按钮，可以删除选中的选项，单击 ▼ 按钮可以将选中的选项向下移动一行，单击 ▲ 按钮可以将选中的选项向上移动一行。

（3）双击其"属性"面板内的"labels"参数右边的数据区，弹出"值"对话框。采用与上述相同的方法，给各行输入文字，如图 11-5-5（b）所示。

3．"List"组件和文本框设置

（1）将 List（列表框）组件拖动到舞台工作区中，将该实例命名为"List1"。"属性"面板设置如图 11-5-6 所。设置方法与 ComboBox 组件的设置方法一样。

（2）在 List 组件实例的下边创建一个动态文本框，设置其大小为 26 磅，颜色为红色，变量名为 text。单击其"属性"面板内的"嵌入"按钮，弹出"字体嵌入"对话框，在该对话框内设置嵌入数字和 1 级简体汉字。

(a)	(b)
图 11-5-5　"值"对话框	图 11-5-6　List1"属性"面板设置

（3）调整各组件实例和文本框的大小及位置，如图 11-5-1 所示。

4．程序设计

在"图层 1"图层之上新建"图层 2"图层，选中该图层第 1 帧，在其"动作-帧"面板程序设计区内输入如下程序。

```
text="这是鲜花图像";
//定义函数change1
function change1(){
    /*设置comboBox组件实例当前的label参数值作为"ScrollPane"组件实例contentPath
参数的值，从而在滚动窗格内显示链接标识符为label参数值的图像*/
    INPIC.contentPath ="TU/"+comboBox1.selectedItem.label+".jpg";
    //用comboBox组件实例当前的data参数值改变动态文本框text中的内容
    text=comboBox1.selectedItem.data;
    //用comboBox组件实例当前的索引号改变list1组件实例当前的索引号
    list1.selectedIndex= comboBox1.selectedIndex;
}
comboBox.addEventListener("change", change1);
//定义函数change2
function change2(){
    /*设置list1组件实例当前的label参数值作为"ScrollPane"组件实例contentPath参数
的值，从而在滚动窗格内显示链接标识符为label参数值的图像*/
    INPIC.contentPath ="TU/"+list1.selectedItem.label+".jpg";
    //用list1组件实例当前的data参数值改变动态文本框text中的内容
  text=list1.selectedItem.data;
    //用list1组件实例当前的索引号改变comboBox组件实例当前的索引号
    comboBox1.selectedIndex=list1.selectedIndex;
}
  list1.addEventListener("change", change2);//侦听组件实例发生变化的事件
```

程序中，"comboBox.addEventListener("change", change1);"语句的作用是将 comboBox 组

件实例的 change 事件（改变 comboBox 组件实例产生的事件）与自定义函数 change1 绑定。addEventListener 方法用来侦听事件。当 comboBox 组件实例变化时执行 change1 函数。

"list1.addEventListener("change", change2);"语句的作用是将 list1 组件实例的 change 事件（改变 list1 组件实例后产生的事件）与自定义函数 change2 绑定。

selectedItem 是 comboBox 和 list1 组件实例的属性，可获取这两个组件实例的参数值。例如，selectedItem.label 可以获取 label 参数值，selectedItem. data 可以获取 data 参数值。

11.5.3 知识链接

1．Label 组件参数

Label 组件"属性"面板"组件参数"栏如图 11-5-5 所示，组件参数的含义如下。

（1）autoSize 参数：设置标签文字相对于 Label 组件实例外框（也称文本框）的位置。它有 4 个值：none（不调整标签文字的位置），left（标签文字与文本框的左边和底边对齐），center（标签文字在文本框内居中），right（标签文字与文本框的右边和底边对齐）

（2）html 参数：用来指示标签是（true）否（false）采用 HTML 格式。值为 true，则不能使用样式来设置标签格式，但可以使用 font 标记将文本格式设置为 HTML。

（3）text 参数：设置标签的文本内容，默认值是 Label。

（4）设置 Label 标签组件实例的外观可以使用 setStyle 方法，格式如下。

【格式】组件实例的名称.SetStyle（"属性"，"参数"）

其常用的属性有：Color（设置文本颜色）；fontFamily（设置文本的字体名称，默认"_sans"）；fontSize（设置文本的字体大小，默认 10 点）。

注意：Label 组件实例中的所有文本必须采用相同的样式。例如，对同一标签内的单词设置 color 样式时，不能将一个单词设置为 blue，而将另一个单词设置为 red。

Color 属性的参数可以用 0xRRGGBB（RR、GG、BB 分别是两位十六进制数，分别表示红、绿和蓝色成分的多少）或者用颜色的英文表示。例如，red 表示红色、green 表示绿色、blue 表示蓝色、black 表示黑色。其中，"0x"是数字 0 和英文小写字母"x"。

2．更改 Label 标签实例的外观

Label 标签组件实例的外观可以使用 setStyle 方法来设置，所有文本必须采用相同的样式。setStyle 方法的格式及其属性如下。

【格式】组件实例的名称.SetStyle（"属性"，"参数"）

（1）themeColor 属性：设置选择文字时发亮的颜色。其参数值包括 haloGreen、haloBlue、haloOrange 和 haloRed 等。

（2）backgroundColor 属性：设置组件背景颜色，其值可使用十六进制数 0Xrrggbb。

（3）borderColor 属性：设置组件的边框颜色。

（4）headerColor 属性：设置组件标题的背景颜色。

（5）rollOverColor 属性：设置鼠标指针经过日期的背景颜色。

（6）selectionColor 属性：设置选定日期的背景颜色。

（7）todayColor 属性：设置当前日期的背景颜色。

（8）Color 属性：设置文本颜色。它可以用 0xRRGGBB（RR、GG、BB 分别是两位十六进制数，分别表示红、绿和蓝色成分的多少）或者颜色的英文表示。例如，red 表示红色、green 表示绿色、blue 表示蓝色、black 表示黑色、white 表示白色、yellow 表示黄色、cyan 表示青色。

其中，"0x"是数字 0 和英文小写字母"x"。

（9）fontFamily 属性：设置文本的字体名称，默认为"_sans"。

（10）fontSize 属性：设置文本的字体大小，默认为 10 磅。

（11）fontStyle 属性：选择字体样式 nomal（正常）或 italic（斜体）。

（12）fontWeight 属性：选择字体 none（不加粗）或 bold（加粗）。在调用 setStyle()期间，所有组件还可以接收 nomal 来替代 none，但随后对 getStyle()的调用返回"none"。

（13）textDecoration 属性：参数为 none，不要下画线；参数为 underline，要下画线。

（14）borderStyle 属性：设置边框样式。

3．List 组件参数

List 组件是一个单选或多选列表框，可以显示文本、图形及其他组件。该组件实例的一些参数、方法和属性与 ComboBox 组件实例基本一样。组件外观可通过 setStyle 方法来设置。该组件实例的"属性"面板如图 11-5-6 所示。其中一些参数的作用如下。

（1）multipleSelection 参数：指示是（true）否（false）可以选择多个值。

（2）rowHeight 参数：指示每行高度，单位为像素，默认为 20。设置字体不会更改行高度。

4．ComboBox 组件参数

（1）ComboBox 组件实例的"属性"面板如图 11-5-4 所示，部分参数作用如下。

① data 参数：用来将数据值与 ComboBox 组件中每一个选项相关联。它是一个数组。

② editable 参数：设置是可编辑的（true）还是可以选择的（false）。默认值为 false。

③ label 参数：利用该参数可以设置组合框（下拉列表）内各选项的值。

④ rowCount 参数：设置下拉列表下拉后最多可以显示的选项个数。

⑤ restrict 参数：指示用户可在组合框的文本字段中输入的字符集。

（2）ComboBox 方法和属性组件实例的常用方法见表 11-5-1。

表 11-5-1　ComboBox 组件实例的常用方法和属性

方法和属性	功　　能
ComboBox.addItem()	向组合框的下拉列表的结尾处添加选项
ComboBox.addItemAt()	向组合框的下拉列表的结尾处添加选项的索引
ComboBox.change	当组件的值因用户操作而发生化时产生事件，即当 ComboBox.selectedIndex 或 ComboBox.selectedItem 属性因用户交互操作而改变时，向所有已注册的侦听器发送
ComboBox.open()	当组合框的下拉列表打开时产生事件
ComboBox.close()	当组合框的下拉列表完全回缩时产生事件
ComboBox.itemRollOut	当组合框的下拉列表指针滑离下拉列表选项时产生事件
ComboBox. itemRollOver	当组合框的下拉列表指针滑过下拉列表选项时产生事件
selectedIndex	属性，下拉列表中所选项目的索引号。默认值为 0
selectedItem	属性，下拉列表中所选项目的值

思考练习 11-5

1．修改【动画 42】动画，使它可以浏览 10 幅家居设计图像。

2. 制作一个"列表浏览文本"动画，使它可以浏览 10 个文本文件。

11.6 【动画 43】淘宝网购协会会员登记表

11.6.1 动画效果

"淘宝网购协会会员登记表"动画运行后的画面如图 11-6-1（a）所示。这是一个网上供参加淘宝网购协会的会员填写个人信息的表格。填写信息后的效果如图 11-6-1（b）所示。

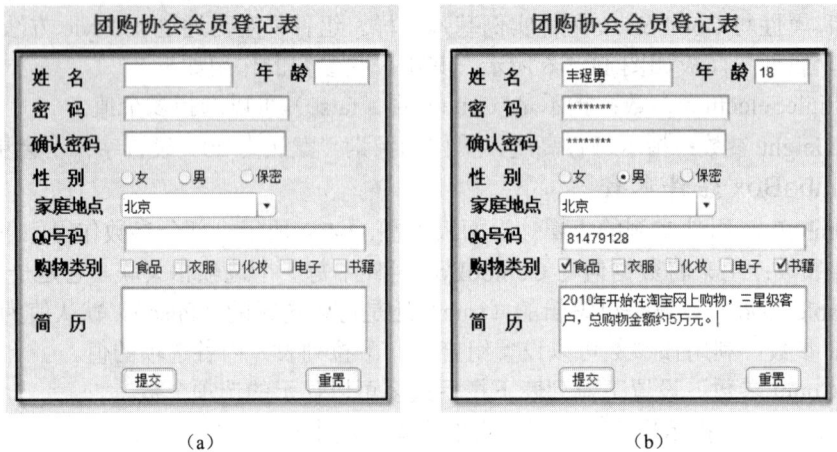

（a）　　　　　　　　　　　　　　　（b）

图 11-6-1　"淘宝网购协会会员登记表"动画运行后的画面

11.6.2 制作方法

（1）设置舞台工作区的宽和高均为 360 像素，以名称"淘宝网购协会会员登记表.fla"保存。选中"图层 1"图层第 1 帧，绘制一幅蓝色、3pts 的矩形框架图形。调整它的大小和位置，使框架图形比舞台工作区稍微小一点。将它转换为影片剪辑元件的实例，添加斜角滤镜，使它成立体状，如图 11-6-1 所示。

（2）在框架上方的中间处，创建一个 Label 组件实例，设置该实例的名称为"label1"，它的"属性"面板设置如图 11-6-2 所示。

（3）选中"图层 2"图层第 1 帧，在"动作-帧"面板内输入如下程序。

```
label1.setSize(200,28);
label1.setStyle("fontWeight","bold");
label1.setStyle("fontSize",20);
label1.setStyle("color", 0xff0000);
label1.setStyle("fontFamily", "宋体");
label1.text="淘宝网购协会会员登记表";
```

（4）创建 9 个静态文本框，输入提示文字。文字为蓝色、宋体、16 磅、加粗。

（5）在"姓名"、"年龄"文字的右边分别创建一个 TextInput 组件实例，这 2 个组件实例的"属性"面板设置如图 11-6-3 所示。

（6）在"密码"和"确认密码"文字右边分别创建一个 TextInput 组件实例，它们的"属性"面板设置与图 11-6-3 基本一样，只是选中了"password"复选框，参数值为 true，表示输入密码，在文本框内用"*"替代输入的字符。

（7）在"性别"文字右边创建 3 个 RadioButton 组件实例，第 1 个 RadioButton 组件实例的"属性"面板设置如图 11-6-4 所示。另外两个 RadioButton 组件实例的"属性"设置只是"label"参数值不同。

（8）在"家庭地点"文字的右边创建一个 ComboBox 组件实例，其"属性"面板设置如图 11-6-5 所示。单击"labels"参数栏按钮🖉，弹出"值"对话框。单击第 0 行"值"栏文本框，输入"北京"文字，再单击➕按钮，添加第 1 行，在"值"栏文本框中输入"天津"文字。按照上述方法，输入其他行的文字，如图 11-6-6 所示。

（9）在"购物类别"文字的右边创建 5 个 CheckBox 组件实例，其"属性"面板设置由读者自行完成。

图 11-6-2　Label 实例的"属性"面板

图 11-6-3　Fext Input 实例的"属性"面板

图 11-6-4　Radio Button 实例的"属性"面板

（10）在"简历"文字的右边创建一个 TextArea 组件实例，其"属性"面板设置如图 11-6-7 所示。在 TextArea 组件实例的下边，创建 2 个 Button 组件实例，第 1 个按钮实例"属性"面板中 label 值为"提交"，第 2 个按钮实例的 label 值为"重置"。

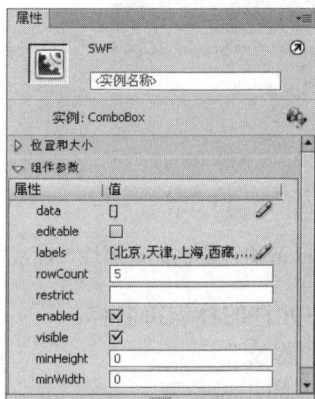

图 11-6-5　ComboBox 实例的"属性"面板

图 11-6-6　"值"面板

11-6-7　FextArea 实例的"属性"面板

11.6.3 知识链接

1．RadioButton 组件参数

RadioButton 的"属性"面板"组件参数"栏如图 11-6-4 所示，组件参数的含义如下。

（1）data 参数：可以赋给文字或其他字符，利用此参数可保存操作提示信息。

（2）groupName 参数：输入单选按钮组的名称，一组单选按钮的组名应该一样，在相同组的单选组按钮中只可以有一个单选组按钮被选中。这一项实际上决定了将这个单选按钮分到哪个组中，假如需要两组单选按钮，两组的单选按钮互相作用、互不干扰，则需要设置两个组内的单选按钮具有不同的"group Name"参数值。

（3）label 参数：确定单选按钮旁边的标题文字。单击"Label"参数值部分，同时该项进入可以编辑状态，输入文字，该文字出现在"RadioButton"组件实例的标题上。

（4）labelPlacement 参数：确定单选按钮旁边文字的位置。选择"right"选项，表示文字在单选按钮的右边；选择"left"选项，表示文字在单选按钮的左边；选择"top"选项，表示文字在单选按钮的上边；选择"bottom"选项，表示文字在单选按钮的下边。

（5）selected 参数：用来确定单选按钮的初始状态。选择"false"选项，表示单选按钮的初始状态为未选中；选择"true"选项，表示单选按钮的初始状态为选中。

2．CheckBox 组件参数

CheckBox 组件"属性"面板如图 11-6-8 所示，组件参数的含义如下。

（1）label 参数：用来修改 CheckBox 组件实例标签的名称，如改为"复选框"。

（2）labelPlacement 参数：其下拉列表中有"right"、"left"、"top"和"bottom"4 个选项，分别表示标签名称在复选框的左、右、上或下边。

（3）selected 参数：弹出其列表框，它有两个选项，用来设置复选框的初始状态。选择 true 选项，表示初始状态为选中；选择 false 选项，表示初始状态为未选中。

3．Button 组件参数

Button 组件实例的"属性"面板如图 11-6-9 所示，主要参数的含义如下。

图 11-6-8　CheckBox"属性"面板　　　　图 11-6-9　Button 组件实例的"属性"面板

（1）icon 参数：为按钮添加自定义图标，该值是"库"面板中元件的标识符名称。

（2）label 参数：用来修改按钮组件实例标签的名称，如改为"提交"。

（3）labelPlacement 参数：用来确定按钮标题文字在按钮图标上的相对位置。

（4）selected 参数：该值为 false 时表示按钮按下；为 true 时表示按钮被释放。

（5）toggle 参数：用来确定按钮为普通按钮还是切换按钮。当该值为"false"时，表示按钮为普通按钮；为"true"时，表示按钮为切换按钮。对于切换按钮，单击按钮后，按钮处于按下状态；再单击该按钮后，按钮才恢复到弹起状态。

（6）visible 参数：设置标签对象是（true）否（false）可见。默认值为 true。

4．TextInput 组件参数

它是一个文本输入组件，可利用它输入文字或密码类型的字符。TextInput 组件实例的"属性"面板如图 11-6-3 所示，主要参数的作用如下。

（1）editable 参数：设置该组件是否可以编辑。其值为 true 时，表示可以编辑。

（2）password 参数：设置输入的字符是否为密码。其值为 true 时，表示显示密码。

（3）text 参数：设置该组件中的文字内容。

5．TextArea 组件参数

它是一个多行文本框，主要参数及其作用如下。

（1）editable 参数：设置该组件是否可以编辑。其值为 true 时，表示可以编辑。

（2）text 参数：设置该组件中的文字内容。

（3）wordWrap 参数：设置是否可以自动换行。其值为 true 时，表示可以换行。

思考练习 11-6

1．制作一个"登记表"动画，该动画运行后的画面如图 11-6-10 所示。

2．制作一个"滚动浏览图像"动画，该动画运行后的画面和图 11-5-1 基本一样，只是增加了一个"可以拖动"单选按钮和一个"不可拖动"单选按钮。选中"可以拖动"单选按钮，则可以拖动图像；选中"不可拖动"单选按钮，则不可以拖动图像。

3．制作一个"加减练习器"动画运行后的两幅画面如图 11-6-11 所示（文本框内还没有数值）。选中"加法"或"减法"单选按钮，选择进行加法或减法计算。单击"出题"按钮，即可随机给出两位数加法或减法题目，同时第 4 行会显示文字，提示计算

图 11-6-10　　"登记表"动画画面

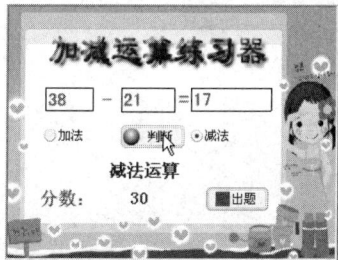

的类型。在"="右边的文本框内输入计算结果后，单击"判断"按钮，即可根据输入的计算结果判分（做对加 10 分），并在最后一行显示分数；如果计算错误，则在最后一行显示"错误！"文字。

图 11-6-11　　"加减练习器"动画播放后的两幅画面